大学物理学基础

石玉清　唐忠敏　张国恒　主　编

中国科学技术出版社
·北　京·

图书在版编目（CIP）数据

大学物理学基础 / 石玉清，唐忠敏，张国恒主编 . 北京：中国科学技术出版社，2025.8. --ISBN 978-7-5236-0863-0

Ⅰ. O4

中国国家版本馆 CIP 数据核字第 2024WY9592 号

策划编辑	王晓义
责任编辑	付晓鑫
装帧设计	中文天地
责任校对	张晓莉
责任印制	徐　飞

出　　版	中国科学技术出版社
发　　行	中国科学技术出版社有限公司
地　　址	北京市海淀区中关村南大街 16 号
邮　　编	100081
发行电话	010–62173865
传　　真	010–62173081
网　　址	http://www.cspbooks.com.cn

开　　本	787mm × 1092mm　1/16
字　　数	393 千字
印　　张	20.25
版　　次	2025 年 8 月第 1 版
印　　次	2025 年 8 月第 1 次印刷
印　　刷	涿州市京南印刷厂
书　　号	ISBN 978-7-5236-0863-0 / O · 224
定　　价	48.00 元

本书委员会

主　编　石玉清　唐忠敏　张国恒

副主编　王太军　陈万军　刘利伟

陈　琼　焦海燕　更藏多杰

前　　言

在科学技术蓬勃发展的当下，学科交叉与融合的趋势愈加明显，众多新兴交叉学科不断涌现并迅速发展。物理学作为自然科学的基石，已广泛渗透到诸多领域，成为各类专业人才必备的基础。《大学物理学基础》正是为预科生和本科新生精心编写的一门重要基础课程教材。本教材以物质的基本结构和运动规律为主线，涵盖质点运动学、振动与波动、电场与磁场等核心内容。通过对物质运动基本形式及其背后物理概念与规律的系统阐述，本教材旨在引导学生观察物理现象、洞察物理本质，培养他们运用物理原理分析、解决实际问题的能力，为后续专业学习奠定坚实的基础。

在编写过程中，我们借鉴了国内外优秀教材的内容，力求使理论体系精炼、案例贴近实际，内容由浅入深、循序渐进，帮助学习者顺利迈入物理学的殿堂。教材不仅注重基础理论的提炼，更强调学生学习能力的培养，同时适度引入近代与现代物理学的内容及其应用，展现物理学的广阔视野与时代脉搏。希望通过本课程的学习，可以培养学习者的科学思维和辩证分析能力，提升其科学素养。物理学不仅是知识的积累，更是对自然规律的敬畏与探索精神的传承。希望本教材能成为学习者探索物理世界的起点，激发其对科学的热爱与追求。

本书获得了 2024 年甘肃省大中小学课程教材专项研究课题（项目编号：GSJC-Y2024204）和 2024 年西北民族大学校级创新创业教育教学改革研究项目（项目编号：2024XJCXCYJGXM24）的资助。

由于编者水平有限，本书中难免有疏漏和不足之处，恳请广大读者批评指正。

目　　录

CONTENTS

第 1 章　质点的运动学

自然界中一切物质都在永不停息地运动着，运动形式也是多种多样的。最简单而又最基本的运动是物体位置的变化，称为机械运动。行星绕太阳的转动、机器的运转等都是机械运动的例子，它们都遵从一定的客观规律。力学研究的对象就是这些机械运动的客观规律。它研究物体的空间位置变化（位移、速度、加速度）与时间的关系，但不涉及引起变化的原因。这部分内容称为运动学。本章在引入质点等物理概念后，研究质点的运动学。

1.1　参考系、坐标系和质点

任何一个物理过程都是很复杂的，为了清楚地描述物体的运动，给出在任意时刻的数学表达，必须选择参考系、建立坐标系、提出物理模型。

1.1.1　参考系

在地面上，我们观察到的空间似乎是静止的，大部分物体相对于我们也似乎是静止不动的，只有部分物体在运动，比如高速公路上飞驰的汽车。这样观测的事实是建立在我们与地面相对静止的基础上的。**在自然界里，物质的运动是绝对的，而静止则是相对的**。描述同一个物体的运动时，不同的观察者可能会得出不同的结论。例如，研究行驶的列车茶几上茶杯的运动时，列车上的乘客认为茶杯是静止的，但站在站台上的人却认为茶杯是运动的。为什么对于同一个物体的运动，不同的人会得出不同的观察结果呢？原因就是这两个人在描述茶杯运动情况时选择了不同的参考物体：列车上的乘客以茶几为参考物体，得出茶杯静止的结论；站台上的人则以地面为参考物体，得出茶杯在运动的结论。我国古人早就注意到这点，提出了“飞鸟之影，未尝动也”的论辩，意思是飞鸟的影子对地面上的其他物体来说是运动着的，但对飞鸟本身来说，却如影随形，这个影子就是不动的了。

可见，要研究一个物体的机械运动，可根据物体之间的相对运动关系，选择另一物体或几个相对静止的物体作为参考，然后研究这个物体相对于这些物体是如何运动的。在描述物体运动时，被选定作为参考的物体称为**参考系**。一般来说，要研究物体在地面上的运动，可选择地面上静止的物体作为参考系。研究宇宙飞船的运动时，常以太阳为参考系。人们常用的参考系包括：太阳参考系（太阳-恒星参考系）、地心参考系（地球-行星参考系）、地面参考系（或实验室参考系）和质心参考系。

1.1.2 坐标系

在选择合适的参考系之后，要定量地描述物体相对于参考系的运动情况，需要在选定的参考系中建立适当的**坐标系**。原则上，在同一参考系中，可以任意选择坐标系，但我们应该优先考虑描述起来方便和数学规律简单的。在同一参考系中，用不同的坐标系描述同一物体的运动时，数学表述是不同的，即对同一物体运动规律描述的数学形式的复杂程度是不同的。应该选择合适的坐标系以便能得到相对简单的物体运动规律。常用的坐标系有直角坐标系、平面极坐标系、球坐标系、柱坐标系和自然坐标系等。

1.1.3 质点

一般来说，在讨论实际物体的运动时，物体的大小和形状都要考虑。因为任何物体都具有一定的大小、形状和内部结构，所以运动中的物体上各点的运动一般是不同的，比如物体运动过程中的形变等。但在某些情况下，比如木块沿斜面的下滑过程中，木块各部分的运动情况（如位移、速度、加速度）是完全一样的，这时我们就可以把木块看成是一个有质量的几何点。也就是说，当物体的形状和大小对于研究的运动所起的作用并不显著且可以忽略不计时，可以把研究对象抽象为一个没有大小和形状，而只具有质量的几何点，称为**质点**。

质点是为了解决问题方便而采用的一种十分有用的理想物理模型，实际上并不存在。

➢ 注：①质点是一种理想模型，而不真实存在；

②质点突出了物体的两个基本性质：具有质量、占有位置；

③物体能否被视为质点是有条件的、相对的。

在很多情况下，例如，高速公路上运动的汽车，它各个部分的运动是不同的：车轮的转动、发动机零件的高速运转等运动各不相同。但是，如果我们只是对汽车整体运动感兴趣的话，汽车各部分的运动就与考虑的问题无关，这时仍可以把汽车看成质点。另外，从运动学的角度来看，如果物体的大小和它的运动范围相比很小时，也可以不考虑物体的大小和形状对运动问题的影响。比如，当只研究地球绕太阳的公转规律时，地球的平均半径（约为 6.37×10^3 km）和地球公转轨道与太阳的平均距离（约为 1.5×10^8 km）相比还不到万分之一，因此可以把地球看成质点。但是，即使对同一研究对象，能否把它看成质点，也要根据研究问题的角度来定。比如，同样对于地球，当我们要研究地球表面的潮汐运动规律时，要考虑太阳和月球对地球表面不同地方海水的引力作用规律，这时，就不能把地球看成质点。

总之，当物体的大小、形状可忽略（如只研究地球公转）时，或运动过程中，物体各部分运动相同（如物体平动）时，可以把物体抽象成一个质点。在质点的基础上，当需要考虑真实物体的运动（比如物体的形变、转动等）问题时，就可以把真实物体看成是由无穷多个质点构成的质点系，用对该质点系运动的描述来替代相应物体的运动。因此，分析质点运动是研究实际物体复杂运动的基础。

例 1-1　分子、原子、电子等微观粒子一定可以看成是质点吗？太阳、地球、汽车等宏观物体一定不能看成质点吗？

解：不一定，主要看物体的大小、形状等对所研究的问题是否有影响。例如地球的公转和自转。

1.2　质点的运动学方程

1.2.1　位置坐标和位置矢量

在运动学中，要描述一个质点的运动，首先要确定质点在任意时刻的空间位置。怎样确定质点的位置呢？在一个三维直角坐标系中，确定质点 P 的空间位置的方法是用直角坐标（x，y，z），这种方法称为坐标法。根据问题的不同特点，我们也可以选择其他坐标系（平面极坐标系、柱坐标系等）。

除了坐标法，还可以用矢量来确定质点 P 的位置。当质点在空间运动时，质点的位置定义为由坐标原点指向质点的矢量，称为位置矢量（简称位矢、矢径），记为 $\boldsymbol{r}$（图 1-1）。

以参考点 O 为原点，建立一直角坐标系 $Oxyz$，质点 P 的坐标（x，y，z）是位置矢量 $\boldsymbol{r}$ 沿坐标轴的三个方向的分量大小，如图 1-2 所示。位置矢量可表示为 $\boldsymbol{r}=\boldsymbol{OP}$。

$$\boldsymbol{r}=x\boldsymbol{i}+y\boldsymbol{j}+z\boldsymbol{k} \tag{1-1}$$

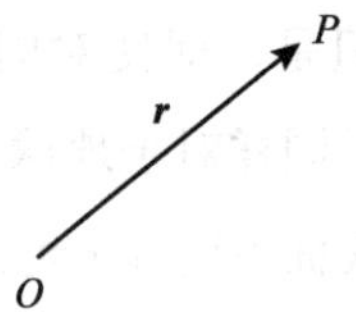

图 1-1

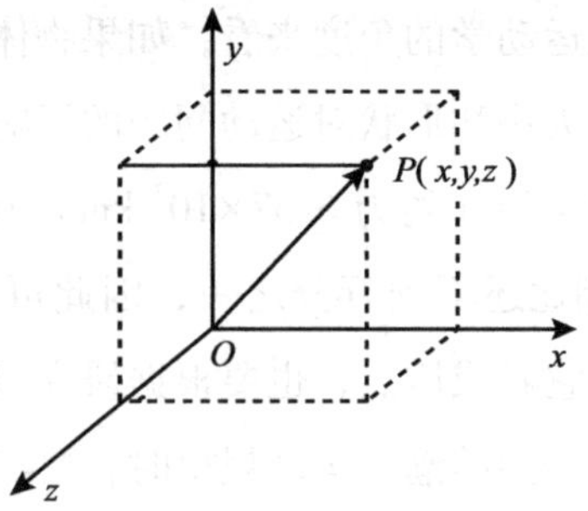

图 1-2

位置矢量大小：

$$r=|\boldsymbol{r}|=\sqrt{x^2+y^2+z^2} \tag{1-2}$$

位置矢量与 x，y，z 轴之间的夹角分别用 α，β，γ 表示，则方向余弦为：

$$\cos\alpha=\frac{x}{r},\ \cos\beta=\frac{y}{r},\ \cos\gamma=\frac{z}{r} \tag{1-3}$$

而 $\cos^2\alpha+\cos^2\beta+\cos^2\gamma=1$，所以 α、β、γ 只有两个是独立的。

例 1-2 某时刻，某质点 P 的坐标为（1，$\sqrt{3}$，0），求：

（1）在该直角坐标系中表示该时刻质点 P 的位置矢量 $\boldsymbol{r}$；

（2）位置矢量 $\boldsymbol{r}$ 的大小及方向。

解： 在直角坐标系中，位置矢量 $\boldsymbol{r}$ 与质点坐标的关系为

$$\boldsymbol{r}=x\boldsymbol{i}+y\boldsymbol{j}+z\boldsymbol{k}$$

则该质点在该时刻的位置矢量 $\boldsymbol{r}=\boldsymbol{i}+\sqrt{3}\boldsymbol{j}$

大小：$r=|\boldsymbol{r}|=\sqrt{1^2+(\sqrt{3})^2+0^2}=2$

$$\cos\alpha=\frac{1}{2}=0.5,\ \cos\beta=\frac{\sqrt{3}}{2},\ \cos\gamma=\frac{0}{2}=0$$

$$\alpha=60°,\ \beta=30°,\ \gamma=90°$$

1.2.2 运动方程和轨道

随着质点的运动，$\boldsymbol{r}$ 也随之变化，即 $\boldsymbol{r}$ 是时间 t 的函数：$\boldsymbol{r}=\boldsymbol{r}(t)=x(t)\boldsymbol{i}+y(t)\boldsymbol{j}+z(t)\boldsymbol{k}$，

它描述了质点的空间位置随时间的变化规律，称为质点的运动方程。

在直角坐标系中，质点的运动方程有两种表述形式。

质点运动方程的矢量表示：

$$\boldsymbol{r}=\boldsymbol{r}(t)=x(t)\boldsymbol{i}+y(t)\boldsymbol{j}+z(t)\boldsymbol{k} \tag{1-4}$$

质点运动方程的标量表示：

$$\begin{cases} x=x(t) \\ y=y(t) \\ z=z(t) \end{cases} \tag{1-5}$$

➢ 注：运动函数包含了质点运动的全部信息，是运动学的核心。

知道了运动方程，就能确定任何一时刻质点的位置，从而确定质点的运动。运动质点在空间所经历的路径，即位置矢量 $\boldsymbol{r}$ 的终端随着时间的变化所描绘出一条曲线，就是质点运动的轨迹，如图 1-3 所示。质点的运动轨迹为直线时，称为直线运动。质点的运动轨迹为曲线时，称为曲线运动。显然，运动方程表明的是 $\boldsymbol{r}$ 与 t 的函数关系，而轨道方程则是位置坐标 x，y，z 之间的关系式。在直角坐标系中，可表述为 $f(x, y, z)=0$。因此，知道了质点的运动方程，便可以通过消去运动方程中的时间 t 的方法求得 $f(x, y, z)=0$，即确定了质点在任意时刻的位置，也就知道了质点的轨迹。

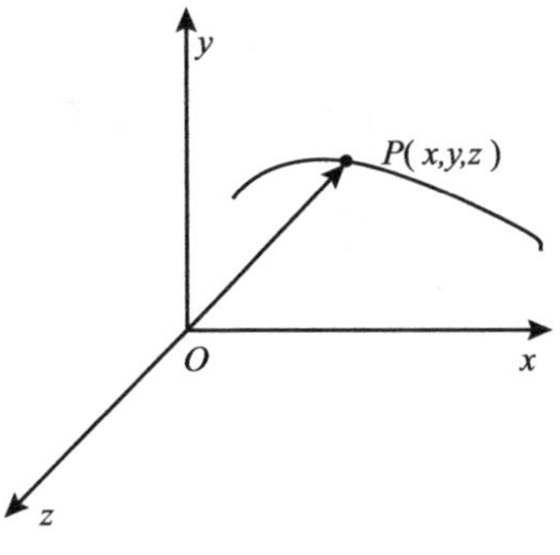

图 1-3

例 1-3　已知某质点的运动方程为：$\boldsymbol{r}=3\sin\dfrac{\pi}{6}t\boldsymbol{i}+3\cos\dfrac{\pi}{6}t\boldsymbol{j}$，求其轨迹方程。

解： 根据质点的运动方程，则分量式为

$$x=3\sin\frac{\pi}{6}t,\ y=3\cos\frac{\pi}{6}t,\ z=0$$

消去时间 t 得
$$x^2+y^2=9,\ z=0$$

表明：质点在 $z=0$ 的平面内，以原点为中心，半径为 3 作圆周运动。

1.2.3 位移、速度与加速度

1. 质点的位移

1）位移——位置矢径的增量

位移表示运动质点的位置变化。定义为由初始位置指向末位置的有向线段，如图 1-4 所示。

设某质点 t 时刻在 A 点，位矢记为 $\boldsymbol{r}$，经过 Δt 时间后，该质点沿轨迹曲线运动到 B 点，位矢为 $\boldsymbol{r}'=\boldsymbol{r}(t+\Delta t)$，则位移用由 A 指向 B 的有向线段 $\boldsymbol{OP}$ 表示。

由图 1-4 可知位移为

$$\Delta\boldsymbol{r}=\boldsymbol{r}(t+\Delta t)-\boldsymbol{r}(t) \tag{1-6}$$

即质点在某一时间内的位移等于该时间内的位置矢径的增量。

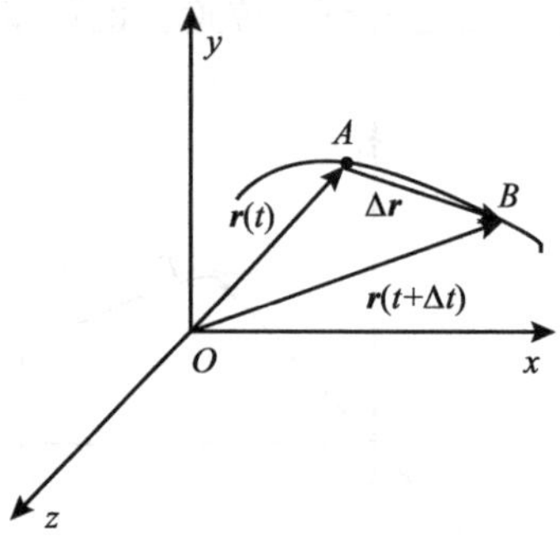

图 1-4

在直角坐标系中，

$$\boldsymbol{r}(t+\Delta t)=x(t+\Delta t)\boldsymbol{i}+y(t+\Delta t)\boldsymbol{j}+z(t+\Delta t)\boldsymbol{k}$$

$$\boldsymbol{r}(t)=x(t)\boldsymbol{i}+y(t)\boldsymbol{j}+z(t)\boldsymbol{k}$$

$$\Delta\boldsymbol{r}=\boldsymbol{r}(t+\Delta t)-\boldsymbol{r}(t)=\Delta x\boldsymbol{i}+\Delta y\boldsymbol{j}+\Delta z\boldsymbol{k} \tag{1-7}$$

式（1-7）即为直角坐标系的正交分解形式。

表明位移可由位置坐标的增量决定：

$$\begin{cases}\Delta x = x(t+\Delta t) - x(t) \\ \Delta y = y(t+\Delta t) - y(t) \\ \Delta z = z(t+\Delta t) - z(t)\end{cases} \tag{1-8}$$

而位移的大小：

$$\Delta r = |\Delta \boldsymbol{r}| = \sqrt{\Delta x^2 + \Delta y^2 + \Delta z^2} \tag{1-9}$$

方向：

$$\cos\alpha = \frac{\Delta x}{\Delta r},\ \cos\beta = \frac{\Delta y}{\Delta r},\ \cos\gamma = \frac{\Delta z}{\Delta r}$$

位移与位置矢径的区别与联系：①二者均为矢量；②位置矢径依赖于坐标系的选取，而位移则与坐标选取无关；③位置矢径确定某一时刻运动质点的位置，而位移则表示在某一时间段内运动质点位置的变化；④位移 $\Delta \boldsymbol{r}$ 的大小与位矢长度差 Δr 一般是不相等的。

2）路程

运动质点在一段时间内，在其运动轨迹经过的路径的总长度称为路程，用 ΔS 表示。位移是矢量，而路程是标量。一般 $|\Delta \boldsymbol{r}|$ 与 ΔS 并不相等。只有在 Δt 趋近于 0 时，$|\Delta \boldsymbol{r}|$ 和 ΔS 的数值才可视为相等。即使在直线运动中，位移和路程也是截然不同的两个概念。例如，一质点沿直线从 A 点到达 B 点又折回 A 点，显然路程等于 AB 之间距离的两倍，而位移却为 0。

例 1-4　一质点在 xOy 平面内依照 $x=t^2$ 的规律沿曲线 $y=\frac{x^3}{320}$运动，其中 x 和 y 的单位是 cm，t 的单位是 s，试求：该质点从第 2 s 末到第 4 s 末的位移。

解：已知这质点在给定坐标系中依照 $x=t^2$ 的规律沿曲线 $y=\frac{x^3}{320}$运动，因此可根据已知条件，先求出质点的 y 坐标随时间 t 而变化的函数式，将式 $x=t^2$ 代入 $y=\frac{x^3}{320}$即得：$y=\frac{t^6}{320}$，则该质点的运动方程为

$$\boldsymbol{r} = x\boldsymbol{i} + y\boldsymbol{j} = t^2\boldsymbol{i} + \frac{t^6}{320}\boldsymbol{j}$$

质点在第 2s 末和第 4s 末的位矢分别为

$$\boldsymbol{r}_1=\boldsymbol{r}(2)=4\boldsymbol{i}+0.2\boldsymbol{j}$$

$$\boldsymbol{r}_2=\boldsymbol{r}(4)=16\boldsymbol{i}+12.8\boldsymbol{j}$$

质点从第 2s 末到第 4s 末的位移为

$$\Delta\boldsymbol{r}=\boldsymbol{r}_2-\boldsymbol{r}_1=(16-4)\boldsymbol{i}+(12.8-0.2)\boldsymbol{j}=12\boldsymbol{i}+12.6\boldsymbol{j}$$

其位移在 x 轴和 y 轴方向上的分位移大小为

$$\Delta x=16-4=12\ \text{cm},\ \Delta y=12.8-0.2=12.6\ \text{cm}$$

位移大小：$|\Delta r|=\sqrt{\Delta x^2+\Delta y^2}=17.4\ \text{cm}$

而位移的方向，即 $\Delta\boldsymbol{r}$ 与 x 轴正方向的夹角：$\tan\varphi=\dfrac{\Delta y}{\Delta x}=\dfrac{12.6}{12}=1.05$。

2. 速度

1）速度

研究质点的运动，不仅要知道质点的位移，还要知道质点在多长时间内发生这一位移，亦即要知道运动的快慢程度。当质点在时间 Δt 内完成了位移 $\Delta\boldsymbol{r}$，为了表示质点在这段时间内的运动快慢程度，我们把质点的位移 $\Delta\boldsymbol{r}$ 与相应的时间 Δt 的比值，叫作质点在这段时间内的平均速度，即

$$\bar{v}=\frac{\boldsymbol{r}(t+\Delta t)-\boldsymbol{r}(t)}{\Delta t}=\frac{\Delta\boldsymbol{r}}{\Delta t} \tag{1-10}$$

➤ 注：平均速度是矢量，方向与位移 $\Delta\boldsymbol{r}$ 方向相同。

平均速度仅能对一定时间间隔内运动质点位置随时间变化的情况作大致的描述。而人们通常需要知道某一瞬时的速度，即不需要用平均速度描写质点运动状况的粗略性，却需要对运动的速度更精确的描述。如长途旅行时，乘客通常只需要知道汽车的平均速度，但是作为警察，他们需要知道汽车在特定时刻的速度。

图 1-5 所示为不同时间段的平均速度，可以发现测量时间 Δt 越短，平均速度越能精确地反映运动情况。但无论时间多短，总有比它更短的时间存在。要精确地描述运动情况，就需要数学上的极限概念：当 $\Delta t\to 0$ 时，有 $\Delta\boldsymbol{r}\to 0$，比值 $\dfrac{\Delta\boldsymbol{r}}{\Delta t}$ 将无限接近于一确

定的矢量 $\boldsymbol{v}$，它就是平均速度的极限——t 时刻的**瞬时速度**。

$$\boldsymbol{v}=\lim_{\Delta t\to 0}\frac{\Delta \boldsymbol{r}}{\Delta t}=\frac{\mathrm{d}\boldsymbol{r}}{\mathrm{d}t} \tag{1-11}$$

即速度等于位置矢量 $\boldsymbol{r}$ 对时间的一阶导数。因此，只要知道了运动质点的运动方程，就可以求出质点的速度。

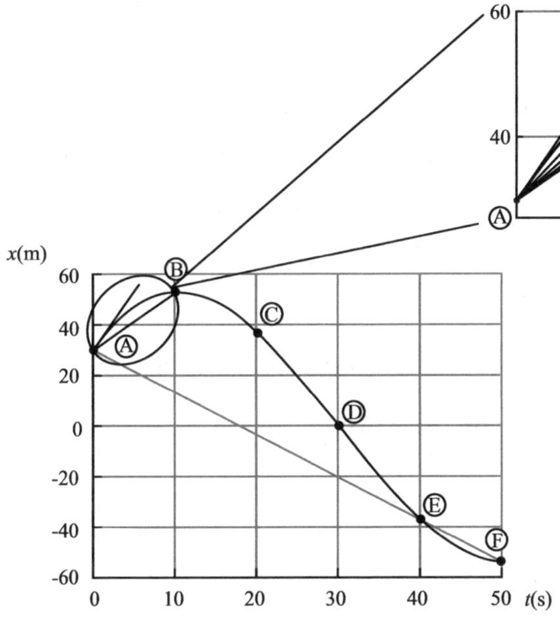

图 1-5

速度 $\boldsymbol{v}$ 是矢量，方向与 $\Delta\boldsymbol{r}$ 的极限方向一致，即方向沿 t 时刻质点在轨迹上该点的切线方向，单位是 m/s。

瞬时速度在直角坐标系中的正交分解式：

$$\boldsymbol{v}=\frac{\mathrm{d}\boldsymbol{r}}{\mathrm{d}t}=\frac{\mathrm{d}x}{\mathrm{d}t}\boldsymbol{i}+\frac{\mathrm{d}y}{\mathrm{d}t}\boldsymbol{j}+\frac{\mathrm{d}z}{\mathrm{d}t}\boldsymbol{k} \tag{1-12}$$

质点速度的投影（标量式）分别为

$$v_x=\frac{\mathrm{d}x}{\mathrm{d}t}=\dot{x},\ v_y=\frac{\mathrm{d}y}{\mathrm{d}t}=\dot{y},\ v_z=\frac{\mathrm{d}z}{\mathrm{d}t}=\dot{z} \tag{1-13}$$

式中 $\dot{x}$，$\dot{y}$，$\dot{z}$ 分别为坐标函数 x，y，z 对时间 t 的一阶导数。速度大小为

$$v=\sqrt{v_x^2+v_y^2+v_z^2}=\sqrt{\dot{x}^2+\dot{y}^2+\dot{z}^2} \tag{1-14}$$

速度的方向，可用速度矢量的方向余弦表示：

$$\cos\alpha_1 = \frac{v_x}{v}, \quad \cos\beta = \frac{v_y}{v}, \quad \cos\gamma_1 = \frac{v_z}{v}, \tag{1-15}$$

质点作平面运动时，在已知质点运动轨道的情况下，通常采用自然坐标系来描述质点的运动规律。在轨道上任取一点作为坐标原点 O，以质点到原点的距离 s 作为质点的坐标，根据坐标原点和正方向的规定，质点的坐标 s 可正可负，这样的坐标系称为自然坐标系。在自然坐标系中，质点的运动方程为 $s=s(t)$，它与质点的位置矢量 $\boldsymbol{r}=\boldsymbol{r}(s)$ 有一一对应的关系。为了更详细地描述质点的运动规律，我们还需要定义坐标方向的单位矢量 $\boldsymbol{e}_t$ 和 $\boldsymbol{e}_n$。在质点所在处，取两个相互垂直的方向 $\boldsymbol{e}_t$ 和 $\boldsymbol{e}_n$，$\boldsymbol{e}_t$ 沿轨道的切线方向并指向质点的运动方向，称为切向单位矢量；$\boldsymbol{e}_n$ 沿轨道的法线方向，指向轨道的凹侧，称为法向单位矢量。随着质点的运动，质点在不同位置 $\boldsymbol{e}_t$ 和 $\boldsymbol{e}_n$ 的大小虽然不变（永远等于1），但是它们的方向均可能不同。

在自然坐标系中，按照速度的定义，并利用 $\Delta t \to 0$，$\Delta \boldsymbol{r} \to \Delta s\boldsymbol{e}_t$，有

$$\boldsymbol{v} = \lim_{\Delta t \to 0} \frac{\Delta \boldsymbol{r}}{\Delta t} = \left(\lim_{\Delta t \to 0} \frac{\Delta s}{\Delta t}\right) \boldsymbol{e}_t = \frac{\mathrm{d}s}{\mathrm{d}t}\boldsymbol{e}_t$$

根据速率的定义 $v = \frac{\mathrm{d}s}{\mathrm{d}t}$，有

$$\boldsymbol{v} = \frac{\mathrm{d}s}{\mathrm{d}t}\boldsymbol{e}_t = v\boldsymbol{e}_t$$

平均速度和瞬时速度既有区别又有联系：①瞬时速度是当 $\Delta t \to 0$ 时平均速度的极限值；②平均速度只是对质点运动的粗略描述，而瞬时速度则精确地描述了质点的运动状态；③在变速运动中，描述平均速度时，必须要指明哪一段位移或哪一段时间的平均速度；在描述瞬时速度时，必须要指明哪一时刻或哪一位置的瞬时速度。即平均速度与位移、时间对应，瞬时速度与时刻、位置相对应。

2）速率

在描述质点运动时，也常采用“速率”这个物理量。

将总路程与质点运行这段总路程的总时间的比值，叫作质点在这段时间内的**平均速率**。

$$\bar{v} = \frac{\Delta s}{\Delta t} \tag{1-16}$$

➢ 注：平均速率与平均速度不能等同看待，平均速率不是平均速度的大小。例如，在某一时间内，质点环行了一个闭合路径，显然质点的位移等于0，平均速度也为0，而质点的平均速率（等于路径长度除以时间）并不等于0。

当$\Delta t\to 0$时，平均速率的极限，叫作质点在t时刻的瞬时速率，简称**速率**。

$$v=\lim_{\Delta t\to 0}\frac{\Delta s}{\Delta t}=\frac{\mathrm{d}s}{\mathrm{d}t} \tag{1-17}$$

瞬时速度是反映质点运动瞬时快慢的物理量。

➢ 注：当Δt趋近于0时，$\Delta\boldsymbol{r}$的量值$|\Delta\boldsymbol{r}|$就趋近于Δs，因此瞬时速度的大小$v=\left|\frac{\mathrm{d}\boldsymbol{r}}{\mathrm{d}t}\right|$也就等于瞬时速率$\frac{\mathrm{d}s}{\mathrm{d}t}$。

例 1-5　一质点在xOy平面上运动，运动方程为

$$x=3t+5,\quad y=0.5t^2+3t-4$$

式中，t以s计，x和y以m计。

（1）以时间t为变量，写出质点位置矢量的表示式。

（2）求出t=1 s时刻和t=2 s时刻的位置矢量，计算这1 s内质点的位移。

（3）计算t=0 s时刻到t=4 s时刻内的平均速度。

（4）求出质点速度矢量表示式，计算t=4 s时质点的速度。

（5）计算t=4 s时质点的速率。

解：（1）$\boldsymbol{r}(t)=(3t+5)\boldsymbol{i}+(0.5t^2+3t-4)\boldsymbol{j}$

（2）将t=1 s，t=2 s代入$\boldsymbol{r}(t)$即有

$$\boldsymbol{r}(1)=8\boldsymbol{i}-0.5\boldsymbol{j}$$

$$\boldsymbol{r}(2)=11\boldsymbol{i}+4\boldsymbol{j}$$

$$\Delta\boldsymbol{r}=\boldsymbol{r}(2)-\boldsymbol{r}(1)=3\boldsymbol{i}+4.5\boldsymbol{j}$$

（3）将t=0 s，t=4 s代入质点运动学方程，得

$$\boldsymbol{r}(0)=5\boldsymbol{i}-4\boldsymbol{j},\quad \boldsymbol{r}(4)=17\boldsymbol{i}+16\boldsymbol{j}$$

因此，平均速度： $\bar{\boldsymbol{v}}=\dfrac{\Delta \boldsymbol{r}}{\Delta t}=\dfrac{\boldsymbol{r}(4)-\boldsymbol{r}(0)}{4}=3\boldsymbol{i}+5\boldsymbol{j}$ m/s

（4）质点的瞬时速度： $\boldsymbol{v}=\dfrac{\mathrm{d}\boldsymbol{r}}{\mathrm{d}t}=3\boldsymbol{i}+(t+3)\boldsymbol{j}$ m/s

当 $t=4$ s 时，有 $\boldsymbol{v}(4)=3\boldsymbol{i}+7\boldsymbol{j}$ m/s

（5）质点的速率： $v=\sqrt{3^2+7^2}=\sqrt{58}$ m/s

3. 加速度

当质点的运动速度随时间改变时，常常要搞清楚速度的变化情况。速度的变化情况常以另一个物理量——加速度来描述速度变化的快慢。加速度的定义方法与速度的类似。下面先定义平均加速度，再用极限方法定义瞬时加速度。

1）平均加速度

设质点在 t 时刻的速度为 $\boldsymbol{v}(t)$，在 $t+\Delta t$ 时刻的速度为 $\boldsymbol{v}(t+\Delta t)$，则 Δt 时间内速度增量为

$$\Delta \boldsymbol{v}=\boldsymbol{v}(t+\Delta t)-\boldsymbol{v}(t) \tag{1-18}$$

将速度增量 $\Delta \boldsymbol{v}$ 与发生这一增量经历的时间间隔 Δt 的比值称为质点在这段时间内的平均加速度，用 $\bar{\boldsymbol{a}}$ 表示，即 $\bar{\boldsymbol{a}}=\dfrac{\Delta \boldsymbol{v}}{\Delta t}$。显然，平均加速度是矢量，其大小为 $|\bar{\boldsymbol{a}}|=\left|\dfrac{\Delta \boldsymbol{v}}{\Delta t}\right|$，其方向与速度增量 $\Delta \boldsymbol{v}$ 的方向相同。

2）瞬时加速度

平均加速度仅能提供一段时间内速度变化的方向和平均快慢，其方向沿速度增量的方向。同样，平均加速度只能对质点的速度变化情况作一粗略性的描述。为了精确地描述质点在某一瞬时速度变化的情况，下面引入瞬时加速度的概念。定义在 Δt 趋近于 0 时平均加速度矢量的极限为瞬时加速度，简称加速度，即

$$\boldsymbol{a}=\lim_{\Delta t\to 0}\frac{\Delta \boldsymbol{v}}{\Delta t}=\frac{\mathrm{d}\boldsymbol{v}}{\mathrm{d}t}=\frac{\mathrm{d}^2\boldsymbol{r}}{\mathrm{d}t^2} \tag{1-19}$$

式（1-19）表明，加速度 $\boldsymbol{a}$ 是速度 $\boldsymbol{v}$ 对时间的一阶导数，或者是位矢 $\boldsymbol{r}$ 对时间的二阶导数。因此，只要知道了速度 $\boldsymbol{v}(t)$ 或位矢 $\boldsymbol{r}(t)$ 就可以求出加速度。

瞬时加速度是矢量，大小为 $|\boldsymbol{a}|=\dfrac{|\mathrm{d}\boldsymbol{v}|}{\mathrm{d}t}$，方向与速度变化量 $\Delta \boldsymbol{v}$ 的极限方向相同。

图 1-6 所示为 $\Delta\boldsymbol{v}$ 的方向和它的极限方向。一般情况下，$\Delta\boldsymbol{v}$ 的方向并不在速度 $\boldsymbol{v}$ 的方向上，因此瞬时加速度的方向一般与该时刻速度的方向不一致。因为 $\Delta\boldsymbol{v}$ 的极限方向总是指向轨迹曲线的凹侧，所以曲线运动中加速度总是指向运动轨迹的凹侧。在一维运动情况下，加速度 $\boldsymbol{a}$ 与速度 $\boldsymbol{v}$ 的方向在同一直线上。

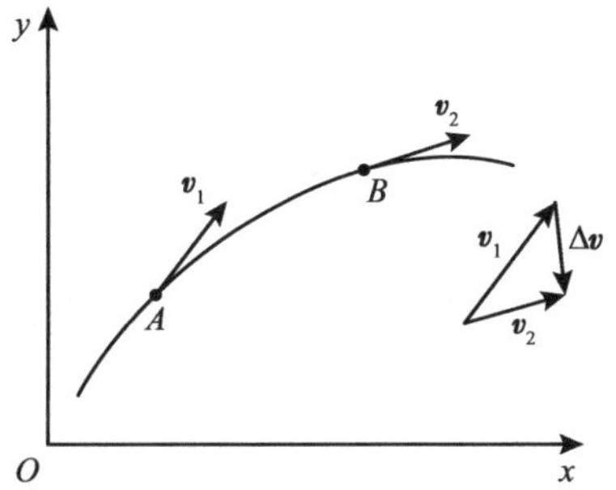

图 1-6

在直角坐标系中，加速度的正交分解式：

$$\boldsymbol{a}=\frac{\mathrm{d}\boldsymbol{v}}{\mathrm{d}t}=\frac{\mathrm{d}v_x}{\mathrm{d}t}\boldsymbol{i}+\frac{\mathrm{d}v_y}{\mathrm{d}t}\boldsymbol{j}+\frac{\mathrm{d}v_z}{\mathrm{d}t}\boldsymbol{k}$$
$$=\frac{\mathrm{d}^2x}{\mathrm{d}t^2}\boldsymbol{i}+\frac{\mathrm{d}^2y}{\mathrm{d}t^2}\boldsymbol{j}+\frac{\mathrm{d}^2z}{\mathrm{d}t^2}\boldsymbol{k} \tag{1-20}$$

分量式分别为

$$\begin{cases} a_x=\dfrac{\mathrm{d}v_x}{\mathrm{d}t}=\dfrac{\mathrm{d}^2x}{\mathrm{d}t^2}=\ddot{x} \\ a_y=\dfrac{\mathrm{d}v_y}{\mathrm{d}t}=\dfrac{\mathrm{d}^2y}{\mathrm{d}t^2}=\ddot{y} \\ a_z=\dfrac{\mathrm{d}v_z}{\mathrm{d}t}=\dfrac{\mathrm{d}^2z}{\mathrm{d}t^2}=\ddot{z} \end{cases} \tag{1-21}$$

其中，$\ddot{x}$，$\ddot{y}$，$\ddot{z}$ 分别为 x，y，z 对 t 的二阶导数。

加速度的大小为

$$a=\sqrt{a_x^2+a_y^2+a_z^2}=\sqrt{\ddot{x}^2+\ddot{y}^2+\ddot{z}^2} \tag{1-22}$$

加速度矢量的方向余弦为

$$\cos\alpha_2=\frac{a_x}{a},\ \cos\beta_2=\frac{a_y}{a},\ \cos\gamma_2=\frac{a_z}{a} \tag{1-23}$$

3）在自然坐标系下，加速度的分量式

一般情况下，质点沿曲线轨道运动。在已知质点运动轨道的情况下，通常采用自然坐标系来描述质点运动的速度变化规律。在自然坐标系中，质点的运动速度永远沿相应轨道处的切线方向（$\boldsymbol{e}_t$ 方向），即

$$\boldsymbol{v}=\frac{\mathrm{d}s}{\mathrm{d}t}\boldsymbol{e}_t=v\boldsymbol{e}_t \tag{1-24}$$

随着质点的运动，质点运动速度的大小 v 和 $\boldsymbol{e}_t$ 的方向都会随时间变化。因此，按照加速度的定义，有

$$\boldsymbol{a}=\frac{\mathrm{d}\boldsymbol{v}}{\mathrm{d}t}=\frac{\mathrm{d}(v\boldsymbol{e}_t)}{\mathrm{d}t}=\frac{\mathrm{d}v}{\mathrm{d}t}\boldsymbol{e}_t+v\frac{\mathrm{d}\boldsymbol{e}_t}{\mathrm{d}t} \tag{1-25}$$

很明显，（1-25）式中第一项$\frac{\mathrm{d}v}{\mathrm{d}t}\boldsymbol{e}_t$ 为质点速度大小的时间变化率，亦即质点沿切向的加速度分量，而第二项 $v\frac{\mathrm{d}\boldsymbol{e}_t}{\mathrm{d}t}$反映 $\boldsymbol{e}_t$ 的方向的变化。由高等数学的微分知识可知：

$$\frac{\mathrm{d}\boldsymbol{e}_t}{\mathrm{d}t}=\lim_{\Delta t\to 0}\frac{\Delta\boldsymbol{e}_t}{\Delta t}=\lim_{\Delta t\to 0}\frac{\Delta\theta}{\Delta t}\boldsymbol{e}_n=\frac{\mathrm{d}\theta}{\mathrm{d}t}\boldsymbol{e}_n \tag{1-26}$$

因此，在自然坐标系中，质点的加速度

$$\boldsymbol{a}=\frac{\mathrm{d}v}{\mathrm{d}t}\boldsymbol{e}_t+v\frac{\mathrm{d}\theta}{\mathrm{d}t}\boldsymbol{e}_n=a_t\boldsymbol{e}_t+a_n\boldsymbol{e}_n \tag{1-27}$$

又有 $v\frac{\mathrm{d}\theta}{\mathrm{d}t}=\frac{1}{\rho}v^2$，其中 ρ 为曲线的曲率半径，则加速度的分量形式为

$$a_t=\frac{\mathrm{d}v}{\mathrm{d}t}=\frac{\mathrm{d}^2s}{\mathrm{d}t^2},\quad a_n=\frac{1}{\rho}v^2 \tag{1-28}$$

从以上讨论可以看出，切向加速度分量纯粹反映了速度大小的变化，而法向加速度分量纯粹反映了速度方向的变化。因为 a_t 总是与 $\mathrm{d}v$ 的符号一致的，所以当 $a_t>0$ 时，质点的运动越来越快；而当 $a_t<0$ 时，质点的运动越来越慢；当 $a_t=0$ 时，质点的运动是匀速率运动。质点作匀速率曲线运动时，只有法向加速度。此时，质点运动的快慢不变，但仍有加速度，这是质点沿曲线运动的重要特征。

在自然坐标系中，总的加速度大小为 $a=\sqrt{a_t^2+a_n^2}$ ，质点总的加速度 $\boldsymbol{a}$ 与速度 $\boldsymbol{v}$ 的夹角可由下式表示：$\tan\theta=\frac{a_n}{a_t}$。

4）讨论

物体在运动过程中，只要速度有变化（速度的大小有变化或速度的方向有变化），就有加速度。

速度大小和方向都不变的运动，是匀速直线运动，加速度等于 0。

速度大小改变、方向不变的运动，是变速直线运动，有加速度。因为是直线运动，所以加速度的方向总在该直线上，包括特殊的匀变速直线运动。

速度大小不变、方向改变的运动，是匀速率曲线运动，例如匀速圆周运动，是有加速度的，且加速度的方向总是指向圆心，叫作向心加速度。

速度大小和方向都改变的运动，是变速曲线运动。

1.3　直线运动

1.3.1　从坐标到速度和加速度

在直角坐标系中，某时刻设质点 P 的坐标为（x，y，z），则该时刻质点的位置矢量为 $\boldsymbol{r}=x\boldsymbol{i}+y\boldsymbol{j}+z\boldsymbol{k}$。位置矢量随时间变化的关系 $\boldsymbol{r}=\boldsymbol{r}(t)=x(t)\boldsymbol{i}+y(t)\boldsymbol{j}+z(t)\boldsymbol{k}$ 称为质点的运动方程。对质点的运动方程求一阶导数可得质点的速度，即 $\boldsymbol{v}=\frac{\mathrm{d}\boldsymbol{r}}{\mathrm{d}t}$；对质点的运动方程求二阶导数可得质点的加速度，即 $\boldsymbol{a}=\frac{\mathrm{d}\boldsymbol{v}}{\mathrm{d}t}=\frac{\mathrm{d}^2\boldsymbol{r}}{\mathrm{d}t^2}$。

当质点始终沿着一条直线运动时，可选该直线为 x 轴，以 $\boldsymbol{i}$ 为 x 轴正向单位矢量，则质点的位矢、速度、加速度分别为

$$\boldsymbol{r}=x\boldsymbol{i},\quad \boldsymbol{v}=\frac{\mathrm{d}x}{\mathrm{d}t}\boldsymbol{i},\quad \boldsymbol{a}=\frac{\mathrm{d}^2x}{\mathrm{d}t^2}\boldsymbol{i} \tag{1-29}$$

对于一维的直线运动，也可以直接用标量形式来表示，即

$$x=x(t),\quad v=\frac{\mathrm{d}x}{\mathrm{d}t},\quad a=\frac{\mathrm{d}^2x}{\mathrm{d}t^2} \tag{1-30}$$

变量方向用正负号表示，正号表示与 $\boldsymbol{i}$ 方向相同，负号表示与 $\boldsymbol{i}$ 方向相反。

例 1-6 已知质点的运动方程为 $x=5+2t-2t^2$，式中 t 以 s 计，x 以 m 计，试说明该质点的运动情况。

解：取质点为研究对象，由已知的运动方程得

$$v=\frac{\mathrm{d}x}{\mathrm{d}t}=2-4t,\quad a=\frac{\mathrm{d}v}{\mathrm{d}t}=-4$$

当 $t=0$ 时，

$$x_0=5\ \mathrm{m},\quad v_0=2\ \mathrm{m/s}$$

上式表明，该质点的运动是从离坐标原点为 5 m 的地方开始，作初速度为 2 m/s，加速度为−4 m/s² 的匀加速直线运动。

例 1-7 一质点沿 x 轴作直线运动，t 时刻的坐标为 $x=5t^2-3t^3$。试求：

（1）第 2 s 内的平均速度；

（2）第 2 s 末的瞬时速度；

（3）第 2 s 末的加速度。

解：（1）由平均速度的定义：

$$\begin{aligned}v&=\Delta x/\Delta t\\&=\frac{(5\times2^2-3\times2^3)-(5\times1^2-3\times1^3)}{2-1}=-6\ \mathrm{m/s}\end{aligned}$$

（2）由瞬时速度的定义：

$$v=\mathrm{d}v/\mathrm{d}t=10-9t^2$$

$t=2$ s 时，有 $$v_2=-16\ \mathrm{m/s}$$

（3）由瞬时加速度的定义：

$$a=\mathrm{d}v/\mathrm{d}t=10-18t$$

$t=2$ s 时，有 $$a_2=-26\ \mathrm{m/s^2}$$

1.3.2 从加速度到速度和坐标

若已知 $x=x(t)$，对其求导可求出速度和加速度。反之，若已知加速度及初始条件，用积分的方法可以求出质点的速度及位置。

由 $a=\frac{dv}{dt}$，分离变量得 $$dv=a dt$$

两边积分，有 $$\int_{v_0}^{v} dv=\int_0^t a dt \text{ 即 } v=v_0+\int_0^t a dt$$

再由 $a=\frac{dx}{dt}$分离变量得 $$dx=v dt$$

两边积分，有 $$\int_{x_0}^{x} dx=\int_0^t v dt=\int_0^t v_0 dt+\int_0^t\left(\int_0^t a dt\right) dt$$

得 $$x=x_0+v_0 t+\int_0^t\left(\int_0^t a dt\right) dt$$

1. 加速度为时间的函数

若 $a=f(t)$，可直接积分求得 $v(t)$，再积分求得 $x(t)$。

例 1-8 已知一质点作直线运动，其加速度为 $a=4+3t\ \mathrm{m/s^2}$，开始运动时，$x_0=5\ \mathrm{m}$，$v_0=0\ \mathrm{m/s}$，求该质点在 $t=10\ \mathrm{s}$ 时的速度和位置。

解： 由于 $a=\frac{dv}{dt}=4+3t$，分离变量，得

$$dv=(4+3t)dt$$

上式积分，得 $$v=4t+\frac{3}{2}t^2+C_1$$

由题意知 $t=0$ 时，$v_0=0$，故 $C_1=0$，得

$$v=4t+\frac{3}{2}t^2$$

又因为 $v=\frac{dx}{dt}=4t+\frac{3}{2}t^2$，分离变量，得

$$dx=\left(4t+\frac{3}{2}t^2\right) dt$$

积分得 $$x=2t^2+\frac{1}{2}t^3+C_2$$

由题意知 $t=0$，$x_0=5$，因此 $C_2=5$，故 $x=2t^2+\frac{1}{2}t^3+5$。

所以 $t=10\ \mathrm{s}$ 时，质点的速度 $v_{10}=190\ \mathrm{m/s}$，位置 $x_{10}=705\ \mathrm{m}$。

2. 加速度为坐标的函数

若 $a=f(x)$，则 $a=\frac{\mathrm{d}v}{\mathrm{d}t}=\frac{\mathrm{d}v}{\mathrm{d}x}\cdot\frac{\mathrm{d}x}{\mathrm{d}t}=v\frac{\mathrm{d}v}{\mathrm{d}x}$，因此，$v\mathrm{d}v=a\mathrm{d}x=f(x)\mathrm{d}x$，积分可求得 v，又 $v=\frac{\mathrm{d}x}{\mathrm{d}t}$，再积分求得 $x(t)$。

例 1-9 一质点沿 x 轴运动，其加速度 a 与位置坐标的关系为 $a=3+6x^2$。如果质点在原点处的速度为 0，试求其在任意位置处的速度。

解： 设质点在任意位置 x 处的速度为 v，则

$$a=\frac{\mathrm{d}v}{\mathrm{d}t}=\frac{\mathrm{d}v}{\mathrm{d}x}\cdot\frac{\mathrm{d}x}{\mathrm{d}t}=v\frac{\mathrm{d}v}{\mathrm{d}x}=3+6x^2$$

分离变量，两边积分：

$$\int_0^v v\mathrm{d}v=\int_0^x(3+6x^2)\,\mathrm{d}x$$

得

$$v=\sqrt{6x+4x^3}$$

3. 加速度为速度的函数

若 $a=f(v)$，则 $a=f(v)=\frac{\mathrm{d}v}{\mathrm{d}t}$，积分可求得 $v(t)$，再积分求得 $x(t)$。

例 1-10 一艘正在行驶的汽船，当关闭发动机后，沿一直线运动，加速度与船速的平方成正比且反向，即 $a=-kv^2$，其中常量 $k>0$。若关闭发动机时，汽船的速度为 v_0，求：

（1）关闭发动机后任意 t 时刻的汽船速度；

（2）关闭发动机后的 t 时间内，汽船行驶的距离。

解： 以汽船为研究对象，由于它作减速直线运动，取汽船运动方向为坐标轴 x 的正方向，坐标原点选择在刚关闭发动机的位置处。

（1）按直线运动的加速度公式有 $a=\frac{\mathrm{d}v}{\mathrm{d}t}$

由题意知 $a=-kv^2$，代入上式，有 $-kv^2=\frac{\mathrm{d}v}{\mathrm{d}t}$

分离变量 $k\mathrm{d}t=-\frac{\mathrm{d}v}{v^2}$

已知当 $t=0$ s 时，$v=v_0$，并设 t 时刻的速度为 v，积分得

$$k\int_0^t \mathrm{d}t = \int_{v_0}^{v} -\frac{\mathrm{d}v}{v^2}$$

因此得
$$v = \frac{v_0}{kv_0 t + 1}$$

（2）由 $v = \frac{\mathrm{d}x}{\mathrm{d}t}$ 得
$$\frac{\mathrm{d}x}{\mathrm{d}t} = \frac{v_0}{kv_0 t + 1}$$

分离变量，两边积分，有
$$\int_0^x \mathrm{d}x = \int_0^t \frac{v_0}{kv_0 t + 1}\mathrm{d}t$$

由此得汽船的运动方程为
$$x = \frac{1}{k}\ln(kv_0 t + 1)$$

汽船在 t 时间内行驶的距离：

$$\Delta s = |x - x_0| = \frac{1}{k}\ln(kv_0 t + 1) - 0 = \frac{1}{k}\ln(kv_0 t + 1)$$

4. 图形

质点作直线运动时，通常还用直观性很强的图示法进行描述。如图 1-7 所示，以时间 t 为横坐标、位置 x 为纵坐标的 x-t 图线反映了任一时刻质点的位置，在 x-t 图线中，曲线切线的斜率为速度。如图 1-8 所示，以时间 t 为横坐标、速度 v 为纵坐标的 v-t 图线反映了任一时刻质点的速度，在 v-t 图线中，曲线切线的斜率为加速度。

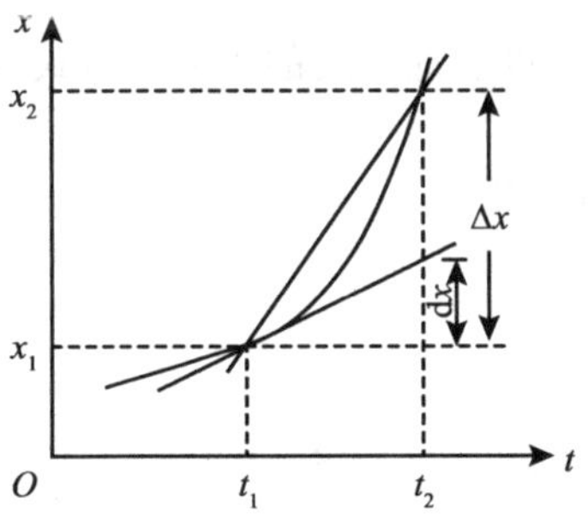

图 1-7

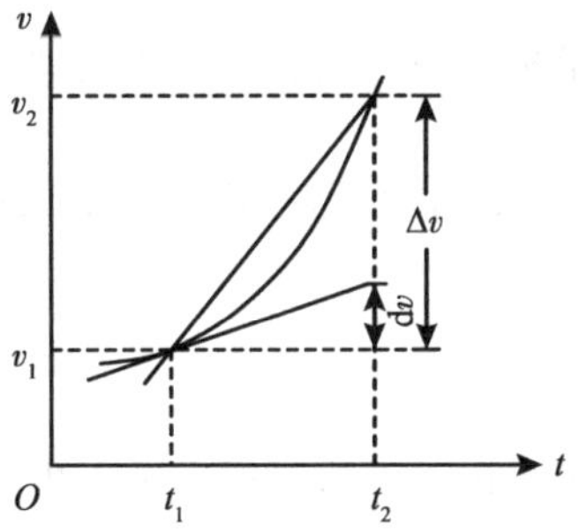

图 1-8

t_1 到 t_2 时刻的曲线与横轴间面积表示质点在 t_1 到 t_2 时间内的位移，横轴上方的面积表示位移为正，下方的面积表示位移为负。

例 1-11　画出下列情况中，物体运动的 x-t 图、v-t 图、a-t 图（画出图线的大致形状即可）。

（1）悬挂物体的绳子突然被剪断后，重物作自由落体运动。

（2）在离地面一定高度处竖直上抛一物体，分析物体在重力作用下的运动。

（3）电梯从 1 层上升到达 29 层的运动：设 1~2 层的电梯加速度为 a，2~28 层电梯作匀速运动，28~29 层的电梯加速度为 $-a$。

解： 以物体初始位置为坐标原点，以初速度方向为 x 轴正方向，如图 1-9 所示。

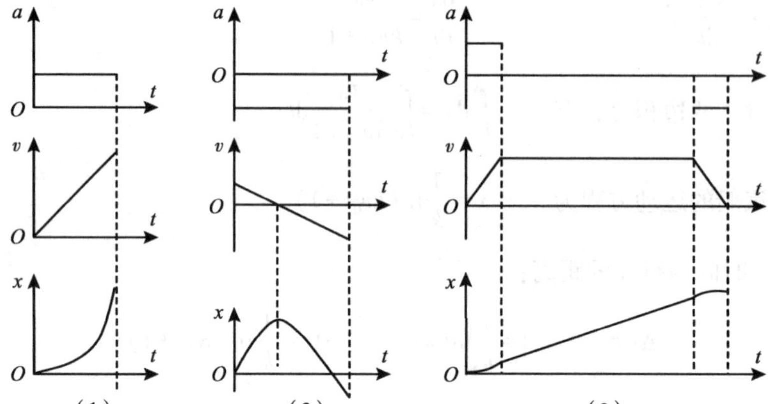

图 1-9

1.4 曲线运动

1.4.1 平面直角坐标系

在直角坐标系中，我们可以用运动方程、速度、加速度的正交分解式直接表示。

1. 已知质点的运动方程求质点的速度和加速度

$$\boldsymbol{r}=x\boldsymbol{i}+y\boldsymbol{j}+z\boldsymbol{k} \tag{1-31}$$

因为直角坐标系中的单位矢量大小、方向不随时间变化，所以

$$\boldsymbol{v}=\frac{\mathrm{d}\boldsymbol{r}}{\mathrm{d}t}=\frac{\mathrm{d}x}{\mathrm{d}t}\boldsymbol{i}+\frac{\mathrm{d}y}{\mathrm{d}t}\boldsymbol{j}+\frac{\mathrm{d}z}{\mathrm{d}t}\boldsymbol{k} \tag{1-32}$$

加速度的 3 个分量为

$$\boldsymbol{a}=\frac{\mathrm{d}\boldsymbol{v}}{\mathrm{d}t}=\frac{\mathrm{d}v_x}{\mathrm{d}t}\boldsymbol{i}+\frac{\mathrm{d}v_y}{\mathrm{d}t}\boldsymbol{j}+\frac{\mathrm{d}v_z}{\mathrm{d}t}\boldsymbol{k}=\frac{\mathrm{d}^2x}{\mathrm{d}t^2}\boldsymbol{i}+\frac{\mathrm{d}^2y}{\mathrm{d}t^2}\boldsymbol{j}+\frac{\mathrm{d}^2z}{\mathrm{d}t^2}\boldsymbol{k} \tag{1-33}$$

例 1-12 一质点在平面上运动，已知质点位置矢量的表达式为 $\boldsymbol{r}=at^2\boldsymbol{i}+bt^2\boldsymbol{j}$（其中 a、

b 为常量），则该质点作何种形式的运动？

解：由质点的位置矢量 $\boldsymbol{r}=at^2\boldsymbol{i}+bt^2\boldsymbol{j}$

得运动方程分量式

$$\begin{cases}x=at^2\\y=bt^2\end{cases}$$

轨道方程

$$y=\frac{b}{a}x$$

质点的速度

$$\boldsymbol{v}=\frac{\mathrm{d}\boldsymbol{r}}{\mathrm{d}t}=2at\boldsymbol{i}+2bt\boldsymbol{j}$$

质点的加速度

$$\boldsymbol{a}=\frac{\mathrm{d}\boldsymbol{v}}{\mathrm{d}t}=2a\boldsymbol{i}+2b\boldsymbol{j}$$

质点的加速度为非 0 恒量，故该质点在 xOy 平面内作匀变速直线运动，其轨道方程为 $y=\dfrac{b}{a}x$。

2. 已知质点平面运动的加速度和初始条件

例 1-13　一质点具有恒定加速度 $\boldsymbol{a}=6\boldsymbol{i}+4\boldsymbol{j}$，式中 $\boldsymbol{a}$ 的单位为 m/s²。在 t =0 s 时，其速度为 0 m/s，位置矢量 $\boldsymbol{r}_0=10\boldsymbol{i}$。求：

（1）在任意时刻的速度和位置矢量；

（2）质点在 xOy 平面上的轨迹方程，并画出轨迹的示意图。

> 提示：本题的质点作平面曲线运动，根据叠加原理，求解时需根据加速度的两个分量 a_x 和 a_y 分别积分，从而得到运动方程 $\boldsymbol{r}$ 的两个分量式 $x(t)$ 和 $y(t)$。
>
> 由于本题中质点加速度为恒矢量，两次积分后所得的运动方程为固定形式，即 $x=x_0+v_{0x}t+\dfrac{1}{2}a_xt^2$ 和 $y=y_0+v_0t+\dfrac{1}{2}a_yt^2$，两个分运动均为匀变速直线运动。读者不妨自己验证一下。

解：由加速度定义式，根据初始条件 t_0=0 时 v_0=0，积分可得

$$\int_0^v \mathrm{d}\boldsymbol{v}=\int_0^t \boldsymbol{a}\mathrm{d}t=\int_0^t (6\boldsymbol{i}+4\boldsymbol{j})\,\mathrm{d}t$$

$$\boldsymbol{v}=6t\boldsymbol{i}+4t\boldsymbol{j}$$

又由 $\boldsymbol{v}=\dfrac{\mathrm{d}\boldsymbol{r}}{\mathrm{d}t}$ 及初始条件 t =0 时 $\boldsymbol{r}_0$=10$\boldsymbol{i}$，积分可得

$$\int_{r_0}^{r} \mathrm{d}\boldsymbol{r} = \int_0^t \boldsymbol{v}\mathrm{d}t = \int_0^t (6t\boldsymbol{i} + 4t\boldsymbol{j})\,\mathrm{d}t$$

$$\boldsymbol{r} = (10 + 3t^2)\boldsymbol{i} + 2t^2\boldsymbol{j}$$

由上述结果可得质点运动方程的分量式，即

$$x = 10 + 3t^2,\ y = 2t^2$$

消去时间 t，可得运动的轨迹方程

$$y = \frac{2}{3}x - \frac{20}{3}$$

这是一个直线方程，质点作直线运动。直线斜率 $k = \frac{\mathrm{d}y}{\mathrm{d}x} = \tan\alpha = \frac{2}{3}$，$\alpha = 33^\circ 41'$。轨迹如图 1-10 所示。

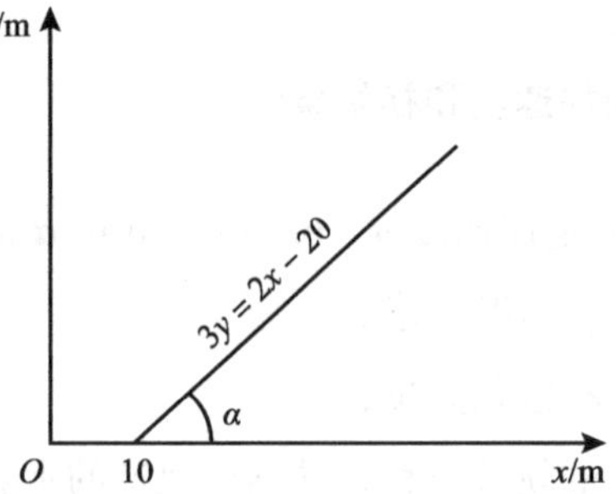

图 1-10

3. 典型运动

曲线运动中最具有代表性的就是抛体运动和圆周运动。

1.4.2 抛体运动

在欧洲中世纪人们的观念里，抛体的轨迹由 3 段组成：初始一段直线，中间一段圆弧，最后一段垂直下落。伽利略通过研究落体运动，发现落体是匀加速运动后，第一次正确指出，抛体的运动可以看作是水平方向的匀速运动和竖直方向的匀加速运动的合成。

选择平面直角坐标系，原点选在抛出点处，如图 1-11 所示。其中，$(x,\ y)$ 表示被抛质点的坐标，初速度为 v_0，与 x 轴之间的夹角为 α。

选择抛出时为计时起点。有：$x = v_0\cos\alpha \cdot t$，$y = v_0\sin\alpha \cdot t - \frac{1}{2}gt^2$

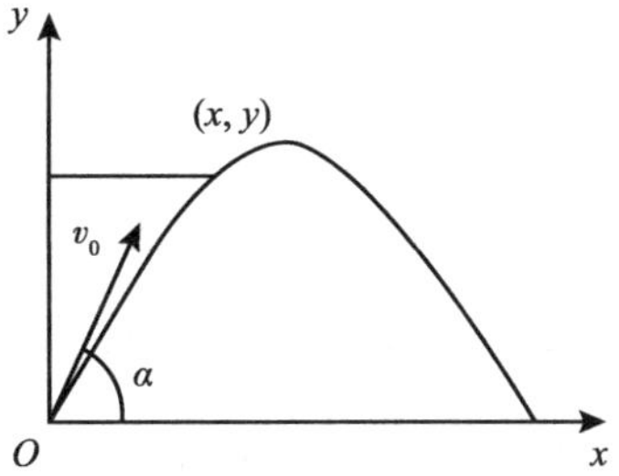

图 1-11

位矢：
$$\boldsymbol{r}=x\boldsymbol{i}+y\boldsymbol{j}=v_0\cos\alpha\cdot t\boldsymbol{i}+(v_0\sin\alpha\cdot t-\frac{1}{2}gt^2)\boldsymbol{j}$$

注意：以上讨论未涉及空气阻力的影响。

例 1-14　如图 1-12 所示抛体运动，选抛出点为直角坐标系的原点，y 轴竖直向上，x 轴沿水平方向，其正方向与抛体初速 v_0 在水平方向的分量相同，设 v_0 与 x 轴夹角为 θ，初始条件为 $t=0$，$x_0=y_0=0$，$v_{0x}=v_0\cos\theta$，$v_{0y}=v_0\sin\theta$ 。

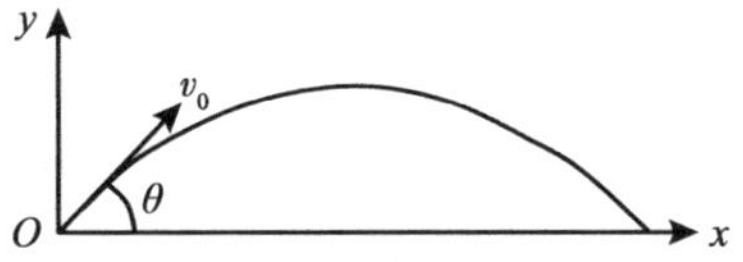

图 1-12

由 $\dfrac{d^2x}{dt^2}=0$，积分得
$$\frac{dx}{dt}=C=v_0\cos\theta$$

再积分，得
$$\int_0^x dx=\int_0^t v_0\cos\theta dt\ ,\ x=v_0t\cos\theta$$

由 $\dfrac{d^2y}{dt^2}=-g$ ，得 $\dfrac{d\left(\dfrac{dy}{dt}\right)}{dt}=-g$ ，即
$$d\left(\frac{dy}{dt}\right)=-gdt$$

两边积分
$$\int_{v_0\sin\theta}^{\dot{y}} d\dot{y}=\int_0^t -gdt$$

得
$$\dot{y}=v_0\sin\theta-gt$$

再积分，得
$$y=\int_0^y dy=\int_0^t(v_0\sin\theta-gt)\,dt=v_0t\sin\theta-\frac{1}{2}gt^2$$

所以，抛体的运动方程为
$$\begin{cases}x=v_0\cos\theta\cdot t\\ y=v_0\sin\theta\cdot t-\dfrac{1}{2}gt^2\end{cases}$$

上式消除时间 t，得轨迹为抛物线，方程为

$$y = x\tan\theta - \frac{g}{2v_0^2\cos^2\theta}x^2$$

当抛体运动至原抛射高度，即 $y=0$ 时，相应的水平位移叫水平射程，用 s 表示，即

$$s = x = \frac{v_0^2\sin2\theta}{g}$$

上式表明，在抛射初速度大小一定的条件下，当抛射角 $\theta = \frac{\pi}{4}$时，水平射程最远，其大小为 $s_{max} = \frac{v_0^2}{g}$。

抛体运动中，竖直速度 $v_y = \frac{dy}{dt} = 0$ 时，达到最大高度，由 $\frac{dy}{dt} = v_0\sin\theta - gt = 0$，得 $t = \frac{v_0\sin\theta}{g}$，其最大高度的大小为 $H = \frac{v_0^2\sin^2\theta}{2g}$。

以上讨论未涉及空气阻力的影响。实际上，子弹、炮弹在空中是沿所谓“弹道曲线”飞行，它与抛物线不同，由于空气阻力的影响，它的升弧和降弧不再对称，升弧长而平伸，降弧短而弯曲，如图 1-13 所示。

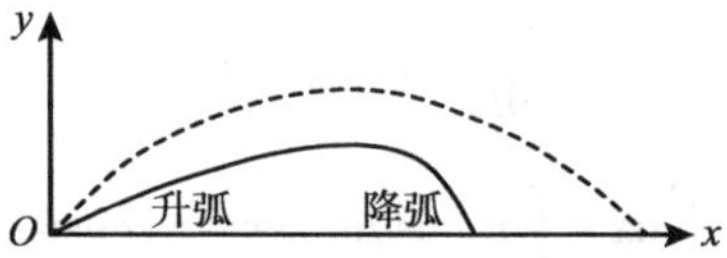

图 1-13

1.4.3 圆周运动

质点沿圆周运动时，描述速率的物理量称为线速度。若以 s 表示从圆周上某点 A 量起的弧长，如图 1-14 所示，则线速度 v 的大小就可表示为 $v = \frac{ds}{dt}$。以 θ 表示半径 R 从 OA 位置开始转过的角度，则 $s = R\theta$。将此关系代入 $v = \frac{ds}{dt}$，由于 R 是常量，可得 $v = R\frac{d\theta}{dt}$，式中 $\frac{d\theta}{dt}$ 叫作质点运动的角速度，它的国际标准单位是 rad/s。常以 ω 表示角速度，即

$$\omega = \frac{d\theta}{dt}$$

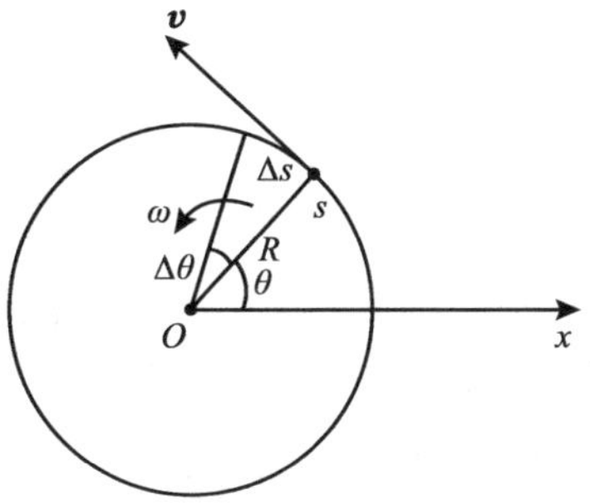

图 1-14

这样就有

$$v = R\omega \tag{1-34}$$

对于匀速率圆周运动，ω 和 v 均保持不变，因而其运动周期可求得为

$$T = \frac{2\pi}{\omega}$$

质点作圆周运动时，它的线速度的大小可以随时间改变或不改变。但是因为其速度矢量的方向总是在改变着，所以总有加速度。下面我们来求变速圆周运动的加速度。

如图 1-15 所示，$\boldsymbol{v}(t)$ 和 $\boldsymbol{v}(t+\Delta t)$ 分别表示质点沿圆周运动经过 B 点和 C 点时的速度矢量，由加速度的定义式可得

$$\boldsymbol{a} = \lim_{\Delta t \to 0} \frac{\boldsymbol{v}(t+\Delta t) - \boldsymbol{v}(t)}{\Delta t} = \lim_{\Delta t \to 0} \frac{\Delta \boldsymbol{v}}{\Delta t} \tag{1-35}$$

$\Delta \boldsymbol{v}$ 如图 1-16 所示，在矢量 $\boldsymbol{v}(t+\Delta t)$ 上截取一段，使其长度等于 $\boldsymbol{v}(t)$，作矢量 $(\Delta \boldsymbol{v})_n$ 和 $(\Delta \boldsymbol{v})_t$，就有

$$\Delta \boldsymbol{v} = (\Delta \boldsymbol{v})_n + (\Delta \boldsymbol{v})_t$$

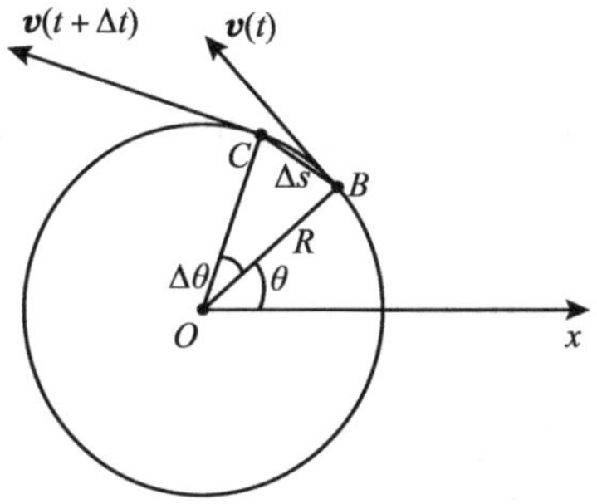

图 1-15

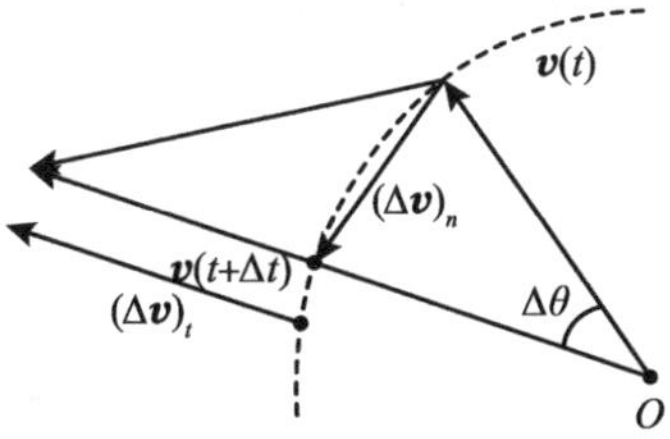

图 1-16

因而 $\boldsymbol{a}$ 的表达式可写成

$$\boldsymbol{a}=\lim_{\Delta t\to 0}\frac{(\Delta\boldsymbol{v})_n}{\Delta t}+\lim_{\Delta t\to 0}\frac{(\Delta\boldsymbol{v})_t}{\Delta t}=\boldsymbol{a}_n+\boldsymbol{a}_t$$

其中

$$\boldsymbol{a}_n=\lim_{\Delta t\to 0}\frac{(\Delta\boldsymbol{v})_n}{\Delta t},\ \boldsymbol{a}_t=\lim_{\Delta t\to 0}\frac{(\Delta\boldsymbol{v})_t}{\Delta t}$$

这就是说，加速度 $\boldsymbol{a}$ 可以看成是两个分速度的合成。

先求分加速度 $\boldsymbol{a}_t$。由图 1-16 可知，$(\Delta\boldsymbol{v})_t$ 的数值为

$$v(t+\Delta t)-v(t)=\Delta v$$

即等于速率的变化。于是 $\boldsymbol{a}_t$ 的数值为

$$a_t=\lim_{\Delta t\to 0}\frac{\Delta v}{\Delta t}=\frac{\mathrm{d}v}{\mathrm{d}t}$$

即等于速率的变化率。由于 $\Delta t\to 0$ 时，$(\Delta\boldsymbol{v})_t$ 的方向趋于和 v 在同一直线上，因此 $\boldsymbol{a}_t$ 的方向也沿着轨道的切线方向，这一分加速度就叫切向加速度。切向加速度表示质点速率变化的快慢。a_t 为一代数量，可正可负。$a_t>0$ 表示速率随时间增大，这时 $\boldsymbol{a}_t$ 的方向与速度 $\boldsymbol{v}$ 的方向相同。

利用式（1-34）还可以得到

$$a_t=\frac{\mathrm{d}(R\omega)}{\mathrm{d}t}=R\frac{\mathrm{d}\omega}{\mathrm{d}t}\tag{1-36}$$

$\frac{\mathrm{d}\omega}{\mathrm{d}t}$表示质点运动角速度对时间的变化率，叫作角加速度。它的国际标准单位是 rad/s^2。以 α 表示角加速度，则有

$$a_t=R\alpha\tag{1-37}$$

即切向加速度等于半径与角加速度的乘积。

下面再来求分加速度 $\boldsymbol{a}_n$。比较图 1-15、图 1-16 中的两个相似三角形可知

$$\frac{|(\Delta v)_n|}{v}=\frac{\overline{BC}}{R}$$

即

$$|(\Delta v)_n|=\frac{v\overline{BC}}{R}$$

式中 $\overline{BC}$ 为弦的长度。当 $\Delta t \to 0$ 时，这一弦长趋近于和对应的弧长 Δs 相等。因此，$\boldsymbol{a}_n$ 的大小为

$$a_n = \lim_{\Delta t \to 0} \frac{|(\Delta v)_n|}{\Delta t} = \lim_{\Delta t \to 0} \frac{v\Delta s}{R\Delta t} = \frac{v}{R} \lim_{\Delta t \to 0} \frac{\Delta s}{\Delta t}$$

由于
$$\lim_{\Delta t \to 0} \frac{\Delta s}{\Delta t} = \frac{\mathrm{d}s}{\mathrm{d}t} = v$$

可得
$$a_n = \frac{v^2}{R} \tag{1-38}$$

利用式（1-34），还可得
$$a_n = \omega^2 R \tag{1-39}$$

至于 $\boldsymbol{a}_n$ 的方向，从图 1-16 中可以看到，当 $\Delta t \to 0$ 时，$\Delta\theta \to 0$，而 $(\Delta \boldsymbol{v})_n$ 的方向趋向于垂直于速度 $\boldsymbol{v}$ 的方向而指向圆心。因此，$\boldsymbol{a}_n$ 的方向在任何时刻都垂直于圆的切线方向而沿着半径指向圆心。这个分加速度就叫向心加速度或法向加速度。法向加速度表示由于速度方向的改变而引起的速度变化率。在圆周运动中，总有法向加速度。在直线运动中，由于速度方向不改变，$\boldsymbol{a}_n = 0$。在这种情况下，也可以认为 $R \to \infty$，此时式（1-38）也给出 $a_n = 0$。$\boldsymbol{a}_n$ 总是与 $\boldsymbol{a}_t$ 垂直，所以圆周运动的总加速度的大小：

$$a = \sqrt{a_n^2 + a_t^2} \tag{1-40}$$

以 β 表示加速度 $\boldsymbol{a}$ 与速度 $\boldsymbol{v}$ 之间的夹角（图 1-17），则

$$\beta = \arctan \frac{a_n}{a_t} \tag{1-41}$$

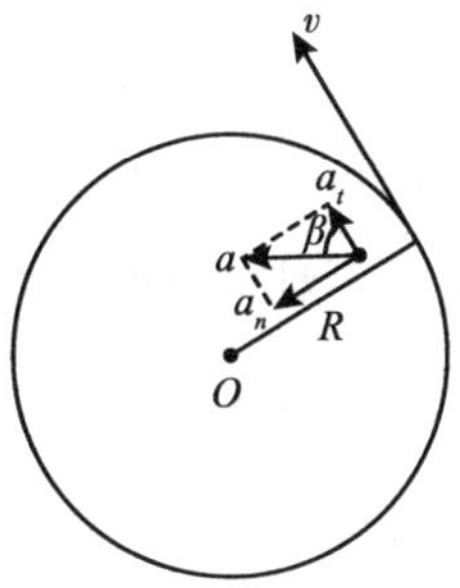

图 1-17

应该指出，以上关于加速度的讨论及结果，也适用于任何二维的（即平面上的）曲线运动。这时有关公式中的半径应是曲线上所涉及点处的曲率半径（即该点曲线的密接圆的半径）。

还应该指出的是，曲线运动中加速度的大小

$$a=|\boldsymbol{a}|=\left|\frac{\mathrm{d}\boldsymbol{v}}{\mathrm{d}t}\right|\neq\frac{\mathrm{d}v}{\mathrm{d}t}=a_t$$

也就是说，曲线运动中加速度的大小并不等于速率对时间的变化率，这一变化率只是加速度的一个分量，即切向加速度。

1.5 运动描述的相对性和伽利略变换

在前面1.1节中已指出，一物体的运动，由于所选参照系及坐标系不同，物体运动的描述就会不同，这反映了运动描述的相对性。

假设一参照系（比如说某一轮船或某一列车）相对于另一参照系（比如地面或地面上某一静止的物体）的运动已知，那么，在这两个参照系中各自测得同一运动物体的位移和速度之间的关系会怎样呢?

当我们研究轮船上物体的运动时，一方面既要知道该物体对于河岸的运动，另一方面又要知道该物体相对于轮船的运动。为此，我们把河岸（即地球）定义为静止参考系，而把轮船定义为运动参考系。但是，当我们研究宇宙飞船的发射时，则只能把太阳作为静止参考系，而把地球作为运动参考系。这就是说，“静止参考系”和“运动参考系”的称谓都是相对的。在一般情况下，研究地面上物体的运动，把地球作为静止参考系比较方便。

如图1-18所示，在一辆相对地面运动的火车中，一物体（视为质点）在Δt时间间隔内由A点运动到B点，物体相对车的位移为$\Delta\boldsymbol{r}_{物对车}$。从地面参考系来看，在$\Delta t$时间内车由$C$点运动到$C'$点，车对地的位移为$\Delta\boldsymbol{r}_{车对地}$。因此，从地面参考系来看，物体是由$A$点到达$B'$点，位移为$\Delta\boldsymbol{r}_{物对地}$。不难得出如下关系：

$$\Delta\boldsymbol{r}_{物对地}=\Delta\boldsymbol{r}_{物对车}+\Delta\boldsymbol{r}_{车对地}\tag{1-42}$$

式（1-42）就是相对位移之间的关系式。

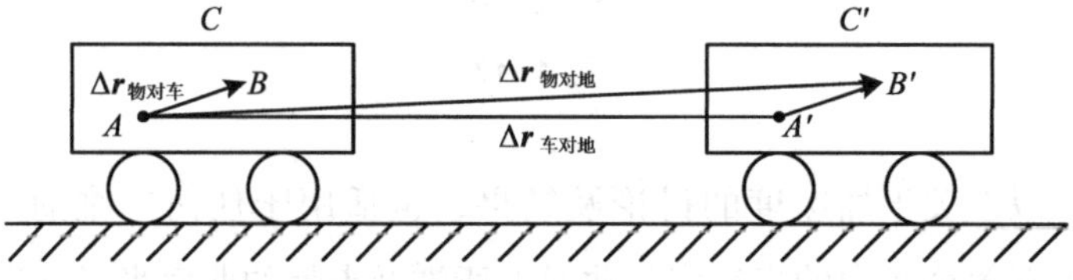

图 1-18

由速度的定义，物体相对地面的速度为

$$\boldsymbol{v}_{物对地}=\lim_{\Delta t\to 0}\frac{\Delta \boldsymbol{r}_{物对地}}{\Delta t}=\lim_{\Delta t\to 0}\frac{\Delta \boldsymbol{r}_{物对车}}{\Delta t}+\lim_{\Delta t\to 0}\frac{\Delta \boldsymbol{r}_{车对地}}{\Delta t} \tag{1-43}$$

即

$$\boldsymbol{v}_{物对地}=\boldsymbol{v}_{物对车}+\boldsymbol{v}_{车对地} \tag{1-44}$$

式（1-44）就是物体速度变换的关系式。一般地，地球可以看成“静止”参考系，则物体相对地球的速度叫作**绝对速度**，物体相对运动参考系的速度叫作**相对速度**，运动参考系相对地球参考系的速度叫作**牵连速度**。因此，式（1-44）可以理解为：物体相对地球参考系的绝对速度等于物体相对运动参考系的相对速度与运动参考系相对地球参考系的牵连速度的矢量和。

式（1-44）可推广到一般情况。以 B、C 代表两个平动参考系，A 代表运动质点，则有

$$\boldsymbol{v}_{A对C}=\boldsymbol{v}_{A对B}+\boldsymbol{v}_{B对C}$$

即一个质点相对参考系 C 的速度等于这个质点相对另一个参考系 B 的速度与参考系 B 相对于参考系 C 的速度的矢量和。这一关系叫作**伽利略速度相加原理**。

若将上式对时间取一阶导数，可得

$$\boldsymbol{a}_{A对C}=\boldsymbol{a}_{A对B}+\boldsymbol{a}_{B对C} \tag{1-45}$$

这就是物体加速度的变换关系式。

当讨论处于同一参考系内质点系内各质点间的相对运动时，可以利用以上结论表示质点间的相对位矢和相对速度。

设某质点系由 A 和 B 两质点组成，它们对某一参考系的位矢分别为 $\boldsymbol{r}_A$ 和 $\boldsymbol{r}_B$。质点系内 B 质点对 A 质点的位矢为 $\boldsymbol{r}_{BA}$，利用矢量减法的三角形法则，则有

$$\boldsymbol{r}_{BA}=\boldsymbol{r}_B-\boldsymbol{r}_A \tag{1-46}$$

$\boldsymbol{r}_{BA}$ 称为 B 对 A 的相对位矢。将式（1-46）对时间求一阶导数，可得 B 对 A 的相对速度

$$\boldsymbol{v}_{BA}=\boldsymbol{v}_B-\boldsymbol{v}_A \tag{1-47}$$

例 1-15　某人以 4 km/h 的速率向东前进，感觉风从正北吹来，如速率增倍，则感觉风从东北方向吹来，求风速及风向。

解：在水平面内取平面直角坐标系，如图 1-19 所示，x 轴向东，y 轴向北，人感觉的风速 $\boldsymbol{v}'$，$\boldsymbol{v}''$是相对速度，风对地的速度是客观不变的，即 $\boldsymbol{v}=v_x\boldsymbol{i}+v_y\boldsymbol{j}$ 是绝对速度，人的速度 $\boldsymbol{v}_1=4\boldsymbol{i}$，$\boldsymbol{v}_2=8\boldsymbol{i}$ 是牵连速度。

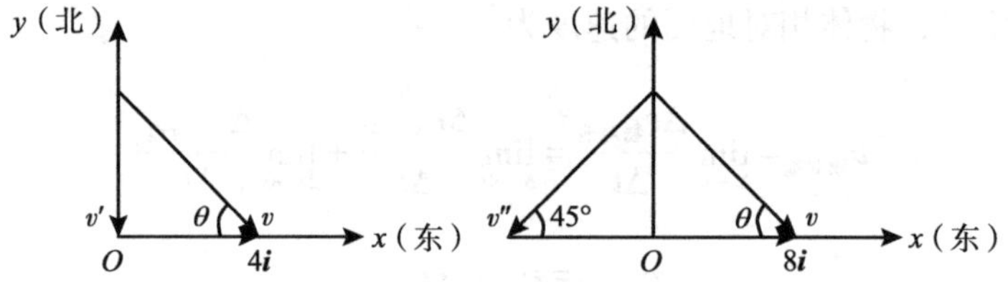

图 1-19

根据

$$\boldsymbol{v}=\boldsymbol{v}'+\boldsymbol{v}_1=-v'\boldsymbol{j}+4\boldsymbol{i}$$

得

$$v_x=4\ ,\ v_y=-\,v'$$

由

$$\boldsymbol{v}=\boldsymbol{v}''+\boldsymbol{v}_2=(-\frac{\sqrt{2}}{2}v''\boldsymbol{i}-\frac{\sqrt{2}}{2}v''\boldsymbol{j})+8\boldsymbol{i}$$

得

$$v_y=-\,4$$

所以

$$v=\sqrt{v_x^2+v_y^2}=4\sqrt{2}$$

即风速为 $4\sqrt{2}$ m/s，风向为西北。

例 1-16　G. Gamov（伽莫夫）桥下失落空瓶命题：小船在河中逆水而上，经过桥下时船上的人恰好掉落一个带瓶塞的空瓶于水中。半小时后，船上的人发觉瓶子遗失，即掉头追寻。问：经过多长时间可追得此瓶？船对水的速度始终不变。

解一：坐标选在岸上，设船相对于水的速度为 v；水相对于岸的速度为 u，时间 t 后追寻到瓶子。

逆水时，船相对于岸：$v_1=v-u$；掉头时离桥距离为：$l_1=(v-u)t_0$；顺水时，船相对于岸：$v_2=v+u$；

则

$$t=\frac{(v-u)t_0}{v+u}+\frac{t_0u+tu}{v+u}$$

上式中，t_0u+tu 为瓶子漂离桥的距离。

解时间 t 的表达式，可得 $t=t_0$，即经过半小时后，船上的人可追得此瓶。

解二：如果把参照系选在水中，即空瓶上，问题则简单得多。因为在此参照系中，船速是不变的，船离开半小时后再来找，当然是半小时后再相遇。至于水速和船速，自然是任意值。

说明：此题曾经在美国高校里用来判断学生到底是应该就读物理系还是应该就读数学系，是个有趣的问题。

思考题

1-1　试回答下列问题：匀加速运动是否一定是直线运动？为什么？在圆周运动中，加速度的方向是否一定指向圆心？为什么？

1-2　一个作平面运动的质点，它的运动方程是 $\boldsymbol{r}=\boldsymbol{r}(t)$，$\boldsymbol{v}=\boldsymbol{v}(t)$，(1) 如果 $\frac{\mathrm{d}r}{\mathrm{d}t}=0$，$\frac{\mathrm{d}\boldsymbol{r}}{\mathrm{d}t}\neq 0$，质点作什么运动？(2) 如果 $\frac{\mathrm{d}v}{\mathrm{d}t}=0$，$\frac{\mathrm{d}\boldsymbol{v}}{\mathrm{d}t}\neq 0$，质点作什么运动？

1-3　描述圆周运动的物理量一般有哪些？如何用角量对其进行描述？

1-4　如果一个质点的加速度与时间的关系是线性的，那么该质点的速度和位矢与时间的关系是否也是线性的呢？

1-5　回答下列问题。

(1) 有人说："运动物体的加速度越大，物体的速度也越大"，你认为对不对？

(2) 有人说："物体在直线上运动前进时，如果物体向前的加速度减小，物体前进的速度也就减小了"，你认为对不对？

(3) 有人说："物体加速度的值很大，而物体速度的值可以不变，是不可能的"，你认为如何？

习　题

1-1　质点从点 A (12，15) 运动到点 B (4，9)，求质点的位移（单位：m）。

1-2　某质点的运动方程为 $x=2t-7t^2+3$，则该质点作何种形式的运动？并确定加速度的方向。

1-3　一质点沿 x 轴作直线运动，t 时刻的坐标为 $x=5t^2-t^3$。试求：

(1) 第 2 s 内的平均速度；

(2) 第 2 s 末的瞬时速度；

(3) 第 2 s 末的加速度。

1-4　一质点沿 x 轴运动，其加速度与位置的关系为 $a(x)=2x+4x^2$，已知质点在 $x=0$ 处的速度为 2 m/s，试求质点在 $x=3$ m 处的速度。

1-5　一质点的运动方程为 $\boldsymbol{r}=3t\boldsymbol{i}+(4t^2-1)\boldsymbol{j}$ 。试求：

（1） $t=2$ s 时，质点的位置矢量；

（2） 质点的轨迹方程；

（3） 0~2 s 质点的位移及平均速度；

（4） $t=2$ s 时，质点的速度和加速度。

1-6　一汽车在半径为 400 m 的圆弧弯道上行驶。某时刻汽车的速率为 36 km/h，切向加速度的大小为 0.2 m/s^2，切向加速度的方向与速度的方向相反。试求：

（1） 此时汽车的法向加速度的大小；

（2） 角加速度的大小。

1-7　一质点具有恒定加速度 $\boldsymbol{a}=3\boldsymbol{i}+2\boldsymbol{j}$ ，式中 $\boldsymbol{a}$ 的单位为 m/s^2。在 $t=0$ s 时，速度为 0 m/s，位置矢量 $\boldsymbol{r}_0=2\boldsymbol{i}$ ，单位为 m。求：

（1） 在任意时刻的速度和位置矢量；

（2） 质点在 xOy 平面上的轨道方程。

1-8　一质点在 x 轴上作加速运动，开始时 $x=x_0$，$v=v_0$。

（1） $a=kt+c$ ，求任意时刻 t 的速度和位置，其中 k、c 均为常量；

（2） $a=-kv$ ，求任意时刻 t 的速度和位置，其中 k 为常量；

（3） $a=kx$ ，求任意位置 x 的速度其中 k 为常量。

1-9　一质点从静止出发沿半径为 3 m 的圆周运动，其切向加速度为 3 m/s^2。问：质点经过多长时间，其加速度恰好与半径成 45° 角？在上述时间内，质点经过的路程多少？

1-10　已知质点位矢随时间变化的函数形式为 $\boldsymbol{r}=t^2\boldsymbol{i}+2t\boldsymbol{j}$ 。式中 r 的单位为 m，t 的单位为 s。求：

（1） 任一时刻的速度和加速度；

（2） 任一时刻的切向加速度和法向加速度。

1-11　一质点从静止开始作直线运动，开始时加速度为 a_0，此后加速度随时间均匀增加，经过时间 π 后，加速度为 $2a_0$，经过时间 2π 后，加速度为 $3a_0$……求经过时间 $n\pi$ 后，该质点的速度和走过的距离。

1-12　一质点沿半径为 0.1 m 的圆周运动，角坐标 θ 可用下式来表示：

$\theta=2+4t^2$ （θ 以 rad 计，t 以 s 计）

试问：（1） 在 $t=2$ s 时，法向加速度和切向加速度各为多少？

（2） 当 θ 等于多少时，其总加速度与半径成 45° 角？

1-13　一汽船以 14 km/h 的速度向西行驶，船上人感觉有西南风，风速大小为 7 km/h。

求风对地的速度大小和方向。

1-14　某人骑自行车向东行驶，当车速为 3 m/s 时，感觉有南风，当车速为 6 m/s 时，感觉有风北偏西 37°。求风对地的速度大小和方向。

1-15　一小球以 10 m/s 的初速度，以 60° 的抛射角斜向上抛出。试求：

(1) 小球在最高点时的切向加速度和法向加速度，并求此时的轨道曲率半径；

(2) 小球落地后与抛出点同一水平面时，切向加速度与法向加速度是多少？并求此时的轨道曲率半径。

【选读材料】

长度单位和时间单位简史

(一) 长度单位

中国古代常以人体的一部分作为长度的单位。例如，三国时期（公元 3 世纪初）王肃编的《孔子家语》一书中记载有“布指知寸，布手知尺，舒肘知寻”。两臂伸开长八尺，就是一寻。还有记载说：“十尺为丈，人长八尺，故曰丈夫。”可见，古时量物，寸与指、尺与手、寻与身有一一对应的关系。

西方古代经常使用的长度单位中有所谓的“腕尺”，约合 52 cm，与从手的中指尖到肘之间的长度有密切关系。也有用实物作为长度单位依据的。例如，英制中的英寸来源于 3 粒圆而干的大麦粒一个接一个排成的长度。

多少年来世界各国通行种类繁多的长度单位，甚至一个国家或地区在不同时期采用不同的长度单位，杂乱无章，极不统一，对商品的流通造成许多麻烦。所以，随着科学技术的进步，长度单位逐渐趋于统一，这个进程早在几百年前就已经开始了。

1790 年，法国国民议会通过决议，责成法国科学院研究如何建立长度和质量等基本物理量的基准，为统一计量单位打好基础。次年，法国科学院建议采用通过巴黎的地球子午线的四千万分之一为长度单位。选取古希腊文中“metron”一词作为这个单位的名称，后来演变为“meter”，中文译成“米”。从 1792 年开始，法国天文学家用了 7 年时间，测量通过巴黎的地球子午线，并根据测量结果制成了米的铂质原器，它一直保存在巴黎档案局里。

法国人开创米制后，由于这一体制比较科学，使用方便，欧洲大陆各国相继采用。后来又作了测量，发现这1米原器并不正好等于地球子午线的四千万分之一，而是短了约0.2 mm。人们认为，以后测量技术还会不断进步，势必会再发现偏差，与其修改米原器的长度，不如就以这根铂质米原器为基准，从而统一所有的长度计量。

1875年5月20日，由法国政府出面召开了17个国家政府代表会议，正式签署了米制公约，公认米制为国际通用的计量单位，同时决定成立国际计量委员会和国际计量局。到1985年10月止，米制公约成员国已有47个，我国于1977年加入。

国际计量局经过几年的研究，用含铂90%、铱10%的合金精心设计和制成了30根横截面呈X形的米原器。这种形状最坚固又最省料，铂铱合金的特点则是膨胀系数极小。这30根米原器分别跟铂质米原器比对，经过遴选，取其中的一根作为国际米原器。1889年，国际计量委员会批准了这项工作，并且宣布：1 m的长度等于这根截面为X形的铂铱合金尺两端刻线记号间在冰熔点温度时的距离。其余一些米原器都与国际米原器做过比对，后来大多分发给会员国，成为各国的国家基准，以后每隔几十年都要进行周期检定，以确保长度基准的一致性。

然而，实际上米原器给出的长度并不一定正好是1 m，由于刻线工艺和测量方法等方面的原因，在复现量值时总难免有一定误差，这个误差不小于0.1 μm，也就是说，相对误差可达1×10^{-7}。时间长了，很难保证米原器本身不会发生变化，再加上米原器随时都有被破坏的危险，所以，随着科学与技术的发展，人们越来越希望把长度的基准建立在更科学、更方便和更可靠的基础上，而不是以某一实物的尺寸为基准。光谱学的研究表明，可见光的波长是一些很精确又很稳定的长度，有可能当作长度的基准。19世纪末，科学家在实验中找到了自然镉（Cd）的红色谱线，具有非常好的清晰度和复现性。它在15℃的干燥空气中，波长$\lambda_{Cd}=6438.4696\times10^{-10}$ m。

1927年国际协议，决定用镉的红色谱线作为光谱学的长度标准，并确定：1 m=1553164.13λ_{Cd}。人们第一次找到了可用来定义米的非实物标准。

科学家继续研究，后来又发现氪（^{86}Kr）的橙色谱线比镉的红色谱线还要优越。1960年，在第11届国际计量大会上，决定用氪（^{86}Kr）橙色谱线代替镉的红色谱线，并决定把米的定义改为：“米的长度等于氪（^{86}Kr）原子的$2p_{10}$到$5d_5$能级之间跃迁的辐射在真空中波长的1650763.73倍。”

但是原子光谱的波长太短，又难免受电流、温度等因素的影响，复现的精确度仍受限制。

20世纪60年代以后，由于激光的出现，人们又找到了一种更为优越的光源。用激光代替氪谱线，可以使长度测量得更为准确。只要确定某一时间间隔，就可从光速与这一时间间隔的乘积定义长度的单位。20世纪70年代，光速的测定已非常精确。1983年，第17届国际计量大会通过了米的新定义："米是光在真空中$\frac{1}{299\ 792\ 458}$ s的时间间隔内所经路程的长度。"新的米定义有重大科学意义。从此光速c成了一个精确数值，即$c=299\ 792\ 458$ m/s。把长度单位统一到时间上，就可以利用高度精确的时间计量，大大提高长度计量的精确度。

（二）时间单位

在人类观察到的自然现象中，以天空中发生的现象最为明显，也最有规律，所以很自然地时间的量度以地球自转的周期作为基准，这就是所谓的太阳日。1 s $=\frac{1}{86\ 400}$平太阳日。但是由于地球自转并不均匀也不稳定，1960年国际计量大会确认，把时间基准改为以地球围绕太阳公转为依据，即把秒定义为在1900年地球绕太阳沿轨道运行一周所需时间的$\frac{1}{31\ 556\ 925.974\ 7}$。这一数据之所以有如此之高的精确度，是因为这个结果是通过为期数年的一系列天文观测获得的。

然而根据这个定义很难对秒本身进行直接比较。正好在这期间，时间和频率的测量技术有了很大发展。1967年第13届国际计量大会重新规定了时间单位的定义："秒是铯-133原子基态的两个超精细能级之间跃迁所对应的辐射的9 192 631 770个周期的持续时间。"

第 2 章 牛顿运动定律

第 1 章讨论了质点运动学，即如何描述一个质点的运动，并介绍了几种典型的运动形式，但没有深入运动的本质，去揭示运动的发生与运动变化的原因。本章将从力的概念出发去阐明力和运动的关系，即质点动力学。力和运动的关系是牛顿在前人成果的基础上，根据自己的观察和实验，形成的重要的物理学理论成果。这一成果见于 1687 年出版的牛顿的名著《自然哲学的数学原理》中。它的出版标志着经典力学体系的确立。牛顿在书中概括的基本定律有 3 条。后人为纪念牛顿的卓越贡献命名为牛顿运动三定律。

牛顿运动定律是力学的核心，是整个经典力学的基础。但它也有局限性，只适用于描述宏观物体在惯性系中作低速运动。鉴于静力学可以作为动力学的特殊情况处理，所以在本章末我们循着这一思想介绍了静力学的基本原理。

2.1 力的概念和常见力

日常经验和科学实验都表明，任何物体都受到周围物体的作用，正是这些作用支配着物体运动状态的变化。行星受到太阳的作用才能绕日运行，苹果受到地球的作用才会下落，电子受到原子核的作用才会和核结合成原子……物体间各种不同的相互作用，构成了千变万化的物质世界。这些作用通常被称为**力**。经验告诉我们，力有两种对外表现：一是改变物体的运动状态；二是改变物体的形状。这些表现使我们有可能对力的性质和量值作进一步的研究。

力是既有大小又有方向的矢量。力的大小可以通过物体受力后效应的大小来定量量度，如弹簧秤就是利用弹簧形变的大小来量度受力大小的。在国际单位制中，力的单位是导出单位叫作牛顿（牛），用符号 N 表示。N 与其他常见的力的单位关系如下：

$$1\ \mathrm{N} = 1\ \mathrm{kg \cdot m/s^2}$$

$$1\ \mathrm{dyn} = 10^{-5}\ \mathrm{N}$$

力的方向性也由物体受力后的作用效果来反映，如弹簧受力后是压缩形变还是伸长形变取决于力的方向。物体受力后的效果，不仅取决于力的大小、方向，还取决于力的作用点，作用点不同作用效果也不同。力的大小、方向和作用点叫作力的三要素，又称为力的 3 个基本特征。

2.1.1　常见的力

常见的力有万有引力、重力、弹力、摩擦力等。

1. 万有引力

这是存在于任何两个物体之间的吸引力。按牛顿万有引力定律，质量分别为 m_1 和 m_2 的两个质点，相距为 r 时，它们之间的引力为

$$F = G\frac{m_1 m_2}{r^2} \tag{2-1}$$

式中，G 叫作引力常量。在国际单位制中，它的大小为

$$G \approx 6.67\times10^{-11}\ \mathrm{N\cdot m^2/kg^2}$$

式（2-1）中的质量反映了物体的引力性质，叫作**引力质量**。它和反映物体惯性的惯性质量在意义上是不同的。实践证明，只要选取适当的比例系数，这两个质量是相等的，因此可说它们是等价的。

重力是由地球对它表面附近的物体的引力引起的，忽略地球自转的影响（误差不超过 0.4%），物体所受的重力就等于它所受的万有引力。设地球的质量为 m_E，半径为 R，物体的质量为 m，即有

$$mg = G\frac{m_E m}{R^2} \tag{2-2}$$

由此得
$$g = \frac{Gm_E}{R^2}$$

粒子之间的万有引力是非常小的，例如两个相邻的质子之间的万有引力大约只有 10^{-36} N，因而完全可以忽略。

2. 重力

地球表面附近的物体都受到地球的吸引作用，这种因地球吸引而使物体受到的力叫

作**重力**。在重力作用下，任何物体产生的加速度都是重力加速度 g，重力的方向和重力加速度的方向相同，都是竖直向下的。

重力的存在主要是由于地球对物体的引力，在地面附近和一些要求精度高的计算中，可以认为重力近似等于地球的引力。对于地面附近的物体，所在位置的高度变化与地球半径（约为 6371 km）相比极为微小，可以认为它到地心的距离就等于地球半径，物体在地面附近不同高度时的重力加速度也就可以看成是常量。当地球内某处存在大型矿藏，从而破坏了地球质量的对称分布时，会使该处的重力加速度值表现出异常，因此可通过重力加速度的测定来探矿。这种方法被称为重力探矿法。

3. 弹力

发生形变的物体，由于要恢复原状，对与它接触的物体会产生力的作用。这种力叫**弹力**。弹力是产生在直接接触的物体之间并以物体的形变为先决条件的。弹力的表现形式是多种多样的，下面只讨论 3 种主要的表现形式。

一种是两个物体通过一定面积相互挤压。在这种情况下，相互挤压的两个物体都会发生形变，即使形变小到难以观察，形变也总是存在的，因此会产生对对方的弹力作用。例如，屋架压在柱子上，柱子因受到压缩形变而产生向上的弹力来托住屋架；又如重物放在桌面上，桌面受到重物挤压而发生形变，也产生一个向上的弹力。这种弹力通常被称为**正压力**或**支承力**。它们的大小取决于相互挤压的程度，方向总是垂直于接触面并指向受力物体。

另一种弹力是绳线对物体的拉力。这种拉力是由于绳线发生伸长形变而产生的，其大小取决于收紧的程度，方向总是沿着绳线指向绳线收紧的方向。

当绳产生拉力时，其内部各段之间也有相互的弹力作用。在张紧的绳上某处作一假想横截面，将绳分为两侧，这种内部的两侧绳的相互拉力称为**张力**。在很多实际问题中，如果绳线没有加速度，或者其质量可以忽略不计，那么可以认为绳上各点的张力都是相等的，并且等于外力。

还有一种在力学中常讨论的力是弹簧的弹力。当弹簧被拉伸或压缩时，它会对与之相连的物体有弹力作用，如图 2-1 所示。这种弹力总是力图使弹簧恢复原状，所以叫作**恢复力**。在弹性限度内，这种恢复力大小与形变的大小成正比。

以 F 表示弹力，以 Δx 表示形变亦即弹簧的长度变化，则

$$F=-k\Delta x \tag{2-3}$$

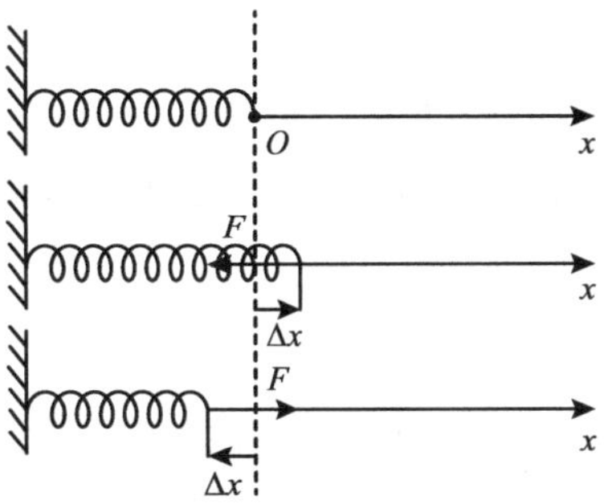

图 2-1

式（2-3）中的 k 叫作弹簧的劲度系数或劲度，Δx 是弹簧的形变量，负号表示弹力的方向总是和弹簧位移的方向相反，这就是说，弹力总是指向要恢复它原长的方向。

式（2-3）常被叫作**胡克定律**。其实，早在我国东汉时期，郑玄在对《考工记》作注解时就说过："假令弓力胜三石，引之中三尺，弛其弦，以绳缓擐之，每加物一石，则张一尺。"意思是说弓有弹力，随着弦上重物每增加一石，弓就升张一尺，它非常明显地揭示了"力和形变成正比"的线性关系。

4. 摩擦力

两个相互接触的物体在沿着接触面相对运动时，或者有相对运动趋势时，在接触面之间产生一对阻止相对运动的力，叫作**摩擦力**。相互接触的两个物体在外力作用下，虽有相对运动的趋势，但并不产生相对运动，这时的摩擦力叫**静摩擦力**。所谓相对运动的趋势指的是，假如没有静摩擦力，物体将发生相对滑动。正是静摩擦力的存在，阻止了物体相对滑动的出现。值得注意的是，每个物体所受静摩擦力的方向与该物体相对于另一物体的运动趋势的方向相反。静摩擦力的大小视外力的大小而定，介于 0 和某个最大静摩擦力 F_s 之间。实验证明，最大静摩擦力正比于正压力 F_N，

$$F_s = \mu_s F_N \tag{2-4}$$

其中，μ_s 叫作**静摩擦系数**，与接触面的材料和表面情况有关。它的大小通常在工程手册中给出。当外力超过最大静摩擦力时，物体间产生了相对运动，这时也有摩擦力，叫作**滑动摩擦力**。实验表明，滑动摩擦力 F_k 也与正压力 F_N 成正比，

$$F_k = \mu_k F_N \tag{2-5}$$

其中，μ_k 叫作**滑动摩擦系数**。滑动摩擦系数主要由接触面的材料性质、表面粗糙

度、温度等因素决定。

对于给定的一对接触面来说$\mu_s>\mu_k$，一般两者都小于 1。在大多数工程应用中，μ_k被视为常数，但在极端速度条件下或特定材料组合中，速度的影响可能需要考虑。

2.1.2 基本力

近代物理证明，自然界物体之间的相互作用力，可归结为 4 种，除上述的引力相互作用，还有电磁相互作用、强相互作用和弱相互作用。

1. 电磁相互作用（电磁力）

存在于静止电荷之间的电性力以及存在于运动电荷之间的电性力和磁性力，总称**电磁力**。在微观领域中，还发现有些不带电的中性粒子也参与电磁相互作用。电磁力和万有引力一样，都是长程力，但与万有引力不同，它既有引力（异种电荷间），也有斥力（同种电荷间），而且它比万有引力大得多。两个质子间的电场力要比同距离时的万有引力大 10^{36} 倍。

由于分子和原子都是由电荷组成的系统，它们之间的作用力主要是电荷之间的电磁力。物体之间的弹力、摩擦力、气体的压力、浮力、黏性力等，都是相邻原子或分子之间作用力的宏观表现，因此基本上也是电磁力。

2. 强相互作用

当人们对物质结构的探索进入到比原子还小的领域时，发现在核子、介子和超子之间存在一种强力，也称为**强相互作用**。正是这种力把原子核内的质子和中子紧紧地束缚在一起，形成稳定的原子核。强相互作用是四种基本力中最强的力，其强度远大于电磁力和引力。强相互作用是一种短程力，其作用范围非常短。当粒子之间距离超过 10^{-15} m 时，强相互作用小到可以忽略；距离小于 10^{-15}m 时，强相互作用占主要支配地位。当粒子之间距离减小到大约 0.4×10^{-15}m 之前时，强相互作用都表现为引力，而当距离再减小，强相互作用就表现为斥力。

3. 弱相互作用

在亚原子领域中，人们还发现一种短程力，叫弱力，也叫**弱相互作用**。弱相互作用在导致β衰变放出电子和中微子时，显示出它的重要性。弱相互作用的作用范围非常短，约为 10^{-18} m。

在头绪纷繁、形式多样的力中，人们认识到基本力只有 4 种，这是 20 世纪物理学的一大成就。从此以后，人们就企图发现这 4 种力之间的联系。爱因斯坦一生最大的愿望就是追求世界的和谐、简洁和统一，他企图把万有引力和电磁力统一起来，但没有成功。20 世纪 60 年代，格拉肖（S. L. Glashow）、温伯格（S. Weinberg）、萨拉姆（A. Salam）在杨振宁等提出的理论基础上，发展了弱力与电磁力相统一的理论，并在 20 世纪 70 年代和 80 年代初得到了实验的证明，这是物理学发展史上又一个里程碑。人们期待有朝一日，能建立起弱、电、强的“大统一”理论，乃至最后创立统一 4 种基本力的“超统一”理论。这仍是当前理论物理界最活跃的前沿课题。

2.2　牛顿运动三大定律

牛顿在总结伽利略、惠更斯、笛卡尔等前人大量实验和理论工作的基础上，结合自己的观察和实验，提出了质点动力学的 3 条基本规律——牛顿运动定律。牛顿运动定律揭示了力和运动的关系，阐明了物体在不同条件下将作何运动。因此，学习并掌握这些定律，使我们有可能创造条件去人为控制机械运动，为人类服务，这在生产实践和科学实验中具有重大意义。

2.2.1　牛顿第一定律

牛顿第一定律可以表述为：任何物体（质点）如果不受外力或所受外力的矢量和为 0，都将保持静止或匀速直线运动状态，直到有外力迫使它改变为止。也就是说，当 $\boldsymbol{F}=\sum \boldsymbol{F}_i=0$ 时，速度 $\boldsymbol{v}$ 为常矢量。

定律表明：当物体不受外力或所受外力的矢量和为 0 时，物体要么处于静止状态，要么处于匀速直线运动状态。并且，不论物体是处于静止状态还是处于匀速直线运动状态，物体都具有保持其运动状态不变的特性，物体的这种特性就叫作惯性。牛顿第一运动定律包含了惯性概念，所以又叫惯性定律。

惯性是物体的固有属性，它不仅表现在物体不受外力作用或所受外力的矢量和为 0 时，保持静止状态或匀速直线运动状态不变，还表现在物体受外力作用下，改变其运动状态的难易程度。在相同外力作用下，速度容易改变的物体其惯性小，而速度难以改变的物体惯性就大。

牛顿第一定律不仅包含惯性这个重要概念，而且还包含力的概念。定律从反面揭示了力是使物体运动状态变化的原因，是使物体获得加速度的原因。这容易从定律的逆向思考得到理解。因为定律条件不满足时，物体就不能再保持其运动状态不变了。换句话说，物体受到外力作用时，物体的运动状态就一定变化，而产生加速度。可见，力不是维持运动的原因，而是产生加速度的原因。

牛顿第一定律是以实验事实为基础，通过思维、推理、想象总结出来的。它不能直接用实验来验证。它的正确性主要在于由它导出的结果与实验事实相符合。

2.2.2 牛顿第二定律

物体在运动时总具有速度。我们把物体的质量 m 与运动速度 $\boldsymbol{v}$ 的乘积叫作物体的动量，用 $\boldsymbol{p}$ 表示，即

$$\boldsymbol{p}=m\boldsymbol{v} \tag{2-6}$$

动量 $\boldsymbol{p}$ 显然也是一个矢量，方向与速度 $\boldsymbol{v}$ 的方向相同。与速度一样，动量也是描述物体运动状态的量，但动量比速度的含义更为广泛，意义更为重要。当外力作用于物体时，动量会发生改变。牛顿第二定律阐明了作用于物体的外力与物体动量变化的关系。

牛顿第二定律表明，物体动量随时间的变化率 $\mathrm{d}\boldsymbol{p}/\mathrm{d}t$ 等于作用于物体的合外力 $\boldsymbol{F}$ $(=\sum \boldsymbol{F}_i)$，即

$$\boldsymbol{F}=\frac{\mathrm{d}\boldsymbol{p}}{\mathrm{d}t}=\frac{\mathrm{d}(m\boldsymbol{v})}{\mathrm{d}t} \tag{2-7a}$$

当物体在低速情况下运动时，即物体的运动速度远小于光速（$v<<c$）时，物体的质量可以视为是不依赖于速度的常量。于是上式可写成

$$\boldsymbol{F}=m\frac{\mathrm{d}\boldsymbol{v}}{\mathrm{d}t}，\text{或 }\boldsymbol{F}=m\boldsymbol{a} \tag{2-7b}$$

其中，a 是物体的加速度。

在直角坐标系中，上式也可写成

$$\boldsymbol{F}=m\frac{\mathrm{d}\boldsymbol{v}}{\mathrm{d}t}=m\frac{\mathrm{d}v_x}{\mathrm{d}t}\boldsymbol{i}+m\frac{\mathrm{d}v_y}{\mathrm{d}t}\boldsymbol{j}+m\frac{\mathrm{d}v_z}{\mathrm{d}t}\boldsymbol{k}$$

即

$$\boldsymbol{F}=ma_x\boldsymbol{i}+ma_y\boldsymbol{j}+ma_z\boldsymbol{k} \tag{2-7c}$$

式（2-7）是牛顿第二定律的数学表达式，又称为**牛顿力学的质点动力学方程**。

在自然坐标系中，研究质点在某个平面上的运动时，牛顿第二定律的投影式可写成

$$F_\tau=ma_\tau=m\frac{\mathrm{d}v}{\mathrm{d}t} \tag{2-8}$$

$$F_n=ma_n=m\frac{v^2}{\rho} \tag{2-9}$$

（2-8）式和（2-9）式中，F_τ、F_n 分别是合外力 $\boldsymbol{F}$ 在切向和法向上的投影；a_τ 及 a_n 分别是质点的加速度 $\boldsymbol{a}$ 在切向和法向上的投影；ρ 是质点所在处的曲率半径。

牛顿第二定律是牛顿力学的核心，应用它解决问题时必须注意以下几点。

（1）牛顿第二定律只适用于质点的运动。物体作平动时，物体的运动可看作是质点的运动，质点的质量就是整个物体的质量。以后如不特别指明，在论及物体的平动时，都是把物体当作质点来处理的。

（2）牛顿第二定律所表示的合外力与加速度之间的关系是瞬时对应的关系。

（3）力的叠加原理。当几个外力同时作用于物体时，其合外力 $\boldsymbol{F}$ 所产生的加速度 $\boldsymbol{a}$，与每个外力 $\boldsymbol{F}_i$ 所产生加速度 $\boldsymbol{a}_i$ 的矢量和是一样的，这就是力的叠加原理。

2.2.3　牛顿第三定律

牛顿第一定律和第二定律分别说明了一个物体不受力（或所受合外力为0）以及一个物体受力（或合外力不为0）时的情况。牛顿第三定律着重说明的是，引起物体运动状态变化的力具有相互作用的性质，并且指出了相互作用之间的定量关系。牛顿第三定律可作如下表述：任何两个物体之间的作用力和反作用力总是大小相等、方向相反，并且在一条直线上。设 $\boldsymbol{F}$ 为作用力，$\boldsymbol{F}'$为反作用力，则牛顿第三定律可用数学公式表述成：

$$\boldsymbol{F}=-\boldsymbol{F}' \tag{2-10}$$

为了正确理解牛顿第三定律，我们必须明确以下几点。

（1）作用力与反作用力是分别作用在不同的物体上的，因此它们不能相互抵消。式（2-10）不能移项成为 $\boldsymbol{F}+\boldsymbol{F}'=0$。

（2）作用力和反作用力总是成对出现、同时存在、同时变化、同时消失的，它们没有先后、主次和因果之区别。

（3）作用力与反作用力是同一性质的力。如果 F 是弹力，则 $\boldsymbol{F}'$也一定是弹力；反之，如果 $\boldsymbol{F}'$是弹力，那么 $\boldsymbol{F}$ 一定也是弹力。绝不会出现 $\boldsymbol{F}'$是弹力而 $\boldsymbol{F}$ 是引力或摩擦力的情况。

（4）无论相互作用的物体是静止的还是运动的，牛顿第三定律都成立。

2.3　牛顿运动定律的应用

牛顿运动定律定量地反映了物体所受的合外力、惯性（质量）和运动之间的关系。

因此牛顿运动定律主要能解决两类问题：一类是已知作用在物体上的力求物体的运动规律；另一类是已知物体的运动规律求作用在物体上的力（或部分未知的力）。

对于第一类问题，我们需要做的就是分析所有涉及物体的受力情况，按牛顿第二定律列出各个物体的动力学方程，计算各个物体的加速度，进而求出物体的速度和运动学方程等。对于第二类问题只需将运动学方程微分，求出物体加速度后，再利用牛顿第二定律求力。

概括起来，应用牛顿运动定律解题的步骤如下。

第一，弄清题意，明确要求。这即是通常讲的审题，目的是要搞清楚题目的内容。明确题目涉及的是什么样的物理过程，有哪些已知条件，要求的是什么，以及已知量和待求量之间有什么联系等。

第二，确立对象，进行隔离分析。在弄清题意的基础上，根据题目要求和计算上的方便，确定研究对象，并把研究对象从其他物体中“隔离”出来，分析它的受力情况，画出受力图；再分析它的运动情况，在受力图上标出加速度方向。

第三，选坐标系，列方程。选定合适的坐标系，规定正方向，可将矢量变为标量表示出来，矢量方程即可标量化，从而简化计算。坐标系固连在参考系上并视问题的方便而定。方程式是在坐标系基础上应用牛顿运动定律列出的，有几个未知量就要列几个方程。如果用牛顿运动定律列出的方程个数少于未知数的个数，就应设法根据运动学和几何学的有关知识列出补充方程。

第四，求解方程，检验结果。将物理问题数学化以后，接下来的任务就是进行数学演算，导出待求量的代数式并对该结果作分析检验。一般的分析检验方法有：①量纲分析，即检验待求量的单位与表达式的复合单位是否一致，换句话说等式量纲是不是一致；②讨论极端和特殊情况下待求量的表达式是否合理；③将待求量的表达式代回原方程看能否满足方程。

第五，统一单位，代值计算。验证了待求量的表达式后，统一各已知量的单位，代入数值进行计算，求出待求量的数值，并标明单位，即完成整个求解过程。

例 2-1 把质量为 m_1 和 m_2 的两物体叠放在光滑的平面上，m_1 和 m_2 的摩擦系数均为 μ，欲用力把 m_2 从 m_1 下面抽出，该作用力的最小值是多少？

解： 如图 2-2（a）所示建立坐标系，分别选取 m_1 和 m_2 为研究对象，画出受力图，其中 m_1 受重力 m_1g，支持力 N_1，摩擦力 f；m_2 受重力 m_2g，方向向上的来自平面的支持力 N_2，方向向下的来自 m_1 的压力 N_1，如图 2-2（b）、图 2-2（c）所示。

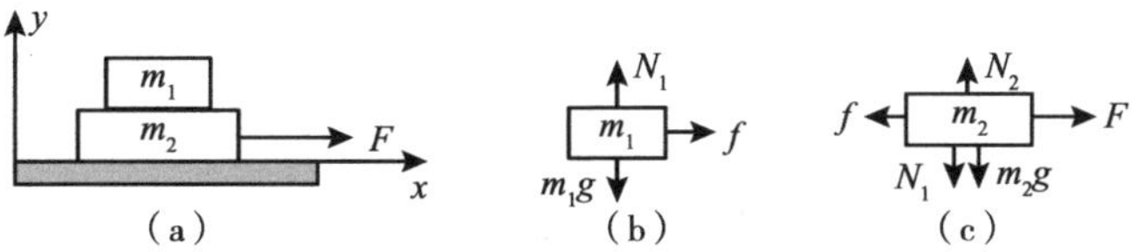

图 2-2

对 m_1，列方程有　　　　$f=m_1a_1$，　$N_1-m_1g=0$

对 m_2，列方程有　　　　$F-f=m_2a_2$，$N_2-N_1-m_2g=0$

当 m_2 从 m_1 下面抽出，即发生相对滑动，此时 $a_2>a_1$，可得 $\dfrac{F-f}{m_2}>\dfrac{f}{m_1}$

即
$$F>f\left(\frac{m_2}{m_1}+1\right)$$

又因摩擦力
$$f=\mu N_1$$

可得
$$F>\mu(m_1+m_2)g$$

例 2-2　一细绳跨过一轴承光滑的定滑轮，绳的两端分别悬有质量为 m_1 和 m_2 的物体（$m_1<m_2$），如图 2-3 所示，设滑轮和绳的质量可以忽略不计，绳不能伸长，试求物体的加速度以及悬挂滑轮的绳中张力。

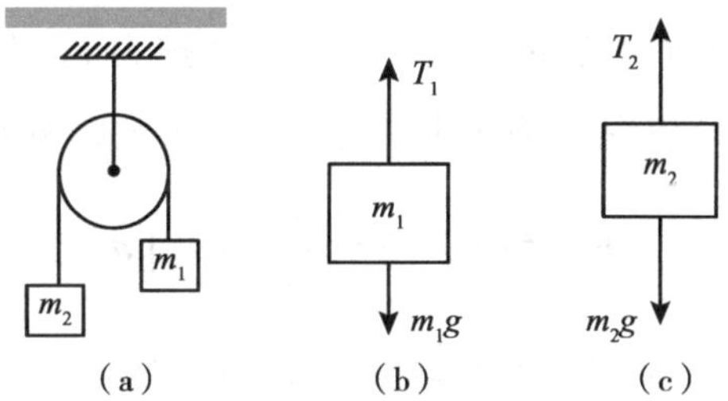

图 2-3

解：分别以 m_1 和 m_2 为研究对象。

对 m_1，它在绳子拉力 T_1 及重力 m_1g 的作用下以加速度 a_1 向上运动，取向上为正方向，则有
$$T_1-m_1g=m_1a_1$$

对 m_2，它在绳子拉力 T_2 及重力 m_2g 的作用下以加速度 a_2 向上运动，以向下为正方向，则有
$$m_2g-T_2=m_2a_2$$

因为定滑轮轴承光滑，滑轮和绳的质量可以略去，绳上各部分的张力相等，又绳不能伸长，所以 m_1 和 m_2 的加速度大小相等，即有

$$T_1=T_2=T,\quad a_1=a_2=a$$

综合可得

$$a=\frac{m_2-m_1}{m_1+m_2}g,\ T=\frac{2m_1m_2}{m_1+m_2}g$$

例 2-3 用牛顿定律讨论细绳内的张力，如图 2-4 所示，均匀不可伸长的绳长 OB 为 l，质量为 m_1，外力 F 通过此绳拉质量为 m_1 的物块运动，物体与平面之间的摩擦力为 f，求绳内任一点处的张力。

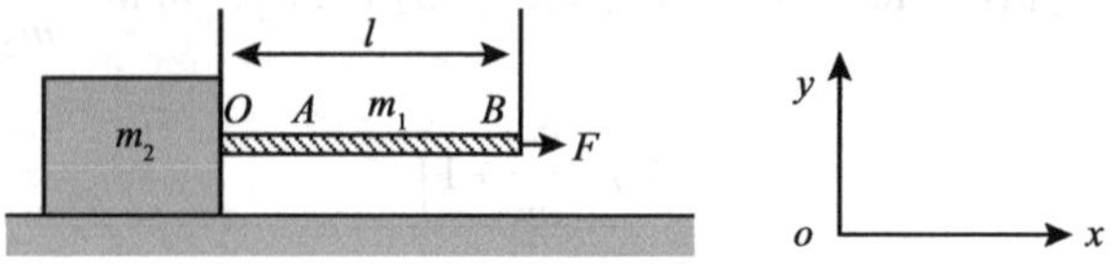

图 2-4

解： 求绳中 A 处的张力，假想将绳从 A 处截断，把绳分为 OA 和 AB 两段，OA 和 AB 间的相互作用力 F_T 和 F_T' 就是 A 处张力，可以把物块 m_2 和 OA 绳作为研究对象。设 OA 长为 x，则它的质量为 $\frac{m_1}{l}x$，物块 m_2 和 OA 绳整体的质量为 $\frac{m_1}{l}x+m_2$，它所受外力有：重力 G，平面对它的支持力 F_N 和摩擦力 f，AB 绳对它的拉力 F_T，由于绳不可伸长，物块 m_2 和绳具有共同的向右加速度，列出该研究对象的动力学方程：

$$\boldsymbol{F}_T+\boldsymbol{f}+\boldsymbol{F}_N+\boldsymbol{G}=\left(\frac{m_1}{l}x+m_2\right)\boldsymbol{a} \tag{1}$$

将该方程式分别向 x 轴和 y 轴方向投影，得到两个分量形式

$$F_T-f=\left(\frac{m_1}{l}x+m_2\right)a \tag{2}$$

$$F_N-G=0 \tag{3}$$

由式（2）可得

$$F_T=\left(\frac{m_1}{l}x+m_2\right)a+f \tag{4}$$

由式（4）可见，绳中不同位置处，张力的大小也不相同。

➢ 注：有两种情况需要注意，绳的质量忽略不计时，张力处处相等；绳作匀速直线运动时，张力处处相等。

例 2-4　已知一质点（质量为 m）从静止自高空下落，设重力加速度 g 始终保持一常量，质点所受空气阻力与速率成正比，求质点速度。

解： 建立以开始下落处为坐标原点且竖直向下为正向的坐标系 Oy 以质点作为研究对象，在竖直方向受重力和空气阻力，二者方向相反，列出动力学方程

$$m\frac{\mathrm{d}v}{\mathrm{d}t}=G+(-\gamma v)$$

空气阻力 $-\gamma v$ 与速率成正比，γ 为常数，负号表明阻力与速度方向也相反，向 Oy 轴作投影，其中 $G=mg$，得分量方程

$$\frac{\mathrm{d}v_y}{\mathrm{d}t}=g-\frac{\gamma}{m}v_y$$

分离变量作不定积分，得　　$mg-\gamma v_y=Ce^{-\frac{\gamma}{m}t}$

C 为积分常量，利用积分初始条件，即 $t=0$ 时，初速度为 0，可得

$$v_y=\frac{mg}{\gamma}\left(1-e^{\frac{-\gamma}{m}t}\right)$$

例 2-5　一电车沿笔直的水平轨道行驶，已知一段时间 T 内，电车所受的牵引力 F 的大小与时间 t 成正比，取 $F=kt$（k 为恒量）。若阻力忽略不计，求电车速度与时间的关系以及时间 T 内它所走过的路程。

解： 本题的物理过程是，电车在与时间成正比的牵引力 $F=kt$ 作用下，电车沿笔直的水平轨道作变加速运动。要求的是电车运动速度与时间的关系和时间内电车所走的路程。

以电车为隔离体，它共受到 3 个力作用：重力 G（$G=Mg$，M 为电车质量），方向竖直向下；轨道对电车的支持力 N，方向竖直向上，还有牵引力 F（$F=kt$），方向沿着轨道。受力图极为简单，因而从略。

取轴正向在电车的运动方向上，并以电车的起点位置为坐标原点，y 轴在竖直方向，但因力平衡不予考虑。根据牛顿第二定律，在沿 x 轴方向上

$$Ma_x=F_x$$

即

$$M\frac{\mathrm{d}v_x}{\mathrm{d}t}=kt$$

分离变量得

$$\mathrm{d}v_x=\frac{kt}{M}\mathrm{d}t \tag{1}$$

由于 $t=0$ 时，$F=0$，我们取 $t=0$，$v_0=0$。

故对（1）求积分得
$$\int_0^{v_x} \mathrm{d}v_x = \int_0^t \frac{kt}{M}\mathrm{d}t$$

$$v_x = \frac{1}{2}\frac{k}{M}t^2 \tag{2}$$

又因 $v_x = \frac{\mathrm{d}x}{\mathrm{d}t}$，所以（2）式变为

$$\frac{\mathrm{d}x}{\mathrm{d}t} = \frac{1}{2}\frac{k}{M}t^2$$

即
$$\mathrm{d}x = \frac{1}{2}\frac{k}{M}t^2\mathrm{d}t \tag{3}$$

积分（3）式，并注意到 $t=0$ 时，$x=0$，令 $t=T$ 时，$x=S$，则 $\int_0^S \mathrm{d}x = \int_0^T \frac{k}{2M}t^2\mathrm{d}t$

$$S = \frac{1}{6}\frac{k}{M}T^3 \tag{4}$$

（4）式即为 T 时间内电车所走过的路程的表达式，（2）式是速度与时间的关系式。

通过本题的解答，可知变力产生变加速度，变力作用下物体的运动速度不是时间的线性函数。试思考：电车在 T 时间内的平均速度是否等于初速度加末速度除以 2；T 时间内电车的位移（或路程）等不等于平均速度乘以 T；T 时间内电车的平均加速度等不等于初加速度加末加速度除以 2。

例 2-6 如图 2-5（a）所示，若木楔放在粗糙的水平面上，绳子不可伸长，绳子与滑轮的质量忽略不计，滑轮是光滑的。已知木楔相对粗糙水平面是静止的，$\theta=60°$，$\mu=0.2$，m_1=40 g，m_2=50 g，M=200 g。求木楔作用于水平面的压力和摩擦力。

解：本题涉及的物理过程是 m_1、m_2 作加速运动，而 M 相对水平地面静止不动。要求的是木楔作用于水平面上的压力和静摩擦力。根据牛顿第三定律，木楔作用于水平面的压力和摩擦力的大小等于平面作用于木楔的支持力和静摩擦力，方向相反。为此我们选 m_1、m_2 和木楔为研究对象，分析它们的受力情况。

m_1 受到 4 个力作用：重力 G_1（$G_1=m_1g$），方向竖直向下；支持力 N_1，大小待求，方向垂直斜面向上；绳子的拉力 T，大小待求，方向沿斜面向上；摩擦力 f_1，方向沿斜面向下，大小满足 $f_1=\mu N_1$。

m_2 受到两个力作用：重力 G_2（$G_2=m_2g$），方向竖直向下；绳子的张力 T'，方向竖

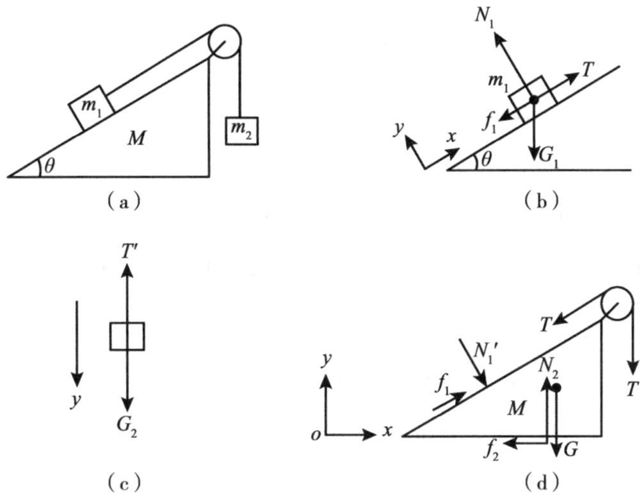

图 2-5

直向上，因绳子、滑轮质量可以忽略。滑轮又是光滑的，所以 $T'=T$。木楔（包括滑轮）共受到 7 个力作用：重力 G（$G=Mg$），方向竖直向下，m_1 对它的压力 N_1'，大小等于 N_1，方向垂直于斜面向下；m_1 对木楔的滑动摩擦力 f_1'，$f_1'=\mu N_1$，方向沿斜面向上；挂 m_1 的绳对滑轮的拉力 T_1 和挂 m_2 的绳子对滑轮的拉力 T_2，$T_1=T_2=T$，T_1 的方向沿斜面向下，T_2 的方向竖直向下；水平面对它的支承力 N_2，方向竖直向上；水平面对木楔的静摩擦力 f_2，方向可以向左也可以向右，假设向左。

按图 2-5（b）、图 2-5（c）、图 2-5（d）建立坐标系，则由牛顿第二定律得

对m_1：　$$T-f_1-m_1g\sin\theta=m_1a_1 \quad (1)$$

$$N_1-m_1g\cos\theta=0 \quad (2)$$

对m_1：　$$m_2g-T=m_2a_2 \quad (3)$$

绳子不可伸长，所以　$$a_1=a_2 \quad (4)$$

对 M，x 方向：　$$N_1\sin\theta+f_1\cos\theta-T\cos\theta-f_2=0 \quad (5)$$

y 方向：　$$N_2+f_1\sin\theta-N_1\cos\theta-T\sin\theta-T-Mg=0 \quad (6)$$

滑动摩擦力　$$f_1=\mu N_1 \quad (7)$$

以上方程共有 7 个未知数，因而方程可解，解是：

$$a_1=a_2=g\left(\frac{m_2}{m_1}-\mu\cos\theta-\sin\theta\right)$$

$$N_1=m_1g\cos\theta$$

$$T=m_2g\left(1-\frac{m_2}{m_1}+\mu\cos\theta+\sin\theta\right)$$

$$f_1=\mu m_1g\cos\theta$$

$$f_2=N_1\sin\theta+f_1\cos\theta-T\cos\theta$$

$$N_2=T+T\sin\theta+N_1\cos\theta-f_1\sin\theta+Mg$$

又 $m_1=4\times10^{-2}$ kg，$m_2=5\times10^{-2}$ kg，$M=2\times10^{-1}$ kg，$\mu=0.2$，$\theta=60°$

把 $g=9.8\ \text{m/s}^2$ 代入以上诸式得

$$a_1=a_2\approx2.74\ \text{m/s}^2,\ T\approx0.353\ \text{N}$$

$$N_1=1.96\times10^{-1}\ \text{N},\ f_1=3.92\times10^{-2}\ \text{N}$$

$$N_2\approx2.68\ \text{N},\ f_2\approx1.3\times10^{-2}\ \text{N}$$

所以，木楔压水平面的力 N_2 约为 2.68 N，方向竖直向下，木楔作用于水平面上的静摩擦力 f_2 约为 1.3×10^{-2} N，方向沿水平方向向左。

这个题目常见错误是对木楔受力分析不全，常丢掉绳子的拉力。

2.4 牛顿运动定律的适用范围

在运动学中，我们知道参考系是为了描述物体机械运动状况而选取的标准，且认为是不动的物体或物体系；坐标系是固连在参考系上，用以定量描述物体机械运动规律，而依某种方式选取的有序数组。参考系和坐标系在运动描述中是必要的，但其选择通常带有任意性。在动力学中，其基本规律是与参考系的选择有关的，因为不论是牛顿第一定律还是牛顿第二定律都与运动描述相关。动力学中参考系的选取不能任意，正如我们在牛顿第二定律的说明中指出的那样——动力学的规律只在惯性参考系中成立，而牛顿第一定律为整个力学选定了这种特殊的参考系。那么，什么是惯性参考系呢？

惯性参考系即是牛顿第一定律或惯性定律在其中成立的参考系，简称**惯性系**。一个参考系是不是惯性的，完全依赖于观察和实验来判定。实践证明，地球是一个比较好的近似惯性参考系，因而在动力学中常以地球为参考系。如果不作特别声明，其参考系通常均为地球。地球是近似的惯性系，太阳是比地球更好的近似惯性系。

按力学相对性原理，同时也可以证明：任何相对于惯性系作匀速直线运动的参考系，也都是惯性系；而任何相对于惯性系作变速运动或转动的参考系都不是惯性系，不是惯性系的参考系即为非惯性系。非惯性系就是牛顿运动定律在其中不成立的参考系。

在非惯性系中，物体的运动规律与牛顿运动定律不相符，即会出现物体明明不受外力作用却又作加速运动；物体明明受到外力作用但又依然保持静止或匀速直线运动状态。可见，在非惯性系里是不能直接运用牛顿定律来阐明物体的运动情况的。为了能够应用牛顿定律于非惯性系，我们必须引入一种与真实力概念不相符的假想力，这种力称为惯性力。它只有受力物体而没有施力物体，当然也就同样没有反作用力了。这种力的引入仅仅是为了在保持牛顿运动定律的形式下，能够在非惯性系中说明物体的运动规律。对一般的非惯性系，惯性力依赖的因素比较多，我们不予考虑；我们仅以相对于惯性系作匀加速直线运动的非惯性系为例引入惯性力的形式。

在作匀加速直线运动非惯性系里，实验证明：惯性力的大小等于所研究物体的质量乘以非惯性系的加速度；惯性力的方向与非惯性系相对于惯性系的加速度的方向相反。如果设非惯性系的加速度为 $\boldsymbol{a}$，被研究物体的质量为 m，那么惯性力可表示为

$$\boldsymbol{F}_{\text{惯}}=-m\boldsymbol{a} \tag{2-11}$$

于是，在非惯性系里牛顿第二定律修改为

$$\sum \boldsymbol{F}_i+\boldsymbol{F}_{\text{惯}}=m\boldsymbol{a}' \tag{2-12}$$

（2-12）式中，$\boldsymbol{a}'$ 是被研究物体相对于非惯性系的加速度。

应该说明：在处理非惯性系中运动物体的力学问题时，可以采用非惯性系并引入惯性力而得到解决，也可以直接从惯性系出发去完成对问题的解答。如下面的例子。

例 2-7　一质量为 m 的小球用细绳悬挂在车的顶部。车以水平加速度 $\boldsymbol{a}_0$ 行驶。求小球与车相对静止时，绳与竖直方向的夹角 θ 和绳子中的张力 $\boldsymbol{T}$，如图 2-6（a）所示。

解一：以车为参考系。它是非惯性系，故小球除了受到重力 G（$G=mg$），方向竖直向下，绳子对小球的张力 $\boldsymbol{T}$，方向沿细绳向上外，还要受到惯性力 $\boldsymbol{F}_{\text{惯}}$（$\boldsymbol{F}_{\text{惯}}=m\boldsymbol{a}_0$），方向水平向左作用。如图 2-6（b）所示。

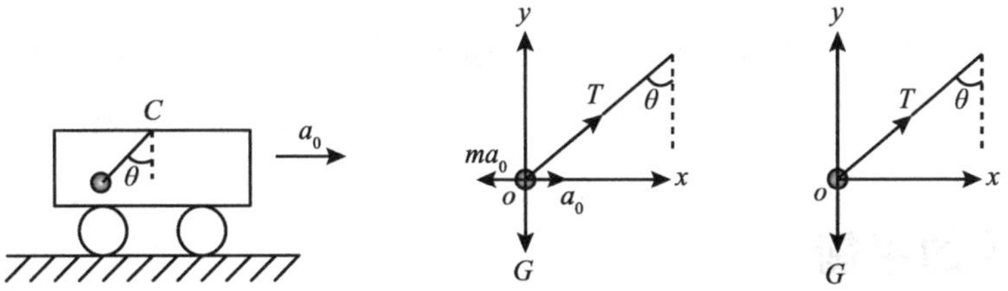

（a）　　（b）　　（c）

图 2-6

根据式（2-12），有

$$\boldsymbol{T}+\boldsymbol{G}+\boldsymbol{F}_{惯}=0 \tag{1}$$

以水平方向和竖直方向为轴，建立 xOy 坐标系则：

$$\sum F_{xi}=T\sin\theta-ma_0=0 \tag{2}$$

$$\sum F_{yi}=T\cos\theta-mg=0 \tag{3}$$

解（2）、（3）式得

绳与竖直方向的夹角 θ 为 $\qquad \theta=\arctan\dfrac{a_0}{g}$

绳子中的张力 T 的大小为 $\qquad T=m\sqrt{g^2+a_0^{\ 2}}$

解二：以地面为参考系，则它是惯性系，因而小球只受到重力 $\boldsymbol{G}$ 和绳对小球的张力 $\boldsymbol{T}$ 作用。小球在这两个力作用下保持以与车加速度$\boldsymbol{a}_0$ 一样的加速度运动。所以由牛顿第二定律有

$$\boldsymbol{T}+\boldsymbol{G}=m\boldsymbol{a}_0 \tag{4}$$

仍然以水平方向和竖直方向为轴，建立 xOy 坐标系，如图 2-6（c）所示，则（4）式的分量式为

$$T\sin\theta=ma_0 \tag{5}$$

$$T\cos\theta-mg=0 \tag{6}$$

联立（5）、（6）式得

$$\theta=\arctan\frac{a_0}{g},\ T=m\sqrt{g^2+a_0^{\ 2}}$$

因为牛顿第三定律绳子对小球的张力大小 T 等于小球对绳子的张力 T'，所以绳中张力：$T'=m\sqrt{g^2+a_0^{\ 2}}$ 。

顺便指出：牛顿第一定律和第二定律只适用于惯性参考系。3 条定律构成了密不可分的有机整体，但彼此之间又具有独立性。第一定律不能简单看成是第二定律的特殊情形，第三定律也不能看成是第二定律的补充。牛顿运动定律只适用于“宏观、低速、惯性系”。

2.5 物体的平衡

平衡是物体机械运动的一种特殊形式，是物体相对于惯性系加速度为 0 的情形。

平衡是静力学的研究对象，静力学研究的就是物体在力的作用下处于平衡状态的规律。静力学中把作用于同一物体上的诸力叫作力系，物体在力系作用下平衡，那么这样的力系就叫作**平衡力系**或**零力系**。物体的平衡是以力系的平衡为前提条件的，所以静力学实际上也就是研究平衡力系的规律的。本节我们只讨论几种简单力系作用下物体的平衡规律。

2.5.1　共点力系作用下物体的平衡

共点力系是指具有公共作用点的力系或力的作用线相交于一点的力系。如图 2−7 所示，作用在质点上的力系，因为质点不计大小，所以所受的是共点力系。

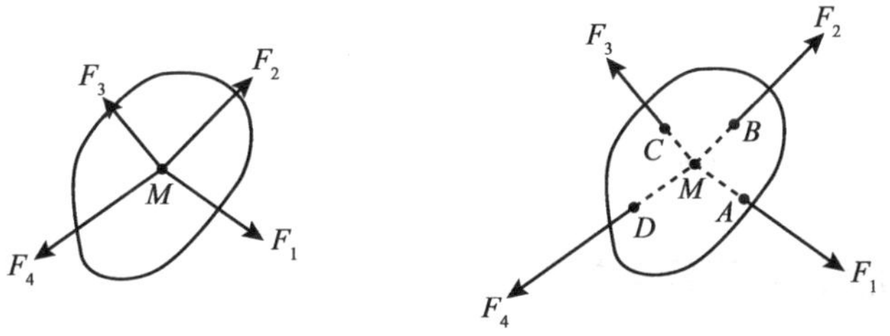

图 2−7

力系通常由许多力组成，因而都比较复杂。在研究力对物体的作用规律时，希望能用一个或几个简单的力去等效代替力系。实践证明，力系确实可以进行这样的代换，力系的这种等效代换就叫作**力系的简化**。共点力系的简化，实际上也就是求共点力系的合力。求合力的方法是我们熟知的，这里不作详述。用公式表示出来，则是

$$\boldsymbol{F}=\sum \boldsymbol{F}_i \tag{2-13}$$

在平面直角坐标系中，式（2−13）可表示为

$$\begin{cases} F_x=\sum F_{xi} \\ F_y=\sum F_{yi} \end{cases} \tag{2-14}$$

因此，合力的大小和方向为

$$F=\sqrt{F_x^2+F_y^2} \tag{2-15}$$

$$\theta=\arctan\left(\frac{F_y}{F_x}\right) \tag{2-16}$$

式（2-13）和式（2-14）中的求和是对力系中的所有力进行的，式（2-15）是合力大小的计算式，式（2-16）是决定合力方向的角度，θ 表示合力方向与 x 轴的夹角。

由共点力系的简化知，共点力系对物体的作用效果可以用共点力系的合力等效代换，即一个力系作用在物体上就与一个力作用在物体上相当。因此，物体在共点力系作用下只能平动。由平衡含义及牛顿运动定律容易推知，物体在共点力系作用下的平衡条件是：共点力系的矢量和为0，或共点力系的合力为0。即

$$\sum F_i = 0 \tag{2-17}$$

在平面直角坐标系中，式（2-17）的分量式为

$$\begin{cases} F_{xi} = 0 \\ F_{yi} = 0 \end{cases} \tag{2-18}$$

式（2-18）中，求和仍然是对力系中所有力进行的。

2.5.2 平行力系作用下物体的平衡

平行力系是指力的作用线平行的力系。如图2-8所示，平行力系可以区分为同向平行力系和反向平行力系。我们着重介绍同向平行力系，而反向平行力系以力偶为例作简要介绍。

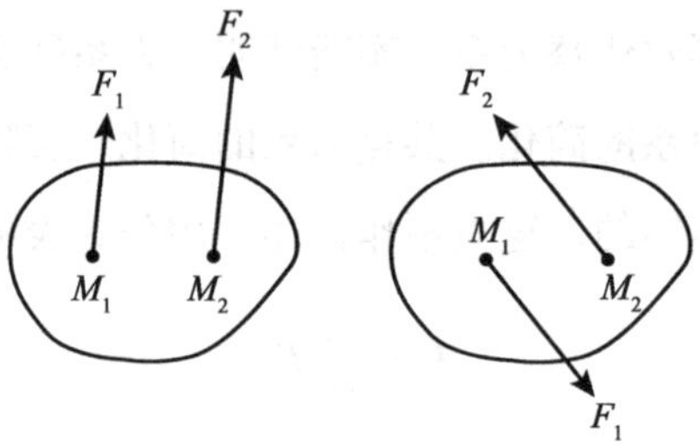

图2-8

平行力系的简化不仅要求合力的大小、方向，还要求合力的作用点。这是因为力的作用点不同，会导致不同的运动效果。平行力系的简化仍以两个平行力的简化为基础，所以我们先来研究两个同向平行力系的简化。

如图2-9所示，两个作用点分别为 M_1 和 M_2 的同向平行力 $\boldsymbol{F}_1$ 和 $\boldsymbol{F}_2$。需要求这两个平行力的合力 $\boldsymbol{F}$ 或对这两个同向平行力进行简化。

先求合力的大小。为此，沿 M_1 和 M_2 的连线加一对平衡力 $\boldsymbol{F}_0$ 和 $\boldsymbol{F}_0'$ 于 M_1 和 M_2 点上，它们不影响平行力的作用效果，但加进它们后 $\boldsymbol{F}_1$ 和 $\boldsymbol{F}_0$ 的合力 $\boldsymbol{R}_1$ 及 $\boldsymbol{F}_2$ 和 $\boldsymbol{F}_0'$ 的合

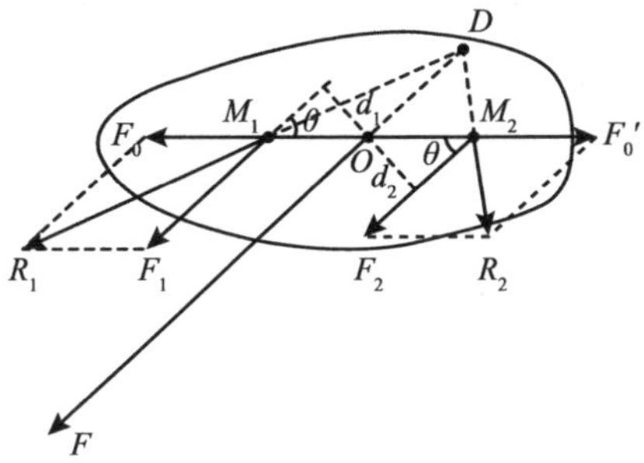

图 2-9

力 $\boldsymbol{R}_2$ 就是共点力了，因此可用共点力系的简化法则求合力。

$$\boldsymbol{F}=\boldsymbol{R}_1+\boldsymbol{R}_2=\boldsymbol{F}_1+\boldsymbol{F}_0+\boldsymbol{F}_2+\boldsymbol{F}'$$

而 $\boldsymbol{F}_0+\boldsymbol{F}_0'=0$，所以有

$$\boldsymbol{F}=\boldsymbol{F}_1+\boldsymbol{F}_2 \tag{2-19}$$

式中 $\boldsymbol{F}_1$ 和 $\boldsymbol{F}_2$ 是同向平行力，于是得 $\boldsymbol{F}$ 的大小是

$$F=F_1+F_2 \tag{2-20}$$

方向与 $\boldsymbol{F}_1$ 和 $\boldsymbol{F}_2$ 相同。

$\boldsymbol{F}_1$ 和 $\boldsymbol{F}_2$ 的合力 $\boldsymbol{F}$ 的作用点，又叫平行力系的中心，可由 $\boldsymbol{F}_1$ 和 $\boldsymbol{F}_2$ 对中心 O 的力矩为 0 求得。

在图 2-9 中，O 在 M_1 和 M_2 之间，根据力矩概念，和 F_1 对 O 轴的力矩和为 $F_1d_1-F_2d_2=0$。

而 $d_1=\overline{M_1O}\sin\theta$，$d_2=\overline{M_2O}\sin\theta$，所以得到

$$\frac{\overline{M_1O}}{\overline{M_2O}}=\frac{F_2}{F_1} \tag{2-21}$$

式（2-21）是确定平行力系中心 O 的计算式。

综合来看，平行力系的合成规则是：两个作用点不同的同向平行力可以合成为一个合力，合力的大小等于两力大小之和，合力的作用线与两力平行，指向一致。合力的作用点位于两分力的作用点的连线上，按两力的大小成反比内分两分力作用点之间的距离。

平行力系作用在物体上，物体平衡指的是物体既不改变平动状态，也不改变转动状

态，或物体相对于惯性参考系静止。所以，从平行力系的合成规则容易得到，平行力系作用下物体的平衡条件是：合力等于 0，或不同方向平行力的合力大小相等、方向相反，且作用点相同。

例 2-8 一根均匀的横梁，重 G=10000 N，放在距离 8 m 的 A、B 两个支点上。在距 A 点 1 m 的 C 点处悬挂一重 G_1=14000 N 的物体，如图 2-10（a）所示，求 A、B 两支点各受到多大的压力作用。

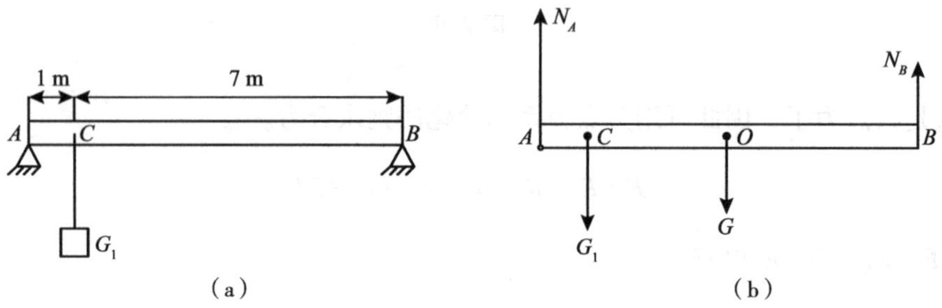

图 2-10

解：以横梁为研究对象，则横梁仅在平行力系作用下平衡（以地球为参考系）。具体分析受力情况知，横梁共受到 4 个力作用，受力如图 2-10（b）所示。

根据平行力系作用下物体的平衡条件，先求 $\boldsymbol{G}_1$ 和 $\boldsymbol{G}$ 的合力，从而有合力的大小

$$|\boldsymbol{G}+\boldsymbol{G}_1| = 10000+14000 = 24000 \text{ N}$$

合力的作用点 D 由 $\overline{DC}=\dfrac{G}{G_1}\overline{OD}$，而 $\overline{OC}=\overline{OD}-\overline{DC}$，

所以有 $$\overline{DC}=\frac{G}{G_1+G}\overline{OC}=\frac{10000\times 3}{10000+14000}=1.25 \text{ m}$$

合力的方向竖直向下。

再来求 N_A 和 N_B 的合力，根据平行力系合成法则并结合平衡条件应有 $|\boldsymbol{N}_A+\boldsymbol{N}_B|=N_A+N_B=24000 \text{ N}$。

因为 $$\frac{\overline{AD}}{\overline{BD}}=\frac{N_A}{N_B}$$

而 $\overline{AD}$=2.25 m，$\overline{BD}$=5.75 m，联立以上方程组可解得 N_A=17250 N，N_B=6750 N。

反向平行力系的简化稍复杂一些，且有这么一个特点是不能用合力简化的。比较简

单的反向平行力系是，一对大小相等、方向相反、又不在一条直线上的反向平行力，叫作力偶。力偶是不能用力去简化的。力偶在日常生活中是常见的，如钳工绞丝等，如图 2-11 所示。

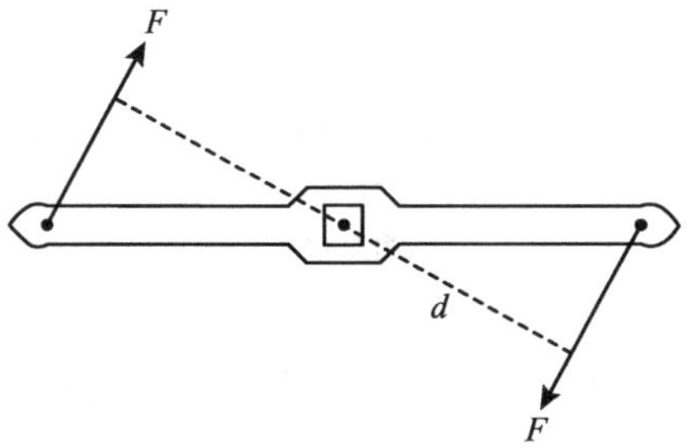

图 2-11

力偶两条力线之间的垂直距离叫作力偶臂，如图 2-11 中的 d。力偶中力的大小和力偶臂的乘积叫作力偶矩，力偶矩以 $\boldsymbol{M}$ 表示，故

$$\boldsymbol{M}=\boldsymbol{F}\cdot d \tag{2-22}$$

力偶对物体的作用只有转动趋势，就像力矩一样。我们规定能使物体有逆时针方向转动趋势的力偶矩为正，反之为负。力偶矩的单位跟力矩一样为 N · m。

力偶具有下面的一些重要性质。

（1）力偶是最基本的物理量，不能只与一个力等效。

（2）力偶中两个力对任意轴的力矩之和都等于力偶矩。

（3）只要保持力偶的力偶矩大小和方向不变，力偶可以在其作用平面内任意移动，如图 2-12 所示。

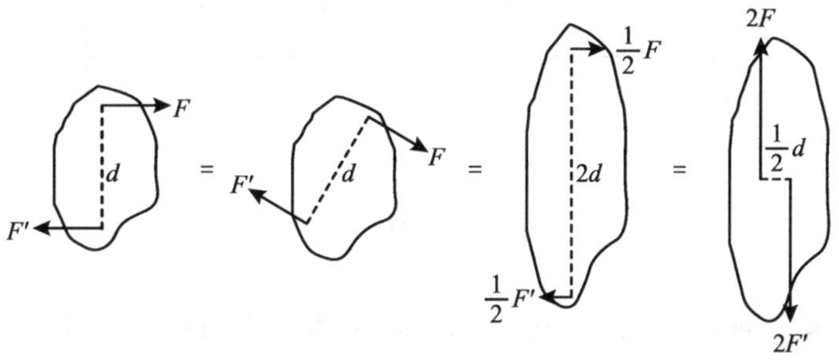

图 2-12

在保持力偶的力偶矩大小和转向不变条件下，力偶可以从一个平面移到另一平面，如图 2-13 所示。

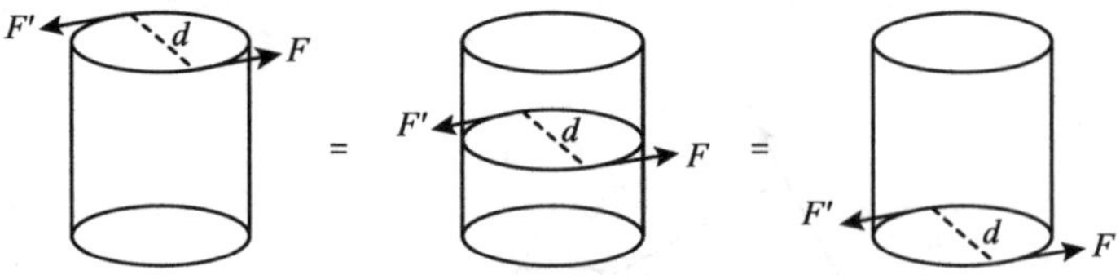

图 2-13

多个力偶作用在同一物体上时，力偶的力偶矩可以合成。换句话说，力偶系可以简化为一个力偶。

平行力系作用在物体上的平衡问题，还有力偶系作用在物体上物体平衡的特殊情况。由于力偶只能使物体转动，而力偶系可以合成或力偶系可以等效简化为一个力偶。所以物体在力偶系的作用下平衡的充要条件是：力偶系的合力偶矩等于 0。对于平面力偶系情况，按照力偶矩的正负规定，这个平衡条件可表示为

$$\sum \boldsymbol{M}_i = 0 \tag{2-23}$$

例 2-9 齿轮箱的两个外伸轴上受到如图 2-14 所示的力偶作用，为保持齿轮箱平衡，问：螺栓 A、B 各应给齿轮箱提供多大的竖直方向上的力？

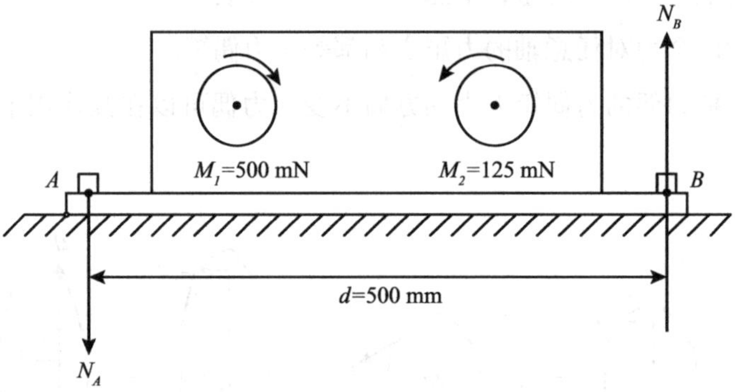

图 2-14

解：以齿轮箱为研究对象，由于齿轮箱不能平动，仅考虑由于内外伸轴受到力偶作用以后将有转动趋势。可事实上齿轮箱平衡，所以螺栓 A、B 必提供如图所示的力 N_A 和 N_B。

根据力偶系作用下物体的平衡条件，螺栓 A、B 提供的力 N_A 和 N_B 的力偶矩必须大小等于两外伸轴所受力偶矩之和，而方向相反。即

$$M+M_2-M_1=0$$

$$M=M_1-M_2=500-125=375\ \mathrm{N\cdot m}$$

M 是 N_A、N_B 组成的力偶的力偶矩，所以 $N_A=N_B$，$M=N_A\cdot d$。于是

$$N_B=\frac{M}{d}=\frac{375}{0.5}=750\ \mathrm{N}$$

2.5.3　一般物体的平衡

一般物体，由于其所受力系既非共点力系，平行力系又非力偶系，所以要导出一般物体的平衡条件，还必须介绍力的平移原理。

我们知道，作用在物体（一般指刚体，刚体是在外力作用下不发生任何形变的理想化物体）上的共点力系。不论是真正具有公共作用点还是力系的作用线相交，都可以简化为一个力，即合力。可见共点力系中的力是可以任意沿着其作用线移动的，换句话说，共点力系中的力沿着其作用线改变作用点，共点力系或力的作用效果不变。推而广之即得力的传递性原理：作用在平衡的刚体上的力沿其作用线任意移动不改变力的作用效果。

既然作用在刚体上的力是可传递的，那么进一步就要问，作用在刚体上的力还能不能平行移动呢？回答是肯定的。但在刚体上平行移动力，不能仅与力等效，而必须再附加一个力偶抵消掉由于力线的改变带来的转动效应。力的平移原理是：作用在刚体上的力可以向任意点平移，但平移后必须附加一个力偶，附加力偶的力偶矩等于原力对平移点的力矩。换言之，平移前的一个力与平移后的一个力和附加力偶等效，如图 2-15 所示。

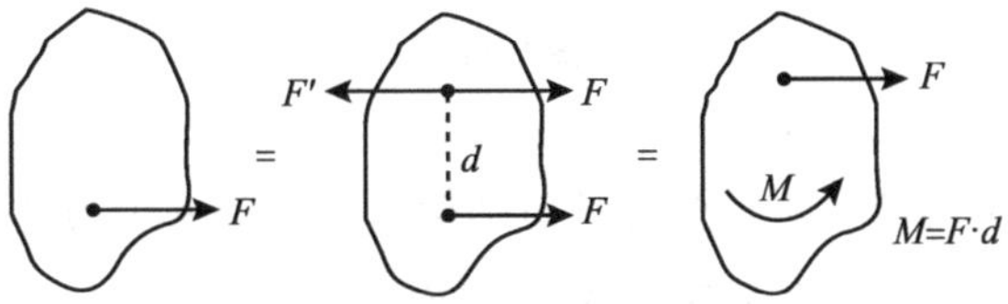

图 2-15

力的平移原理实际上相当于在平移点上加一对大小等于原力的平衡力，所以平移后不影响力的作用效果。

有了力的平移原理，我们就可以把不共点的作用在一般物体上的力系统一起向任意选定的公共点平移，从而把非共点力系简化为共点力系及力偶系，如图 2-16 所示。这

样就把非共点力系简化为对任意点的合力和合力偶矩了。一般物体的平衡是指物体不改变平动状态和转动状态，或者物体相对于惯性系静止。因此，根据力的平移原理一般物体的平衡条件是：对任意选定的公共平移点，合力等于0及平移后的附加力偶矩之和等于0。即

$$\sum \boldsymbol{F}_i = 0 \tag{2-24}$$

$$\sum \boldsymbol{M}_i = 0 \tag{2-25}$$

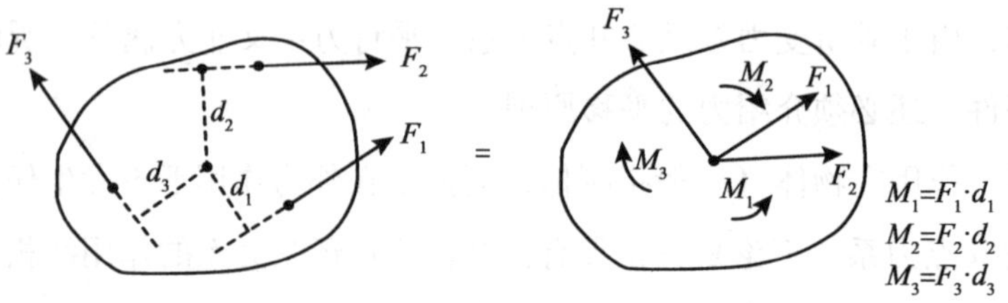

图 2-16

例 2-10 重 200 N 的梯子长 5 m，重心在离梯子底端 2 m 处，把梯子靠在光滑的墙上。梯子的底端距墙脚 3 m，如图 2-17（a）所示。求梯子两端所受的力。

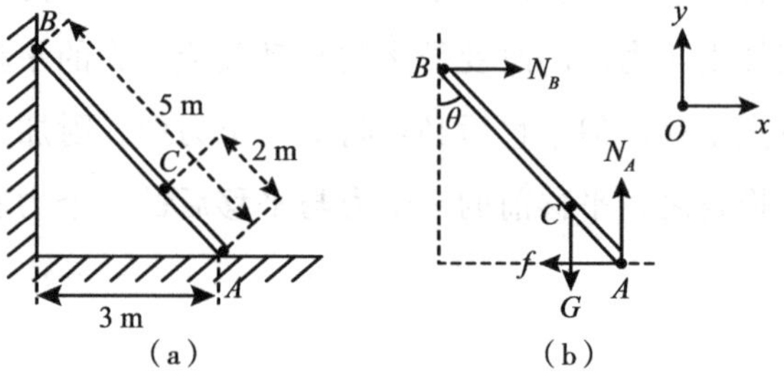

图 2-17

解： 以梯子为研究对象，进行受力分析知梯子共受到 4 个力作用：重力 G，墙对梯子的支持力 N_B，地面对梯子的支持力 N_A，地面对梯子的静摩擦力 f，如图 2-17（b）所示，显然它们是非共点力系，梯子的平衡是一般物体的平衡，根据一般物体的平衡条件，并取如图 2-17（b）的直角坐标系，则有

把力都平移到 A 点：

$$\sum F_{xi} = 0,\ N_B - f = 0 \tag{1}$$

$$\sum F_{yi} = 0,\ N_A - G = 0 \tag{2}$$

$$\sum M_i = 0, \ M_G - M_{NB} = 0 \tag{3}$$

M_G 是重力 G 对 A 点所在轴的力矩，M_{NB} 是 N_B 对 A 点的力矩，即

$$M_G = G \cdot \overline{AC} \cdot \sin\theta \tag{4}$$

$$M_{NB} = N_B \cdot \overline{AB} \cdot \cos\theta \tag{5}$$

又由于 $\overline{AB}$ =5 m，$\overline{AC}$ =2 m，$\overline{AO}$ =3 m，所以联立解以上方程组得

$$f = N_B = 60 \text{ N}$$

$$N_A = G = 200 \text{ N}$$

原则上，对一般物体所受的力可以任意选定平移点，但为方便计算，常常把力平移到受力最多的点上。这样做可以减少对力偶矩的计算。

求解静力学问题的一般步骤如下。

（1）确定研究对象。

（2）对研究对象进行受力分析，并画出受力图。

（3）根据物体的平衡性质，建立平衡方程，并求解方程。

（4）检验结果。

思考题

2-1　如图2-18所示，A、B、C 3个物体重叠放在水平地面上，用水平力 $\boldsymbol{F}_1$ 和 $\boldsymbol{F}_2$ 拉物体A和B时，它们不动。试分析A、B、C 3个物体各受哪些力作用？并画出受力图。

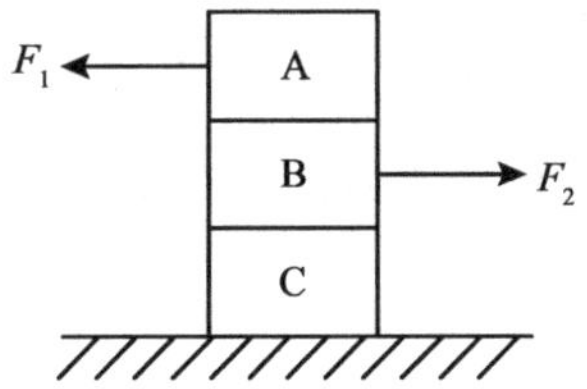

图2-18

2-2　既然牛顿第一定律包含在牛顿第二定律中，第一定律是第二定律的特殊情况（即 $\sum \boldsymbol{F}$ =0 的情况），那么是不是第一定律可有可无呢？第一定律独立存在的意义是什么？

2-3 两个完全相同的弹簧，劲度系数都为 k，把它们串联或并联起来，等效于一个弹簧，则该弹簧的劲度系数为多大？

2-4 牛顿第二定律的矢量性、瞬时性和相对性，分别指的是什么？用牛顿第二定律的矢量性说明：为什么抛射体在竖直方向作上抛运动，而在水平方向作匀速直线运动？

2-5 什么是惯性系？什么是非惯性系？惯性力是真实的力吗？它是怎样产生的？为什么要引入惯性力？它的大小和方向由什么决定？

2-6 两个质量分别是 m_1 和 m_2（$m_1 \neq m_2$）的质点，孤立存在于自由空间中，以引力 $F=G\dfrac{m_1m_2}{r^2}$ 相互吸引着。那么，m_1 和 m_2 的加速度多大？答案是否同已证明的下列推断相矛盾：在 m_1 上的观察者将看到 m_2 向 m_1 移近的加速度必等于在 m_2 上观察者所看到的 m_1 向 m_2 移近的加速度。

2-7 有一非共点力系，如图 2-19 所示，各力正好依次首尾相接，构成一封闭多边形。求证该力系与一力偶等效，力偶的力偶矩大小等于多边形面积的两倍。（提示：用力的平移原理论证）

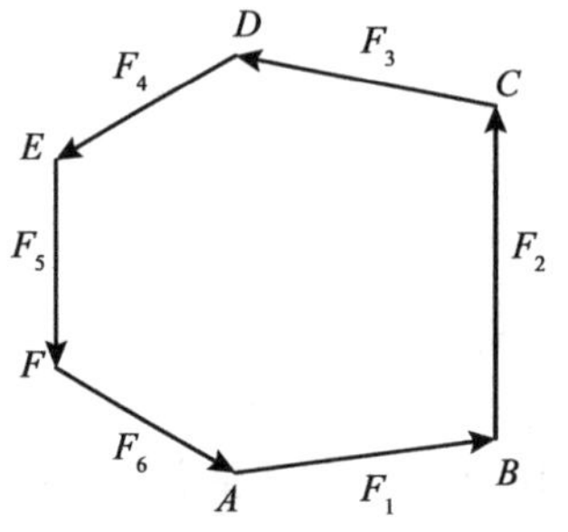

图 2-19

2-8 当公共汽车制动、启动和转弯时，乘客将向前倾、后倾和侧倾。试分别从地面（惯性参考系）和车上（非惯性参考系）进行解释。

习 题

2-1 将质量为 10 kg 的小球挂在倾角 $\alpha=30°$ 的光滑斜面上，如图 2-20 所示。求：

（1）当斜面以加速度 $a=\dfrac{1}{3}g$ 向左水平运动时，挂小球的绳中的张力 $\boldsymbol{T}$ 和小球压斜

面的力 N。

（2）当斜面的运动加速度达到多大时，小球对斜面的压力为 0？

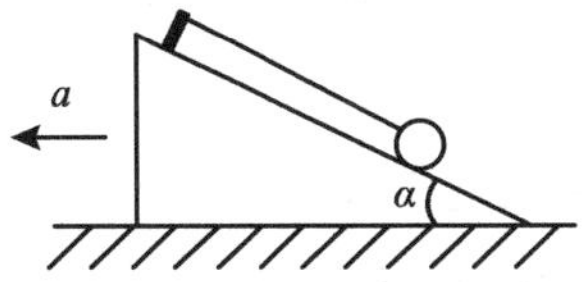

图 2-20

2-2　电梯上放一磅秤，一质量为 50 kg 的人站在磅秤上。

（1）当电梯匀速上升或下降时，磅秤的指示数为多少？

（2）当电梯以 4.9 m/s^2 的加速度上升或下降时，磅秤的指示数为多少？

2-3　如图 2-21 所示，一质量为 M 的木块放在光滑的水平桌面上，木块 A 上放一质量为 m 的木块 B，A 与 B 之间的摩擦系数为 μ。现施水平力 $\boldsymbol{F}$ 推木块 A，问推力 $\boldsymbol{F}$ 至少要达到多大时才能使 A、B 发生相对运动？

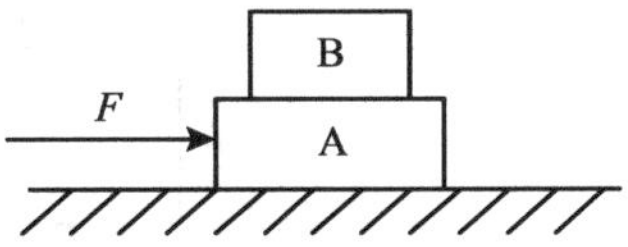

图 2-21

2-4　天平左端挂一滑轮，一轻绳跨过滑轮，绳的两端分别系上质量为 m_1、m_2 的物体（$m_1 \neq m_2$），天平右端的托盘内放有砝码，如图 2-22 所示。问天平托盘和砝码的质量共为多少才能保持天平平衡？忽略滑轮和绳的质量及轴承摩擦，绳不可伸长。

2-5　质量为 M 的木楔放在光滑的水平地面上，置一质量为 m 的物体于木楔光滑斜面上，如图 2-23 所示，求这两个物体的加速度及物体压楔与楔压水平地面的力。

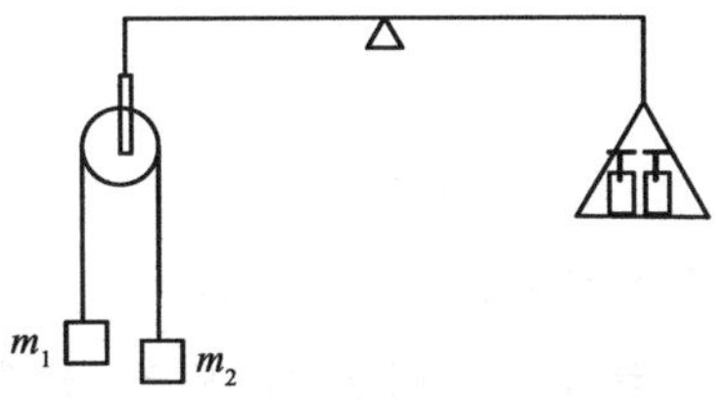

图 2-22

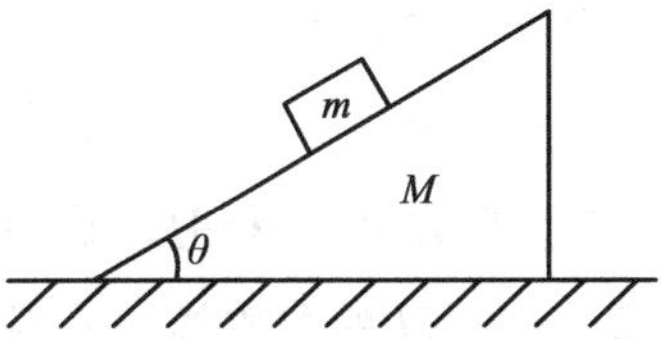

图 2-23

2-6　如图 2-24 所示，一个高楼擦窗工人利用一定滑轮自己控制下降。

（1）要使自己慢慢匀速下降，他需要用多大力拉绳？

（2）如果他放松些，使拉力减少 10%，他下降的加速度将多大？设人和吊桶的总质量为 75 kg。

2-7　如图 2-25 所示，在一质量为 M 的小车上放一质量为 m_1 的物块。m_1 用细绳通过固定在小车上的滑轮与质量为 m_2 的物块相连，物块 m_2 靠在小车的前壁上而使悬线竖直。忽略所有摩擦。

（1）当用水平力 $\boldsymbol{F}$ 推小车使之沿水平桌面加速前进时，小车的加速度多大？

（2）如果要保持 m_2 的高度不变，力 $\boldsymbol{F}$ 应多大？

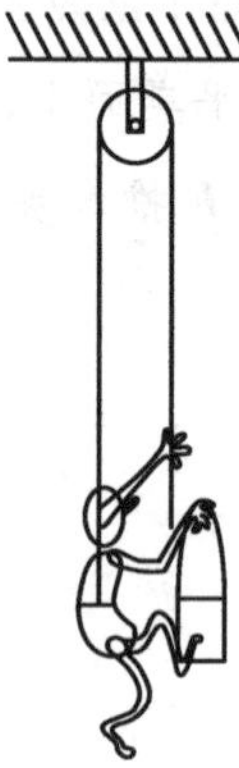

图 2-24

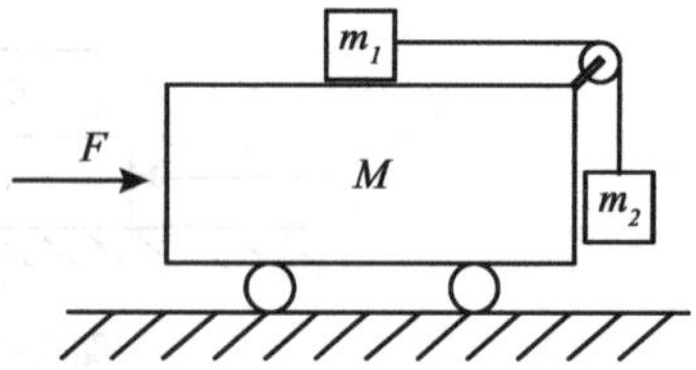

图 2-25

2-8　木星的卫星中较大的是木卫三，它到木星的平均距离是 1.07×10^6 km，绕木星运行的周期是 7.16 d。试由此求出木星的质量，忽略其他卫星的影响。

2-9　美丽的土星环在土星周围从离土星中心 73000 km 延伸到距土星中心 136000 km 处。假如它由大小从 10^{-6} m 到 10 m 的粒子组成。若环的外缘粒子的运行周期是 14.2 h，那么由此可求得土星的质量是多大？

2-10　如图 2-26 所示，电动机的转矩 M＝1000 N · m，固定螺钉之间的距离 $d=$ 300 mm。求螺钉 A、B 各受到多大的竖直力。

2-11　一质量为 2 kg 的质点在 xy 平面上运动，受到外力 $\boldsymbol{F}=4\boldsymbol{i}-24t^2\boldsymbol{j}$ 的作用，$t=0$ 时，它的初速度为 $\boldsymbol{v}_0=3\boldsymbol{i}+4\boldsymbol{j}$，求 $t=1$ s 时质点的速度及受到的法向力 $\boldsymbol{F}_n$。

2-12　长为 $2l$ 的匀质棒，一端抵在光滑墙上，而棒身则如图 2-27 所示，斜靠在与墙相距为 d（$d\leqslant l\cos\theta$）的光滑棱角上。求棒在平衡时与水平面所成的角。

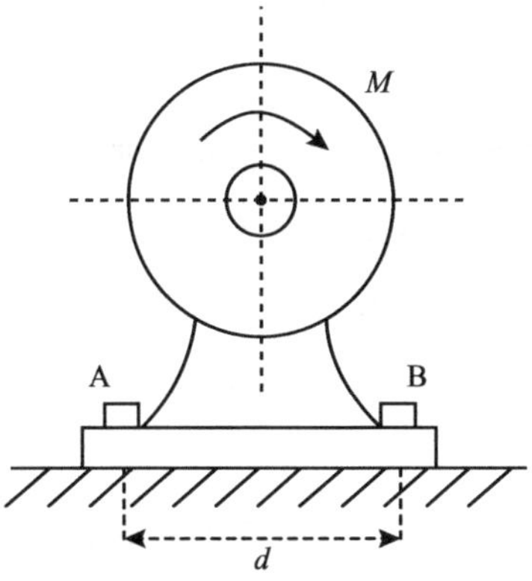

图 2-26

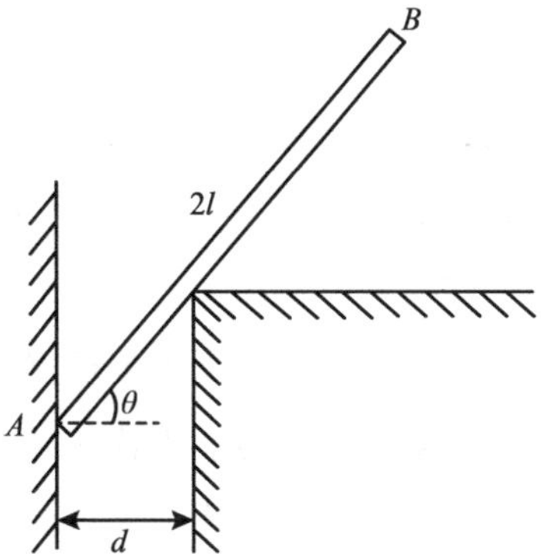

图 2-27

2-13　一甲虫与一半径为 r 的半球形碗之间的摩擦系数 $\mu=0.3$。问：甲虫在碗中能爬到多高？

【选读材料】

关于牛顿和他的运动定律

艾萨克·牛顿（Isaac Newton）是英国伟大的数学家、物理学家。为了纪念牛顿在经典力学方面的杰出成就，“牛顿（N）”后来成为衡量力的大小的物理单位。

牛顿关于动力学概念和规律的有关表述如下。

定义 1：物质的量是物质的度量，可由密度和体积共同求出。

定义 2：运动的量（动量）是运动的度量，可由速度和物质的量（质量）共同求出。

定义 3：惯性或固有的力，是一种起抵抗作用的力，存在于每一物体当中，大小与该物体的质量相当，并使之保持其现有的状态，即静止或匀速直线运动。

定义 4：外力是一种对物体的推动作用，使其改变静止的或匀速直线运动的状态。

有关运动的公理或定律简单表述如下。

定律 1：每个物体都保持其静止或匀速直线运动的状态，除非有外力作用于它迫使它改变那个状态。

定律 2：运动的变化正比于外力，变化的方向沿外力作用的直线方向。

定律 3：每一种作用都有一个相等的反作用，或者，两个物体的相互作用总是相等的，而且方向相反。

推论 1：物体同时受两个力作用时，其运动将沿平行四边形对角线进行，所用时间等于二力分别沿两个边所需的时间。

我们注意到，运动三定律虽然以牛顿的名字命名，但它们是历史上许多科学家长期探索的结晶。16 世纪末、17 世纪初，意大利物理学家伽利略详细研究了落体的运动，对惯性运动、物体运动与加速度的关系进行了科学的描述。此后，荷兰物理学家惠更斯对惯性运动和碰撞运动进行了深入的研究，并进行了科学的阐释。伽利略、惠更斯等的工作为运动三定律奠定了实验和理论的基础。

另外，随着时代的发展，牛顿以后的科学家对运动定律现有表达形式的发展和确立也开展了积极的工作。

在正文中已经提到牛顿第二定律的最初形式为

$$\boldsymbol{F}=\frac{\mathrm{d}}{\mathrm{d}t}(m\boldsymbol{v})$$

在微积分工具的有效应用下，可以转化为常用的形式

$$\boldsymbol{F}=m\boldsymbol{a}$$

而牛顿第二定律的最初形式蕴含着质点动量定理的重要内容。

第 3 章　功和能

在动力学中，是以牛顿运动定律为基础来研究力学问题的。理论上，如果已知合外力 $\boldsymbol{F}$，又知道初始条件，利用牛顿定律，就可以确定物体的运动规律。牛顿第二定律确定了物体所受合外力 $\boldsymbol{F}$ 和该力产生的加速度 $\boldsymbol{a}$ 之间的瞬时关系。

在力学中，我们不仅要研究力的瞬时效应，而且还要研究力持续地作用在一个物体上时，对物体所产生的积累效应。物体在外力作用下经历了一个过程后，由初状态变化到末状态，物体的机械能同时发生变化，这种变化的根源是外力在此过程中做了功。**功的概念表征了力对空间的累积效果**。因此，我们引入了功和能的概念。从牛顿运动定律出发，推导出动能和机械能的变化规律，为研究力学开辟了一条新的途径。在运用守恒定律时，可以不管物体运动中的详细过程（物体的受力和运动轨迹等），只要根据物体的初、末运动状态，就能解决问题。这为探讨质点或系统的运动提供了较为简捷的途径，特别是功和能都是标量，便于计算。不要特别注意对运动过程的分析，但要注意机械能守恒定律的适用条件。

功、能概念引入的意义还不限于方法论方面，在物理学中，“能量”是使用较为广泛的概念之一。它不仅贯穿整个物理学，而且还与其他学科如化学、生物学、医学等各种科学技术都有着密切的联系。正是利用这个概念，人们能够定量地描述自然界中物质的各种不同运动形式的相互转换。这对了解我们周围的物质世界及其运动规律有着非常重要的意义。

3.1　功和功率

3.1.1　恒力的功与变力的功

恒力的功　如果恒力 $\boldsymbol{F}$ 作用在物体上，使物体在 $\boldsymbol{F}$ 方向上运动了一定的距离 s，如图 3-1 所示，我们说力对物体做了功，大小定义为

$$A = Fs$$

如图 3-2 所示，当力 $\boldsymbol{F}$ 与物体的位移 $\Delta\boldsymbol{r}$ 成一定角度 α 时，力 $\boldsymbol{F}$ 对物体做功定义为**力沿位移方向的投影与位移大小的乘积**，即

$$\Delta A = (F\cos\alpha)\,|\Delta\boldsymbol{r}| \tag{3-1}$$

因 $\boldsymbol{F}$ 和 $\Delta\boldsymbol{r}$ 都是矢量，通常可以把上式改写成两个矢量的标积形式：

$$\Delta A = F\,|\Delta\boldsymbol{r}|\cos\alpha = \boldsymbol{F}\cdot\Delta\boldsymbol{r} \tag{3-2}$$

这种标积使我们的结果在数学形式上更为简洁。

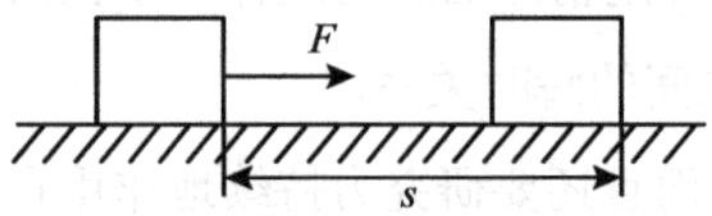

图 3-1

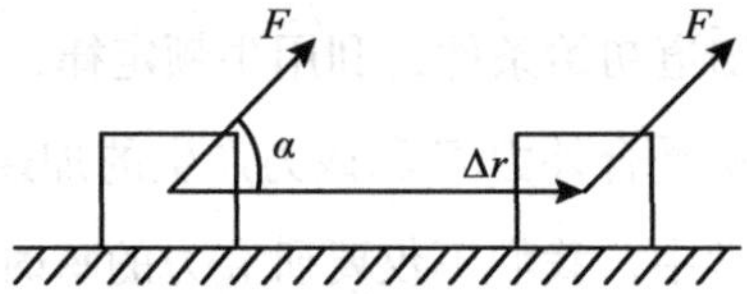

图 3-2

变力的功 在变力作用下，一般地，物体沿一条曲线运动，如图 3-3 所示。为了求得变力做功，可将质点沿曲线的运动分解为许多首尾相接的元位移矢量 $\{\Delta\boldsymbol{r}_i,\ i=1,2,\cdots,N\}$ 的叠加。对于每一元位移 $\Delta\boldsymbol{r}_i$，由于对应的时间 Δt_i 极短，相应的力 $\boldsymbol{F}_i$ 可视为恒力，它对物体所做的功（称为**元功**）定义为 $\Delta A_i = \boldsymbol{F}_i\cdot\Delta\boldsymbol{r}_i$，质点沿曲线从位置 a 移到 b，变力对质点做的总功应等于在各个元位移上力所做的元功之和：

$$A_{ab} = \sum_{i=1}^{N}\Delta A_i = \sum_{i=1}^{N}\boldsymbol{F}_i\cdot\Delta\boldsymbol{r}_i$$

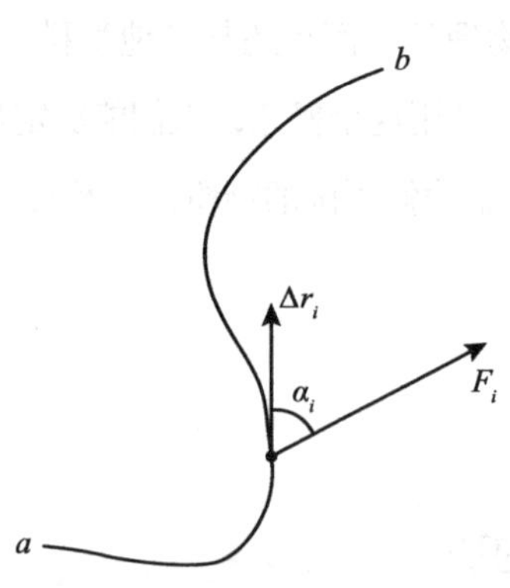

图 3-3

在极限情况下：

$$A_{ab}=\lim_{N\to\infty}\sum_{i=1}^{N}\Delta A_i=\int_a^b \boldsymbol{F}_i\cdot \mathrm{d}\boldsymbol{r}$$

讨论：

（1）由于功是力与位移的标积沿曲线路径的线积分，故通常功既与质点运动的始末位置有关，又与运动过程有关。因此，**功是过程量**。

（2）**功是一个标量，正负取决于力与位移间的夹角** α。当 $0\leqslant\alpha\leqslant\frac{\pi}{2}$ 时，$\mathrm{d}A=\boldsymbol{F}\cdot\mathrm{d}\boldsymbol{r}>0$，力对物体做正功。当 $\alpha=\frac{\pi}{2}$ 时，$\mathrm{d}A=0$，力对物体不做功。当 $\frac{\pi}{2}<\alpha\leqslant\pi$ 时，$\mathrm{d}A<0$，力对物体做负功。“力 $\boldsymbol{F}$ 对物体做负功”实际上表示物体在运动中克服外力 $\boldsymbol{F}$ 而对外做了功。例如，行星在太阳引力的作用下，在确定的椭圆轨道上运行，引力有时对行星做负功，有时做正功，有时不做功（$\boldsymbol{F}\perp\mathrm{d}\boldsymbol{r}$ 时）。

（3）在牛顿力学中，通常认为相互作用力与参考系的选择无关，而位移与参考系的选择有关，因此，**功与参考系的选择有关**。

（4）当质点同时受到 n 个力作用时，合力的功等于各分力的功的代数和，即

$$A=\int_b^a\left(\sum_{i=1}^{N}\boldsymbol{F}_i\right)\cdot\mathrm{d}\boldsymbol{r}=\sum_{i=1}^{N}(\boldsymbol{F}_i\cdot\mathrm{d}\boldsymbol{r})=\sum_{i=1}^{N}A_i \tag{3-3}$$

（5）在具体的坐标系中功有不同的计算形式。在直角坐标系中，元功为

$$\mathrm{d}A=\boldsymbol{F}\cdot\mathrm{d}\boldsymbol{r}=F_x\mathrm{d}x+F_y\mathrm{d}y+F_z\mathrm{d}z$$

则

$$A=\int_{x_a}^{x_b}F_x\mathrm{d}x+\int_{y_a}^{y_b}F_y\mathrm{d}y+\int_{z_a}^{z_b}F_z\mathrm{d}z \tag{3-4}$$

其中，(x_a, y_a, z_a) 和 (x_b, y_b, z_b) 分别是 a 和 b 两点的空间坐标。

在自然坐标系中，有

$$A=\int_a^b\boldsymbol{F}\cdot\mathrm{d}\boldsymbol{r}=\int_a^b F_\tau|\mathrm{d}\boldsymbol{r}|=\int_a^b F_\tau\mathrm{d}s=\int_a^b F\cos\alpha\mathrm{d}s \tag{3-5}$$

其中，F_τ 为外力 $\boldsymbol{F}$ 在位移 $\mathrm{d}\boldsymbol{r}$ 方向上的分量，还用到了关系式 $|\mathrm{d}\boldsymbol{r}|=\mathrm{d}s$。

例 3-1　质量为 1600 kg 的汽车，沿一坡度为 1/50 的斜坡匀减速向上移动了 100 m，如果沿斜坡方向的摩擦阻力是汽车重力的 0.08 倍，那作用在汽车上的力所做的总功是

多少？

解：研究对象：汽车。

汽车的受力：G、N、f。

坐标：如图 3-4 所示，汽车在 x 轴方向受力为 $-(mg\sin\theta+f)$；在 y 轴上受力 N 与 $mg\cos\theta$ 与运动方向垂直不做功。

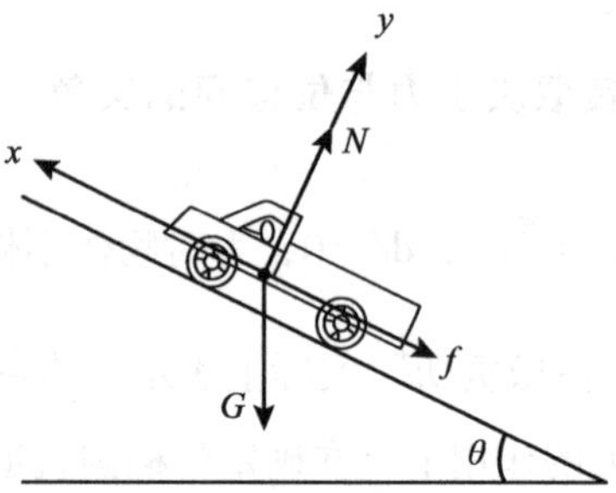

图 3-4

则 $$A=-(mg\sin\theta+f)\cdot s$$

$$\approx-(mg\tan\theta+f)\cdot s$$

$$=-\left(1600\times9.8\times\frac{1}{50}+1600\times9.8\times0.08\right)\times100=-1.568\times10^5\ \mathrm{J}$$

负号表示汽车克服阻力做功。

例 3-2　摩擦力的功　马拉爬犁在水平雪地上沿一弯曲道路行走，如图 3-5 所示。爬犁总质量为 3 t，它和地面的滑动摩擦系数 $\mu_k=0.12$。求马拉爬犁行走 2 km 的过程中，路面摩擦力对爬犁做的功。

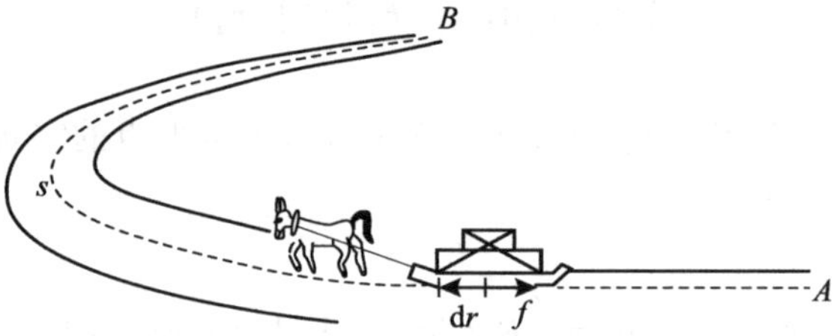

图 3-5

解：这是一个物体沿曲线运动但力的大小不变的例子。爬犁在雪地上移动任一元位移 $\mathrm{d}\boldsymbol{r}$ 的过程中，它受的滑动摩擦力的大小为

$$f=\mu_k N=\mu_k mg$$

因为滑动摩擦力的方向总与位移 d$\boldsymbol{r}$ 的方向相反，所以相应的元功应为

$$dA=\boldsymbol{f}\cdot d\boldsymbol{r}=-f|d\boldsymbol{r}|$$

以 ds =d|$\boldsymbol{r}$|表示元位移的大小，即相应的路程，则

$$dA=f ds=-\mu_k mg ds$$

爬犁从 A 移到 B 的过程中，摩擦力对它做的功就是

$$A_{AB}=\int_{(A)}^{(B)}\boldsymbol{f}\cdot d\boldsymbol{r}=-\int_{(A)}^{(B)}\mu_k mg ds=-\mu_k mg\int_{(A)}^{(B)}ds$$

上式中最后一积分为从 A 到 B 爬犁实际经过的路程 s，所以

$$A_{AB}=-\mu_k mgs=-0.12\times3000\times9.8\times2000=-7.056\times10^6\ \text{J}$$

此结果中的负号表示滑动摩擦力对爬犁做了负功。此功的大小和物体经过的路径形状有关。如果爬犁是沿直线从 A 到 B 的，则滑动摩擦力做功的数值要比上面的小。

例 3-3 弹簧的弹力做功 有一水平放置的弹簧，其一端固定，另一端系一小球，如图 3-6 所示。求弹簧的伸长量从 x_A 变化到 x_B 的过程中，弹力对小球做的功。设弹簧的劲度系数为 k。

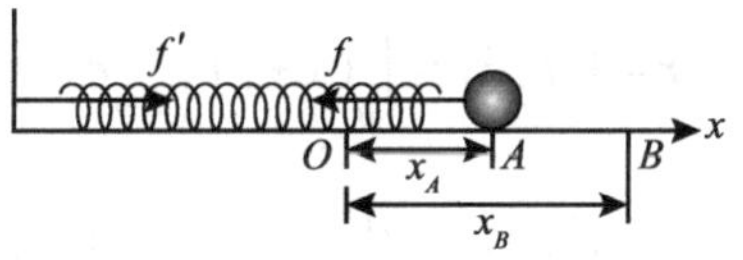

图 3-6

解： 这是一个路径为直线而力随位置改变的例子。取 x 轴与小球运动的直线平行，而原点对应于小球的平衡位置。这样，小球在任一位置 x 时，弹力就可以表示为

$$f_x=-kx$$

小球的位置由 A 移到 B 的过程中，弹力做的功为

$$A=\int_{(A)}^{(B)}\boldsymbol{f}\cdot d\boldsymbol{r}=\int_{x_A}^{x_B}f_x dx=\int_{x_A}^{x_B}-kx dx$$

计算此积分，可得

$$A=\frac{1}{2}kx_A^2-\frac{1}{2}kx_B^2$$

这一结果说明：如果 $x_B>x_A$，即弹簧伸长时，弹力对小球做负功；如果 $x_B<x_A$，即弹簧缩短时，弹力对小球做正功。

值得注意的是，这一弹力的功只和弹簧的始末形状（以伸长量表示）有关，而和伸长的中间过程无关。

例 3-4 如图 3-7 所示，设作用于质点的力为 $\boldsymbol{F}=xy\boldsymbol{i}+(x+y)\boldsymbol{j}$。分别求质点自 O 点经 OAB 和经 ODB 到达 B 点时力 F 所做的功。

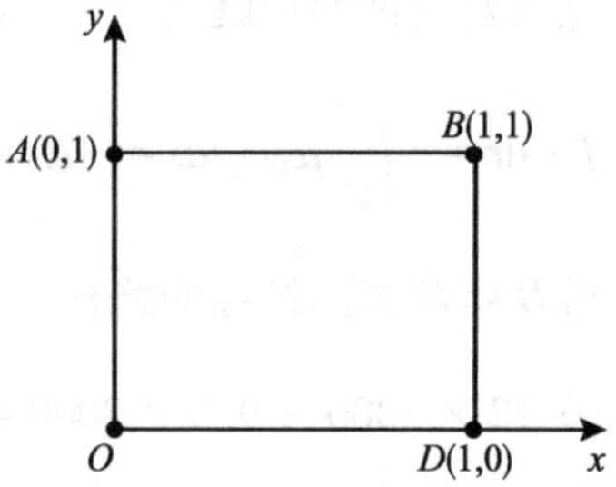

图 3-7

解：（1）物体沿 OAB 路径运动时，力的功为

$$A_{OAB}=\int_O^B F\cdot \mathrm{d}\boldsymbol{r}=\int_O^A F\cdot \mathrm{d}\boldsymbol{r}+\int_A^B F\cdot \mathrm{d}\boldsymbol{r}=A_{OA}+A_{AB}$$

式中

$$A_{OA}=\int_O^A \boldsymbol{F}\cdot \mathrm{d}\boldsymbol{r}=\int_0^1 F_y \mathrm{d}y=\int_0^1 (x+y)\Big|_{x=0}\mathrm{d}y=\int_0^1 y\mathrm{d}y=\frac{1}{2}$$

$$A_{AB}=\int_A^B \boldsymbol{F}\cdot \mathrm{d}\boldsymbol{r}=\int_0^1 F_x \mathrm{d}x=\int_0^1 xy\Big|_{y=1}\mathrm{d}x=\int_0^1 x\mathrm{d}x=\frac{1}{2}$$

于是，有

$$A_{OAB}=A_{OA}+A_{AB}=\frac{1}{2}+\frac{1}{2}=1\ \mathrm{J}$$

（2）物体沿 ODB 路径运动时，力的功为

$$A_{ODB}=\int_O^B \boldsymbol{F}\cdot \mathrm{d}\boldsymbol{r}=\int_O^D \boldsymbol{F}\cdot \mathrm{d}\boldsymbol{r}+\int_D^B \boldsymbol{F}\cdot \mathrm{d}\boldsymbol{r}=A_{OD}+A_{DB}$$

式中

$$A_{OB}=\int_O^D \boldsymbol{F}\cdot \mathrm{d}\boldsymbol{r}=\int_0^1 F_x \mathrm{d}x=\int_0^1 xy\Big|_{y=0}\mathrm{d}x=\int_0^1 0\ \mathrm{d}x=0$$

$$A_{DB}=\int_D^B \boldsymbol{F}\cdot \mathrm{d}\boldsymbol{r}=\int_0^1 F_y \mathrm{d}y=\int_0^1 (x+y)\Big|_{x=1}\mathrm{d}y=\int_0^1 (1+y)\mathrm{d}y=1\ \frac{1}{2}$$

于是，有　$A_{ODB}=A_{OD}+A_{DB}=0+1\frac{1}{2}=1\frac{1}{2}$ J

从以上的计算结果可以看出：尽管物体的出发点和终止点相同，但物体沿不同路径运动时，外力做功是不同的。因此，一般来讲，功是过程量，即功既与质点运动的始末位置有关，又与运动过程有关。

例 3-5　质量为 m，长为 L 的匀质链条，放在摩擦系数为 μ 的桌面上，其长为 a 的一端下垂，如图 3-8 所示。当链条由静止开始沿桌边向下滑动至刚刚全部离开桌边的过程中，重力与摩擦力各做多少功?

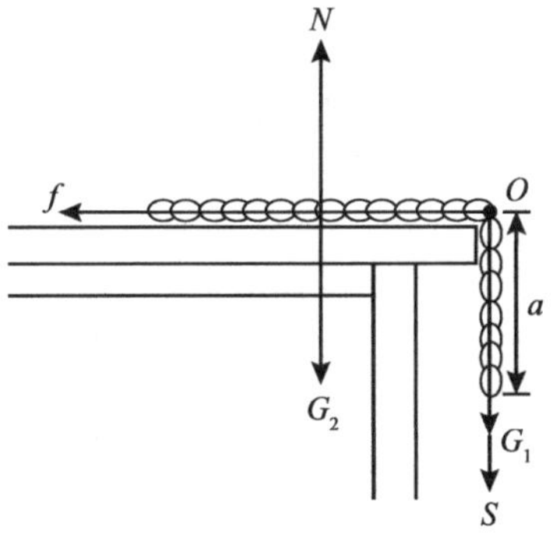

图 3-8

解：方法一：积分法。

以链条为研究对象，链条受力如图所示，选链条运动径迹为曲线坐标 S，桌边为坐标原点 O。

此在链条下滑过程中，

下垂部分链条的重力：　$G_1=\frac{mg}{L}S$

桌面上的链条所受的摩擦力：　$f=\mu N'$

桌面对链条的支持力：　$N=G_2=\frac{L-S}{L}mg$

由牛顿第三定律知：　$N=N'$

因此，链条所受的摩擦力：　$f=\mu\frac{L-S}{L}mg$

将重力和摩擦力对链条的功分别采用积分法得：

重力做功　$W_G=\int_a^L G\mathrm{d}S=\frac{mg}{L}\int_a^L S\mathrm{d}S=\frac{mg}{L}\frac{(L^2-a^2)}{2}$

摩擦力做功

$$W_f=\int_a^L -f\mathrm{d}S=-\frac{\mu mg}{L}\int_a^L (L-S)\,\mathrm{d}S=-\mu\frac{mg}{2L}(L-a)^2$$

方法二：图示法。

建立下落链条的重力随 S 变化图像，如图 3-9（a）所示，阴影部分梯形面积数值上等于重力做功大小，则有 $W_G=\frac{1}{2}\left(\frac{mg}{L}a+mg\right)(L-a)=\frac{mg}{2L}(L^2-a^2)$。

建立桌面剩余链条所受摩擦力随 S 变化图像，如图 3-9（b）所示，阴影部分三角形面积数值上等于摩擦力做功大小，则有

$$W_f=\frac{1}{2}(L-a)\left(-\mu\frac{L-a}{L}mg\right)=-\frac{\mu mg}{2L}(L-a)^2$$

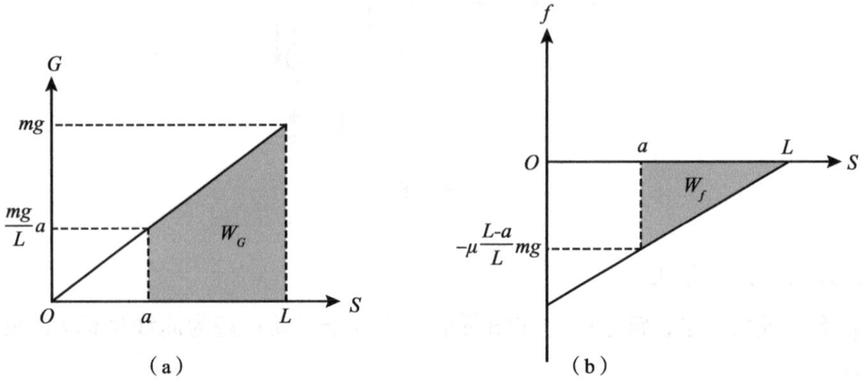

图 3-9

由此例可见，对于变力做功的问题，只要选择适当坐标，把该力随坐标而变化的函数式写出来，然后采用积分法或图解法即可求得此变力对物体的功。如果力是坐标的线性函数，图解法会更简便一些。

3.1.2 功率

在功的概念里，没有考虑到时间的因素，但在实际问题中，时间因素是极其重要的。例如两台机器在相同时间内完成的功可能有多有少，或者两台机器做同样多的功，但完成的时间有长有短。显然，在短时间内完成相同功的机器具有更强的能力。为了比较机器做功的性能，我们引入了功率的概念。**功率**是表征力做功快慢的

物理量。如果在时间间隔 Δt 内，力 $\boldsymbol{F}$ 对物体所做的功为 ΔA，则比值$\frac{\Delta A}{\Delta t}$称为力 F 的平均功率，用 $\bar{P}$ 表示，即

$$\bar{P}=\frac{\Delta A}{\Delta t} \tag{3-6}$$

平均功率的极限$\frac{\mathrm{d}A}{\mathrm{d}t}$称为瞬时功率，简称功率，用 P 表示，即

$$P=\frac{\mathrm{d}A}{\mathrm{d}t}=\frac{\boldsymbol{F}\cdot\mathrm{d}\boldsymbol{r}}{\mathrm{d}t}$$

$$P=\frac{\mathrm{d}A}{\mathrm{d}t}=\frac{\boldsymbol{F}\cdot\mathrm{d}\boldsymbol{r}}{\mathrm{d}t}=\boldsymbol{F}\cdot\boldsymbol{v}=Fv\cos\theta \tag{3-7}$$

式（3-7）中，v 是物体的速度，θ 是力与速度的夹角。

功率的单位为瓦特（W），1 W =1 J/s。

例3-6 一辆5.0 t重的汽车，发动机的额定功率为120马力（约合88.2 kW），汽车从静止出发，以 1.0 m/s^2 的加速度沿水平直线作匀加速运动，10 s后改作匀速运动，整个过程中，汽车所受阻力均为车重的0.06倍。求：

（1）分析汽车在静止、加速、匀速的过程中发动机功率的变化。

（2）汽车在4 s末的功率是多少？

（3）汽车在做匀加速运动时的平均功率和做匀速运动时的功率分别是多少？

解：（1）汽车由静止开始做匀加速运动时，速度与时间成正比，$v\propto t$，所受水平方向的合外力为恒力。阻力f，牵引力 F 都是恒定的，发动机瞬时功率 $P=Fv$，故加速过程中，发动机功率随时间成正比增加；匀速运动时，$F=f$，发动机功率恒定 $P=Fv$，但不一定等于额定功率。

（2）4s末的功率是瞬时功率，由发动机牵引力 F 与瞬时速度决定

$$F=f+ma=0.06\times5.0\times10^3\times9.8+5.0\times10^3\times1.0=7.94\times10^3\ \mathrm{N}$$

$$v_4=at=1.0\times4=4\ \mathrm{m/s}$$

则
$$P_4=Fv_4=7.94\times10^3\times4=3.176\times10^4\ \mathrm{W}$$

（3）匀加速过程中的平均功率为

$$\bar{P}=F\cdot\bar{v}=F\cdot\frac{at}{2}=7.94\times10^3\times\frac{1.0\times10}{2}=3.97\times10^4\ \mathrm{W}$$

作匀速运动时的功率为

$$P=f\cdot v=2.94\times10^3\times10=2.94\times10^4\ \text{W}$$

3.2 动能 动能定理

物体具有做功的本领，我们就说这个物体具有能量（简称为能）。在物理学中，功和能是两个重要的概念，它们有着密切的联系。被做功的物体一般来说它的运动状态要发生变化，能量也要发生变化。如一个质量为 m 的物体，当它以一定速度向前运动中，受到反向外力 $\boldsymbol{F}$ 的作用，那么物体将要反抗外力 $\boldsymbol{F}$ 做功，同时速度渐渐减小，运动状态不断变化直至最后完全停止。这说明一定运动状态下的物体，在它完全停止运动之前可以做一定数量的功，也就是说一定的运动状态对应着一定的能量。因此，能量是物体运动状态的函数，是物体的“状态量”。

在力学中主要研究物体机械运动的规律。与机械运动相关的能量叫作机械能，机械能包括动能和势能。

力做功将对质点的运动状态产生怎样的影响，即力在空间上的累积作用效果如何？质点的动能定理反映了这方面的规律。

如图 3-10 所示，设质量为 m 的物体在合外力 $\boldsymbol{F}$ 的作用下，从 a 点沿曲线路径到达 b 点，速度由 $\boldsymbol{v}_a$ 变为 $\boldsymbol{v}_b$。在元位移 $\mathrm{d}\boldsymbol{r}$ 上力的元功为

$$\mathrm{d}A=\boldsymbol{F}\cdot\mathrm{d}\boldsymbol{r}=F\cos\theta\mathrm{d}r \tag{3-8}$$

式中，$F\cos\theta$ 为力在位移元方向的分量，即曲线切向的分量。

根据牛顿第二定律 $F_\tau=ma_\tau$，以及切向加速度与速率的关系 $a_\tau=\dfrac{\mathrm{d}v}{\mathrm{d}t}$，则式（3-8）

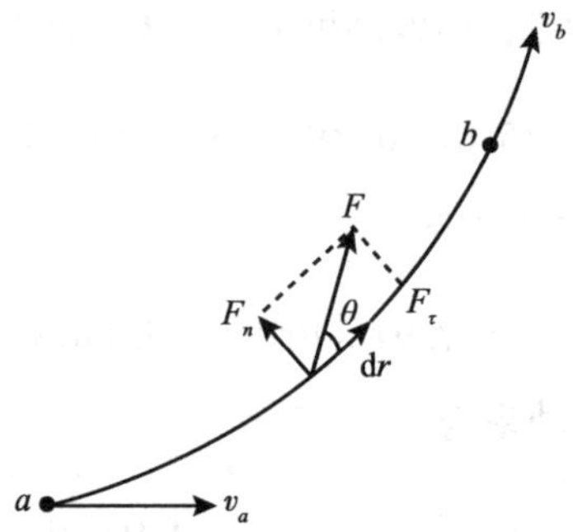

图 3-10

可改写为
$$dA=F_{\tau}dr=m\frac{dv}{dt}dr=mvdv$$

整个过程中，物体所受合外力做的功为

$$A=\int_a^b dA=\int_{v_a}^{v_b}mvdv=\frac{1}{2}mv_b^2-\frac{1}{2}mv_a^2 \tag{3-9}$$

等式的右侧是速率函数 $E_k=\frac{1}{2}mv^2$ 在末态与初态值的差额，这个速率函数也是描述质点运动状态的物理量，称为**动能**。动能是标量，只有大小，没有方向。在国际单位制中，动能的单位与功的单位相同，都是焦耳（J）。

式（3-9）表明，合外力对物体做的功等于物体动能的增量，这称为**质点的动能定理**。用 E_k 表示动能，则动能定理的数学表达式可以写为

$$A=E_k-E_{k0} \tag{3-10}$$

对于动能定理的理解需要注意以下几点。

由式（3-10）可知：当合外力的功 $A>0$ 时，$E_k>E_{k0}$，质点动能增加，外力做功转化为质点的动能；当 $A<0$ 时，$E_k<E_{k0}$，质点的动能减少，质点牺牲自己的动能转化为对外界的功。可见，功是能量变化的量度。

质点的动能是与物体某时刻的运动速率相关，是与状态相对应的物理量，是状态量；功则是对应于一段路程、一段时间，即对应于一个过程，是过程量。

例 3-7　一质量为 4 kg 的物体可沿 Ox 轴无摩擦地滑动，$t=0$ s 时物体静止于原点。试求下列各情况中物体的速度大小。

（1）物体在力 $F=3+2x$，$F=3+2t$ 的作用下运动了 3 s。

（2）物体在力 $F=3+2x$ 的作用下运动了 3 m。

解（1）根据牛顿第二定律 $F=ma$，可知物体获得的加速度随时间变化的关系为 $a=\frac{F}{m}=\frac{1}{m}(3+2t)$，根据加速度与速度的关系 $a=\frac{dv}{dt}$，有 $dv=adt$，代入 a 可得

$$dv=\frac{1}{m}(3+2t)dt$$

对上式两侧进行积分，得 $v=\int_0^v dv=\int_0^3\frac{1}{m}(3+2t)dt=4.5\ \text{m/s}$

（2）根据动能定理　$A=E_k-E_{k0}=\frac{1}{2}mv^2-\frac{1}{2}mv_0{}^2$

其中： $$A=\int_{x_0}^{x}F\mathrm{d}x=\int_0^3(3+2x)\mathrm{d}x=(3x+x^2)\Big|_0^3=18\ \mathrm{J}$$

又 $v_0=0$，得 $$A=E_k-E_{k0}=\frac{1}{2}mv^2$$

即有 $$v=\sqrt{\frac{2A}{m}}=\sqrt{\frac{2\times 18}{4}}=3\ \mathrm{m/s}$$

例3-8 总质量为M的列车，沿水平直线轨道匀速前进，其末节车厢质量为m，中途脱节。司机发觉时车已行驶L距离，于是立即关闭气门除去牵引力。设运动的阻力与重量成正比，机车牵引力保持恒定，问：列车前后两部分都停止时，它们之间的距离是多少？

解：设车厢未脱节时的速度为v，列车匀速前进。列车脱节后末节车厢只受阻力作用且以v向前滑行。阻力$F_阻=-kmg$，k为比例系数。根据动能定理：

$$-kmgS_1=0-\frac{1}{2}mv^2$$

得 $$S_1=\frac{v^2}{2kg}$$

列车前部的运动分两个阶段，第一阶段为车厢脱节到司机发现刹车，运动距离是L，受力为$F_牵=kmg$，阻力$F_阻=-k(M-m)g$，列车做匀加速运动速度为v'。根据动能定理：

$$[kMg-k(M-m)g]L=\frac{1}{2}(M-m)v'^2-\frac{1}{2}(M-m)v^2$$

$$\frac{1}{2}(M-m)v'^2=\frac{1}{2}(M-m)v^2+kmgL$$

第二阶段的运动是$F_牵=0$，初速度为v'的滑行，阻力仍为$k(M-m)g$，末速度为0，设滑行距离为S。根据动能定理：

$$k(M-\mathrm{m})gS=0-\frac{1}{2}(M-m)v^2+kmgL$$

$$S=\frac{v^2}{2kg}+\frac{m}{M-m}L$$

前部分共向前运动的距离$S_2=S+L$。则前后两部分都停止时，它们相距为

$$\Delta S=S_2-S_1=\frac{v^2}{2kg}+\frac{m}{M-m}L+L-\frac{v^2}{2kg}=\frac{m}{M-m}L+L=\frac{M}{M-m}L$$

3.3　保守力和势能

3.3.1　几种常见的保守力

下面通过分析重力、万有引力和弹簧弹性力做功的特点，引入保守力的概念。

1. 重力的功

我们这里讨论的重力是指地面附近几百米高度范围内的重力，即在地球表面附近，重力可以被视为恒力。

设质量为 m 的质点在重力 G 作用下由 A 点沿任意路径移到 B 点，如图 3-11 所示，选取地面为坐标原点，z 轴垂直于地面，向上为正。重力 G 只有 z 方向的分量，即 $F_z=-mg$，则重力做的功为

$$A=\int_{z_0}^{z}F_Z\mathrm{d}z=\int_{z_0}^{z}(-mg)\,\mathrm{d}z=-mg(z-z_0) \tag{3-11}$$

式（3-11）表明，重力的功只由质点相对于地面的始、末位置 z_0 和 z 来决定，而与所通过的路径无关。

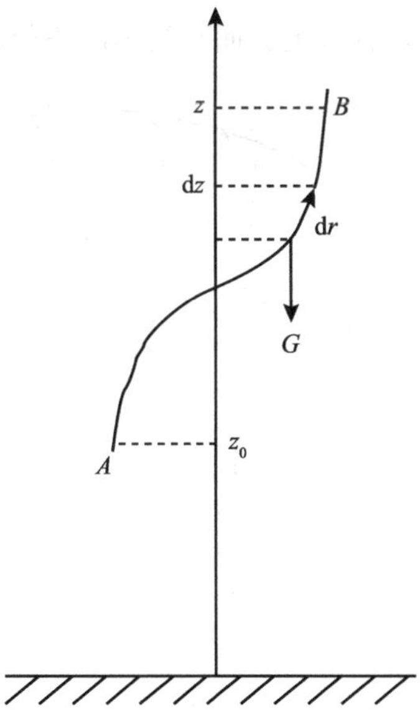

图 3-11

2. 万有引力的功

考虑质量分别为 m 和 M 的两质点，质点 m 相对于 M 的初位置为 $\boldsymbol{r}_A$，末位置为 $\boldsymbol{r}_B$，如图 3-12 所示。质点 m 受到 M 的引力矢量式为

$$\boldsymbol{F}=-G\frac{mM}{r^2}\boldsymbol{e}_r$$

引力矢量式中，$\boldsymbol{e}_r$ 表示 m 相对于 M 位矢 $\boldsymbol{r}$ 的单位矢量，$r=|\boldsymbol{r}|$ 是 m 和 M 之间的距离。

则引力的元功为 $$\mathrm{d}A=\boldsymbol{F}\cdot\mathrm{d}\boldsymbol{r}=-G\frac{Mm}{r^2}\boldsymbol{e}_r\cdot\mathrm{d}\boldsymbol{r}$$

因为 $$\boldsymbol{r}\cdot\mathrm{d}\boldsymbol{r}=(x\boldsymbol{i}+y\boldsymbol{j}+z\boldsymbol{k})\cdot(\mathrm{d}x\boldsymbol{i}+\mathrm{d}y\boldsymbol{j}+\mathrm{d}z\boldsymbol{k})=x\mathrm{d}x+y\mathrm{d}y+z\mathrm{d}z$$

上式也可写为 $$\boldsymbol{r}\cdot\mathrm{d}\boldsymbol{r}=\frac{1}{2}\mathrm{d}(x^2+y^2+z^2)=\frac{1}{2}\mathrm{d}(r^2)$$

又考虑到 $\boldsymbol{e}_r=\dfrac{\boldsymbol{r}}{r}$，所以 $$\mathrm{d}A=-G\frac{Mm}{r^2}\mathrm{d}r$$

于是，质点由 A 点移到 B 点引力的功为

$$A=\int_{r_A}^{r_B}-G\frac{mM}{r^2}\mathrm{d}r=GmM\left(\frac{1}{r_B}-\frac{1}{r_A}\right) \tag{3-12}$$

这说明引力的功也只与始、末位置有关，而与具体的路径无关。

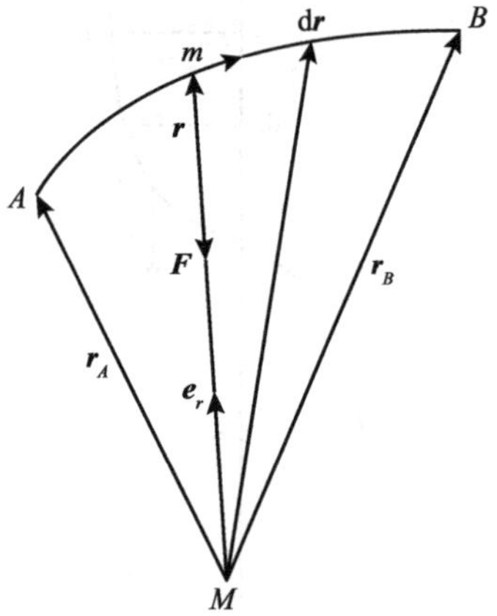

图 3-12

3. 弹性力的功

如图 3-13 所示，选取弹簧自然伸长处为 x 坐标的原点，则当弹簧形变为 x 时，弹

簧弹性力的表达式为

$$\boldsymbol{F} = -kx$$

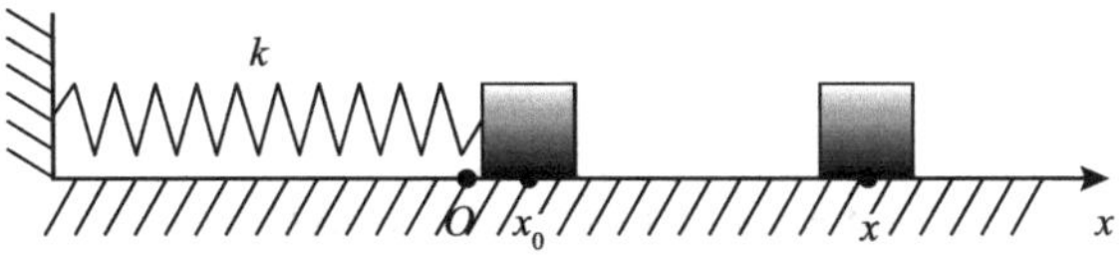

图 3-13

弹性力表达式中，负号表示弹性力的方向总是指向弹簧的平衡位置，即坐标原点；k 为弹簧的劲度系数，单位是 N/m。因为作用力只有 x 分量，故可得

$$A = \int_{x_0}^{x} F_x \mathrm{d}x = \int_{x_0}^{x} (-kx)\,\mathrm{d}x = -\frac{1}{2}kx^2 + \frac{1}{2}k{x_0}^2 \tag{3-13}$$

这说明弹簧弹性力的功只与始、末位置有关，而与弹簧的中间形变过程无关。

综上所述，重力、万有引力、弹簧弹性力的功的特点是，它们的功都只与物体的始、末位置有关，而与具体路径无关。或者说，当在这些力作用下的物体沿任意闭合路径绕行一周时，它们的功均为 0。在物理学中，除了这些力，静电力、分子力等也具有这种特性。我们把具有这种特性的力统称为**保守力**。保守力可用下面的数学式来定义，即

$$\oint_l \boldsymbol{F}_{保} \cdot \mathrm{d}\boldsymbol{r} = 0 \tag{3-14}$$

如果某力的功与路径有关，或该力沿任意闭合路径的功不等于 0，则称这种力为**非保守力**（或称耗散力），如摩擦力、爆炸力等。

3.3.2　势能

我们知道“能”是物体做功的本领。在讨论重力、万有引力和弹力做功时，从式(3-11)、式(3-12) 和式(3-13) 可以看出，当$-mg(z-z_0)>0$ 或$-\frac{1}{2}kx^2+\frac{1}{2}kx_0^2>0$，$GmM\left(\frac{1}{r_B}-\frac{1}{r_A}\right)>0$ 时，保守力（重力、弹力、万有引力）做正功。因此，与物体位置有关的量 mgz、$\frac{1}{2}kx^2$、$-G\frac{mM}{r}$也代表一种做功的本领，也是一种能。因为这种能量与物体间或物体内各部分间的相对位置有关，所以称为**势能或位能**。通常以 E_P 表示，而 mgz、$\frac{1}{2}kx^2$、

$-G\dfrac{mM}{r}$分别称为重力势能、弹性势能和万有引力势能。式（3-11）、式（3-12）和式（3-13）分别可改写为

$$A=-mg(z-z_0)=\Delta E_{\mathrm{P}}$$

$$A=GmM\left(\frac{1}{r_B}-\frac{1}{r_A}\right)=-\Delta E_{\mathrm{p}}$$

$$A=-\frac{1}{2}kx^2+\frac{1}{2}kx_0^2=-\Delta E_{\mathrm{p}}$$

则

$$A_{保}=-\Delta E_{\mathrm{p}} \tag{3-15}$$

（3-15）式说明：保守力做功等于势能增量的负值。例如，当物体下落时，重力做正功，重力势能的增量为负值，重力势能减少；反之，当物体上升时，重力做负功（即物体克服重力做功），所以势能增加。

关于势能进行如下几点讨论。

（1）势能是相对量，值与零势能参考点的选择有关。对零势能点选取不同，同一位置的势能值就不同。

（2）势能函数的形式与保守力的性质密切相关。对应于一种保守力的函数就可以引进一种相关的势能函数。因此，势能函数的形式就不可能像动能那样有统一的表达式。

（3）势能不是属于个别物体的，而是属于系统的。这是因为系统具有势能的条件，即系统中各物体间相互作用的内力是保守力。

如果把势能和相对位置的关系绘成曲线，用来讨论物体在保守力作用下的运动是很方便的。前面所提到的三种势能的势能曲线如图 3-14 所示。

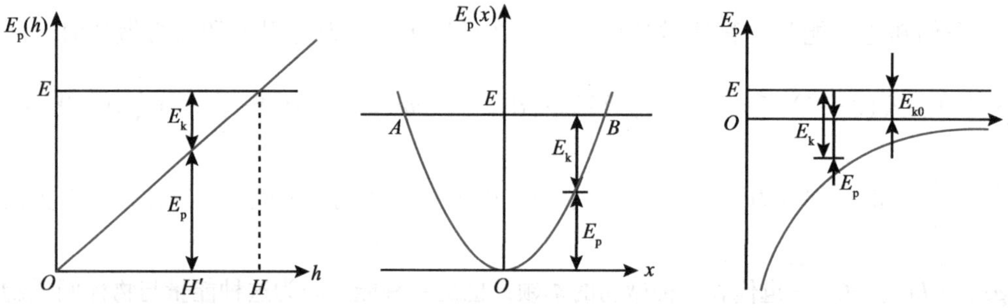

（a）重力势能　（b）弹性势能　（c）引力势能

图 3-14

在系统的总能量 $E=E_k+E_p$ 保持不变的条件下，在势能曲线图上，可以用一条平行于横坐标轴的直线来表示它。系统在每一位置时的动能的大小 $E_k = E-E_p$ 可以方便地在图上显示出来。因为动能不可能为负值，只有满足 $E_k \geqslant 0$ 的运动才可能发生，所以，根据势能曲线的形状可以讨论物体的运动范围。例如，在图 3-14（b）中，表示总能量的直线与势能曲线相交于 A、B 两点。这表明质点只能在 A 和 B 之间的范围内运动，而且在 A、B 两点，质点的动能为 0，速度也为 0。在图 3-14（a）中，当质点的高度 $h=H'$时，其动能为图中的 E_k。

利用势能曲线，还可判断物体在各个位置所受保守力的大小和方向。我们知道，保守力的功等于势能增量的负值，即

$$A=(E_{p2}-E_{p1})=-\Delta E_p$$

写成微分形式就是

$$dA=-dE_p$$

当系统内的物体在保守力 F 作用下，沿 Ox 轴发生位移 dx 时，保守力所做的功为

$$dA=F\cos\varphi dx=F_x dx$$

其中 φ 为 F 与 Ox 轴正向的夹角。比较上面两个式子，得

$$F_x=-\frac{dE_p}{dx}$$

上式表明，保守力沿坐标轴的分量等于势能对此坐标的导数的负值。这一关系对于重力、弹性力和万有引力都是成立的。

例 3-9 图 3-15 中是劲度系数为 k、自然伸长量为 l_0 的轻弹簧，一端固定于天花板上，另一端挂一质量为 m 的重物，重物在 O 点处于平衡。

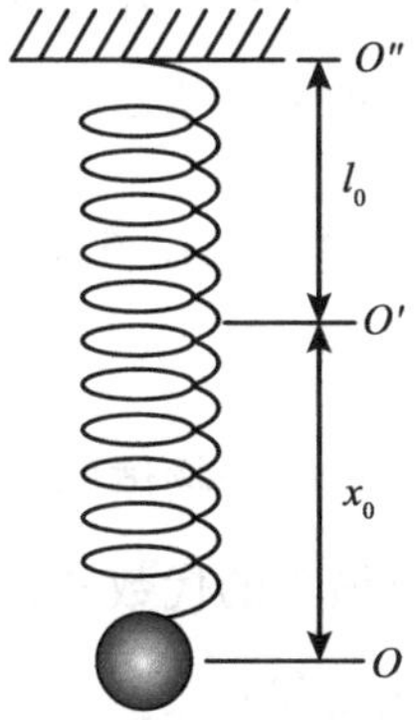

图 3-15

（1）试以弹簧自然伸长处 O' 点为重力势能和弹性势能的零势能位置，写出重物的势能。

（2）再分别以 O 和 O'' 为重力势能的零势能位置，弹性势能零点仍取在 O'，写出重物的势能。

解：（1）以 O' 点为弹性势能和重力势能的零势能点。

弹性势能：$\frac{1}{2}kx_0{}^2$

重力势能：$-mgx_0$

（2）a. 以 O' 点为弹性势能的零势能点，以 O 点为重力势能的零势能点。

弹性势能：$\frac{1}{2}kx_0{}^2$

重力势能：0

b. 以 O' 点为弹性势能的零势能点，以 O'' 点为重力势能的零势能点。

弹性势能：$\frac{1}{2}kx_0{}^2$

重力势能：$-mg(l_0+x_0)$

3.4 功能原理和机械能守恒定律

1. 系统的动能定理、系统的功能原理

在前面我们已经研究了物体的动能定理，如果要研究几个物体所组成的系统，则必须把动能定理推广。对于系统中的每一个物体都可以分别写出动能定理的方程，然后将所有的方程相加，最终可得到下面的结论：合外力的功与系统所有内力（包括保守内力和非保守内力）的功之和等于物体系的动能增量。即

$$A=A_{外}+A_{保内}+A_{非保内} \tag{3-16}$$

$$A=E_k-E_{k0} \tag{3-17}$$

这就是系统的**动能定理**，其形式和单个物体的动能定理形式相同。不过，这里的 A 表示作用在系统内各物体上一切力所做功的代数和，而 E_k、E_{k0} 分别表示系统在始末状态的总动能（即系统内各物体的动能之和）。

由势能的概念知，保守内力的功为

$$A_{保内}=-(E_p-E_{p0})\tag{3-18}$$

联立式（3-16）、式（3-17）和式（3-18），得

$$A_{外}+A_{非保内}=(E_k+E_P)-(E_{k0}+E_{p0})=E-E_0\tag{3-19}$$

（3-19）式中，$E=E_k+E_p$ 为机械能。

（3-19）式说明外力和非保守内力对系统做功之和等于物体系机械能的增量。这一规律称为系统的**功能原理**。

2. 机械能守恒定律

从系统的功能原理可知：合外力和非保守内力做功，数值上等于系统机械能的增量。具体来说，由以下关系：

$$A_{外}+A_{非保内}=\Delta E$$

可以得出：当 $A_{外}+A_{非保内}>0$ 时，$\Delta E>0$，系统机械能增加；

当 $A_{外}+A_{非保内}<0$ 时，$\Delta E<0$，系统机械能减小；

当 $A_{外}+A_{非保内}=0$ 时，$\Delta E=0$，系统机械能不变。

显然，当外力和非保守内力都不对系统做功，或外力和非保守内力对系统做功的代数和为 0 时，有：

$$\Delta E=E-E_0=0$$

即

$$E=E_k+E_p=常量\tag{3-20}$$

此即**机械能守恒定律**。它表明，如果在某一过程中外力和非保守内力都不对系统做功，或做功的代数和为 0，则系统的机械能在该过程中保持不变。

在应用机械能守恒定律时应注意以下几点：第一，机械能守恒是有条件的，即外力和非保守内力不对系统做功，或做功的代数和为 0；第二，机械能守恒是指系统总的机械能不变，但系统的动能和势能仍然可以相互转换。

例 3-10　距沙坑高 8 m 处，以 22 m/s 的初速度竖直向上抛出一物体，物体落在沙面下 0.3 m 处。设物体在运动过程中所受空气的平均阻力为重力的 0.1 倍，求：物体在沙中所受的平均阻力为物重的几倍？（g 取 10 m/s^2）

解：如图 3-16 所示，物体在整个运动过程中，除重力做功外，还有空气的阻力和沙的阻力对物体做功，因为这些阻力是非保守力，做功与路径有关，所以首先要求出物体运动路径的长度。整个运动过程可分为两个阶段：第一阶段为由抛出点上升至最高点；第二阶段为由最高点，下落到沙坑中的最低点。

设物体由抛出点至最高点的高度为 h，抛出点距沙面的高度为 h_1，物体在沙坑中下落高度为 h_2，初速度为 v_0，如图 3-16。

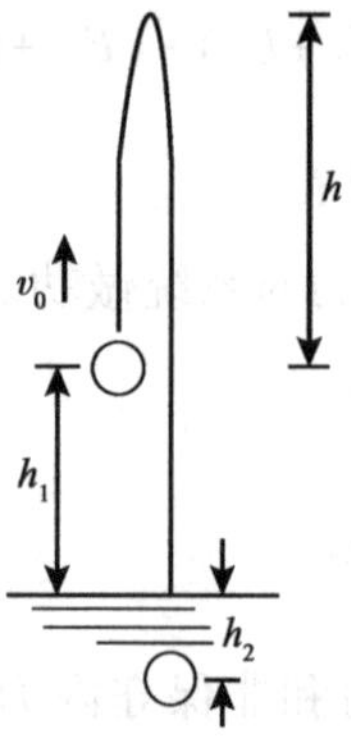

图 3-16

在第一阶段中空气阻力对物体做功等于物体机械能的减少。根据功能原理：

$$-0.1mgh = 0 - \left(\frac{1}{2}mv_0^2 - mgh\right)$$

解得

$$h = \frac{v_0^2}{2(0.1+1)g} = 22\ \text{m}$$

在第二阶段中，有空气阻力和沙坑阻力对物体做功。根据功能原理，阻力做的功等于物体机械能的减少。设最低点重力势能为 0。沙坑阻力为 $f=kmg$，则有

$$-0.1mg(h_1+h) - kmgh_2 = 0 - mg(h+h_1+h_2)$$

解得

$$k = \frac{(h+h_1+h_2) - 0.1(h+h_1)}{h_2} = 91\ \text{倍}$$

此题还可做下面的讨论。

(1) 在第一阶段中，物体上升的最大高度和什么有关？

(2) 若空气阻力和沙坑阻力不变，物体仍由原抛出点以原来的初速度竖直向下抛出，则物体在沙坑中下落高度是否增加？

例 3-11 已知细铁链质量为 m，长为 l，与桌面摩擦系数为 μ，如图 3-17 所示放置。问：

(1) 图中下垂铁链部分的长度 a 为多少时，铁链可以从静止开始下滑？

（2）铁链全部离开桌面时速度为多少？

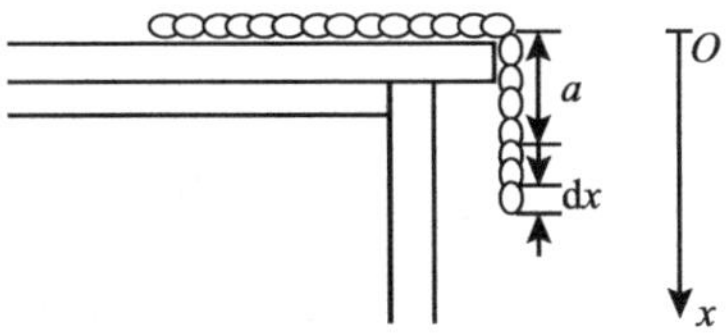

图 3-17

解（1）当下垂部分的重力等于桌面的最大（静）摩擦力时，铁链开始下滑。设铁链的线质量密度为

$$\lambda = \frac{m}{l}$$

则此时下垂部分的重力：$G = (a\lambda)g$

桌面所受的最大静摩擦力：$f = \mu[(l-a)\lambda]g$

当 $G = f$ 有 $(a\lambda)g = \mu[(l-a)\lambda]g$

解上式得 $a = \frac{\mu}{1+\mu}l$

（2）以桌面处为坐标原点 O 建立如图所示坐标系 Ox。在铁链下滑的过程中，铁链与桌面间的摩擦力做负功。当铁链下垂部分的长度为 x 时，摩擦力为

$$f = \mu[(l-x)\lambda]g$$

因此，在铁链的下滑过程中摩擦力做的总功为

$$A_f = -\int_a^l f\mathrm{d}x = -\mu\lambda g\int_a^l (l-x)\,\mathrm{d}x = \frac{1}{2}\mu\lambda g(l-x)\Big|_a^l$$

$$= -\frac{1}{2}\mu\lambda g(l-a)^2$$

利用功能原理，以桌面为重力势能 0 点，得

$$A_f = \Delta E = E - E_0$$

即

$$-\frac{1}{2}\mu\lambda g(l-a)^2 = \left(\frac{1}{2}l\lambda v^2 - \frac{1}{2}\lambda g l^2\right) - \left(-\frac{1}{2}\lambda g a^2\right)$$

由此可得，铁链全部离开桌面时的速度为

$$v = \sqrt{\frac{gl}{1+\mu}}$$

3.5 能量守恒定律

在一个系统内，如果存在着非保守力（如摩擦力），它一般要做负功，则系统的机械能将会减少。但事实证明，在机械能减少的同时，必然有其他形式的能量增加。例如，因克服摩擦力做功而机械能减少时，必然有热能产生，但这属于系统内能的增加，而非超出机械能范围的能量。实践证明：系统的机械能和其他形式能量的总和仍是一个常量。

在自然界中，能量的形式很多，除热能、声能外，还有与电磁现象相联系的电磁能、与化学反应相关的化学能、与原子核反应相关联的原子能等。无数事实证明，各种形式的能量之间是可以相互转换的。在一个系统内，一种形式的能量减少，另一种形式的能量必然增加，而系统的能量总和保持不变。这就是说：在封闭系统内，无论发生何种变化过程，能量只能从一种形式转变为另一种形式，它既不能创生也不能消灭，能量的总和为一常数。这个结论称为**能量守恒与转换定律**。

这个定律适用于任何变化过程，不论是机械的、热的、电磁的、原子和原子内部的、化学的以及生物的等。它是物理学中普遍性的规律之一，也是整个自然界都服从的普遍规律。

能量守恒定律使我们更深刻地理解功的意义。按能量守恒定律，一个物体或系统的能量发生变化时，必然有另一个物体或系统的能量同时也发生变化。所以，当我们用做功的方法使一个系统能量变化时，其实质是这个系统和另一个系统之间发生了能量交换，而所交换的能量在数值上就等于功。因此，从本质上说，做功是能量交换或转化的一种形式。从数量上说，功是能量交换或转化的一种量度。

我们不能把功和能等同地看待，功总是和能量变化或交换的过程相联系的，而能量则代表着系统在一定状态时所具有的某种特性，它的数值只决定于系统的状态，系统在一定状态时，就具有一定的能，所以我们说能量是系统状态的函数。能量和功是两个截然不同的概念，切不可混为一谈。

思考题

3-1 摩擦力是否只能做负功？静摩擦力能否做功？

3-2 有人说：“作用力和反作用力总是大小相等，方向相反，所以作用力的功和反作用力的功也总是大小相等，正负相反”。这一结论对吗？为什么？

3-3 垂直于物体运动方向上的力是否做功？当物体作惯性运动时是否有力做功？物体在相互平衡的力作用下运动时能否做功？

3-4 用手指拨动鸡蛋转动，可以判断鸡蛋的生熟，是如何判断的？为什么？

3-5 非保守力做的功总是负的，对吗？举例说明。

3-6 为什么重力势能有正负，弹性势能只有正值，而引力势能只有负值？

3-7 回答下列问题：

(1) 重力势能是怎样认识的？又是怎样计算的？重力势能的量值是绝对的吗？

(2) 引力势能是怎样认识的？又是怎样计算的？引力势能的量值是绝对的吗？

(3) 重力是引力的一个特例。你能从引力势能公式推算出重力势能的公式吗？

(4) 物体在高空中时，势能到底是正值呢还是负值？

3-8 功和能有何区别？功和动能与参考系的选择有没有关系？

习 题

3-1 在时速 $v=54$ km/h 的车厢里，有人以 $a=0.2\ \mathrm{m/s^2}$ 的加速度将质量 $m=10$ kg 的箱子由静止朝车头的方向拉过 10 m 距离。设人拉箱的力与地板成 $\theta=30°$角，箱与地板间滑动摩擦系数为 $\mu=0.3$，如图 3-18 所示，问：

(1) 站在车厢中看，人对箱做功为多大？

(2) 站在道旁看，人对箱做功又多大？

图 3-18

3-2 一人从 10 m 深的井中，把质量为 10 kg 的水匀速地提上来。由于水桶漏水，每升高 1m 要漏 0.2 kg 的水。问：把水从井的水面提到井口，人需要做多少功？

3-3 设物体在力 $F(x)=ax-b$ 的作用下，沿 x 轴从 x_1 移动到 x_2，已知 $a=4$ N/m，$b=6$ N，$x_1=1$ m，$x_2=3$ m，求力在此过程中所做的功。(用积分法求解)

3-4 机车在运动中保持 2510 kW 的功率，列车的总质量是 1000 t，所受阻力是

1.56×10^5 N，求：

（1）机车的加速度是 1 m/s^2 时，速率是多少？

（2）当机车的速率为 12 m/s 时，加速度是多少？

（3）机车的最大速度是多少？

3-5　物体在倾角为 θ 的粗糙斜面上从静止开始滑下，当滑到底端时的速度是从同一高度自由下落时速度的 0.8 倍，求物体与斜面之间的摩擦系数。

3-6　单摆摆长 0.8 m，摆线所能承受的最大张力是 1.5 N，摆球的质量是 50 g，悬点 O 离地面的高度是 4 m，当摆球由水平位置释放后，摆球经过某一位置断开，摆球落地后陷入土层 0.5 cm，如图 3-19 所示。试求：

（1）摆线断开时摆球的速度和高度。

（2）土层对小球的平均阻力。（g 取 10 m/s^2）

3-7　如图 3-20 所示，一重物质量为 m，悬于一轻弹簧的一端，另一端固定在竖直平面的光滑圆环的最高点 A 上，若弹簧原长 AC 恰为圆环半径的 $\sqrt{2}$ 倍，重物自 C 处由静止沿圆环轨道滑动至最低点 B 时，对环的压力为 0，求弹簧的劲度系数 k。

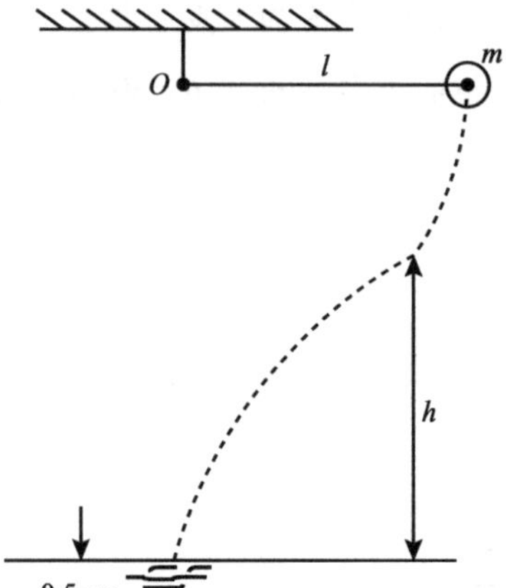

图 3-19

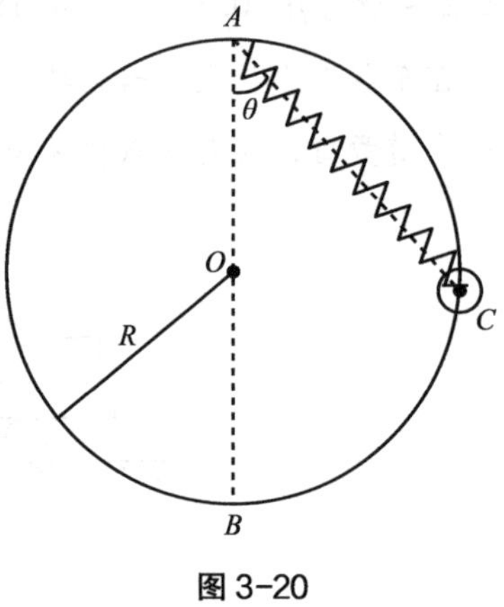

图 3-20

3-8　一沿 x 轴正方向的力作用在一质量为 3.0 kg 的质点上。已知质点的运动学方程为 $x=3t-4t^2+t^3$，其中 x 以 m 为单位，时间 t 以 s 为单位。试求：力在最初 4.0 s 内做的功；在 $t=1$ s 时，力的瞬时功率。

3-9　一质量为 m 的质点作平面运动，其位矢为 $\boldsymbol{r}=a\cos\omega t\boldsymbol{i}+b\sin\omega t\boldsymbol{j}$，式中 a、b 为正值常量，且 $a>b$。问：

(1) 此质点作的是什么运动？其轨迹方程怎样？

(2) 质点在 A 点 $(a, 0)$ 和 B 点 $(0, b)$ 时的动能有多大？

(3) 质点所受作用力 $\boldsymbol{F}$ 是怎样的？当质点从 A 点运动到 B 点时，求 $\boldsymbol{F}$ 的分力 F_x，F_y 所做的功。

(4) $\boldsymbol{F}$ 是保守力吗？为什么？

3-10　如图 3-21 所示，质量为 m 的均匀绳长为 L，一端系有质量也是 m 的物体静止放在光滑的水平桌面上，绳长 $a=L/3$ 从桌边下垂，求物体刚从桌边滑下时的速度。

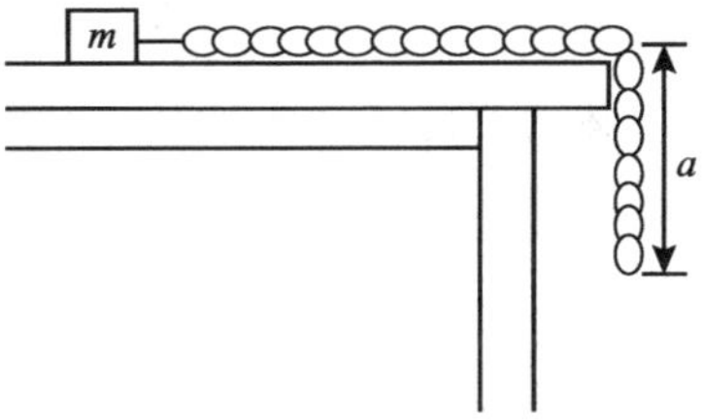

图 3-21

3-11　如图 3-22 所示，质量相等的重物 A、B 用绕过光滑定滑轮 M、N 的细绳链接在一起，重物 A、B 处于同一水平面上保持静止状态。现将质量与 A、B 相同的重物 C 挂于滑轮 M、N 间水平细绳的中点。试求重物 C 下落的最大位移是多少。(滑轮间摩擦和绳重不计，设滑轮 M、N 水平距离为 $2a$)

3-12　如图 3-23 所示，m_1=4.0 kg，m_2=2.0 kg，它们与水平面间的摩擦系数 μ=0.10，两物体固定于弹簧两端，弹簧的劲度系数 $k=1.0\times10^5$ N/m，系统处于静止状态，水平力 $\boldsymbol{F}$ 加于 m_2 上使弹簧缓慢压缩，如撤去外力后，要使 m_1 恰好能离开左面墙壁 $\boldsymbol{F}$ 至少需要多少？

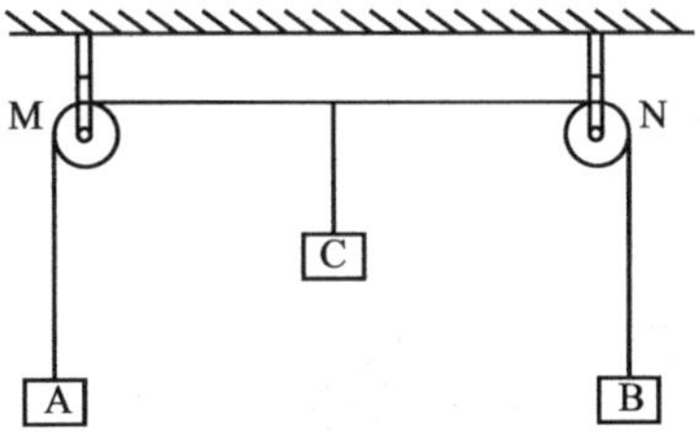

图 3-22

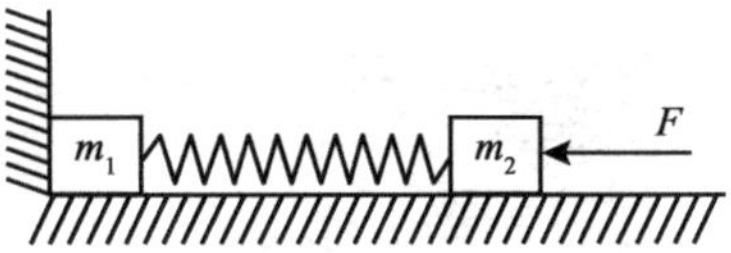

图 3-23

【选读材料】

流体的稳定流动　流体包括气体和液体，我们将主要讨论液体。实际的流体运动是非常复杂的，作为初步介绍，我们将只讨论最简单、最基本的情况，即理想流体的运动。

实际的液体，如水，只有在很大的压强下才能被少量地压缩。因此，我们假定理想流体是不可压缩的，也就是说，它们在压强的作用下体积不会改变。实际的液体和气体都具有黏滞性，即液体中相邻的部分相互拽拉从而阻止它们的相对运动。例如，蜂蜜是非常黏滞的，油、甚至水乃至气体都有一定的黏滞性。为简单起见，我们还假定理想流体是无黏滞性的，即理想流体的各部分都自由地流动，相互之间以及流体和管道壁之间都没有相互拽拉的作用力。

实际的流体流动时，特别是越过障碍物时，其运动是非常复杂的，因为湍流可能出现。为简单起见，我们只讨论流体的稳定流动或稳流。在这种流动中，流过各点的流体元的速度不随时间改变。例如，缓慢流过渠道的水流或流过水管的水流的中部就接近稳流，血管中血液的流动也近似稳流。稳流中流体元速度的分布常用流线描绘，图 3-24 就显示了这种流线图。各条流线都是连续的而且不会相交，流线密的地方流速大，稀疏的地方流速小。

总之，下面我们将只讨论理想流体（不可压缩而且无黏滞性）的稳定流动。

首先，我们给出流速与流体截面的关系。你一定看到过小河流水的速率随河道宽窄而变的景象：河道越窄，流动越快；河道越宽，流动越慢。为了求出定量的关系，考虑如图 3-25 所示的水在粗细有变化的管道中流动的情形。以 v_1 和 v_2 分别表示水流过管道截面 S_1 较粗处和流过截面 S_2 较细处的速率。在时间间隔 Δt 内流过两截面处的水的体积分别为 $S_1v_1\Delta t$ 和 $S_2v_1\Delta t$。由于已假定水是理想流体而且是稳流，水就不可能在 S_1 和 S_2 之间发生积聚或短缺，于是流进 S_1 的水的体积必定等于同一时间内从 S_2 流出的水的体积。这样就有 $S_2v_1\Delta t = S_2v_2\Delta t$，或 $S_1v_1 = S_2v_2$。

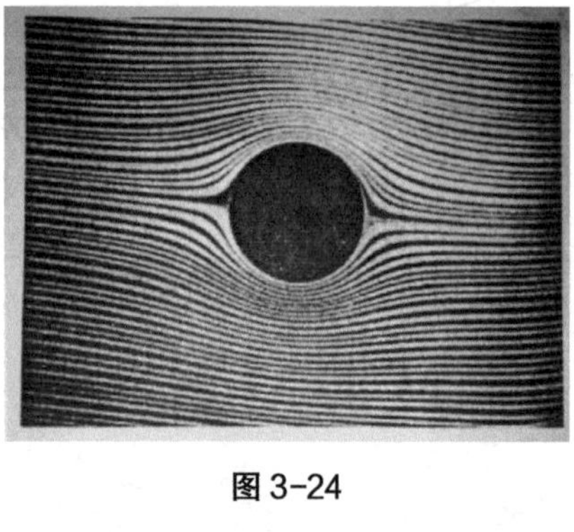
图 3-24

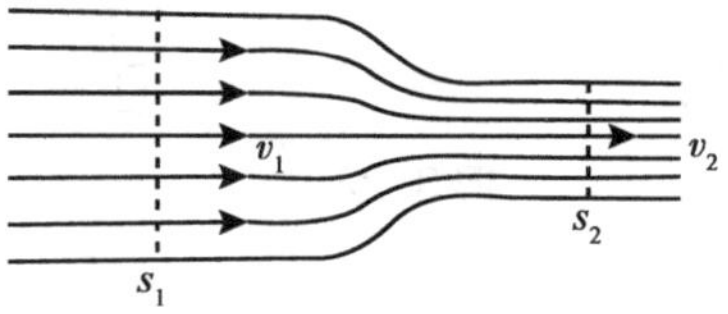

图 3-25

这一关系称为稳流的连续性方程，它说明管中的流速和管子的横截面积成反比。用橡皮管给花草洒水时，想要流出的水出口速率大一些，就把管口用手指封住一些，这就是这个道理。

伯努利方程 从以上流体的流动可知，随着流体的流动时横截面积的变化会引起速度的变化，而速度的变化，由牛顿第二定律，与流体内各部分的相互作用力或压强相关联。而且，随着流动时的高度变化，重力也会引起速度的变化。把流体作为质点系看待，直接应用牛顿定律分析其运动是非常复杂而困难的工作。于是我们回到守恒定律，现在是用机械能守恒定律来求出理想流体稳定流动时运动和力的关系。

设想一理想流体沿着一横截面变化的管道流动，而且管道各处的高度不同，如图3-26所示。把管道中在时刻 t 的两截面 A 和 B 之间的一段流体作为我们研究的系统。经过时间 Δt，由于向前流动，系统的后方和前方分别达到截面 A'和 B'。在 Δt 内，它的后方和前方的截面面积分别是 S_1 和 S_2，速率分别是 v_1 和 v_2，而通过的距离分别是 Δl_1 和 Δl_2。截面 A 后方的流体以力 F_1 把这段流体由 AB 位置推向 $A'B'$位置。这力对这段流体做的功是

$$\Delta A_1 = F_1\Delta l_1 = p_1S_1\Delta l_1 = p_1\Delta V_1$$

其中 p_1 是作用在截面积 S_1 上的压强，而 $\Delta V_1=S_1\Delta l_1$ 是在 Δt 内被推过截面 A 的流体的体积。在同一时间内，在截面 B 前方的流体对 AB 段流体的作用力 F_2 对该段流体做功，其值应为

$$\Delta A_2 = -F_2\Delta l_2 = -p_2S_2\Delta l_2 = -p_2\Delta V_2$$

其中 p_2 是作用在截面积 S_2 上的压强，而 $\Delta V_2=S_2\Delta l_2$ 是在 Δt 内流出截面 B 的流体的体积。对被当作系统的那段流体来说，根据连续性方程，AB 间的流体体积应等于 $A'B'$ 间流体的体积，因而也应该有 $\Delta V_1=\Delta V_2$，以 ΔV 记之。

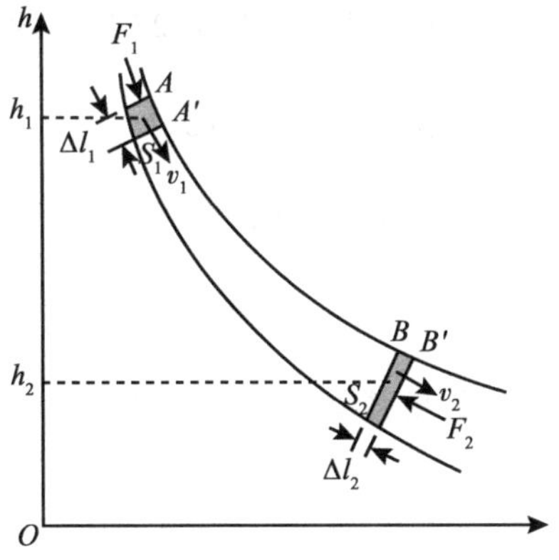

图 3-26

当流体在管中流动时，其动能和势能都随时间改变。但是由于是稳定流动，在时间 Δt 内，截面 A'和 B 之间的那段流体的状态没有发生变化。整段流体系统的机械能的变

化也就等于 ΔV_1 内的流体移动到 ΔV_2 时机械能的变化。令 ρ 表示流体的密度，由于流体的不可压缩性，ρ 到处相同，而 ΔV_1 和 ΔV_2 的流体质量就都是 $\Delta m=\rho\Delta V$。在 Δt 内系统的机械能的变化为

$$\Delta E=\left(\frac{1}{2}\Delta m\cdot v_2{}^2+\Delta m\cdot gh_2\right)-\left(\frac{1}{2}\Delta m\cdot v_1{}^2+\Delta m\cdot gh_1\right)$$

$$=\left[\frac{1}{2}\rho g v_2{}^2+\rho gh_2-\left(\frac{1}{2}\rho v_1{}^2+\rho gh_1\right)\right]\Delta V$$

其中 h_1 和 h_2 分别为 ΔV_1 和 ΔV_2 所在的高度。

由于流体是无黏滞的，流体各部分之间以及流体和管壁之间无摩擦力作用。系统的机械能守恒定律给出 $\Delta A_1+\Delta A_2=\Delta E$

代入上面各相应的表示式，可得

$$p_1-p_2=\frac{1}{2}\rho v_2^2+\rho gh_2-\frac{1}{2}\rho v_1^2-\rho gh_1$$

或

$$p_1+\frac{1}{2}\rho v_1^2+\rho gh_1=p_2+\frac{1}{2}\rho v_2^2+\rho gh_2 \qquad \text{(a)}$$

或

$$p+\frac{1}{2}\rho v^2+\rho gh=\text{常量} \qquad \text{(b)}$$

为纪念 18 世纪流体运动的研究者丹尼尔·伯努利，（a）和（b）两式称为**伯努利方程**。它实际上是用于理想流体流动的机械能守恒定律的特殊形式。

对于式（a）中 $v_1=v_2=0$ 的特殊情况，如图 3-27 所示的在一大容器中的水，有

$$p_1+\rho gh_1=p_2+\rho gh_2$$

用液体深度 D 代替高度 h，由于 $D=H-h$，又可得

$$p_2-p_1=\rho g(D_2-D_1)$$

此式表明静止的流体内两点的压强差与它们的深度差成正比。这就是中学物理课程中学习过的流体静压强的公式。

如果在式（a）中 $h_1=h_2$，则得

$$p_1+\frac{1}{2}\rho v_1^2=p_2+\frac{1}{2}\rho v_2^2 \qquad \text{(c)}$$

此式表明在水平管道内流动的流体，在流速大处其压强小，而在流速小处压强大。

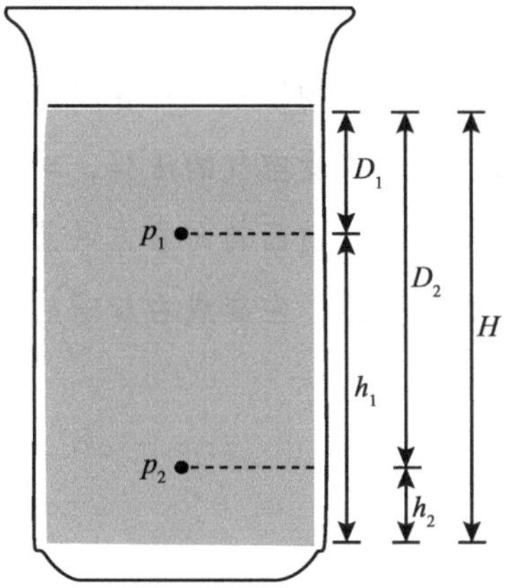

图 3-27

用式（c）可以解释足球场的“香蕉球”为什么能沿一弯曲轨道行进。为使球的轨道弯曲，必须把球踢得在它向前飞行的同时还绕自己的轴旋转。由于球向前运动，在球的参考系中，球周围的空气就向后流动，如图 3-28 所示（其中球向左飞行，气流向右）。由于旋转，球表面附近的空气被球表面曳拉得随表面旋转。图 3-28 中球按顺时针方向旋转，其外面空气也按顺时针方形旋转，速度合成的结果使得球左方空气的流速就小于其右方空气的流速，其流线的疏密大致如图 3-28 所示。

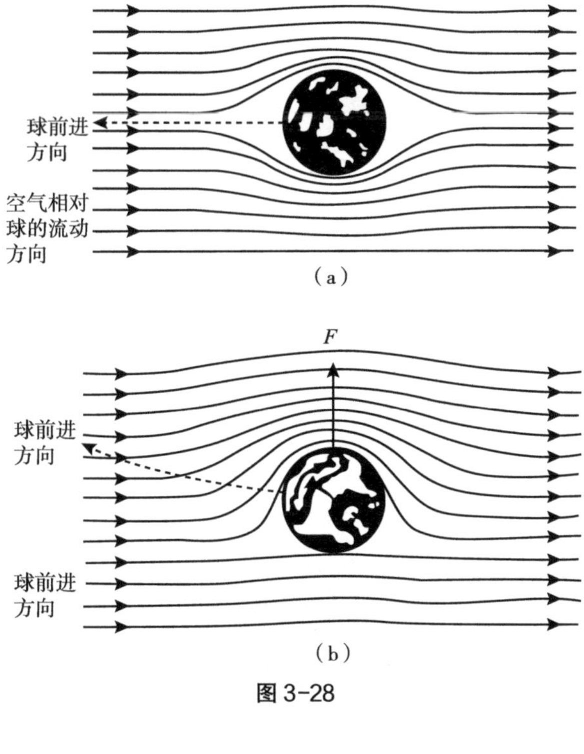

图 3-28

根据式（c），球左侧所受空气的压强就大于球运动前方较远处的压强，而球右侧所受空气的压强将小于球运动前方较远处的压强，但在其前方较远处的压强是一样的。所以，球左侧受空气的压强就大于其右侧受空气的压强，球左侧受的力也就大于右侧受的力。正是这一压力差迫使球偏离直线轨道而转向右方做曲线运动。

乒乓球赛事中最常见的上旋、下旋、左旋或右旋球的弯曲轨道也都是根据同样的道理产生的。

第 4 章　冲量与动量

第 3 章研究了力对物体空间积累效应，即力对物体做功后引起物体运动状态的改变和能量的变化。本章将要研究力对物体的时间积累效应，即物体受到冲量作用而引起物体运动状态的变化。为此，我们引入动量的概念。物体间由于相互作用而引起机械运动的转移，我们又建立了动量守恒定律。这个定律意味着人们找到了新的描述自然的有力工具，而动量恰好就是许多过程中的守恒量。动量守恒是自然界的一个普遍规律，应用它来解释许多可变力问题是非常方便的。例如，在研究打击和碰撞现象中，物体受到的冲量就等于物体动量的变化。

在近代物理学中，在牛顿定律不适用的领域，动量守恒定律仍然适用。例如，在研究高速微观粒子的运动时，动量守恒定律仍适用。动量守恒定律是自然界的一个非常普遍的规律。

4.1　冲量与动量定理

4.1.1　冲量与动量

冲量　当物体受到力的作用时，运动状态会发生变化。例如，要使汽车达到一定的速度，当牵引力很大时，需要的时间就短；反之，若牵引力很小时，需要的时间就很长。这表明使物体的运动状态发生一定的变化，不仅决定于力的大小，还与力的作用时间长短有关。因此，我们把力 $\boldsymbol{F}$ 和时间 t 的乘积 $\boldsymbol{F}t$ 叫作该力的冲量，用字母 $\boldsymbol{I}$ 表示。

$$\boldsymbol{I}=\boldsymbol{F}t$$

冲量表示力在某一段时间内对物体的作用，它描述了力对物体的时间积累作用的效应，它是力在这段时间积累过程中的“过程量”。冲量是矢量，其方向与力的方向相同。

冲量的图示法：设纵坐标表示力 $\boldsymbol{F}$，横坐标表示时间 t，如图 4-1 所示。恒力 $\boldsymbol{F}_1$ 随时间的变化图线为一条与横坐标平行的直线，图中阴影部分面积的数值表示恒力的冲量大小。

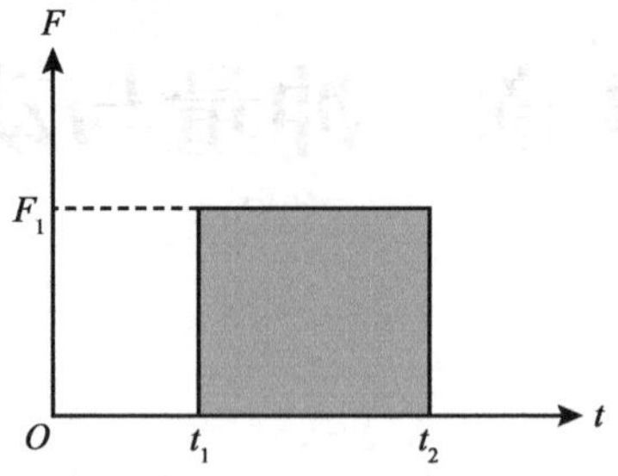

图 4-1

变力的冲量　质点受变力 $\boldsymbol{F}$ 作用时，可把力的作用时间分成许多微小间隔 Δt，在每个微小间隔内，力 $\boldsymbol{F}$ 均可近似看作恒力，力 $\boldsymbol{F}$ 与微小作用时间 Δt 的乘积 $\boldsymbol{F}\cdot\Delta t$ 称为该力的元冲量。

变力在整段时间 $\Delta t=t_2-t_1$ 内的总冲量，等于各小段元冲量的矢量和：

$$\boldsymbol{I}=\boldsymbol{F}_1\Delta t_1+\boldsymbol{F}_2\Delta t_2+\cdots+\boldsymbol{F}_n\Delta t_n=\sum_{i=1}^{n}\boldsymbol{F}_i\Delta t_i$$

当 $n\to\infty$，即各小段时间间隔 $\Delta t_i\to 0$ 时，力在时间 $\Delta t=t_2-t_1$ 内的总冲量为

$$\boldsymbol{I}=\lim_{\Delta t\to 0}\sum_{i=1}^{n}\boldsymbol{F}_i\Delta t_i$$

或直接积分

$$\boldsymbol{I}=\int_{t_1}^{t_2}\boldsymbol{F}\mathrm{d}t$$

上式即为变力 $\boldsymbol{F}$ 在时间 $\Delta t=t_2-t_1$ 内的冲量。

动量　经验告诉我们，一个运动的物体，当它的运动状态要发生变化时，与物体的质量和速度有关，而且物体的质量和速度的乘积在运动变化中遵守一系列的规律。我们把物体的质量 m 和速度 $\boldsymbol{v}$ 的乘积 $m\boldsymbol{v}$，称为该质点的动量。用 $\boldsymbol{P}$ 表示物体的动量，则有

$$\boldsymbol{P}=m\boldsymbol{v} \tag{4-1}$$

在平面直角坐标系中，其分量式为

$$P_x=mv_x$$

$$P_y = mv_y$$

动量的数值 $$P = \sqrt{P_x^2 + P_y^2} \tag{4-2}$$

动量是描述物体运动状态的“状态量”。

一个物体在某一运动状态下，具有确定的动量。当物体的运动状态发生变化时，物体的动量也随着发生变化。要将物体在某一时刻的动量和某一段时间内的动量的增量区别开来。

速度和动量也是两个不同的概念。速度是运动学中的一个物理量，只描述物体运动的快慢和运动方向，与外力没有直接的关系。而动量是动力学中的物理量，是通过物体间的相互作用来描述物体机械运动量大小的物理量。在碰撞过程中，某物体对其他物体产生的冲击作用，可由物体的动量大小来表示，即动量表示物体具有的冲击本领，是物体本身具有的某种性质。

这里所述动量是指物体平动的动量，不包括转动的动量，并且物体可视为质点的情况。动量是矢量，既有大小也有方向，方向就是速度的方向。

4.1.2 动量定理

动量与冲量是两个密切相关的物理量。一个物体受到某一冲量时所引起的物体运动状态的变化，可由牛顿第二定律得到

$$\boldsymbol{F} = \frac{\mathrm{d}(m\boldsymbol{v})}{\mathrm{d}t}$$

式中，$\boldsymbol{F}$ 为质点受到的合力。把上式改写为

$$\boldsymbol{F}\mathrm{d}t = \mathrm{d}(m\boldsymbol{v}) \tag{4-3}$$

式（4-3）称为质点动量定理的微分形式，可以表述为：质点动量的微分等于作用在质点上合力的元冲量。这个定理告诉我们：质点动量的变化，只有在冲量的作用下才有可能发生，也就是说，要使质点动量发生变化，仅靠力的作用是不够的，还必须累积一定的力的作用时间。

设质点在变力 $\boldsymbol{F}$ 作用下沿一曲线轨迹运动，在 t_1 时刻速度为 $\boldsymbol{v}_1$，动量为 $m\boldsymbol{v}_1$；在 t_2 时刻速度为 $\boldsymbol{v}_2$，动量为 $m\boldsymbol{v}_2$，如图 4-2 所示。将式（4-3）在时间 t_2-t_1 内积分可得

$$\int_{t_1}^{t_2} \boldsymbol{F}\mathrm{d}t = m\boldsymbol{v}_2 - m\boldsymbol{v}_1 = \Delta\boldsymbol{P} \tag{4-4}$$

式中 $\int_{t_1}^{t_2}\boldsymbol{F}\cdot \mathrm{d}t$ 是变力 $\boldsymbol{F}$ 在时间 t_2-t_1 内所有元冲量的矢量和，称为力 $\boldsymbol{F}$ 在时间 t_2-t_1 内的冲量，所以式（4-4）表明：某段时间内质点动量的增量等于作用在质点上的合力在同一时间内的冲量。这就是质点动量定理的积分形式。

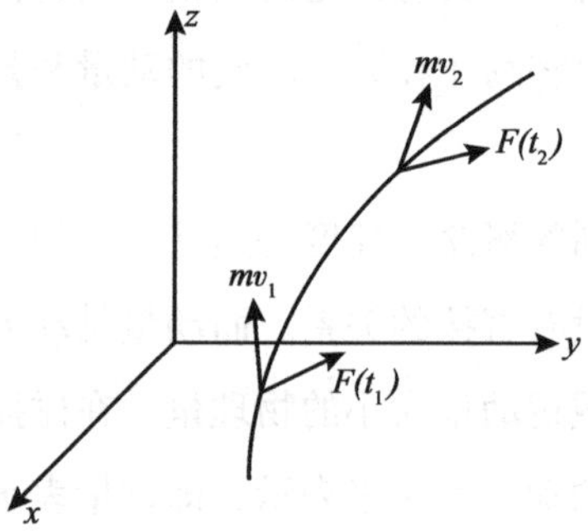

图 4-2

式（4-4）在直角坐标系各轴上的投影为

$$
\begin{aligned}
&\int_{t_1}^{t_2} F_x \mathrm{d}t = mv_{2x} - mv_{1x} \\
&\int_{t_1}^{t_2} F_y \mathrm{d}t = mv_{2y} - mv_{1y} \\
&\int_{t_1}^{t_2} F_z \mathrm{d}t = mv_{2z} - mv_{1z}
\end{aligned}
\tag{4-5}
$$

式（4-5）表明：在某段时间内，质点动量沿某坐标轴投影的增量，等于作用在质点上的合力沿该坐标轴的投影在同一时间内的冲量。

如果作用在质点上的合力为恒力 $\boldsymbol{F}$，则该力在作用时间 t_2-t_1 内的冲量为

$$
\boldsymbol{I}=\int_{t_1}^{t_2}\boldsymbol{F}\mathrm{d}t=\boldsymbol{F}(t_2-t_1) \tag{4-6}
$$

可见恒力的冲量等于力与其作用时间的乘积，方向与恒力的方向相同。在这种情况下，式（4-4）变为

$$
\boldsymbol{F}(t_2-t_1)=m\boldsymbol{v}_2-m\boldsymbol{v}_1=\Delta\boldsymbol{P} \tag{4-7}
$$

动量定理的意义　牛顿第二定律和动量定理都共同描述了质点运动状态的变化与外界作用的关系，但它们有着本质的不同。牛顿第二定律所描述的是力的瞬时作用下质点运动状态的变化，而动量定理则描述了在力的持续作用下，经过一段时间的积累后质点

运动状态的变化。

动量定理虽然可从牛顿第二定律推导出来，但适用范围要更广泛，尤其在处理打击和碰撞的现象时更为方便。在这些现象中，力的作用时间很短，作用力很大且通常是变力，很难用牛顿第二定律直接解决，而用动量定理则方便得多，因为动量的变化更容易测出。

此外，动量定理在牛顿定律不适用的微观领域中仍然适用，并且有着特殊重要的意义，特别对变质量物体的运动，例如火箭的运行，动量定理提供了重要的理论基础。

质点系的动量定理　如果研究的对象是多个质点，则称为**质点系**。一个不能抽象为质点的物体也可认为是由多个（直至无限个）质点所组成。从这种意义上讲，力学又可分为质点力学和质点系力学。

当研究对象是质点系时，受力可分为“内力”和“外力”。凡质点系内各质点之间的作用称为内力，如图 4-3 所示，质点系以外的物体对质点系内质点的作用力称为外力。由牛顿第三定律可知，质点系内质点间相互作用的内力必定是成对出现的，且每对作用内力都必沿两质点连线的方向。这些就是研究质点系力学的基本观点。

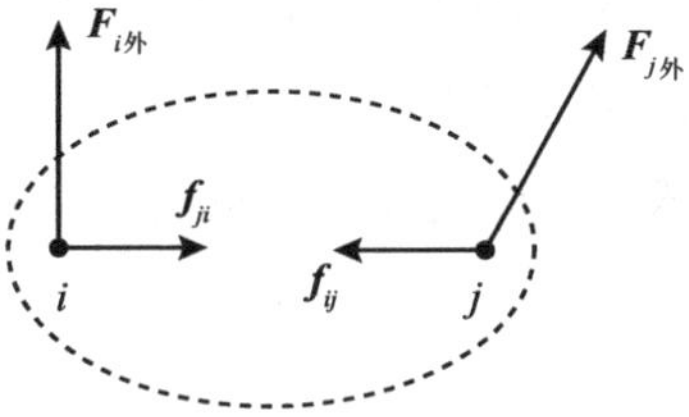

图 4-3

设质点系是由有相互作用力作用的 n 个质点所组成。现考察第 i 个质点的受力情况。首先考察质点 i 所受内力的矢量和。设质点系内第 j 个质点对质点 i 的作用为 $\boldsymbol{f}_{ji}$，则质点 i 所受内力为

$$\sum_{\substack{j=1\\ j\neq i}}^{n}\boldsymbol{f}_{ji} \tag{4-8}$$

若设质点 i 受到的外力为 $\boldsymbol{F}_{i外}$，则其受到的合力为 $\boldsymbol{F}_{i外}+\sum\limits_{\substack{j=1\\ j\neq i}}^{n}\boldsymbol{f}_{ji}$，对质点 i 运用动量定理有

$$\int_{t_1}^{t_2}\Big(\boldsymbol{F}_i+\sum_{\substack{j=1\\ j\neq i}}^{n}\boldsymbol{f}_{ji}\Big)\,\mathrm{d}t=m_i\boldsymbol{v}_{i2}-m_i\boldsymbol{v}_{i1} \tag{4-9}$$

对所有质点 i 求和，并考虑到所有质点相互作用的时间 $\mathrm{d}t$ 都相同，此外求和与积分顺序可互换，于是得

$$\int_{t_1}^{t_2}\left(\sum_{i=1}^{n}\boldsymbol{F}_{i外}\right)\mathrm{d}t+\int_{t_1}^{t_2}\left(\sum_{i=1}^{n}\sum_{\substack{j=1\\j\neq i}}^{n}\boldsymbol{f}_{ji}\right)\mathrm{d}t=\sum_{i=1}^{n}m_i\boldsymbol{v}_{i2}-\sum_{i=1}^{n}m_i\boldsymbol{v}_{i1}$$

由于内力总是成对出现，且每对内力都等值反向，因此所有内力的矢量和为 0：

$$\sum_{i=1}^{n}\sum_{\substack{j=1\\j\neq i}}^{n}\boldsymbol{f}_{ji}=0$$

于是有

$$\int_{t_1}^{t_2}\left(\sum_{i=1}^{n}\boldsymbol{F}_{i外}\right)\mathrm{d}t=\sum_{i=1}^{n}m_i\boldsymbol{v}_{i_2}-\sum_{i=1}^{n}m_i\boldsymbol{v}_{i1}\tag{4-10}$$

这就是质点系的动量定理的数学表达式，即**质点系总动量的增量等于作用于该系统上合外力的冲量**。这个结论说明内力对质点系的总动量无贡献。但从式（4-9）可知，在质点系内部动量的传递和交换中，内力起作用。

例 4-1 一质量为 $m=0.2$ kg 的小球以 $v_0=8$ m/s 的速率沿与地面法向成 60°角的方向射向光滑水平地面，与地面碰撞后以同样大小的速率沿与地面法向成 60°角的方向飞出，如图 4-4（a）所示。设球与地面的碰撞时间为 $\Delta t=0.01$ s，试求小球给地面的平均冲力。

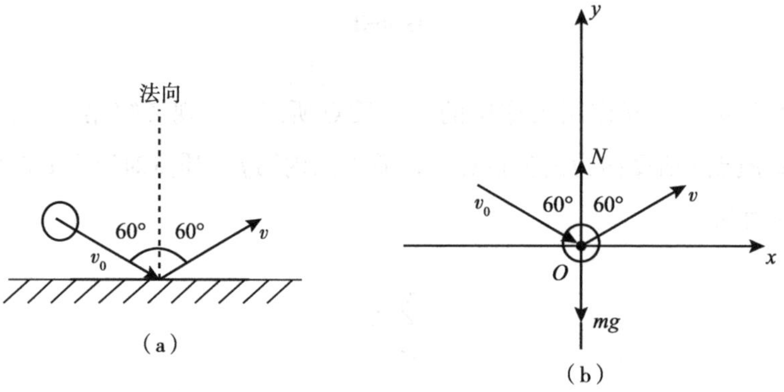

图 4-4

解：以小球为研究对象，对小球进行受力分析。小球受力与运动方向不在同一直线上，建立直角坐标系，如图 4-4（b）所示。

在两坐标轴方向分别列动量定理分量式，有

x 方向　　　　　　　$F_x\Delta t=mv_x-mv_{0x}=mv\sin60°-mv_0\sin60°$

把 $v=v_0$ 代入，解此方程可得，小球在水平方向动量变化为 0，因而 $F_x=0$。

y 方向　　　　　　　$(N-mg)\Delta t=mv_y-mv_{0y}=2mv_0\cos60°$

解此方程可得，小球受地面的支持力大小为

$$N=\frac{2mv_0\cos60°}{\Delta t}+mg=161.96\ \text{N}$$

小球对地面的平均冲力与地面对小球的支持力是作用力和反作用力，因而小球给地面的平均冲力大小为 161.96 N，方向竖直向下。

比较平均冲力与小球的重力 $mg=1.96$ N 可知，重力占冲力的很小一部分，可以忽略不计。在许多实际问题中，有限大小的力（如重力）和冲力同时存在时，有限大小的力都可以忽略不计。

例 4-2　子弹在枪管中受到的合力是 $F=400-\frac{4\times10^5}{3}t$ N；时间 t 的单位用 s 计。子弹抵达枪口时受力 $F=0$，速度 $v=300$ m/s。求：

（1）子弹在枪管中受合力之冲量 I。

（2）子弹的质量是多少？

解： 子弹在枪口中受到大小随时间变化的力 F 推动，由静止加速到速度 v 射出枪口。根据质点动量定理：

$$I=\int_0^{t_1}F\mathrm{d}t=mv-mv_0$$

其中，v_0、v 与 F 同向，取为 x 轴正向。上式可写为分量形式：

$$I=\int_0^{t_1}F\mathrm{d}t=mv$$

其中，t_1 为力 F 在枪膛内推动子弹用的时间。

由于子弹出枪口时合力 F 为 0，可求得

$$F=400-\frac{4\times10^5}{3}t_1=0$$

解得　　　　　　　$t_1=3\times10^{-3}$ s

（1）力 F 的冲量，用积分法解得

$$I=\int_0^{t_1}F\mathrm{d}t=\int_0^{t_1}\left[400-\frac{4\times10^5}{3}t\right]\mathrm{d}t$$

$$=\left[400-\frac{2\times10^5}{3}t^2\right]_0^{3\times10^{-3}}=0.6\ \mathrm{N\cdot s}$$

（2）子弹的质量

根据冲量的定义式 $$I=mv$$

则 $$m=\frac{I}{v}=\frac{0.6}{300}=2\times10^{-3}\ \mathrm{kg}$$

4.2 动量守恒定律

力是物体之间的相互作用。在由两个物体组成的物体系内，当一个物体受到冲量的作用时，另一个物体也必然要受到冲量的作用。因此，一个物体的动量发生变化时，另一个物体的动量也会发生变化。当它们的动量都发生变化时，相互之间究竟有什么内在联系？让我们以两个小球碰撞的例子来说明。

设在光滑水平面上，有两个质量为 m_1 和 m_2 的小球相碰。在碰撞前，质量为 m_1 的小球速度为 v_{10}，质量为 m_2 的小球速度为 v_{20}，碰后两个小球的速度分别为 v_1 和 v_2（碰撞前后两小球的速度均在一条直线上）。

质量为 m_1 的小球动量增量为 $m_1v_1-m_1v_{10}$，而质量为 m_2 的小球动量增量为 $m_2v_2-m_2v_{20}$。根据牛顿第三定律，在任何瞬间物体间的相互作用力总是大小相等、方向相反，也就是说力的作用时间 Δt 对于两个物体来说都是相等的。因此，上述两个小球碰撞时，在 Δt 时间内，它们所得的冲量大小是相等而方向则是相反的，即质量为 m_1 的小球所得到的冲量大小为 $F\cdot\Delta t$，质量为 m_2 的小球所得到的冲量大小为 $-F\cdot\Delta t$，由动量定理得

$$F\cdot\Delta t=m_1v_1-m_1v_{10}$$

$$-F\cdot\Delta t=m_2v_2-m_2v_{20}$$

即 $$m_1v_1-m_1v_{10}=-(m_2v_2-m_2v_{20}) \tag{4-11}$$

变形得 $$m_1v_{10}+m_2v_{20}=m_1v_1+m_2v_2 \tag{4-12}$$

（4-12）式左边为两球碰前的动量总和，而右边则是两小球碰撞后的动量和。这个公式表明两个小球在碰撞过程中，它们的总动量并没有改变，也就是说在碰撞过程中两个小

球的总动量守恒。

以上结论可推广到任意数量的物体所组成的系统，只要这个系统所受的合外力为0，也就是说这个系统是孤立的系统，那么这个系统所具有的总动量就保持不变，这个结论就叫作**动量守恒定律**。

从质点系的动量定理可知，如果质点系所受的合外力（或合外力的冲量）为0，质点系的动量将保持不变，即如果

$$\sum \boldsymbol{F}_{外}=0$$

则
$$\boldsymbol{P}=\sum_i m_i \boldsymbol{v}_i=常量 \tag{4-13}$$

$$\frac{\mathrm{d}\boldsymbol{P}}{\mathrm{d}t}=0$$

这个规律就是质点系的动量守恒定律。式（4-13）表明：如果作用在质点系上的合外力为0，则该系统的动量保持不变。

在应用动量守恒定律时，应注意下面几点。

（1）动量守恒的条件是系统所受合外力的矢量和为0，即系统内各物体不受外力或各物体所受外力的矢量和为0。不过，在处理具体问题时，这个条件往往得不到严格的满足。例如，在爆炸、碰撞、冲击等过程中，合外力不一定为0，但由于内力往往比外力大得多，这时外力（如摩擦力、重力等）就可以忽略不计，认为这个过程动量近似守恒。

（2）在实际问题中，质点系的合外力可能不为0，此时系统的总动量虽不守恒，但如果质点系所受的合外力在某个方向的分量为0，则该系统的总动量在该方向的分量守恒，即

$$如果\sum_i F_{ix}=0，则\sum_i P_{ix}=C_1(常量)$$

$$如果\sum_i F_{iy}=0，则\sum_i P_{iy}=C_2(常量)$$

$$如果\sum_i F_{iz}=0，则\sum_i P_{iz}=C_3(常量)$$

可见，若系统所受的合外力不等于0，但所受的合外力在某方向上的分量为0时，系统的总动量虽然不守恒，但总动量在该方向上的分量守恒。例如，地球附近的抛体受竖直向下的重力作用，竖直方向的动量不守恒，但水平方向的动量守恒。

（3）在质点系所受的合外力为0时，系统的动量守恒。动量守恒并不意味着系统内各质点的动量保持不变，在系统内部各质点间可以发生动量的转移。在内力作用下，系统内各质点一般均不断地改变动量，若一个质点在某方向上的动量增加，则必有一个或

几个其他的质点在该方向的动量等值减少。

动量守恒定律是关于自然界一切过程的一条最基本的定律。动量守恒定律远比牛顿定律更广泛、更深刻，更能揭示物质世界的一般性规律。动量守恒定律适用的质点系范围大到宇宙，小到微观粒子。当把质点系的范围扩展到整个宇宙时，可以得出宇宙中动量的总量是一个不变量的结论，这就使得动量守恒定律成为自然界普遍遵从的定律。

将动量守恒定律应用于力学以外的领域，不仅导致了一系列重大发现，而且使定律自身的概念得以发展和完善。例如，原子核在β衰变中，放射出一个电子后自身转变为一个新原子核。如果衰变前原子核是静止的，根据动量守恒定律，新原子核必定在射出电子的相反方向上反冲，以使衰变后总动量为0。但在云室照片上发现，两者的径迹不在一条直线上。奥地利物理学家泡利为解释这种现象，于1930年提出中微子存在的假说，即在β衰变中除了放射出电子，还产生一个中微子，它与新原子核和电子共同保证了动量守恒定律的成立。1956年，科学家终于在实验室中找到了中微子存在的证据，动量守恒定律也经受了一次重大考验。

例4-3 在光滑的水平面上停放着一辆质量为M的小车，小车上站着两个质量都为m的人。现让人相对于小车以水平速度u沿同一方向同时跳离小车。试求小车获得的水平速度。

解：以人和车为系统，进行受力分析。水平面光滑，因而在人跳离车的过程中，系统水平方向合外力为0，系统在水平方向动量守恒。选择地面为参考系，设两人跳离车后，车的速度为v。以车的速度方向为正方向，则人相对地面的速度为$v-u$。初始系统静止，则在水平方向，根据动量守恒定律，有

$$0=Mv+2m(v-u)$$

解方程得

$$v=\frac{2mu}{M+2m}$$

根据此例，可以总结出应用动量守恒定律解题的基本步骤如下。

（1）选择系统并进行受力分析，确定符合动量守恒定律的情况。选择系统时要适当确定范围，不能范围过大，也不能遗漏系统中的质点。例如，此题中如果把地面包括在系统之内，则动量守恒表达式不好确定；而如果把人选在系统之外，则不符合动量守恒条件。

（2）选择合适的参考系，并根据系统内质点的运动情况，确定正方向，或建立坐标系。动量守恒定律中各量都是相对于同一参考系的，因而要先选定参考系，以方便下一步确定各物理量的值。例如，在此例中，速度u是人相对于车的，而如果选择地面为

参考系，则写方程时，人的速度应为人相对于地面的，即应为 $v-u$；如果问题中各量的方向在同一直线上，则确定正方向即可，此例属于这种情况。而如果问题中各量的方向不在同一直线上，则需建立直角坐标系。

（3）写出动量守恒定律的表达式。表达式中各量的正负要参照所选取的正方向或坐标系，与正方向一致者为正，否则为负。

（4）解方程，代入已知数据并讨论。

例 4-4　静水中有两只质量均为 M 的小船，第一只船上站一质量为 m 的人，如图 4-5 所示，人以水平向右的速度 v 从第一只船跳上第二只船，然后再从第二只船上以水平向左的速度 v 跳回到第一只船上，试求此时两只船前进的速度。（忽略该船与水间的摩擦阻力）

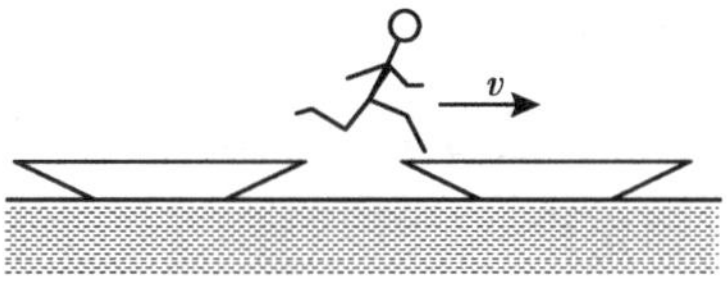

图 4-5

解： 根据题意可知，共有 4 个相互作用过程。

（1）人从第一只船跳出。取人和第一只船为研究对象：人和船在相互作用过程中，水平方向没有受外力 $\sum F_x=0$，即水平方向动量守恒。

跳前，总动量为 0；跳后，人的动量为 mv，船的动量为 Mv_1，因而总动量为 $mv+Mv_1$，根据动量守恒定律得

$$mv+Mv_1=0$$

则

$$v_1=-\frac{m}{M}v$$

（2）人跳到第二只船上。取人和第二只船为研究对象。在它们相互作用过程中 $\sum F_x=0$，水平方向总动量守恒。

跳前，人的动量 mv，跳入后人与船的动量，为 $(M+m)v_2$，根据动量守恒定律得

$$mv=(M+m)v_2$$

解得

$$v_2=\frac{m}{M+m}v$$

（3）人从第二只船跳出。取人和第二只船为研究对象，在它们相互作用过程中

$\sum F_x = 0$，水平方向总动量守恒。

跳前，人和船的总动量为 $(M+m)v_2 = mv$，跳后人的动量为 $-mv$，跳后船前进的速度为 v_2'，则船和人的总动量为 $-mv+Mv_2'$，根据动量守恒定律

$$mv = -mv + Mv_2'$$

所以得到第二只船前进的速度为

$$v_2' = \frac{2m}{M}v$$

（4）人跳回到第一只船上。取人和第一只船为研究对象，在它们相互作用过程中，$\sum F_x = 0$，在水平方向上动量守恒。

跳前，人的动量为$-mv$，船的动量为 $Mv_1 = -mv$，即总动量为$-2mv$，则船和人的总动量为 $(M+m)v_1'$，根据动量守恒定律

$$-2mv = (M+m)v_1'$$

所以解得
$$v_1' = \frac{2m}{M+m}v$$

例 4-5 如图 4-6 所示，质量为 10000 kg 的火箭，在高空中以 1000 m/s 的速度水平向右飞行。火箭的壳体质量为 8000 kg，火箭中装有燃料的质量为 2000 kg。设燃气相对于火箭的喷气速度 v_0=2000 m/s。试求当把燃料都喷射出去之后，火箭壳体的速度。

图 4-6

解：取火箭（壳体+燃料）为研究对象。

火箭燃烧后的气体从尾部喷出，其反作用力推动火箭前进，这个反作用力为系统内力，当火箭在高空时，重力和阻力远远小于内力，因此可以将其忽略不计，认为系统在水平方向上总动量守恒。

取水平向右为正方向。设在火箭喷射燃气过程中的某一瞬时 t，火箭的质量为 m，速度为 v_0；在 dt 时间内，喷出燃气的质量为$-$dm（因为火箭中燃料质量是随时间的增加而减少，故 dm 本身为负值），火箭还剩下的质量为 $m+$dm。

燃气相对于火箭的喷气速度 v_0 应换算成燃气相对于地球的喷气速度（在同一问题里，只能确定一个参照系）。根据速度合成原理知

$$v_{燃对地}=(v+\mathrm{d}v)-v_0$$

在 Δt 时间里，燃气喷射前，研究对象的总动量为 mv；喷射 $-\mathrm{d}m$ 后，燃气的动量为 $(-\mathrm{d}m)(v+\mathrm{d}v-v_0)$，而火箭的动量为 $(m+\mathrm{d}m)(v+\mathrm{d}v)$，根据动量守恒定律：

$$mv=(-\mathrm{d}m)(v+\mathrm{d}v-v_0)+(m+\mathrm{d}m)(v+\mathrm{d}v)$$

上式整理后，并忽略 $\mathrm{d}m\cdot\mathrm{d}v$ 这个二阶无穷小量，得

$$m\cdot\mathrm{d}v=-v_0\mathrm{d}m$$

$$\mathrm{d}v=-v_0\frac{\mathrm{d}m}{m}$$

上式表明：火箭每喷出质量为 $-\mathrm{d}m$ 的燃气时，火箭的速度就增加了 $\mathrm{d}v$。

现在计算当燃料都喷射出去，火箭的质量由 m_0=10000 kg 变为 m =8000 kg，它的速度将由 v_1=1000 m/s 增加到 v_2，将上式两边积分得

$$\int_{v_1}^{v_2}\mathrm{d}v=-v_0\int_{m_0}^{m}\frac{\mathrm{d}m}{m}$$

即　$$v_2=v_1+v_0\ln\frac{m_0}{m}$$

代入数据，得　$$v_2\approx 1446\ \mathrm{m/s}$$

4.3　质心运动定理

4.3.1　质心

在讨论一个质点系的运动时，我们常常引入**质量中心**（简称**质心**）的概念。设一个质点系由 N 个质点组成，以 m_1，m_2，…，m_N 分别表示各质点的质量，以 $\boldsymbol{r}_1$，$\boldsymbol{r}_2$，…，$\boldsymbol{r}_j$，…，$\boldsymbol{r}_N$ 分别表示质点对某一坐标原点的位矢，如图 4-7 所示。我们用公式

$$\boldsymbol{r}_C=\frac{\sum_i m_i\boldsymbol{r}_i}{\sum_i m_i}=\frac{\sum_i m_i\boldsymbol{r}_i}{m} \tag{4-14}$$

定义这一质点系的质心的位矢，式中 $m=\sum_i m_i$ 是质点系的总质量。作为位置矢量，质心位矢与坐标系的选择有关。可以证明质心相对于质点系内各质点的相对位置是不会随坐标系的选择而变化的，即质心是相对于质点系本身的一个特定位置。

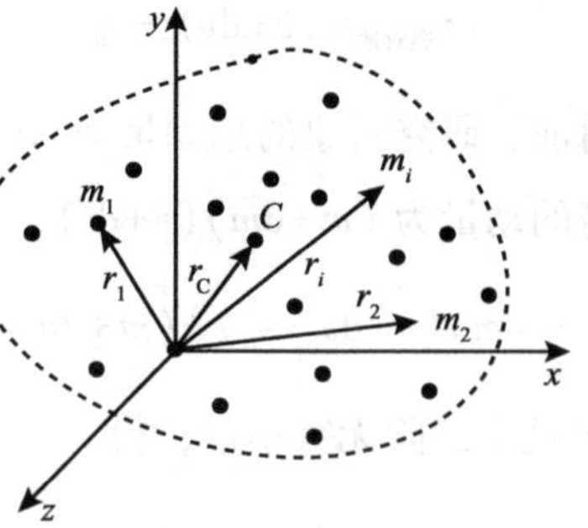

图 4-7

利用位矢沿直角坐标系各坐标轴的分量，由式（4-14）可以得到质心坐标表示式如下：

$$x_C = \frac{\sum_i m_i x_i}{m};\quad y_C = \frac{\sum_i m_i y_i}{m};\quad z_C = \frac{\sum_i m_i z_i}{m}$$

对于一个大的连续物体，可以认为是由许多质点（或叫质元）组成的，以 dm 表示其中任一质元的质量，以 $\boldsymbol{r}$ 表示其位矢，则大物体的质心位置可用积分法求得，即有

$$\boldsymbol{r}_C = \frac{\int \boldsymbol{r}\mathrm{d}m}{\int \mathrm{d}m} = \frac{\int \boldsymbol{r}\mathrm{d}m}{m}$$

它的三个直角坐标分量式分别为

$$x_C = \frac{\int x\mathrm{d}m}{m};\quad y_C = \frac{\int y\mathrm{d}m}{m};\quad z_C = \frac{\int z\mathrm{d}m}{m} \qquad (4\text{-}15)$$

利用上述公式，可求得均匀直棒、均匀圆环、均匀圆盘、均匀球体等形体的质心就在它们的几何对称中心上。

力学上还常应用重心的概念。重心是一个物体各部分所受重力的合力作用点。可以证明，尺寸不十分大的物体，且在重力场可视为均匀的情况下，它的质心和重心位置重合。

例 4-6 地月质心。设地球的质量 $M_E = 5.98 \times 10^{24}$ kg，月球的质量 $M_M = 7.35 \times 10^{22}$ kg，地月的中心距离是 $l = 3.84 \times 10^5$ km，如图 4-8 所示。求地-月系统的质心位置。

解： 把地球和月球都看作均匀球体，它们的质心就都在各自的球心处。这样就可以把地-月系统看作地球与月球质量分别集中在各自的球心的两个质点。选择地球中心为原点，x 轴沿着地球中心与月球中心的连线，则系统的质心坐标

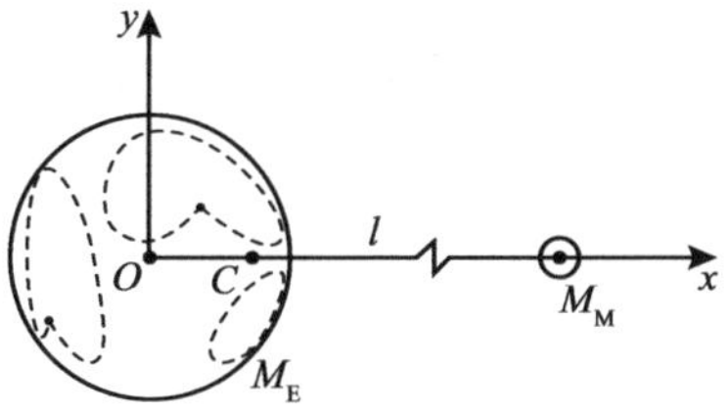

图 4-8

$$x_C=\frac{M_E\cdot 0+M_M\cdot l}{M_E+M_M}\approx\frac{M_M l}{M_E}$$

$$=\frac{7.35\times 10^{22}}{5.98\times 10^{24}}\times 3.84\times 10^5\approx 4.72\times 10^3\ \text{km}$$

这就是地-月系统的质心到地球中心的距离。这一距离约为地球半径（6.37×10^3 km）的 70%，约为地球到月球距离的 1.2%。

例 4-7　一段均匀铁丝弯成半圆形，其半径为 R，求此半圆形铁丝的质心。

解： 选如图 4-9 所示的坐标系，坐标原点为圆心。因为半圆对 y 轴对称，所以质心应该在 y 轴上。

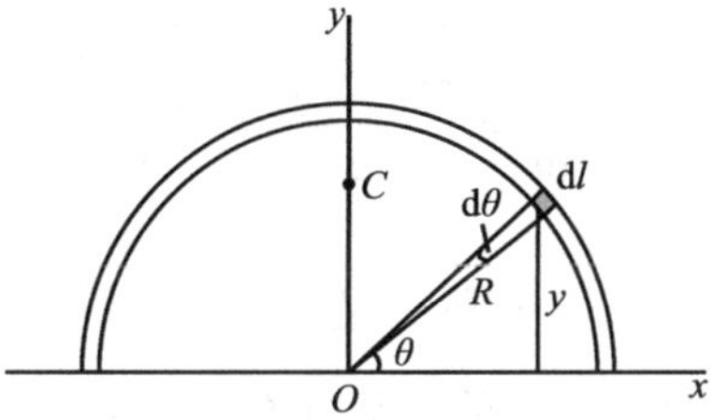

图 4-9

任取一小段铁丝，其长度为 dl，质量为 dm，以 ρ_l 表示铁丝的线密度（即每单位长度铁丝的质量），则有

$$\mathrm{d}m=\rho_l\mathrm{d}l$$

因此，

$$y_C=\frac{\int y\rho_l\mathrm{d}l}{m}$$

由于 $y=R\sin\theta$，$\mathrm{d}l=R\mathrm{d}\theta$，有

$$y_C = \frac{\int_0^{\pi} R\sin\theta \cdot \rho_l \cdot R\mathrm{d}\theta}{m} = \frac{2\rho_l R^2}{m}$$

铁丝的总质量

$$m = \pi R\rho_l$$

代入上式就可得
$$y_C = \frac{2}{\pi}R$$

即质心在 y 轴上离圆心 $\frac{2}{\pi}R$ 处。注意，这一弯曲铁丝的质心并不在铁丝上，但它相对于铁丝的位置是确定的。

4.3.2 质心运动定理

由质心位矢的表示式 $\boldsymbol{r}_C = \frac{\sum_i m_i\boldsymbol{r}_i}{\sum_i m_i} = \frac{\sum_i m_i\boldsymbol{r}_i}{m}$，将 $\boldsymbol{r}_C$ 对时间 t 求导，可得出质心运动的速度为

$$\boldsymbol{v}_C = \frac{\mathrm{d}\boldsymbol{r}_C}{\mathrm{d}t} = \frac{\sum_i m_i \frac{\mathrm{d}\boldsymbol{r}_i}{\mathrm{d}t}}{m} = \frac{\sum_i m_i\boldsymbol{v}_i}{m} \tag{4-16}$$

由此可得
$$m\boldsymbol{v}_C = \sum_i m_i\boldsymbol{v}_i$$

式（4-16）等号右边就是质点系的总动量 $\boldsymbol{P}$，所以有

$$\boldsymbol{P} = m\boldsymbol{v}_C \tag{4-17}$$

即质点系的总动量 $\boldsymbol{P}$ 等于它的总质量与它的质心运动速度的乘积，此乘积也称为质心的动量 $\boldsymbol{P}_C$。这一总动量的变化率为

$$\frac{\mathrm{d}\boldsymbol{P}}{\mathrm{d}t} = m\frac{\mathrm{d}\boldsymbol{v}_C}{\mathrm{d}t} = m\boldsymbol{a}_C \tag{4-18}$$

式（4-18）中 $\boldsymbol{a}_C$ 是质心运动的加速度。由动量定理的微分形式又可得一个质点系的运动和该质点系所受的合外力 $\boldsymbol{F}$ 的关系为

$$\boldsymbol{F} = \frac{\mathrm{d}\boldsymbol{P}}{\mathrm{d}t} = m\boldsymbol{a}_C \tag{4-19}$$

这一公式叫作**质心运动定理**。它表明一个质点系的质心的运动，就如同这样一个质点的运动：该质点质量等于整个质点系的质量并且集中在质心，而此质点所受的力是质点系所受的所有外力之和（实际上可能在质心位置处既无质量，又未受力）。

质心运动定理表明了“质心”这一概念的重要性。这一定理告诉我们，一个质点系内各个质点由于内力和外力的作用，它们的运动情况可能很复杂。但相对于此质点系有一个特殊的点，即质心，它的运动可能相当简单，只由质点系所受的合外力决定。例如，一颗手榴弹可以看作一个质点系。投掷手榴弹时，将看到它一面翻转，一面前进，其中各点的运动情况相当复杂。但由于它受的外力只有重力（忽略空气阻力的作用），它的质心在空中的运动却和一个质点被抛出后的运动一样，其轨迹是一个抛物线。又如高台跳水运动员离开跳台后，他的身体可以作各种优美的翻滚伸缩动作，但是他的质心却只能沿着一条抛物线运动，如图 4-10 所示。

图 4-10

此外，我们知道，当质点系所受的合外力为 0 时，该质点系的总动量保持不变。由式（4-18）可知，该质点系的质心速度也将保持不变。因此，系统的动量守恒定律也可以表述为：当一质点系所受的合外力等于 0 时，其质心速度保持不变。

需要指出的是，在这以前我们常常用“物体”一词来代替“质点”。在某些问题中，物体并不太小，因而不能当成质点看待，但我们还是用了牛顿定律来分析它们的运动。严格地说，我们是对物体用了式（4-19）那样的质心运动定理，而所分析的运动实际上是物体的质心的运动。在物体作平动的条件下，因为物体中各质点的运动相同，所以完全可以用质心的运动来代表整个物体的运动而加以研究。

例 4-8　一质量 m_1=50 kg 的人站在一条质量 m_2=200 kg，长度 l =4 m 船的船头上。开始时船静止，试求当人走到船尾时船移动的距离（假定水的阻力不计）。

解：对船和人这一系统，在水平方向上不受外力，因而在水平方向的质心速度不变。又因为原来质心静止，所以在人走动过程中质心始终静止，因而质心的坐标值不变。选如图 4-11 所示的坐标系，图中，C_b 表示船本身的质心，即它的中点。当人站在船的左端时，人和船这个系统的质心坐标：$x_C=\dfrac{m_1x_1+m_2x_2}{m_1+m_2}$。

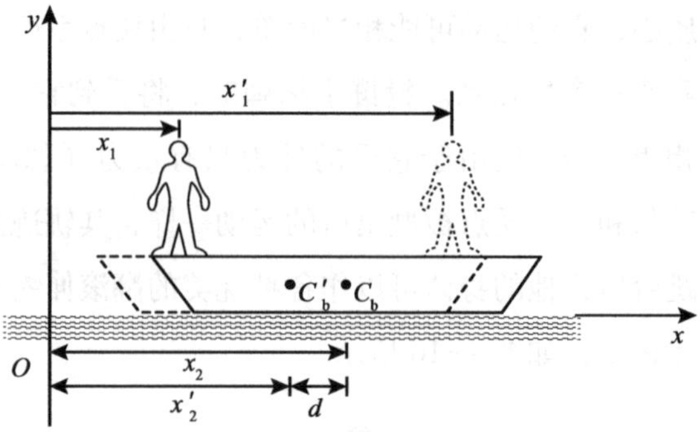

图 4-11

当人移到船的右端时，船的质心如图中 C'_b 所示，它向左移动的距离为 d。

这时系统的质心为
$$x'_C=\frac{m_1x'_1+m_2x'_2}{m_1+m_2}$$

由 $x_C=x'_C$ 可得
$$m_1x_1+m_2x_2=m_1x'_1+m_2x'_2$$

即
$$m_2(x_2-x'_2)=m_1(x'_1-x_1)$$

由题图可知
$$x_2-x'_2=d,\quad x'_1-x_1=l-d$$

代入数据，可解得

$$d=\frac{m_1}{m_1+m_2}l=\frac{50}{50+200}\times 4=0.8\ \text{m}$$

例 4-9　一枚炮弹发射的初速度为 v_0，发射角为 θ，在飞行的最高点炸裂成质量均为 m 的两部分。一部分在炸裂后竖直下落，另一部分则继续向前飞行。求这两部分的着地点以及质心的着地点（忽略空气阻力）。

解：选如图 4-12 所示的坐标系。如果炮弹没有炸裂，则着地点的横坐标就应该等于射程，即

$$X=\frac{v_0^2\sin 2\theta}{g}$$

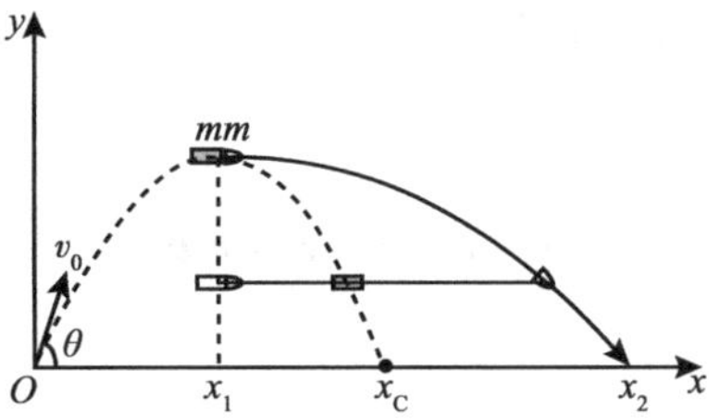

图 4-12

最高点的 x 坐标为 $X/2$。因为第一部分在最高点竖直下落，所以着地点应为

$$x_1=\frac{v_0^{\ 2}\sin2\theta}{2g}$$

炮弹炸裂时，内力使两部分分开，但因外力是重力，始终保持不变，所以质心的运动仍将和未炸裂的炮弹一样，它的着地点的横坐标仍是 X，即

$$x_C=\frac{v_0^{\ 2}\sin2\theta}{g}$$

第二部分的着地点 x_2 又根据质心的定义由同一时刻第一部分和质心的坐标求出。因为第二部分与第一部分同时着地，所以着地时，

$$x_C=\frac{mx_1+mx_2}{2m}=\frac{x_1+x_2}{2}$$

由此得

$$x_2=2x_C-x_1=\frac{3}{2}\frac{v_0^{\ 2}\sin2\theta}{g}$$

4.4　质心的角动量和角动量定理

本节将介绍描述质点运动的另一个重要物理量——**角动量**。这一概念在物理学上经历了一段有趣的演变过程。18 世纪，随着经典力学的发展，人们在力学中开始定义和利用角动量。到了 19 世纪，角动量逐渐被视为力学中的一个基本概念。到了 20 世纪，角动量与动量和能量一起，成为力学中重要的概念之一。角动量之所以能有这样的地位，是因为它也服从守恒定律，在近代物理中，其应用极为广泛。

一个动量为 $\boldsymbol{P}$ 的质点，如图 4-13 所示，对惯性参考系中某一固定点 O 的角动量 $\boldsymbol{L}$ 可以用下述矢积定义：

$$\boldsymbol{L}=\boldsymbol{r}\times\boldsymbol{P}=\boldsymbol{r}\times m\boldsymbol{v} \tag{4-20}$$

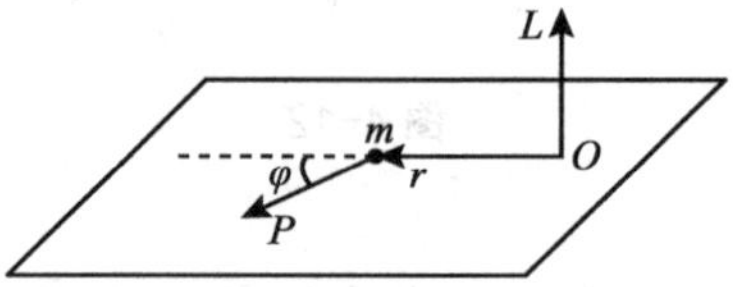

图 4-13

式（4-20）中 $\boldsymbol{r}$ 为质点相对于固定点的径矢。根据矢积的定义，角动量的大小为

$$L=rP\sin\varphi=rmv\sin\varphi$$

其中 φ 是 $\boldsymbol{r}$ 和 $\boldsymbol{P}$ 两矢量之间的夹角。角动量 $\boldsymbol{L}$ 的方向垂直于 $\boldsymbol{r}$ 和 $\boldsymbol{P}$ 所决定的平面，指向可用右手螺旋法则确定，即用右手四指从 $\boldsymbol{r}$ 经小于 180°角转向 $\boldsymbol{P}$，则拇指的指向为 $\boldsymbol{L}$ 的方向。

按式（4-20），质点的角动量还取决于它的径矢，因而取决于固定点位置的选择。同一质点，相对于不同的点，它的角动量有不同的值。因此，在说明一个质点的角动量时，必须指明是相对于哪一个固定点说的。

一个质点沿半径为 r 的圆周运动，动量 $\boldsymbol{P}=m\boldsymbol{v}$ 时，对于圆心 O 的角动量的大小为

$$L=rP=rmv \tag{4-21}$$

这个角动量的方向用右手螺旋法则判断，如图 4-14 所示。

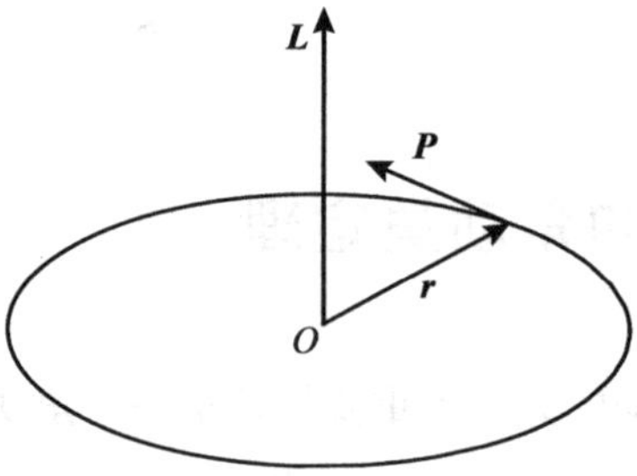

图 4-14

在国际单位制中，角动量的单位符号是 $kg\cdot m^2/s$，也可以写作 $J\cdot s$。

例 4-10 地球绕太阳的运动可以近似看作匀速圆周运动，求地球对太阳中心的角

动量。

解：已知从太阳中心到地球的距离 $r=1.5\times10^{11}$ m，地球的公转速度 $v=3.0\times10^{4}$ m/s，而地球的质量为 $m=6.0\times10^{24}$ kg。代入式（4-21），即可得地球对太阳中心的角动量大小为

$$L=mrv=6.0\times10^{24}\times1.5\times10^{11}\times3.0\times10^{4}$$
$$=2.7\times10^{40}\ \mathrm{kg\cdot m^2/s}$$

例 4-11　根据玻尔假设，氢原子内电子绕核运动的角动量只可能是 $h/2\pi$ 的整数倍，其中 h 是普朗克常量，它的大小为 $6.63\times10^{-34}\ \mathrm{kg\cdot m^2/s}$。已知电子圆形轨道的最小半径为 $r=0.529\times10^{-10}$ m，求在此轨道上电子运动的频率 ν。

解：由于是最小半径，有

$$L=mrv=2\pi mr^2\nu=\frac{h}{2\pi}$$

于是

$$\nu=\frac{h}{4\pi^2mr^2}=\frac{6.63\times10^{-34}}{4\pi^2\times9.1\times10^{-31}\times(0.529\times10^{-10})^2}\approx6.59\times10^{15}\ \mathrm{Hz}$$

角动量只能取某些分立的值，这种现象叫**角动量的量子化**。它是原子系统的基本特征之一。根据量子理论，原子中的电子绕核运动的角动量 L 由式

$$L^2=\hbar^2l(l+1)$$

给出，式中 $\hbar=h/2\pi$，l 是非负整数（0，1，2…）。注意：本题中玻尔关于角动量的假设还不是量子力学的正确结果。

我们知道，一个质点的线动量（即动量 $\boldsymbol{P}=m\boldsymbol{v}$）的变化率是由质点受的合外力决定的，那么质点的角动量的变化率又由什么决定呢？

让我们来求角动量对时间的变化率，有

$$\frac{\mathrm{d}\boldsymbol{L}}{\mathrm{d}t}=\frac{\mathrm{d}}{\mathrm{d}t}(\boldsymbol{r}\times\boldsymbol{P})=\boldsymbol{r}\times\frac{\mathrm{d}\boldsymbol{P}}{\mathrm{d}t}+\frac{\mathrm{d}\boldsymbol{r}}{\mathrm{d}t}\times\boldsymbol{P}$$

因为 $\mathrm{d}\boldsymbol{r}/\mathrm{d}t=\boldsymbol{v}$，而 $\boldsymbol{P}=m\boldsymbol{v}$，所以 $\mathrm{d}\boldsymbol{r}/\mathrm{d}t\times\boldsymbol{P}$ 为 0。又由于线动量的变化率等于质点所受的合外力，有

$$\frac{\mathrm{d}\boldsymbol{L}}{\mathrm{d}t}=\boldsymbol{r}\times\boldsymbol{F}\tag{4-22}$$

此式中的矢积称为合外力对固定点（即计算 $\boldsymbol{L}$ 时用的那个固定点）的**力矩**，以 $\boldsymbol{M}$ 表示力矩，就有

$$\boldsymbol{M}=\boldsymbol{r}\times\boldsymbol{F} \tag{4-23}$$

这样式（4-22）就可以写成

$$\boldsymbol{M}=\frac{\mathrm{d}\boldsymbol{L}}{\mathrm{d}t} \tag{4-24}$$

这一等式的意义是：**质点所受的合外力矩等于它的角动量对时间的变化率**（力矩和角动量都是对于惯性系中同一固定点而言）。这个结论叫质点的**角动量定理**。

大家中学已学过力矩的概念，即 $\boldsymbol{F}$ 对一个支点 O 的力矩的大小等于此力和力臂 $r_{\perp}$ 的乘积。力臂指的是从支点到力的作用线的垂直距离。如图 4-15 所示，力臂 $r_{\perp}=r\sin\alpha$。因此，力 $\boldsymbol{F}$ 对支点 O 的力矩的大小就是

$$M=r_{\perp}F=rF\sin\alpha \tag{4-25}$$

根据式（4-23），由矢积的定义可知，这正是由该式定义的力矩的大小。至于力矩的方向，在中学时只指出它有两个“方向”，即“顺时针方向”和“逆时针方向”。其实，这种说法只是一种表面的、直观的说法，并不具有矢量方向的那种确切的含意。式（4-23）则给出了力矩的确切定义，它是一个矢量，它的方向垂直于径矢 $\boldsymbol{r}$ 和 $\boldsymbol{F}$ 所决定的平面，其指向用右手螺旋法则确定。

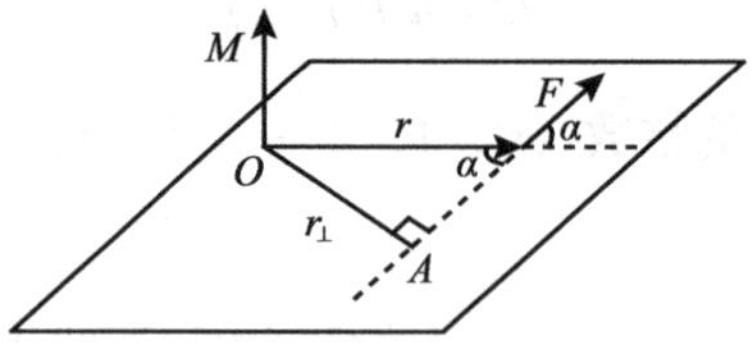

图 4-15

在国际单位制中，力矩的单位符号是 N · m。

4.5 碰撞

两个或两个以上具有相对速度的物体，相互作用后，它们（或其中之一）的运动状态要发生显著的变化，其时间极为短促，一般只有百分之几秒或千分之几秒，且相互作用力很大，一般为变力。由于相互作用为碰撞物体间的内力，其他作用力就会显得微

不足道。因此，碰撞过程近似遵循动量守恒定律。物理学中的碰撞含义比较广泛，除包括碰撞、打击、锻压宏观物体间的相互作用外，还包括分子、原子以及其他微粒之间的相互碰撞等。

碰撞的分类 按照碰撞物体的轨迹来分类，可分为正碰与斜碰。正碰即相碰撞时物体间的作用力在两物体中心连线，碰前、碰后物体都沿着一直线运动的碰撞，正碰又称对心碰撞。斜碰就是非对心碰撞，它是碰撞物体间的相互作用力不在两物体中心连线上，以致使碰撞物体碰撞偏离中心连线的碰撞。两物体的中心连线，对于球体就是两球心的连线。

若按碰撞前后物体能量变化来分类，则可将碰撞分为弹性碰撞和非弹性碰撞两类。弹性碰撞的碰撞过程中动量、动能都守恒。非弹性碰撞又可分为完全非弹性碰撞和非完全弹性碰撞，在这类碰撞过程中，动量守恒而动能不守恒。

碰撞现象比较复杂，我们就以两个小球相互碰撞为例来研究它们碰撞的具体过程。其过程可分为两个阶段。

设两个质量分别为 m_1、m_2 的完全弹性小球，分别以速度 v_1 和 v_2 在光滑水平面上作对心碰撞，碰后又以速度 u_1 和 u_2 分离，如图 4-16 所示。

两个小球以 v_1 和 v_2 相向运动，在要碰但还未碰上时，叫作“碰前”，如图 4-16 中的（1）—（2）过程。

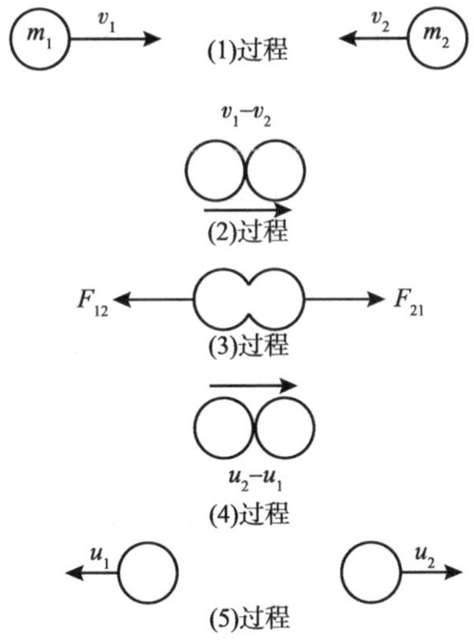

图 4-16

压缩阶段：两个小球相向运动，在碰撞时由于它们具有相对速度，使相互挤压产生形变，从而出现弹性力，开始做减速运动，向右运动的小球速度减小；反之，向左运动的小球速度也减小。图中的（2）—（3）过程：虽然相对速度减小，仍具有一定相对速度，仍继续挤压，继续形变，最后相对速度减小到0，此时形变最大，相互作用的弹性力也最大，这时图中的（3）过程完成了碰撞过程的压缩阶段。

恢复阶段：压缩之后，弹性小球要恢复形变，从而分别又获得速度 u_1、u_2，这样一直到形变完全恢复，达到图 4-16 中（5）过程的状态，这时叫作“碰后”，从而完成了恢复阶段，至此碰撞结束。

碰撞过程中，压缩阶段是物体克服弹性力做正功，使物体的动能转变为弹性势能；而在恢复阶段，弹性力做正功，弹性势能又全部转变为动能。因此，在完全弹性碰撞中，机械能是守恒的，即物体在碰撞前后的总动能是相等的。另外，若将两个小球看作一个系统，该系统在水平方向不受外力，所以水平方向动量守恒，至此可以建立下列两个方程，即

$$\frac{1}{2}m_1v_1^2+\frac{1}{2}m_2v_2^2=\frac{1}{2}m_1u_1^2+\frac{1}{2}m_2u_2^2 \tag{a}$$

$$m_1v_1+m_2v_2=m_1u_1+m_2u_2 \tag{b}$$

为了确定 u_1、u_2，将式（a）、（b）改写为

$$m_1(u_1^2-v_1^2)=m_2(v_2^2-u_2^2) \tag{c}$$

$$m_1(u_1-v_1)=m_2(v_2-u_2) \tag{d}$$

把式（c）除以式（d），得

$$u_1+v_1=v_2+u_2$$

即

$$v_1-v_2=-(u_1-u_2) \tag{4-26}$$

式（4-26）中（v_1-v_2）是物体碰撞前的相对速度，（u_1-u_2）是物体碰撞后的相对速度。因此，在完全弹性碰撞中，碰撞前后的相对速度大小相等，方向相反。

实验证明，一般弹性物体碰撞时很难达到完全弹性的程度，其碰撞后的相对速度一定小于碰撞前的相对速度。牛顿总结了实验结果，得出了关于对心非弹性碰撞，碰前的接近速度与碰后的分离速度间关系的规律，这称为**牛顿碰撞定律**，即指两个作对心非弹性碰撞的小球，碰后两球相互分离的速度和碰前它们相互接近的速度成正比。它们的比值是由物体的材料所决定的，亦即

$$e=\frac{u_2-u_1}{v_1-v_2} \tag{4-27}$$

通常把 e 叫作恢复系数，数值在 0 与 1 之间：对于完全弹性碰撞 $e=1$；对于完全非弹性碰撞 $e=0$；铁和铅碰撞时 $e\approx 0.4$；铁与铁碰撞时 $e\approx 0.66$；铅与铅碰撞时 $e\approx 0.2$。对于一般的碰撞 $0<e<1$，e 的值可用实验方法测定。

根据两个小球的碰撞特点，内力远大于其他外力，则动量守恒，有

$$m_1v_1+m_2v_2=m_1u_1+m_2u_2$$

上式与式（4-27）解得碰撞后两个小球的速度

$$u_1=\frac{m_1v_1+m_2v_2}{m_1+m_2}-e\frac{m_2(v_1-v_2)}{m_1+m_2} \tag{4-28}$$

$$u_2=\frac{m_1v_1+m_2v_2}{m_1+m_2}+e\frac{m_1(v_1+v_2)}{m_1+m_2} \tag{4-29}$$

若 $v_2=0$，式（4-28）和式（4-29）可改写为

$$u_1=\frac{m_1v_1}{m_1+m_2}-e\frac{m_2v_1}{m_1+m_2} \tag{4-30}$$

$$u_2=\frac{m_1v_1}{m_1+m_2}+e\frac{m_1v_1}{m_1+m_2} \tag{4-31}$$

关于碰撞过程中的能量问题：对于两孤立物体的相互碰撞来说，由于所受合外力等于 0，它们的总动量是守恒的。然而，它们的总动能是否也守恒呢？这要由动能守恒的条件来确定，即 $\sum A_{外}+A_{内}=0$，由于 $\sum F_{外}=0$，从而 $\sum A_{外}=0$，它们之间的内力做功之和是否等于 0 呢？

碰撞中的压缩阶段，左边小球受到向左的弹性力 F_{12}，而小球的位移是向右的，所以内力 F_{12} 做负功；同时，右边的小球受到向右的弹性力 F_{21}，而小球的位移是向左的，所以内力 F_{21} 也做负功。因此，在压缩阶段，内力做功为负值。在恢复阶段，左边的小球仍受到向左的弹性力 F_{12}，而小球的位移是向右的，所以内力 F_{12} 做正功；同时，右边的小球受到向右的弹性力 F_{21}，而小球的位移是向右的，所以内力 F_{21} 也做正功。因此，在恢复阶段，内力总功为正值。若压缩阶段和恢复阶段是对称的，那么 $\sum A_{外}+A_{内}=0$，从而总动能守恒。

反之，当压缩阶段与恢复阶段不对称时，结果是负功大于正功，即 $\sum A_{内}\neq 0$，则总动能不守恒，有动能损失。其损失的动能转变为其他形式的能量，如内能。

这种能量转换在实际应用中具有重要意义。例如，在打桩机械中，需要尽量减少夯

桩相碰时的动能损失，以提高效率；而在锻造机械中，则需要利用锻锤与锻件相碰时动能的损失来使锻件产生形变。

对于非弹性碰撞，损失的机械能为

$$\Delta E=\frac{1}{2}m_1v_1^2+\frac{1}{2}m_2v_2^2-\left(\frac{1}{2}m_1u_1^2+\frac{1}{2}m_2u_2^2\right) \tag{4-32}$$

将 $m_1v_1+m_2v_2=m_1u_1+m_2u_2$ 和 $e=\dfrac{u_2-u_1}{v_1-v_2}$ 代入上式，可得

$$\Delta E=\frac{1}{2}(1-e^2)\frac{m_1m_2}{m_1+m_2}(v_1-v_2)^2 \tag{4-33}$$

在工程中，经常碰到其中一个物体是静止的，例如打铁、打桩这类问题。有 v_2=0，则此时损失的能量为：

$$\Delta E=\frac{1}{2}(1-e^2)\frac{m_1m_2}{m_1+m_2}v_1^2 \tag{4-34}$$

其中，$\frac{1}{2}m_1{v_1}^2$ 是碰撞前的机械能，用 E_0 表示，则有：

$$\Delta E=(1-e^2)\frac{m_2}{m_1+m_2}E_0=(1-e^2)\frac{1}{1+\dfrac{m_1}{m_2}}E_0 \tag{4-35}$$

在一般碰撞问题中，存在着完全弹性碰撞与完全非弹性碰撞两种特殊情况，下面我们逐一介绍。

1. 完全弹性碰撞（简称弹性碰撞）

在完全弹性碰撞中，碰撞两物体不仅动量守恒，而且动能也守恒。它们的压缩阶段与恢复阶段对称，即碰撞前后系统总能量相等，恢复系数 $e=1$，即碰撞前后，相对速度相等，方向相反。

$$u_1-u_2=-(v_2-v_1)$$

碰撞后的速度：将 $e=1$ 代入式（4-28）和式（4-29），得：

$$u_1=\frac{m_1v_1+m_2v_2}{m_1+m_2}-e\frac{m_2(v_1-v_2)}{m_1+m_2}$$

$$=\frac{(m_1-m_2)v_1+2m_2v_2}{m_1+m_2} \tag{4-36}$$

$$u_2=\frac{m_1v_1+m_2v_2}{m_1+m_2}+e\frac{m_1(v_1-v_2)}{m_1+m_2}$$

$$=\frac{(m_2-m_1)v_2+2m_1v_1}{m_1+m_2} \tag{4-37}$$

若 $v_2=0$，那么

$$u_1=\frac{(m_1-m_2)}{m_1+m_2}v_1$$

$$u_2=\frac{2m_1v_1}{m_1+m_2}$$

由式（4-36）及式（4-37）可知，碰后速度与碰撞两物体质量有关。

当 $m_1=m_2$ 时，有

$$u_1=\frac{2m_2}{m_1+m_2}v_2=v_2$$

$$u_2=\frac{2m_1}{m_1+m_2}v_1=v_1$$

两个质量相等的物体发生弹性碰撞后，它们的速度进行了交换。

若第二个物体原来静止，即 $v_2=0$，则有

$$u_1=v_2=0$$

$$u_2=v_1$$

碰撞后第一个物体停止运动，第二个物体以第一个物体原来的速度 v_1 运动下去。第一个物体的动能和动量全部传递给第二个物体，但系统的总动能和总动量保持不变。

如果两个物体质量不等，且 $v_2=0$，则两个物体碰撞后速度大小、方向取决于两个物体的质量：

当 $m_1>m_2$ 时，碰后第一个物体速度减小，但方向不变；

当 $m_1<m_2$ 时，碰后第一个物体将被反弹回来；

当 $m_1>>m_2$ 时，如用大锤打小钉，则有

$$u_1\approx v_1,\ u_2\approx 2u_1-v_2$$

碰后质量很大的物体速度几乎不变，即运动状态不受影响。而质量很小的物体则以（$2u_1-v_2$）速度运动。

当 $m_1 << m_2$ 时，如用质量很小的物体碰撞一个质量很大的物体，则碰后

$$u_1 \approx 2v_2 - v_1,\ u_2 \approx v_2$$

碰后质量很小的物体以（$2v_2-v_1$）速度运动，而质量很大的物体的速度几乎不变。

对于弹性碰撞中的两个物体，我们知道系统总动能守恒，$\Delta E=0$，但对于碰撞的两个物体本身，动能一般是要变化的。下面我们来研究一下当 $v_2=0$，m_1 和 m_2 发生弹性碰撞后，m_1 动能损失的百分比：

设 m_1 原来的动能 $E_{k0}=\frac{1}{2}m_1v_1^2$，碰后 m_1 的动能：

$$E_k = \frac{1}{2}m_1u_1^2 = \frac{1}{2}m_1\left(\frac{m_1-m_2}{m_1+m_2}\right)^2 v_1^2$$

m_1 的动能损失：

$$\begin{aligned} E_{k0}-E_k &= \frac{1}{2}m_1v_1^2 - \frac{1}{2}m_1\left(\frac{m_1-m_2}{m_1+m_2}\right)^2 v_1^2 \\ &= \frac{1}{2}m_1v_1^2\left[1-\left(\frac{m_1-m_2}{m_1+m_2}\right)^2\right] \\ &= E_{k0}\frac{4m_1m_2}{(m_1+m_2)^2} \end{aligned} \tag{4-38}$$

式（4-38）各项除以 m_2^2 得

$$\Delta E_1 = E_{k0}\cdot 4\frac{m_1}{m_2}\cdot\frac{1}{\left(1+\frac{m_1}{m_2}\right)^2} \tag{4-39}$$

则 m_1 在碰撞中动能损失的百分比为

$$\frac{\Delta E_1}{E_{k0}} = 4\frac{m_1}{m_2}\cdot\frac{1}{\left(1+\frac{m_1}{m_2}\right)^2} \tag{4-40}$$

以上说明：碰撞中，动能损失的百分比是质量比$\frac{m_1}{m_2}$的函数。

通过计算可列表 4-1。

表 4-1 不同质量比的动能损失

质量比 $\frac{m_1}{m_2}$	1000	100	10	2	1	$\frac{1}{2}$	$\frac{1}{10}$	$\frac{1}{100}$	$\frac{1}{1000}$
动能损失 $\frac{\Delta E_1}{E_{k0}}$	0.4	3.9	33	88	100	88	33	3.9	0.4

根据表 4.1 数值画成函数图线，如图 4-17 所示。

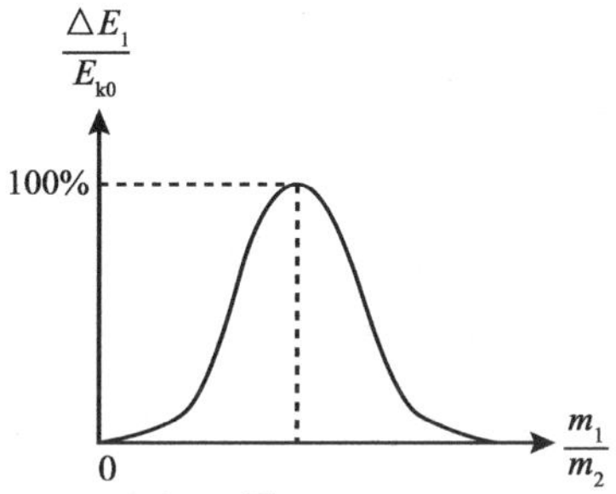

图 4-17

当$\frac{m_1}{m_2}\to\infty$时，m_1 的动能损失趋于 0，即 $u_1=v_1$。

当$\frac{m_1}{m_2}\to 0$ 时，m_1 的动能损失趋近于 0。

当$\frac{m_1}{m_2}=1$ 时，质量相等的运动物体和静止物体发生弹性碰撞，动能损失最大。

2. 完全非弹性碰撞

当两个物体发生完全非弹性碰撞时，其中有一种特殊情况，两个物体碰撞后会合在一起，它们不再分开，而是以共同的速度运动，这叫作完全非弹性碰撞。设两个质量分别为 m_1 和 m_2 的物体，沿一直线向同一方向运动，速度分别为 v_1、v_2，且 $v_1>v_2$，当 m_1 追上 m_2 发生碰撞，在两个物体相互接触时，由于有相对速度（v_1-v_2），两个物体相互挤压，发生形变。

两个物体都没有弹性，因而只有形变而不产生弹力，所以就不产生弹性势能，没有恢复阶段。在碰撞过程中，因为有耗散内力的作用，所以物体要克服耗散力做功，使物体的一部分动能转化成了内能或其他形式的能，所以系统的总动能不守恒。在碰撞过程中，系统所受的合外力为 0，或一般它们的碰撞力（内力）远大于合外力，因此系统总动量守恒。

碰撞后，求两个物体的速度，可将恢复系数 $e=0$ 代入式（4-36）与（4-37），有

$$u_1=u_2=v=\frac{m_1v_1+m_2v_2}{m_1+m_2} \tag{4-41}$$

完全非弹性碰撞的动能损失，将 $e=0$ 代入式（4-29）和式（4-34）中，可得：

$$\Delta E=\frac{m_1 m_2}{2(m_1+m_2)}(v_1-v_2)^2 \tag{4-42}$$

式（4-42）说明，两个物体作完全非弹性碰撞后，动能的损失与碰撞前的相对速度的平方成正比。

当 $v_2=0$ 时，动能损失公式进一步简化为

$$\Delta E=\frac{m_1 m_2}{2(m_1+m_2)}(v_1-v_2)^2=\frac{m_2}{m_1+m_2}E_{k0} \tag{4-43}$$

由式（4-43）可知，损失的动能大小与两个碰撞物体质量的比值有关。在实际生活或生产中，需要根据不同的要求来确定不同的条件，例如在打铁时，铁锤和锻件（连同砧板）碰撞，锻件在碰撞过程发生形变，这时要求铁锤损失的动能越多越好。这就要求铁砧的质量比铁锤的质量大得多。而打桩的情况则恰好相反，锤和桩具有较大的动能克服地面的阻力下沉，锤的动能损失越小越好。

例 4-12 如图 4-18 所示，一个质量为 m 的小球，由高度 $H=19.6$ m 的地方自由落下，同时有一个质量相同的小球从地面上以 39.2 m/s 的速度 v_0 竖直上抛。如果它们的恢复系数 $e=\frac{1}{2}$，问：两个小球碰撞后的速度分别为多少？

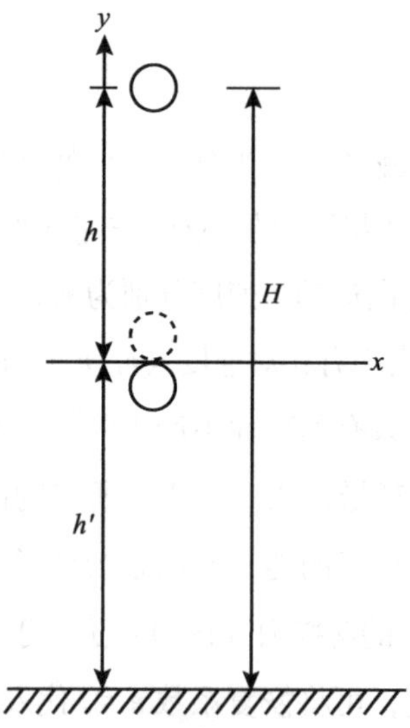

图 4-18

解：设 t 为第一个小球开始下落到碰撞时的时间，则下落的距离为

$$h=\frac{1}{2}gt^2$$

第二个小球上升到

$$h'=v_0t-\frac{1}{2}gt^2=39.2t-\frac{1}{2}gt^2$$

$$h+h'=H=19.6\ \text{m}$$

因此
$$\frac{1}{2}gt^2+39.2t-\frac{1}{2}gt^2=19.6$$

$$t=\frac{1}{2}\text{s}$$

$$h=\frac{1}{2}gt^2=1.225\ \text{m}$$

两个小球相碰撞处离地面的高度为

$$h'=H-h=19.6-1.23=18.375\ \text{m}$$

在即将碰撞时，第一个小球的速度 $v_1=gt=4.9\ \text{m/s}$，方向向下，第二个小球的速度 $v_2=v_0-gt=34.3\ \text{m/s}$，方向向上。因此，如果设 v_1'和 v_2'为碰后它们向上的速度，并取向上的方向为正，那么，根据动量守恒定律（忽略重力近似守恒），有

$$m_1v_1'+m_2v_2'=m_1v_1+m_2v_2$$

又 $m_1=m_2=m$，则
$$v_1'+v_2'=v_1+v_2$$

$$v_1'+v_2'=29.4\ \text{m/s}$$

再根据牛顿碰撞定律得
$$v_1'-v_2'=-e(v_1-v_2)$$

$$=-\frac{1}{2}(-4.9-34.3)=19.6\ \text{m/s}$$

由上可得：
$$v_1'=24.5\ \text{m/s},\ v_2'=4.9\ \text{m/s}$$

故两球碰撞后，第一个小球的速度为 24.5 m/s，方向竖直向上；第二个小球的速度为 4.9 m/s，方向也竖直向上。

例 4-13　两个光滑的小球，其中一个的质量比另一个的大 1 倍，它们的速度大小相等，方向平行相反，当它们相互碰撞时，速度方向均与两球中心线成 30°角，如果它

们之间的碰撞系数 $e=\frac{1}{2}$，试求碰撞后的速度大小和方向。

解： 设两球质量为 $2m$ 与 m，它们的速度分别为 v_1 和 v_2。碰撞后速度改变为 v_1' 和 v_2'，如图 4-19 所示。

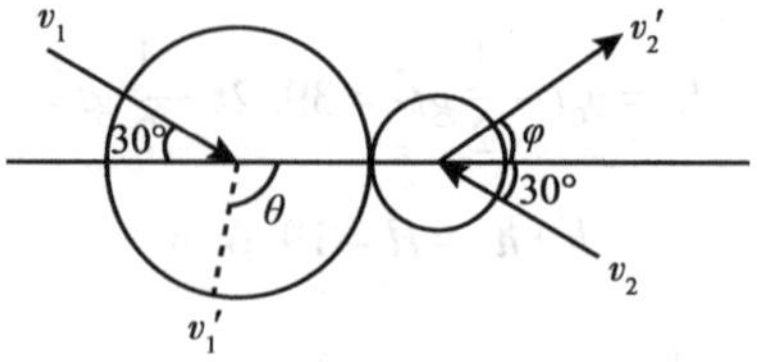

图 4-19

因为两球都是光滑的，所以在碰撞后它们垂直于中心连线的速度分量保持不变，即

$$v_1'\sin\theta=v_1\sin30°=\frac{1}{2}v_1 \tag{a}$$

$$v_2'\sin\varphi=v_2\sin30°=\frac{1}{2}v_2 \tag{b}$$

碰撞后它们相互分离的速度为

$$v_2'\cos\varphi-v_1'\cos\theta$$

根据牛顿碰撞定律得

$$v_2'\cos\varphi-v_1'\cos\theta=e(v_1\cos30°-v_2\cos30°) \tag{c}$$

再根据沿中心连线的动量守恒定律得

$$2mv_1'\cos\theta+mv_2'\cos\varphi=2mv_1\cos30°-mv_2\cos30° \tag{d}$$

已知 v_1、v_2 大小相等，方向相反，且 $e=\frac{1}{2}$，所以由式（c）得

$$v_2'\cos\varphi-v_1'\cos\theta=\frac{\sqrt{3}}{2}v_1 \tag{e}$$

由式（d）得

$$2v_1'\cos\theta+v_2'\cos\varphi=\frac{\sqrt{3}}{2}v_1 \tag{f}$$

解式（e）、（f）得 $v_1'\cos\theta=0$，$v_2'\cos\varphi=\frac{\sqrt{3}}{2}v_1$

由上两式和式（a）、（b）可得

$$\theta = 90°,\ v_1' = \frac{1}{2}v_1,\ \varphi = 30°,\ v_2' = v_1$$

亦即在碰撞后，大球的运动方向垂直于中心连线，速度的大小等于原来速度大小的一半，而小球的运动方向则是与中心连线成30°角，速度的大小与它原来的速度大小相等。

例 4-14　一个速率为 v_0，质量为 m 的运动粒子，与一质量为 M 的静止粒子作完全弹性对心碰撞，如果靶粒子获得的动能是碰前运动粒子动能的 1/2，那么两粒子的质量比是多少？

解： 两个粒子作完全弹性对心碰撞，系统所受合外力为 0，内力是弹性力，所以动量与动能都守恒。

设碰撞后速度分别为 v_1 和 v_2，则

$$mv_0 = mv_1 + Mv_2 \tag{a}$$

$$\frac{1}{2}mv_0^2 = \frac{1}{2}mv_1^2 + \frac{1}{2}Mv_2^2 \tag{b}$$

解出：$$v_2 = \frac{2m}{m+M}v_0,\qquad v_1 = \frac{m-M}{m+M}v_0$$

依题意：$$\frac{1}{2}Mv_2^2 = \frac{1}{2} \times \frac{1}{2}mv_0^2$$

由式（b）可知：$$\frac{1}{2}mv_1^2 = \frac{1}{2}Mv_2^2$$

解得：$$v_2 = \sqrt{\frac{m}{2M}}v_0,\ v_1 = \frac{1}{\sqrt{2}}v_0$$

代入式（a），若 v_1 和 v_2 同向，则

$$mv_0 = m \times \frac{1}{\sqrt{2}}v_0 + M \times \sqrt{\frac{m}{2M}}v_0$$

得到：$$\frac{M}{m} = \frac{(2-\sqrt{2})^2}{2} = (\sqrt{2}-1)^2$$

若 v_1 和 v_2 反向，则：

$$mv_0 = \sqrt{\frac{m}{2M}}Mv_0 - m \times \frac{1}{\sqrt{2}}v_0$$

则：
$$\frac{M}{m}=\frac{(2+\sqrt{2})^2}{2}=(\sqrt{2}+1)^2$$

可以看到，为使运动粒子碰后能量损失一半，靶粒子质量可以大于运动粒子质量，也可以小于运动粒子质量。但在上述两种情况中，运动粒子碰后的动量则是完全相反的。

思考题

4-1 物体可否具有能量而无动量，可否具有动量而无能量？试举例说明之。

4-2 A、B 两个物体，A 的动量大于 B 的动量，而 A 的动能小于 B 的动能，这是否可能？如果可能，试说明条件。

4-3 A、B 两球发生弹性正碰，设 B 球原来静止。与 A 球相比，应如何选择 B 球的质量使 B 球具有：(1) 最大速率；(2) 最大动量；(3) 最大动能？

4-4 人以速度 v（相对船）从船上跳到岸上，和用相同的速度 v 在船上行走，船的反冲速度是否相同，为什么？

4-5 小力作用在一个静止的物体上，只能使它产生小的速度吗？大力作用在一个静止的物体上，一定能使它产生大的速度吗？

4-6 一人躺在地上，身上压一块重石板，另一人用重锤猛击石板，但见石板碎裂，而下面的人毫无损伤，何故？

4-7 我国东汉时学者王充在他所著《论衡》（公元 28 年）一书中记有：“奡、育，古之多力者，身能负荷千钧，手能决角伸钩，使之自举，不能离地。”说的是古代大力士自己不能把自己举离地面。这个说法正确吗？为什么？

4-8 你自己身体的质心是固定在身体内某一点吗？你能把身体的质心移到身体外面吗？

4-9 如图 4-20 所示，一重球的上下两面系同样的两根线，今用其中一根线将球吊起，而用手向下拉另一根线，如果向下猛一抡，则下面的线断而球未动。如果用力缓慢拉线，上面的线就会断开，为什么？

4-10 很轻的物体（如小棉球），不容易把它扔到很远的地方，而很重的物体（如炮弹）也不容易扔得很远，为什么？

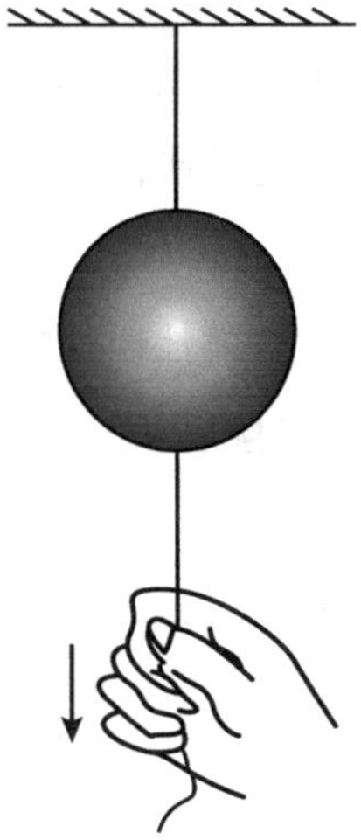

图 4-20

习　题

4-1　体重为 60 kg 的建筑工人，不慎从高处跌下。由于弹性安全带的保护，他没有坠地而是被安全带悬挂起来，已知安全带长为 5 m，缓冲时间为 1.2 s，求人受到安全带的平均拉力的大小。(g =10 m/s^2)

4-2　质量为 50 kg 的炸弹爆炸前以 200 m/s 的速度向北飞行，爆炸后裂成 3 块弹片，第一块弹片质量为 25 kg，以 100 m/s 的速度向北飞行，第二块弹片质量为 15 kg，以 200 m/s 的速度向东飞行。求第三块弹片的速度大小和飞行方向。

4-3　自动步枪连发时每分钟射出 120 发子弹，每发子弹的质量为 m =7. 90 g，出口速率为 735 m/s。求射击时（以分钟计）枪托对肩部的平均压力。

4-4　一空间探测器质量为 6090 kg，正相对于太阳以 105 m/s 的速率向木星运动，当它的火箭发动机相对于它以 253 m/s 向后喷出 80. 0 kg 废气后，它对太阳的速率变为多少？

4-5　一球质量为 m，速度为 v，与另一质量比它大 1 倍，速度只有它的 1/5 的小球碰撞，假定碰撞是对心的，恢复系数 e =0. 5，试求碰后这球的速度。

4-6　一个质量为 5m，速度为 13 m/s 的小球与另一个质量为 m，速度为 5 m/s 的球相碰，如果在碰前瞬间，它们的方向和中心连线所成的角度分别为 $\sin^{-1}\dfrac{5}{13}$和 $\sin^{-1}\dfrac{3}{5}$，它们的恢复系数 $e=\dfrac{1}{2}$，试求碰后它们的速度大小和方向。

4-7　一质量为 $m'=10$ kg 的物体放在光滑的水平面桌面上，并与一水平轻弹簧相连，弹簧的劲度系数 $k=1000$ N/m。今有一质量 $m=1$ kg 的小球以水平速度 $v_0=4$ m/s 飞来，与物体 m' 相撞后以 $v_1=2$ m/s 的速度弹回，试问：

（1）弹簧被压缩的长度为多少？

（2）小球 m 和物体 m' 的碰撞是完全弹性碰撞吗？

（3）如果小球上涂有黏性物质，相撞后可与 m' 粘在一起，则（1）、（2）所问结果又如何？

4-8　两质点的质量分别为 $m_1=100$ g 和 $m_2=40$ g，各具有初速度 $\boldsymbol{v}_{10}=2.8\boldsymbol{i}-3.0\boldsymbol{j}$ m/s 和 $\boldsymbol{v}_{20}=7.5\boldsymbol{j}$ m/s，它们碰撞后的速度分别为 $\boldsymbol{v}_1=1.2\boldsymbol{i}-2.0\boldsymbol{j}$ m/s 和 $\boldsymbol{v}_2=4.0\boldsymbol{i}+5.0\boldsymbol{j}$ m/s，求：

（1）该系统的总动量。

（2）碰撞后不再作为动能出现的那部分能量占初始动能的几分之几？这个碰撞是弹性碰撞吗？

4-9　以 $v=5$ m/s 的速度行驶的列车内，一个质量为 $m_1=100$ g 的物体，朝车前进的方向以 $v_{10}=1$ m/s 的速度运动，同另一个质量为 $m_2=50$ g 朝反方向以 $v_{20}=5$ m/s 速度运动的物体发生对心碰撞，碰撞后 m_2 的速度 $v_2=0$，求：m_1 的速度是多少？此碰撞过程中损失了多少动能？若在道旁观察的人观察到此碰撞过程，从他的观察角度来看动量守恒吗？此人看到的碰撞后 m_1 的速度又如何？他怎样验证他的观察法是否正确？

4-10　有一正立方体铜块，边长为 a。今在其下半部中央挖去一截面半径为 $a/4$ 的圆柱形洞（图 4-21）。求剩余铜块的质心位置。

4-11　质量分别为 m_1 和 m_2，速度分别为 $\boldsymbol{v}_1$ 和 $\boldsymbol{v}_2$ 的两质点碰撞后合为一体，如图 4-22 所示。求：(1) 碰撞后二者的共同速度 $\boldsymbol{v}$；(2) 在质心参考系中观察，二者的运动如何？

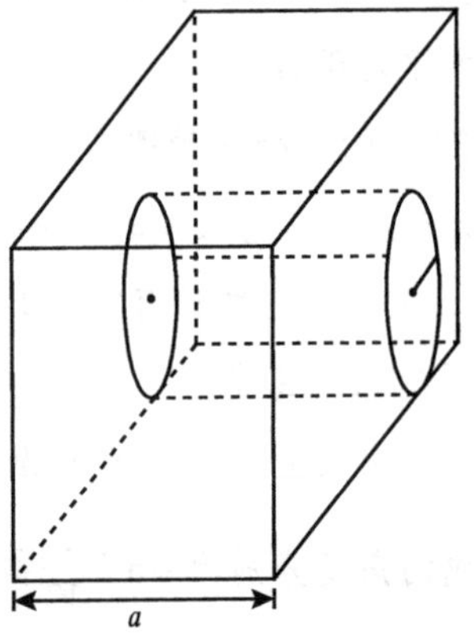

图 4-21

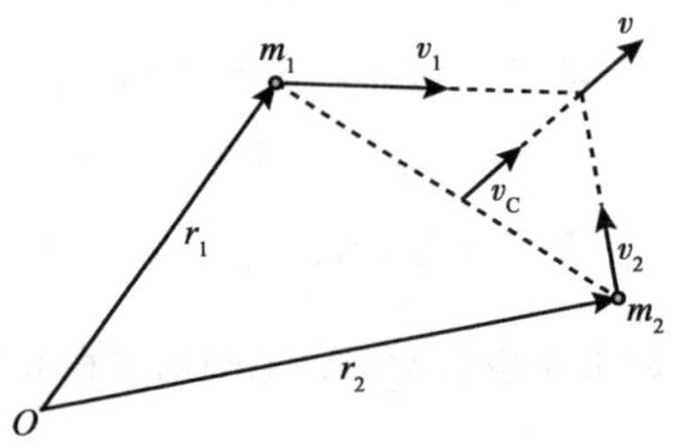

图 4-22

4-12　一质量为 M，倾角为 θ 的斜面放在光滑水平面上，物体 m 从高为 h 由静止开始无摩擦地下滑，如图 4-23 所示。求 m 从高 h 处滑到底部这一过程中斜面后退的距离。

4-13　如图 4-24 所示，质量 m_1 和 m_2 两物体用不会伸长的绳绕过滑轮链接放置在直角三棱柱西侧的光滑斜面上（斜面放在光滑的水平面上）。当 m_1 由静止开始下滑 0.2 m 时，三棱柱沿水平面滑了多远？设三棱柱的质量 $M=4m_1=16m_2$。

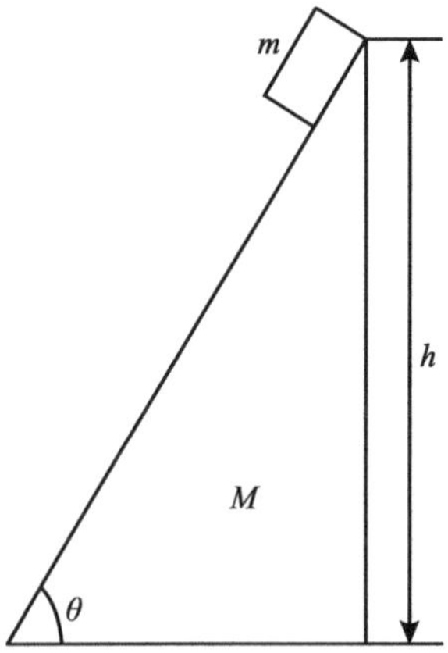

图 4-23

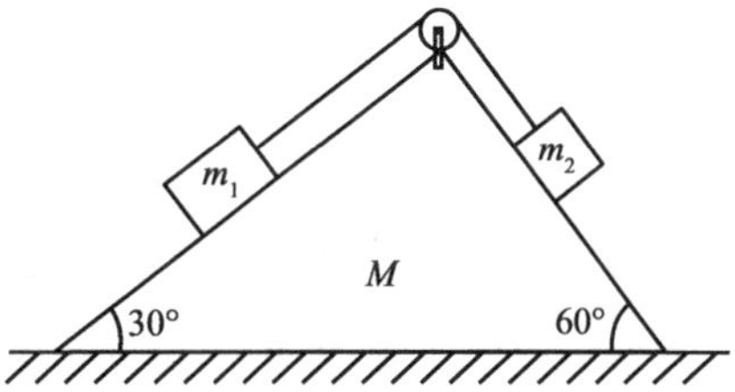

图 4-24

4-14　在楼顶释放一质量 m_1=20 g 的石子后，1s 末又自同一点释放另一质量 m_2 为 50 g 的石子。求 m_2=50 g 在前者释放后 t（t>1 s）末，这两个石子系统的质心的速度和加速度。

【选读材料】

一、火箭飞行原理

发射地球气象卫星、载人航天飞船、深空宇宙探测器等航天飞行器都离不开推力强大的火箭。这里简略地介绍火箭飞行的原理。火箭主体和燃料共同构成一个系统，系统的外力可以忽略不计。火箭在发射和运行过程中，火箭内部的燃料发生燃烧，产生高温、高压气体，这些气体从火箭尾部喷射出，形成与火箭运动方向相反的速度很大的粒子流。如图 4-25 所示，该粒子流以相对速度 $\boldsymbol{u}$ 脱离火箭主体时，受到火箭主体的强力作用，根据牛顿第三定律，粒子流也会对火箭主体产生反作用力，形成火箭推力。若忽略作用于火箭系统的外力（如重力等），则某一时刻 t，包括火箭主体和刚喷出的粒子流就构成了一个动量守恒的系统，即系统在 $t \to t+dt$ 时间内动量守恒。

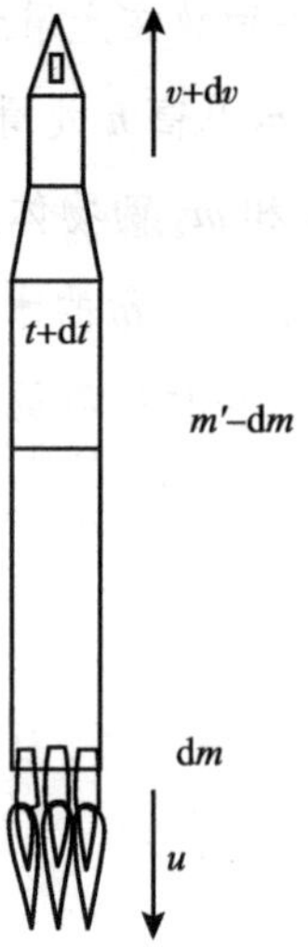

图 4-25

如设粒子流的喷射速度 $\boldsymbol{u}$ 为常量，且在 $t=0$ 时，火箭主体的质量为 m_0'，速度 $v=v_0$；在 t 时刻，火箭主体的质量为 m'，速度为 v。根据系统的动量守恒和简单的积分关系，可求得此时火箭的速度为

$$v=v_0-u\ln\left(\frac{m'}{m_0'}\right)=v_0+u\ln\left(\frac{m_0'}{m'}\right) \tag{4-44}$$

式（4-44）中$\dfrac{m_0'}{m'}$叫作质量比。显然，火箭的质量比越大，粒子流的喷射速率越大，火箭获得的速度也越大。

然而，仅靠增加单级火箭的质量比或增大粒子流的喷射速率来提高火箭的飞行速度是不够的。为了将飞行器发射升空，必须采用多级火箭。下面简述三级火箭。

若质量比用符号 N 表示，则第一、第二、第三级火箭的质量比可分别为 $N_1=m_0'/m_1'$，$N_2=m_1'/m_2'$，$N_3=m_2'/m_3'$，假定火箭的初始速度 $v_0=0$，那么由上式可得各级火箭中燃料烧完后，火箭的速率分别为

$$v_1=u\ln N_1,\ v_2=v_1+u\ln N_2,\ v_3=v_2+u\ln N_3$$

所以，第三级火箭中的燃料烧完后，火箭的速率为

$$v_3=u(\ln N_1+\ln N_2+\ln N_3) \tag{4-45}$$

若火箭粒子流的喷射速率 $u=2.5$ km/s，每一级的质量比分别是 $N_1=4$，$N_2=3$，$N_3=2$，由

式（4-45）可算得 $v_3 \approx 7.93$ km/s。这个速率已接近人造地球卫星的入轨速率。实际上，上述计算只是一种估算，若考虑燃料用完后脱落的储存燃料容器的质量，计算会更加复杂。

二、宇宙速度

众所周知，人造地球卫星和人造行星是人类认识宇宙的重要工具。但怎样才能把物体抛向天空，使之成为人造地球卫星或人造行星，作无动力飞行呢？这取决于抛体的初速度。在 1687 年，牛顿出版的《自然哲学的数学原理》中，有一幅插图（图 4-26）。这幅插图指出，抛体的运动轨迹取决于抛体的初速度，它明确地指出发射人造地球卫星的可能性。当然，这种可能性在当时只是理论上的。直到 270 年后，人类才将理论上的人造地球卫星变成了现实。

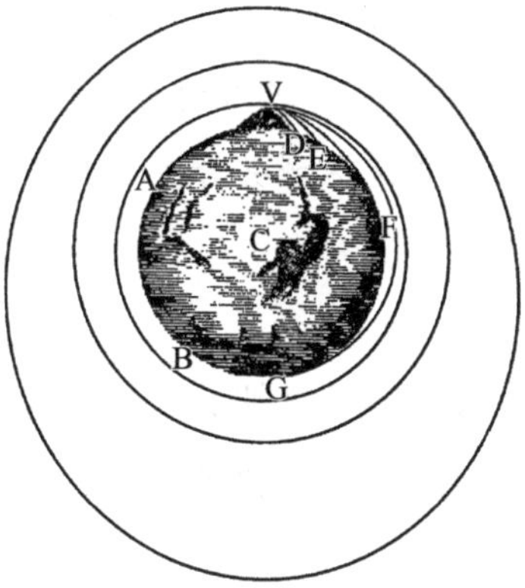

图 4-26

1. 第一宇宙速度

在地面上抛射一个物体（卫星），上升到距地面高度为 h 处，并能保持某一速度绕地球作匀速率圆周运动，这个速度称为第一宇宙速度。

设地球的半径为 R_E，地面上的重力加速度为 g。根据机械能守恒定律、牛顿第二定律和万有引力定律，可求得第一宇宙速度为

$$v_1 = \sqrt{gR_E\left(2 - \frac{R_E}{R_E + h}\right)}$$

当抛射体在地球表面附近时，轨道高度 h 远小于地球半径 R_E，即 $h \ll R_E$，上式可写为

$$v_1 = \sqrt{gR_E} \approx 7.9 \times 10^3 \text{ m/s}$$

这个速度是人造卫星在地球表面附近绕地球作匀速圆周运动的最小速度。在太空

中，卫星的速度与其轨道高度和运行状态密切相关。

我国自主研制建设的北斗全球卫星导航系统已于2020年7月31日建成并正式开通。2024年9月19日9时14分，我国成功发射了第59颗和第60颗北斗导航卫星。

2. 第二宇宙速度

在地面上，如果抛体速度继续增大，以至于恰好脱离地球引力，成为绕日的人造行星。这时，抛体需要达到的速度称为第二宇宙速度。正确地运用好机械能守恒关系，可得第二宇宙速度为

$$v_2=\sqrt{2gR_{\mathrm{E}}}\approx 11.2\times 10^3\ \mathrm{m/s}$$

第二宇宙速度也称为脱离速度，是物体完全摆脱地球引力束缚所需的最小速度。

嫦娥六号探测器的发射过程中，利用了第二宇宙速度。嫦娥六号探测器于2024年5月3日在我国文昌航天发射场发射升空并进入地月转移轨道，于2024年6月2日精准着陆在月球背面南极-艾特肯盆地预选区域并开展采样工作。2024年6月25日与轨道器分离并携带月背样品重返地球。

3. 第三宇宙速度

在第二宇宙速度的基础上，如果再加大抛体速度，物体就能脱离太阳引力的束缚飞出太阳系。我们把能使抛体飞出太阳系的速度称为第三宇宙速度。

经推导，可得第三宇宙速度为

$$v_3\approx 16.7\times 10^3\ \mathrm{m/s}$$

第 5 章　振动与波

振动是自然界物质运动的常见形式之一。物体在某一稳定平衡位置附近所做的往复运动称为**机械振动**。广义地说，任何一个物理量（物体的位置、温度、电流、电压、电场强度、磁感应强度等）在某个定值附近的反复变化，都可称为**振动**。比如，活塞的往复运动、电磁振荡、晶格的运动等都具有振动的特征。在各种振动中，机械振动是最直观的。

车厢的颠簸摇晃、桥梁的摆动、心脏的跳动等都可以视作机械振动，并且是相当复杂的振动。理论表明，很多复杂振动都可以分解为若干个简单振动，而若干个简单振动则可以叠加合成为一个复杂振动。我们把最基本、最简单的振动称为**简谐振动**，简称**谐振动**。弹簧振子和单摆在一定条件下的运动是简谐振动。

5.1　简谐振动

5.1.1　简谐振动的特征

以弹簧振子为例，如图 5-1 所示，质量为 m 的物体系于一端固定于墙的轻弹簧的另一端，置于光滑水平台面上，构成弹簧振子系统。在运动过程中，物体在水平方向只受弹性力作用。取 x 轴沿水平方向，以弹簧自然松弛状态时物体的位置为坐标原点 O。在这个位置上，物体所受合力为 0，称**平衡位置**。

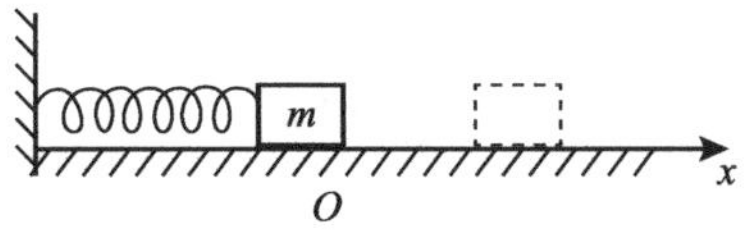

图 5-1

根据胡克定律，物体在运动过程中所受的弹性力与弹簧的伸长（或压缩）量，即物体相对平衡位置的位移 x 成正比：

$$F=-kx \tag{5-1}$$

式（5-1）中 k 为弹簧的劲度系数，负号表示力与位移的方向相反。具有这种性质的力称为**弹性恢复力**或**线性回复力**。根据牛顿运动定律，物体的运动方程为

$$ma=m\frac{\mathrm{d}^2x}{\mathrm{d}t^2}=-kx \text{ 或 } \frac{\mathrm{d}^2x}{\mathrm{d}t^2}=-\frac{k}{m}x=-\omega^2x \tag{5-2}$$

由式（5-2）知，它的解即位移函数 $x(t)$ 应具有这样的特征：x 对时间 t 的二阶导数等于 x 自身与一负的常数的乘积。在实数范围内，只有余弦函数或正弦函数有此性质，我们约定用余弦函数形式。因此方程的解，即振动物体的运动方程为

$$x=A\cos(\omega t+\varphi) \tag{5-3}$$

其中

$$\omega=\sqrt{\frac{k}{m}} \tag{5-4}$$

而 A 和 φ 是由两个初始条件（$t=0$ 时刻的位置 x_0 和速度 v_0）决定的常数。

式（5-3）表明物体的位移随时间按余弦（或正弦）函数的规律变化，称这个物体在作**简谐振动**，或简称为**谐振动**。通常式（5-2）为**谐振动方程**，式（5-3）为**谐振动表达式**。

从式（5-1）和式（5-2）可以看出，作简谐振动物体所受合力的大小总是与偏离平衡位置位移的大小成正比而方向相反，或者说物体在线性回复力作用下的运动是简谐振动，这可称为简谐振动的**动力学特征**。由式（5-2）还可以进一步看出，作简谐振动物体的加速度大小总是与其位移的大小成正比而方向相反，这也称为谐振动的**动力学特征**。

谐振动物体的振动速度：

$$v=\frac{\mathrm{d}x}{\mathrm{d}t}=-\omega A\sin(\omega t+\varphi)=\omega A\cos(\omega t+\varphi+\frac{\pi}{2}) \tag{5-5}$$

即

$$v=\frac{\mathrm{d}x}{\mathrm{d}t}=-v_{\max}\sin(\omega t+\varphi) \tag{5-6}$$

式（5-6）中

$$v_{\max}=A\omega$$

物体振动的加速度

$$a=\frac{\mathrm{d}v}{\mathrm{d}t}=\omega^2A\cos(\omega t+\varphi\pm\pi)=-a_{\max}\cos(\omega t+\varphi) \tag{5-7}$$

式（5-7）中 $a_{\max}=A\omega^2$。

简谐振动的位移、速度和加速度随时间变化曲线 $x(t)$，$v(t)$ 和 $a(t)$ 如图 5-2 所示，称为振动曲线。

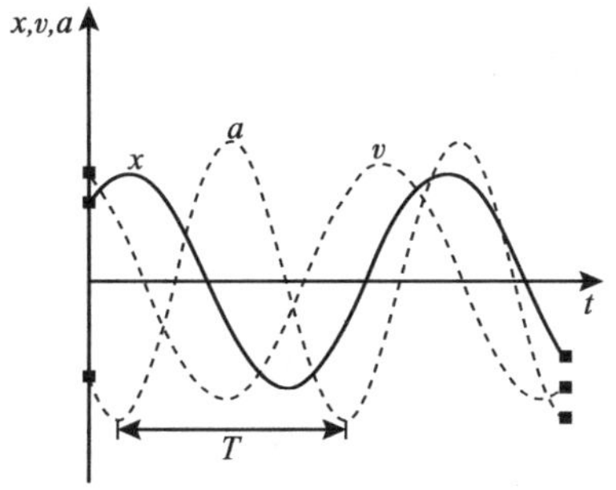

图 5-2　简谐振动的振动曲线

5.1.2　简谐振动的振幅、频率和相位

振幅、周期、频率和位相等都是描述简谐振动的物理量。结合简谐振动的方程式（5-3）来分析一下这些量的物理意义。

振幅 A：谐振动物体离开平衡位置的最大位移的绝对值。从简谐振动方程式可看出，余弦函数的绝对值不会大于 1，因此物体的最大位移不会超过 A。

振幅的大小由振动系统的初始状态决定。若已知初始条件（x_0，v_0），即 $t=0$ 时刻的位置 x_0 和速度 v_0，由式（5-3）可以得到

$$x_0=A\cos\varphi \tag{5-8}$$

$$v_0=\left.\frac{\mathrm{d}x}{\mathrm{d}t}\right|_{t=0}=-A\omega\sin\varphi \tag{5-9}$$

结合式（5-8）和式（5-9），可得到

$$\begin{cases} A=\sqrt{x_0^2+\dfrac{v_0^2}{\omega^2}} \\ \tan\varphi=\dfrac{-v_0}{\omega x_0} \end{cases} \tag{5-10}$$

周期 T：物体作一次完全振动所需要的时间，单位为秒（s）。

运动的周期性是振动的基本性质。根据运动方程也可看出简谐振动的周期性，即物

体在 t 时刻的运动状态（x，v）与物体在 $t+T$ 时刻的运动状态（x，v）完全相同。则

$$x=A\cos(\omega t+\varphi)=A\cos[\omega(t+T)+\varphi]$$

余弦函数的周期是 2π，所以有

$$\cos(\omega t+\varphi)=\cos(\omega t+\varphi+2\pi)$$

比较上两式可得

$$\omega T=2\pi$$

所以

$$T=\frac{2\pi}{\omega} \tag{5-11}$$

对于弹簧振子，$\omega=\sqrt{\frac{k}{m}}$，代入式（5-11）可得弹簧振子的周期公式

$$T=2\pi\sqrt{\frac{m}{k}}$$

频率 ν：单位时间内物体所做的完全振动的次数，单位是赫兹（Hz）。1 Hz = 1 s^{-1}，显然，频率与周期的关系为

$$\nu=\frac{1}{T}=\frac{\omega}{2\pi} \tag{5-12}$$

则

$$\omega=2\pi\nu \tag{5-13}$$

ω 称为振动的角频率或圆频率。单位是弧度每秒（rad/s）。

振动系统的频率（或周期）完全由振动系统自身固有的性质决定，与初始条件无关，因此被称为振动系统的固有频率（或固有周期）。如弹簧振子的频率 ν 由振子的质量 m 和弹簧的劲度系数 k 决定：

$$\nu=\frac{1}{2\pi}\sqrt{\frac{k}{m}}$$

位相（$\omega t+\varphi$）：把时间 t 的线性函数（$\omega t+\varphi$）称为简谐振动的位相，也称相位、周相或相。

简谐振动的振幅表示振动的范围和幅度，周期、频率和圆频率则表示振动的快慢。如果只知道振幅和频率，还不能确切知道任一瞬间振动物体的运动状态，如位移和速度等。但若振动系统的相位即（$\omega t+\varphi$）确定后，则振动物体的运动状态便唯一地确定了。

简谐振动的运动状态是时间的函数。如果以时间 t 为变量作出 $x-t$ 图线，有时分析和计算不太方便。如果以 ωt 为变量作出 $x-\omega t$ 图线，往往要方便得多。特别是在描述电压、电流的变化时更是如此。

初相位 φ：$t=0$ 时的相位称为初相位，或简称为初相。

振动的相位直接与物体的振动状态相对应，也常用来比较两个谐振动状态的差异。设有两个同频率的简谐振动，表达式分别为

$$\begin{cases} x_1=A_1\cos(\omega t+\varphi_1) \\ x_2=A_2\cos(\omega t+\varphi_2) \end{cases}$$

它们的相位差为

$$\Delta\varphi=(\omega t+\varphi_2)-(\omega t+\varphi_1)=\varphi_2-\varphi_1 \tag{5-14}$$

在任意时刻的相位差都等于它们的初相之差。

当 $\Delta\varphi=\pm 2k\pi(k=0，1，2，3，\cdots)$ 时，两个谐振动物体将同时运动到 x 轴正方向位移的最大值，同时从 x 轴正方向回到平衡位置，又同时运动到 x 轴负方向位移的最大值，它们的“步调”完全一致，称这两个谐振动是**同相**的。

当 $\Delta\varphi=\pm(2k+1)\pi(k=0，1，2，3，\cdots)$ 时，两个谐振动物体将同时运动到相反方向的最大位移处，虽也同时通过平衡位置，但运动速度的方向相反，它们的“步调”完全相反，称这两个谐振动是**反相**的。

当 $\Delta\varphi$ 为除了同相或反相的其他值时，在 $0\sim2\pi$ 范围内：若 $\Delta\varphi>0$，称第二个谐振动超前于第一个谐振动，或者第一个谐振动落后于第二个谐振动；若 $\Delta\varphi<0$，称第二个谐振动滞后于第一个谐振动，或者第一个谐振动超前于第二个谐振动。

5.1.3　简谐振动的旋转矢量表示法

简谐振动可以用式（5-3）那样的三角函数表示，也可用振动曲线表示，我们还常用旋转矢量来表示。

如图 5-3 所示，自原点 O 作一矢量 $\boldsymbol{A}$，使它的模等于要表示的简谐振动的振幅 A，称其为**振幅矢量**。开始时（$t=0$），让 $\boldsymbol{A}$ 与 x 轴正方向的夹角等于该简谐振动的初相 φ。令 $\boldsymbol{A}$ 以该谐振动的角频率 ω 作为角速度，绕原点 O 沿**逆时针方向**旋转。我们关注 $\boldsymbol{A}$ 的端点在 x 轴上的投影点的运动，规律为

$$x(t)=A\cos(\omega t+\varphi)$$

此式正是简谐振动的表达式。这种借助几何图形的描述方法称**旋转矢量表示法**，能清晰而直观地反映简谐振动的振幅、周期和相位。

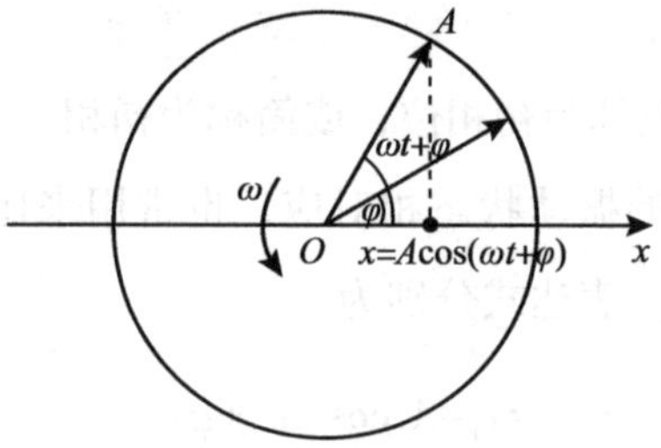

图 5-3

将图 5-3 旋转 90°，可以得到振动曲线 $x(t)$，如图 5-4 所示。需注意图中 P_1 和 P_2 的连线与振动曲线各交点的对应关系。例如 P_1 对应于振动曲线上的 P 点，其相位是 φ，这表示 $t=0$ 时，质点的运动情况为 $x_0>0$，$v_0<0$；P_2 对应于振动曲线上的 Q 点，质点的运动情况为 $x=x_0$，$v_0>0$。

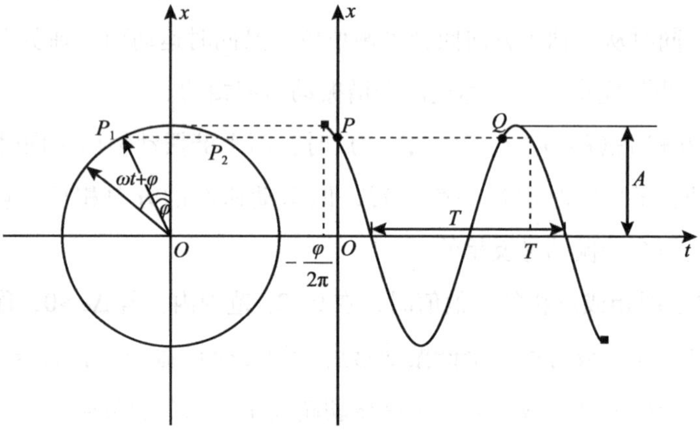

图 5-4　振动曲线示意图

利用旋转矢量表示法，可以很容易地表示简谐振动的相位差。

对于两个频率相同、初相不同的谐振动，其相位差在旋转矢量图上表示为两个旋转矢量 $\boldsymbol{A}_1$ 和 $\boldsymbol{A}_2$ 间的夹角。该夹角在两矢量的旋转过程中保持不变，即在任意时刻的相位差都等于它们的初相之差，即

$$\Delta\varphi=\varphi_2-\varphi_1$$

一个谐振动物体在两个不同时刻的振动相位之差，在旋转矢量图上对应于 $\boldsymbol{A}$ 在相应时间差 Δt 内以匀角速率 ω 扫过的角度 $\Delta\varphi$，由

$$\Delta\varphi=(\omega t_2+\varphi)-(\omega t_1+\varphi)=\omega\Delta t$$

可得时间差为

$$\Delta t=\frac{\Delta\varphi}{\omega} \tag{5-15}$$

对于在 x 轴上角频率分别为 ω_1 和 ω_2 的两个简谐振动，某时刻的相位差在旋转矢量图上对应于两个以角速度 ω_1 和 ω_2 逆时针旋转的矢量 $\boldsymbol{A}_1$ 和 $\boldsymbol{A}_2$ 间的夹角。在旋转过程中，两个矢量之间的夹角 $\Delta\varphi$（即相位差）将随时间而不断变化。

例 5-1　一物体沿 x 轴作简谐振动，平衡位置在坐标原点 O，振幅为 0. 12 m，周期为 2 s。当 $t=0$ s 时位移为 0. 06 m，且向 x 轴正方向运动。试求：

（1）简谐振动的表达式；

（2）$t=0.5$ s 时，物体的位移、速度和加速度；

（3）物体从 $x=-0.06$ m 向 x 轴负方向运动，第一次回到平衡位置所需的时间。

解：（1）由题可知 $A=0.12$ m，$T=2$ s，$\omega=\frac{2\pi}{T}=\pi$ rad/s，只要求出初相，运动方程便可写出。由公式 $x_0=A\cos\varphi$ 可求出

$$\cos\varphi=\frac{x_0}{A}=\frac{1}{2}$$

因此，$\varphi=\pm\frac{\pi}{3}$。因为此时物体向 x 轴正方向运动，所以 $v_0=-A\omega\sin\varphi>0$。$\sin\varphi<0$，所以初相 φ 只能取负值，$\varphi=-\frac{\pi}{3}$。

用旋转矢量图很容易验证上述结果。如图 5-5 所示，$t=0$ 时，矢量 $\boldsymbol{A}$ 在第四象限，端点在 x 轴上的投影点的运动状态是 $x_0>0$，$v_0>0$。

物体的运动方程为

$$x=0.12\cos\left(\pi t-\frac{\pi}{3}\right)$$

（2）$x_2=0.12\cos\left(\pi\times0.5-\frac{\pi}{3}\right)\approx0.104$ m

$$v=\frac{\mathrm{d}x}{\mathrm{d}t}=-A\omega\sin(\omega t+\varphi)$$

$$=-0.12\pi\sin\left(\pi\times0.5-\frac{\pi}{3}\right)\approx-0.19\ \mathrm{m/s}$$

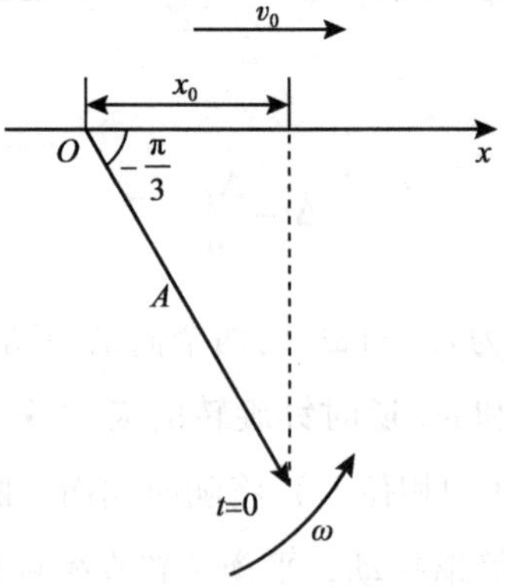

图 5-5

$$a=\frac{d^2x}{dt^2}=-A\omega^2\cos(\omega t+\varphi)$$

$$=-0.12\pi^2\cos\left(\pi\times0.5-\frac{\pi}{3}\right)\approx-1.02\ m/s^2$$

（3）用旋转矢量表示法确定先后两个振动状态后即可求出所需的时间。

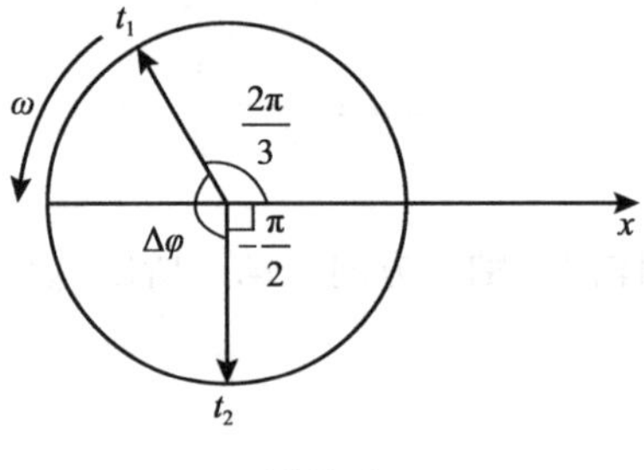

图 5-6

$$\Delta t=\frac{\Delta\varphi}{\omega}=\frac{\frac{3\pi}{2}-\frac{2\pi}{3}}{\pi}=\frac{5}{6}\approx0.83\ s$$

例 5-2 质量为 m 的小球系在长度为 l 的细线（质量可忽略不计）的下端，细线的上端固定。这个系统叫作单摆，试分析单摆的运动规律。

解： 当摆线成竖直位置，摆球静止在 O 点时，小球所受重力和细线的张力大小相等，方向相反，小球处于平衡状态。O 点为摆球的平衡位置。

若将摆球从 O 点略向右移至 B 点后释放，如图 5-7 所示，摆球在重力和悬线张力作用下，在竖直平面内来回摆动。

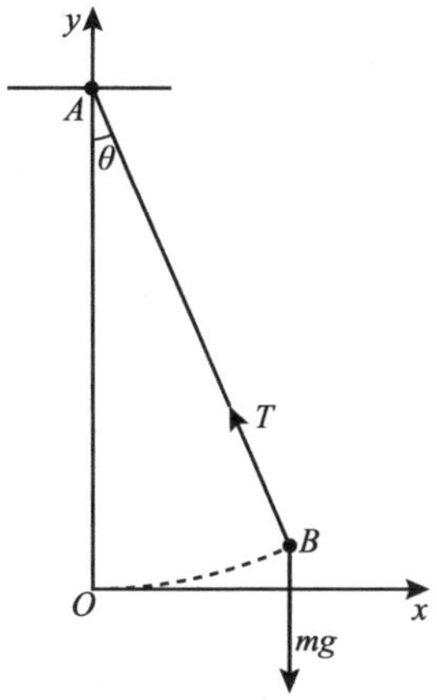

图 5-7

在理想情况下，忽略空气阻力，并设细线不可伸长。摆球在竖直平面内沿圆弧运动。现研究当摆角 θ（即单摆的角位移）很小时其运动规律。

小球在摆动过程中受力有重力 $\boldsymbol{G}=m\boldsymbol{g}$，还有线的张力 $\boldsymbol{T}$ 的作用。摆球运动情况取决于摆球所受合力 $\boldsymbol{F}=\boldsymbol{G}+\boldsymbol{T}$ 对悬点 A 的力矩 $\boldsymbol{M}$：

$$\boldsymbol{M}=\boldsymbol{r}\times(\boldsymbol{G}+\boldsymbol{T})$$

某瞬时摆球通过 $\boldsymbol{P}$ 点，$\boldsymbol{r}$ 为有向线段 AB，为摆球的位置矢量其大小为摆线长 l，方向沿摆线向外。$\boldsymbol{r}$ 与 $\boldsymbol{T}$ 始终反向，所以

$$\boldsymbol{r}\times\boldsymbol{T}=0$$

$$\boldsymbol{M}=\boldsymbol{r}\times\boldsymbol{G}$$

力矩的大小为 $M=-Gl\sin\theta=-mgl\sin\theta$。

角 θ 是摆线与竖直方向间的夹角（角位移），取竖直线右边的角 θ 为正，左边为负。当角 θ 为正时，力矩的作用是使摆球摆回到 O 点，使 θ 值减小。力矩为负时，力矩的作用也是使摆球摆回到 O 点，但使 θ 值增大。力矩算式中的负号表示力矩和角位移方向相反。

根据转动定律　　$\boldsymbol{M}=J\beta$

设小球的质量为 m，绕悬点 A 的转动惯量为

$$J=ml^2$$

角加速度为　　$\beta=\dfrac{\mathrm{d}^2\theta}{\mathrm{d}t^2}$

代入转动定律得 $$\frac{d^2\theta}{dt^2}=\frac{M}{J}=-\frac{g}{l}\sin\theta$$

当摆角 θ 很小（$\theta<5°$）时，有 $\sin\theta\approx\theta$，故 $$\frac{d^2\theta}{dt^2}=-\frac{g}{l}\theta$$

在摆角 θ 很小的情况下，回复力矩与角位移成正比，摆球所受力矩为弹性回复力矩，可判断单摆作简谐振动。令 $\omega^2=\frac{g}{l}$，可得

$$\frac{d^2\theta}{dt^2}=-\omega^2\theta$$

单摆的振动周期为 $$T=\frac{2\pi}{\omega}=2\pi\sqrt{\frac{l}{g}}$$

5.2 简谐振动的能量

以弹簧振子为例来分析在简谐振动中能量变化的规律。

在弹簧振子振动过程中，弹簧不断发生形变，振子小物体既有质量又有速度，所以弹簧振子系统的能量应该包括动能和弹性势能两部分。

由于振子小物体的速度随时间做周期性的变化，t 时刻的速度为

$$v=-A\omega\sin(\omega t+\varphi)$$

所以动能为

$$E_k=\frac{1}{2}mv^2=\frac{1}{2}mA^2\omega^2\sin^2(\omega t+\varphi)$$

又因 $$\omega^2=\frac{k}{m}$$

所以 $$E_k=\frac{1}{2}kA^2\sin^2(\omega t+\varphi) \tag{5-16}$$

当 $\sin(\omega t+\varphi)=1$ 时，小物体在平衡位置处，系统的动能达到最大值$\frac{1}{2}kA^2$。当 $\sin(\omega t+\varphi)=0$ 时，小物体在最大位移处，系统的动能为 0。物体在运动过程中，系统的动能在 0 和最大值之间变化，

因为振子小物体的位移也随时间作周期性变化，t 时刻位移为

$$x = A\cos(\omega t + \varphi)$$

所以系统的弹性势能为

$$E_p = \frac{1}{2}kx^2 = \frac{1}{2}kA^2\cos^2(\omega t + \varphi) \tag{5-17}$$

当 $\cos(\omega t+\varphi) = 1$ 时，物体的位移最大时，系统的弹性势能达到最大值 $\frac{1}{2}kA^2$，当 $\cos(\omega t+\varphi) = 0$ 时，物体的位移为 0（在平衡位置），系统的弹性势能为 0。在振动过程中，系统的弹性势能也在 0 和最大值之间变化。

振动系统的总机械能等于动能和弹性势能之和：

$$\begin{aligned} E &= E_k + E_p \\ &= \frac{1}{2}kA^2\sin^2(\omega t+\varphi) + \frac{1}{2}kA^2\cos^2(\omega t+\varphi) \\ &= \frac{1}{2}kA^2 \end{aligned} \tag{5-18}$$

在弹簧振子振动过程中，系统的总机械能与振幅的平方成正比，且不随时间而变化，也就是说简谐振动系统的总机械能守恒。

弹簧振子的动能、势能随时间变化的曲线如图 5-8 所示（图中设 $\varphi=0$），与位移随时间变化的曲线相比较，动能、势能的变化频率是位移变化频率的 2 倍。

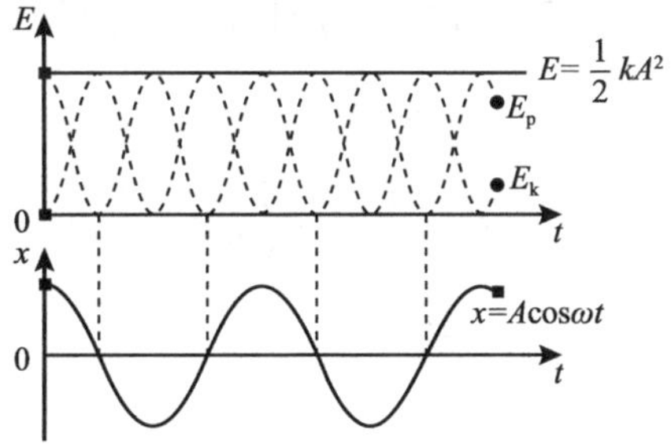

图 5-8　弹簧振子动能及势能随时间变化的曲线

弹簧振子的动能、势能随位移变化的曲线如图 5-9 所示。系统的动能、势能随位移不断变化，并且不断发生相互转化，但在任一位移处，动能和势能的总和总机械能保持不变。

例 5-3　质量为 0.1 kg 的振子，振幅为 0.01 m，在光滑的水平面上作简谐振动，周期为 3.14 s。求：（1）振动的总能量；（2）位移为振幅 1/2 时，动能、势能之比。

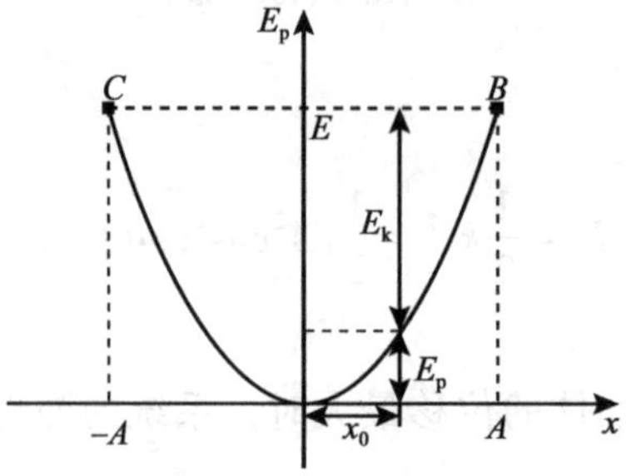

图 5-9　弹簧振子动能、势能随位移变化曲线图

解：（1）由弹簧振子相应的振动公式，得

$$\omega^2=\frac{k}{m}=\left(\frac{2\pi}{T}\right)^2$$

则
$$k=\frac{4\pi^2 m}{T^2}$$

系统的振动能量

$$E=\frac{1}{2}kA^2=\frac{1}{2}\frac{4\pi^2 m}{T^2}A^2$$

$$=\frac{2\pi^2 m}{T^2}A^2\approx\frac{2\times3.14^2\times0.1}{3.14^2}\times0.01^2\approx2\times10^{-5}\ J$$

（2）当 $x=\frac{A}{2}$时，弹性势能 $E_p=\frac{1}{2}kx^2=\frac{1}{2}k\left(\frac{A}{2}\right)^2=\frac{1}{8}kA^2$

由
$$E=E_k+E_p$$

则
$$E_k=E-E_p=\frac{1}{2}kA^2-\frac{1}{8}kA^2=\frac{3}{8}kA^2$$

解得
$$E_k:E_p=3:1$$

5.3　简谐振动的合成

前面所讨论的是质点只参与一个振动的情形。实质上物体的振动往往是很复杂的，可能是一个质点同时参与两个或多个振动的情况。例如，两列声波同时传播到空间的某一点时，该处的空气质点同时参与两个振动，即两个振动的合成。由于一般的振动合成问题比较复杂，本节只讨论几种简单的情况。

1. 两个同方向、同频率的简谐振动的合成

设某一质点在一直线上同时进行两个独立的同频率的简谐振动。若取此直线为 x，质点的平衡位置为原点，这两个简谐振动的振动方程分别为

$$x_1=A_1\cos(\omega t+\varphi_1)$$

$$x_2=A_2\cos(\omega t+\varphi_2)$$

式中，A_1、A_2 和 φ_1、φ_2 分别表示这两个振动的振幅和初相位；ω 表示它们共同的圆频率。由于这两个振动是在同一直线上进行的，x_1、x_2 为同一直线上距同一平衡位置的位移，则它们的合振动或合位移也必然在同一直线上，并且合位移等于两个分位移的代数和，即

$$x=x_1+x_2=A_1\cos(\omega t+\varphi_1)+A_2\cos(\omega t+\varphi_2)$$

利用三角函数关系，上式右端可展开整理得

$$x=(A_1\cos\varphi_1+A_2\cos\varphi_2)\cos\omega t-(A_1\sin\varphi_1+A_2\sin\varphi_2)\sin\omega t \tag{5-19}$$

令

$$A\cos\varphi=A_1\cos\varphi_1+A_2\cos\varphi_2 \tag{5-20}$$

$$A\sin\varphi=A_1\sin\varphi_1+A_2\sin\varphi_2 \tag{5-21}$$

再将式（5-20）和式（5-21）代入式（5-19），可得

$$x=A\cos\varphi\cos\omega t-A\sin\varphi\sin\omega t$$

即

$$x=A\cos(\omega t+\varphi) \tag{5-22}$$

将式（5-20）和式（5-21）两端平方，然后相加整理得

$$A=\sqrt{A_1^2+A_2^2+2A_1A_2\cos(\varphi_2-\varphi_1)} \tag{5-23}$$

将式（5-20）和式（5-21）相比得

$$\tan\varphi=\frac{A_1\sin\varphi_1+A_2\sin\varphi_2}{A_1\cos\varphi_1+A_2\cos\varphi_2} \tag{5-24}$$

由以上式（5-20）、式（5-21）、式（5-22）可看出，两个同方向同频率的简谐振动合成后仍是一个简谐振动，合振动与两个分振动都在同一直线上进行，合振动的频率与两

个分振动的频率相同。

由式（5-23）和式（5-24）可看出，合振动的振幅 A 和初相位 φ 由两个分振动的振幅 A_1、A_2 和初相 φ_1、φ_2 决定。合振动的振幅不仅与两个分振动的振幅 A_1、A_2 有关，而且与两个分振动的初相差 $\varphi_2-\varphi_1$ 有关。下面分几种情况进行讨论。

（1）当相位差 $\Delta\varphi=\varphi_2-\varphi_1=\pm 2K\pi(K=0，1，2\cdots)$ 时，$\cos(\varphi_2-\varphi_1)=1$，由（5-23）式可得

$$A=\sqrt{A_1^2+A_2^2+2A_1A_2}=A_1+A_2$$

这表明，当两个分振动相位相同或相位差为 2π 的整数倍时，合振动的振幅等于两个分振动的振幅之和。此时合振幅最大，两个分振动合成的结果使振动加强。

（2）当相位差 $\Delta\varphi=\varphi_2-\varphi_1=\pm(2K+1)\pi(K=0，1，2\cdots)$ 时，$\cos(\varphi_2-\varphi_1)=-1$，则可得

$$A=\sqrt{A_1^2+A_2^2-2A_1A_2}=|A_1-A_2|$$

这表明，当两个分振动的相位差为 π 的奇数倍（即反相）时，合振动的振幅等于两个分振动的振幅之差的绝对值。此时合振幅为最小，两个分振动合成结果使振动减弱。如果 $A_1=A_2$，则 $A=0$，即两振动合成的结果使质点处于静止状态。

（3）当相位差 $\Delta\varphi=\varphi_2-\varphi_1$ 为任意值时，即一般情况下，两个分振动的相位既不同相，亦不反相。这时合振动的振幅值在最大值和最小值之间，即有

$$|A_1-A_2|\leqslant A\leqslant A_1+A_2$$

例 5-4　一质点同时参与两个谐振动

$$\begin{cases}x_1=4\cos(3t)\\x_2=2\cos(3t+\pi)\end{cases}$$

质点位移单位为厘米（cm），求合成振动的振幅、初相位和振动表达式。

解： 根据振动表达式可知，这两个谐振动的频率相同（$\omega=3$ rad/s），振动方向相同（x 方向）。所以，它们的合成振动仍然是在 x 方向的、具有相同频率的简谐振动。

这两个振动反相，因此在旋转矢量图上，振幅矢量 $\boldsymbol{A}_1$ 和 $\boldsymbol{A}_2$ 的方向始终相反，而合矢量 $\boldsymbol{A}$ 沿 $\boldsymbol{A}_1$ 方向，如图 5-10 所示。

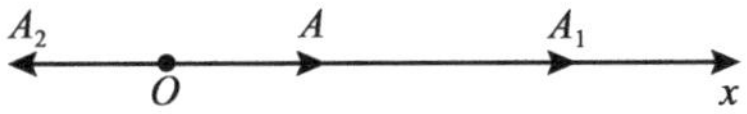

图 5-10

A 的模，即合振动振幅为

$$A=A_1-A_2=4-2=2\ \text{cm}$$

合振动的初相
$$\tan\varphi=\frac{4\sin 0+2\sin\pi}{4\cos 0+2\cos\pi}=0$$

所以
$$\varphi=0$$

合振动的表达式为

$$x=A\cos(\omega t+\varphi)=2\cos(3t)$$

2. 同方向、相近频率的两个简谐振动的合成

当两个同方向、不同频率的简谐振动合成时，由于两个分振动的频率不同，它们的相位差会随时间而变化，振动的合成情况比较复杂，一般合振动不再是简谐振动。

下面只讨论一个特殊情况，即两个同方向、相近频率的简谐振动的合成。一质点同时受到两个同方向、频率相近的简谐振动的作用后，质点将按这两个振动合成的规律运动。设两个简谐振动分别为

$$\begin{cases}x_1=A_1\cos(\omega_1 t+\varphi_1)\\x_2=A_2\cos(\omega_2 t+\varphi_2)\end{cases}\tag{5-25}$$

式中 $\omega_1\approx\omega_2$。

为简化问题，不妨设 $A_1=A_2=A$、$\varphi_1=\varphi_2=\varphi$，这不会影响我们对问题的讨论。因为两个振动方向相同，所以质点参与两振动后的运动方程可写为

$$x=x_1+x_2=A\cos(\omega_1 t+\varphi)+A\cos(\omega_2 t+\varphi)$$

利用三角函数的和差化积公式,可变为

$$x=2A\cos\left[\frac{(\omega_2-\omega_1)}{2}t\right]\cos\left[\frac{(\omega_2+\omega_1)}{2}t+\varphi\right]\tag{5-26}$$

式（5-26）中的两个与时间有关的因子可分别表示为

$$\frac{\omega_2-\omega_1}{2}=\frac{\Delta\omega}{2},\ \frac{\omega_2+\omega_1}{2}\approx\bar{\omega}$$

两因子间通常满足关系

$$\frac{\Delta\omega}{2} << \overline{\omega}$$

其中 $\overline{\omega}$ 是两个谐振动的平均角频率。

所以，合运动可以表示为

$$x=2A\cos\left(\frac{\Delta\omega}{2}t\right)\cos(\overline{\omega}t+\varphi) \tag{5-27}$$

又 $\omega_1 \approx \omega_2$，$\Delta\omega=\omega_2-\omega_1=0$，有

$$x=A_0(t)\cos(\overline{\omega}t+\varphi) \tag{5-28}$$

式（5-28）中，$A_0(t)=2A\cos\left(\frac{\Delta\omega}{2}t\right)$ 为随时间非常缓慢地变化的振幅因子。

由式（5-25）和式（5-27）所表示的两个谐振动及其合成运动曲线，如图 5-11 所示。合运动曲线描述了一种以平均频率 $\overline{\omega}$ 振动，而振幅也在非常缓慢变化的合振动。这种振幅以某种规律变化的现象称为振幅调制。

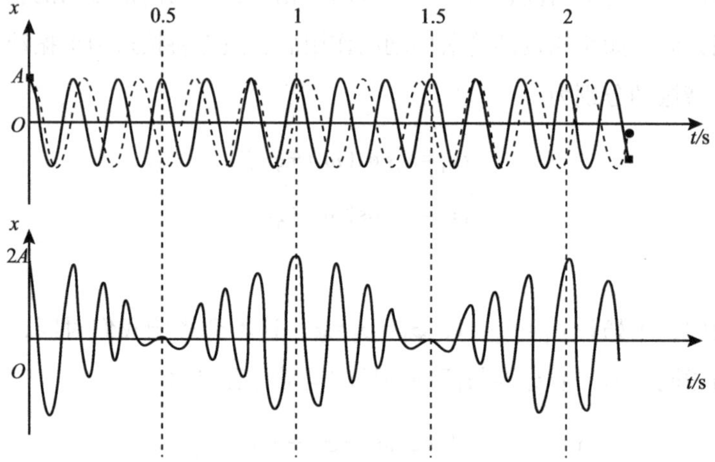

图 5-11　两个谐振动及其合成运动曲线

取两个频率非常接近的音叉，使它们同时振动起来，可以听到**以平均频率振动，但强度发生周期性变化的声音**，这个现象称为**拍**。声音的强弱与振动的能量即振幅的平方有关。由于振幅所涉及的是绝对值，合振动的振幅应为 $\left|2A\cos\left(\frac{\Delta\omega}{2}t\right)\right|$，它的变化周期

与声音强弱的变化周期是一致的。单位时间内合振动振幅大小变化的次数称为**拍频**。因为余弦函数的绝对值以 π 为周期，所以拍频

$$\nu = |\nu_2 - \nu_1| \tag{5-29}$$

为两个简谐振动的频率之差的绝对值。

拍现象有着广泛的应用。比如钢琴调音师仅用音叉和听觉就能为钢琴校准琴键频率，其技术关键是利用了拍现象。在声波、超声波、无线电波乃至光波等各领域，也常利用拍现象进行测量。

3. 相互垂直的两个简谐振动的合成

当一个质点同时参与两个不同方向的振动时，它的合位移是两个分位移的矢量和。在一般情况下，质点将在平面上的有限区域内做曲线运动，它的轨迹可能有各种形状，其形状主要由两个分振动的频率、振幅和相位差决定。

下面讨论两个互相垂直的同频率简谐振动的合成。设两个分振动分别在 x 轴和 y 轴上进行。运动方程为

$$\begin{cases} x = A_1\cos(\omega t + \varphi_1) \\ y = A_2\cos(\omega t + \varphi_2) \end{cases}$$

为简单起见，仅讨论几种特殊情况。

（1）$\Delta\varphi = \varphi_2 - \varphi_1 = 0$，即两个分振动的相位差为 0（或同相）。设 $\varphi_1 = \varphi_2 = \varphi$，这时运动方程变为

$$\begin{cases} x = A_1\cos(\omega t + \varphi) \\ y = A_2\cos(\omega t + \varphi) \end{cases}$$

消去参量 t，求出 y 得

$$y = \frac{A_2}{A_1}x \tag{5-30}$$

式（5-30）表明，质点的合振动是一直线运动，且在第一、第三象限中，斜率为 $\frac{A_2}{A_1}$ 两个振幅之比，如图 5-12 所示。在任一时刻 t，质点离开平衡位置的位移是

$$r = \sqrt{x^2 + y^2} = \sqrt{A_1^2 + A_2^2}\cos(\omega t + \varphi) \tag{5-31}$$

式（5-31）表明，质点的合振动也是简谐振动，频率等于两个分振动的频率，振幅 A 为

$$A=\sqrt{A_1^2+A_2^2} \tag{5-32}$$

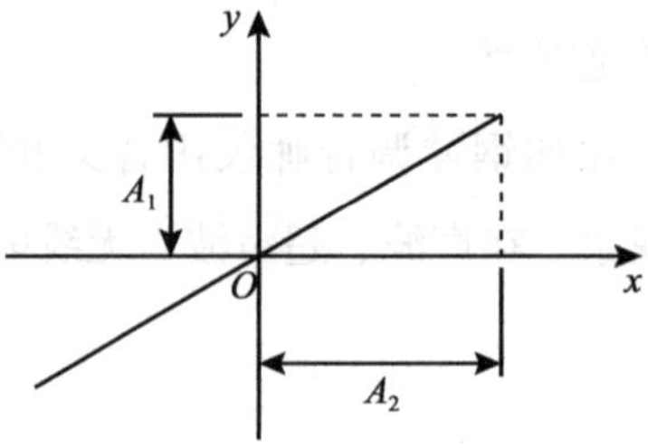

图 5-12

（2）$\Delta\varphi=\varphi_2-\varphi_1=\pi$，即两个分振动的相位差为 π，即为反相时，质点将沿另一条直线运动

$$y=-\frac{A_2}{A_1}x \tag{5-33}$$

合振动直线在第二、第四象限。质点将作相同频率和相同振幅的简谐振动，如图 5-13 所示。

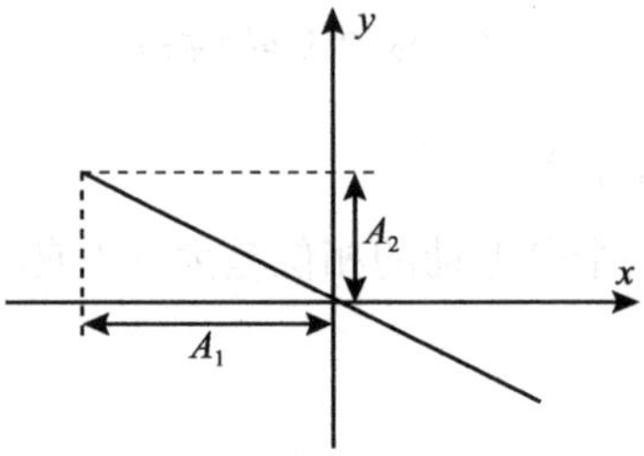

图 5-13

（3）当 $\Delta\varphi=\varphi_2-\varphi_1=\frac{\pi}{2}$时，设两个分振动运动方程分别为

$$\begin{cases} x=A_1\cos(\omega t+\varphi) \\ y=A_2\cos\left(\omega t+\varphi+\frac{\pi}{2}\right)=-A_2\sin(\omega t+\varphi) \end{cases}$$

两式消去 t，可得

$$\frac{x^2}{A_1^2}+\frac{y^2}{A_2^2}=1 \tag{5-34}$$

式（5-34）表明，质点合振动的轨迹是以 A_1、A_2 为半轴的正椭圆。由于 y 方向的相位比 x 方向的相位超前$\frac{\pi}{2}$，设某一时刻 t，当 x 从最大值，即（$\omega t+\varphi$）= 0 开始减小时，y 值将从 0 趋于负值。因此，合振动是沿顺时针方向的椭圆运动，如图 5-14（a）所示。

（4）$\Delta\varphi=\varphi_2-\varphi_1=\frac{3\pi}{2}$，两个分振动的运动方程为

$$\begin{cases} x=A_1\cos(\omega t+\varphi) \\ y=A_2\cos\left(\omega t+\varphi+\frac{3\pi}{2}\right)=A_2\sin(\omega t+\varphi) \end{cases}$$

两式消去 t，可得

$$\frac{x^2}{A_1^2}+\frac{y^2}{A_2^2}=1 \tag{5-35}$$

式（5-35）表明，质点合振动的轨迹也是以 A_1、A_2 为半轴的正椭圆，只是运动方向不同。x 分量比 y 分量落后$\frac{3\pi}{2}$，所以某时刻当 x 从最大正值开始减小时，y 由 0 趋于正值。因此，质点的合振动是沿逆时针方向的椭圆运动，图 5-14（b）所示。

显然，在 $A_1=A_2$ 的特殊情况下，以上讨论的椭圆运动将变为圆周运动，如图 5-14 中的（c）和（d）所示。

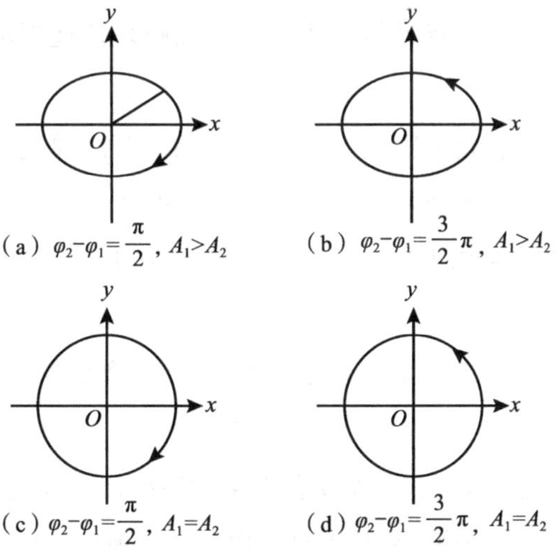

图 5-14　不同情况下的分振动曲线

从以上讨论中可知，两个相互垂直、同频率的简谐振动的合运动由其相位差来决定：在 $\Delta\varphi=0$、π 的情况下，合振动仍为简谐振动，轨迹为一条直线；当 $\Delta\varphi=\frac{\pi}{2}$时，合振动的轨迹为正椭圆，且运动方向为顺时针；$\Delta\varphi=\frac{3\pi}{2}$时，合振动为正椭圆运动。在一般情形下，合运动的轨迹为斜椭圆，即椭圆的两个半轴不在 x、y 轴方向上。当 $\Delta\varphi<\pi$ 时，运动为顺时针方向，当 $\Delta\varphi>\pi$ 时，运动为逆时针方向。

5.4 机械波的产生与传播

在研究了质点振动规律的基础上，进一步研究振动的传播过程——波动的规律。波动是常见的物质运动形式之一。振动状态以一定的速度在空间由近及远向四处传播的现象称为**波**或**波动**。机械振动在弹性介质中传播时，形成**机械波**；电磁振荡在真空或介质中传播时，则形成**电磁波**。波动具有一些共同的特征，如都具有一定的传播速度，都伴随着能量的传播，都能产生反射、折射、干涉和衍射等现象。下面主要介绍机械波在传播过程中的基本规律。

5.4.1 机械波的形成

形成机械波必须满足两个条件：一是有扰动源，称为波源；二是有介质。比如振动的音叉会在空气中引起声波，音叉是波源，而空气则是传递振动、形成机械波的弹性介质。

一般认为，介质可看成大量质元（或质点）的集合。弹性介质内各质元间的相互作用是弹性力，可以看作是用轻弹簧相连接的质点的集合，每个质点集中了质元的质量。正是由于质点间的弹性作用和质点的惯性，使机械波能够在弹性介质中形成，并以有限的速度传播。

在弹性介质中，如果质点 A 因为受到某种扰动而偏离平衡位置，它将受到周围质点迫使其回到平衡位置的弹性合力作用，使其只能在平衡位置附近运动；而 A 对周围质点的弹性力作用，也将使它们在各自的平衡位置附近运动，这些质点又将使其外围的质点运动起来……这样，A 的扰动将会由里及外、由近及远地使 A 的外围、更外围的质点逐步地运动起来，在弹性介质中形成以一定速度传播的机械波。应该注意，在这个过程中，质点 A 始终在其平衡位置附近运动，并未离开，波所传播的是 A 的运动状态。犹如投石入水，水波荡漾开去，而漂浮在水面的树叶只在原地上下运动，并未随波而去那样。这也提示我们：质点 A 的运动速度和它运动状态的传播速度，是两个不同的物理量。

5.4.2　纵波与横波

当波源的扰动是具有周期性的振动时，弹性介质中将形成周期性机械波：①各质点都作与波源同方向、同频率的振动；②振动状态（或相位）在空间各点的分布也是具有周期性的。离波源越远的点，相位越落后。

介质中质元分布的周期性特征与质元的振动方向和振动状态的传播方向（波的传播方向）有密切关系。当质点的振动方向垂直于波的传播方向时，所有质点的位移呈现周期性的峰-谷分布，这种波称为**横波**。例如，抖动绳索的一端，沿绳就会形成如图 5-15 所示的横波。如果质点的振动方向平行于波的传播方向，则呈现出疏-密的周期性分布，这种波称为**纵波**。一定频率的声波使气体分子周期性地膨胀和收缩，就会形成空气中分子以疏-密相间分布的纵波。无论峰-谷相间还是疏-密相间的分布，都以振动状态的传播速度移动着，形成介质内的波动。

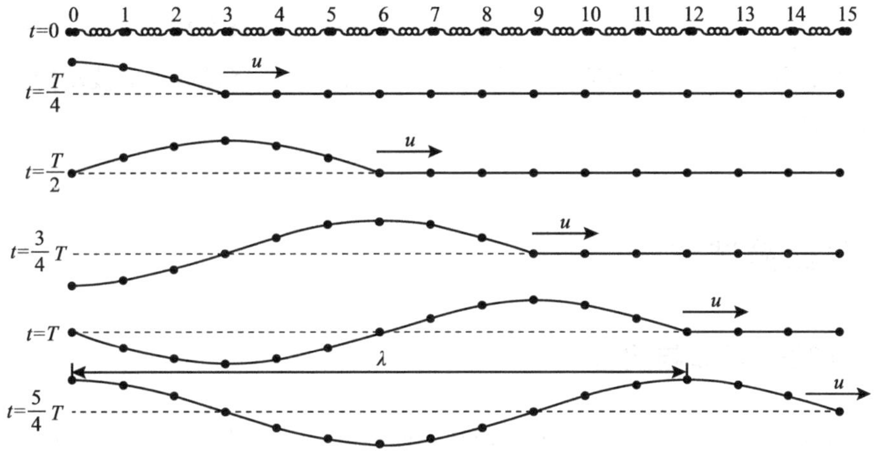

图 5-15

以质点的平衡位置为横坐标，以质点的位移为纵坐标所作的曲线称为波形曲线。对于横波，波形曲线实际上就是某一时刻各质点位移的分布图。而对于纵波，波形曲线表示的是质点在传播方向上的位移分布，呈现出疏密相间的特征。

横波与纵波是波的两种基本类型。实际的各种波中，质元的运动通常更为复杂，如水面波和地震波等，它们可能同时包含横波和纵波的成分。

5.4.3 球面波与平面波

在各向同性的均匀介质中，从一个点波源发出的振动状态，经过一定时间后，将达到一个球面上，引起该球面上各质点作相位相同的振动。我们把介质中相位相同的点所构成的面，称为**波面**或**波阵面**，亦即同相面。在任一时刻，可有多个波面。人们规定，在某一时刻，由波源的最初振动状态传到的各个点构成的波面，称为**波前**。在波的传播过程中，波前是最前面的那个波面，任何时刻只有一个波前。所以，波前是波面的一个特例。

波面是球形的波称为**球面波**，波面是平面的波称为**平面波**。当波源本身的大小比它发出的波的传播距离小得多时，波源本身大小可以忽略，可以看作点波源。一个点波源在空间向四面八方发出的波，在各向同性的介质中，其波面是以点波源为球心的球面，也就是点波源向外发出的球面波。在离波源足够远，且观察的范围很小时，可以把球面看成是平面，这种波称为平面波。例如，就整个太阳系而言，可以认为太阳是个点光源，它发出的光波是球面波，但在地球范围内来观察，则可以认为太阳光是平面波。

我们也常用有向线段表示波的传播方向，称为**波线**或**波射线**。在各向同性的介质中，波线处处与波面垂直。当一列平面波在空间传播时，各波面相互平行，所以各波线也相互平行，并且它们的波动情况相同。因此，可用任意一条波线上的波动情况代表整个波传播的情况。

5.5 平面简谐波

5.5.1 波长、频率与波速

当波源作简谐运动时，介质中各质点也作简谐运动，这时的波称为简谐波（本书约定用余弦函数表达）。简谐波是一种简单而重要的波，这是我们接下来将要讨论的重点。可以证明，任何其他复杂的波，都可以看成是由简谐波叠加而成。

波长、波的频率（或周期）和波速都是描述波动的重要物理量。沿波传播方向两个相邻的、相位相差 2π 的振动质点之间的距离，即一个完整波形的长度叫作**波长**，用 λ 表示，它也是一个振动周期内某一振动状态所传播的距离。对于横波，相邻两个波峰之间或相邻两个波谷之间的距离都是一个波长；对于纵波，相邻两个疏部（或密部）对应点之间的距离也是一个波长。

波的**周期**是波前进一个波长的距离所需要的时间，用 T 表示。周期的倒数叫作波的**频率**，用 ν 表示，即 $\nu=1/T$，频率等于单位时间内波动所传播的完整波的数目。因为波源作一次完全振动，波就前进一个波长的距离，所以波的周期（或频率）等于波源的振动周期（或频率）。当波在不同媒质中传播时，在各种媒质中的周期或频率是相同的，它只由波源决定。

在波动过程中，某一振动状态（即振动相位）在单位时间内所传播的距离叫作**波速**，用 u 表示，也称相速。波速的大小取决于介质的性质，在不同的介质中，波速是不同的。在标准大气条件（温度为 20℃，压力为 101 325 Pa）下，声波在空气中传播的速度为 343 m/s，而在氢气中传播的速度为 1263 m/s。

在一个周期内，波传播了一个波长的距离，故有

$$u=\frac{\lambda}{T} \tag{5-36}$$

或

$$u=\lambda\nu \tag{5-37}$$

必须指出，以上两式具有普遍意义，对各类波都适用。波速由媒质的性质决定，对弹性波来说，波速由媒质的弹性和惯性来决定。由波的形成过程可知，波能在媒质中传播是由于媒质中存在着弹性力，而且弹性力越大，波速越大。又由于媒质中各部分的运动与它的密度有关，密度越大惯性越大，波速就越小。

根据波动力学可以证明，机械波的波速与媒质的弹性模量和密度的关系如下式：

$$u=\sqrt{\frac{\text{弹性模量}}{\text{密度}}}$$

横波和纵波在固体媒质中的波速分别为

$$u_{\text{模}}=\sqrt{\frac{G}{\rho}} \tag{5-38}$$

$$u_{\text{纵}}=\sqrt{\frac{Y}{\rho}} \tag{5-39}$$

式（5-38）和式（5-39）中：G 为切变弹性模量，表示媒质产生切变弹性力大小的物理量；Y 为杨氏模量，表示媒质产生长变弹性力大小的物理量；ρ 为媒质的密度。

纵波在液体和气体中传播的波速为

$$u_{\text{纵}}=\sqrt{\frac{B}{\rho}} \tag{5-40}$$

式（5-40）中，B 为容变模量，表示液体或气体因体积改变而产生的弹性力大小。

例 5-5 在室温下，已知空气中的声速 $u_1=340\ \mathrm{m/s}$，水中的声速 $u_2=1450\ \mathrm{m/s}$，求频率为 200 Hz 和 2000 Hz 的声波在空气中和在水中的波长各为多少。

解：由式（5-37）可得

$$\lambda=\frac{u}{\nu}$$

频率为 200 Hz 及 2000 Hz 的声波在空气中的波长分别为

$$\lambda_1=\frac{u_1}{\nu_1}=1.7\ \mathrm{m}$$

$$\lambda_2=\frac{u_1}{\nu_2}=0.17\ \mathrm{m}$$

它们在水中的波长分别为

$$\lambda_1'=\frac{u_2}{\nu_1}=7.25\ \mathrm{m}$$

$$\lambda_2'=\frac{u_2}{\nu_2}=0.725\ \mathrm{m}$$

可见，同一频率的声波在水中的波长比在空气中的波长要长得多。

例 5-6 铸铁的密度 $\rho=7.6\times10^3\ \mathrm{kg/m^3}$，杨氏模量 $Y=1.1\times10^{11}\ \mathrm{N/m^2}$，切变模量 $G=5.0\times10^{10}\ \mathrm{N/m^2}$，求铸铁中纵波与横波的速度。

解：设铸铁中纵波与横波的波速分别为 $u_{纵}$、$u_{横}$，有

$$u_{纵}=\sqrt{\frac{Y}{\rho}}=\sqrt{\frac{1.1\times10^{11}}{7.6\times10^3}}\approx3.8\times10^3\ \mathrm{m/s}$$

$$u_{横}=\sqrt{\frac{G}{\rho}}=\sqrt{\frac{5.0\times10^{10}}{7.6\times10^3}}\approx2.6\times10^3\ \mathrm{m/s}$$

由上式可知，当纵波和横波在同一种媒质中传播时，由于纵波和横波发生形变的方式不同，具有不同的弹性模量，因而纵波和横波在同一媒质中具有不同的波速。这一点在实际问题中很有用。如在某一固体中，同时在同一地点发出横波与纵波，如果能测出两种波到达某处的时间差，再根据它们的速度差，就可以求出波源和观察者之间的距离。这在研究地震和地层结构等问题上有着广泛的应用。

5.5.2　平面简谐波的波动方程

当某一波源作简谐振动时，会使媒质中各质点也都作简谐振动，这样形成的波称为简谐波。如果该波的波面是平面，则称为平面简谐波。简谐波是最简单、最基本的波，任何复杂的波都可认为是由若干个简谐波叠加而成的。简谐波在物理学、工程学、地震学、声学、电子学等领域都有广泛应用。

1. 平面简谐波的波动方程

对于平面波，由于同一波面上各质点的振动相位相同，而波线又垂直于波面，因此可以取一条波线上的各质点为代表，通过它们的运动规律的研究来了解所有质点的运动情况，即平面波的传播规律。

设有一平面简谐波沿 x 轴的正方向以波速 u 传播，t 时刻的波形如图 5-16 所示。

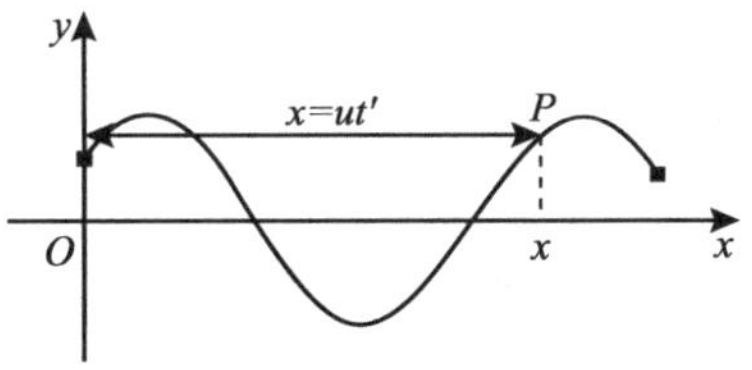

图 5-16

取任意一条波线为 x 轴，t 时刻坐标原点 $O(x=0)$ 处质点的振动表达式可写为

$$y_0=A\cos(\omega t+\varphi) \tag{5-41}$$

式（5-41）中，y_0 是 O 点处质点在 t 时刻的位移；A 是振幅；ω 是角频率；φ 是初相。

在同一时刻 t，距 O 为 x 处的 P 点的位移是多少呢？因为波是自 O 点向 P 点传播的，所以 P 点的振动相位落后于 O 点，相位延迟的时间 $\Delta t=x/u$。也就是说，t 时刻 P 点的位移与（$t-\Delta t$）时刻 O 点的位移相同：

$$y_P=A\cos[\omega(t-\Delta t)+\varphi] \tag{5-42}$$

式（5-42）中，振幅 A 在无吸收介质中保持不变，这是平面简谐波在无能量损耗介质中传播的一个重要特征。

由于 P 点是波线（x 轴）上的任意一点，将 $\Delta t=x/u$ 代入式（5-42），并去掉下标 P，式（5-42）所表示的就是波线（x 轴）上任一点在任一时刻 t 的位移，即沿 x 轴正方向传播的平面简谐波的表达式，亦即波动方程：

$$y=A\cos\left[\omega\left(t-\frac{x}{u}\right)+\varphi\right] \tag{5-43}$$

利用

$$\omega=\frac{2\pi}{T}=2\pi\nu,\ uT=\lambda$$

平面简谐波的波动表达式可改写为以下形式

$$y=A\cos\left[2\pi\left(\frac{t}{T}-\frac{x}{\lambda}\right)+\varphi\right] \tag{5-44a}$$

$$y=A\cos\left[2\pi\left(\nu t-\frac{x}{\lambda}\right)+\varphi\right] \tag{5-44b}$$

$$y=A\cos\left(\omega t-\frac{2\pi}{\lambda}x+\varphi\right) \tag{5-44c}$$

2. 行波表达式的物理意义

波函数表示为位移 y 是自变量 x 和 t 的函数。其物理意义将通过以下分析进一步说明。

（1）当 x 取固定值时（如 $x=x_1$），y 只是 t 的函数。波函数变为

$$y=A\cos\left(\omega t-\frac{\omega}{u}x_1+\varphi\right)=A\cos(\omega t+\varphi_1) \tag{5-45}$$

式（5-45）中，$\varphi_1=\left(\varphi-2\pi\frac{x_1}{\lambda}\right)$是 x_1 处质点的初相。

式（5-45）是个时间周期函数。x_1 处质点在 t 时刻的振动状态与（$t+T$）时刻的状态相同，说明**波动过程在时间上具有周期性**。而 x_1 处质点在 t_1 和 t_2 时刻的相位差为

$$\Delta\varphi=\omega t_2-\omega t_1=\omega\Delta t=\frac{2\pi}{T}\Delta t$$

（2）当 t 取固定值时（如 $t=t_1$），y 只是 x 的函数。波函数变为

$$y=A\cos\left(\omega t_1-2\pi\frac{x}{\lambda}+\varphi\right) \tag{5-46}$$

式（5-46）满足 $y(x)=y(x+\lambda)$，表明波动具有空间周期性，而波长 λ 就是波动的空

间周期。

此外，x 越大，相对于 O 点处质点振动相位的落后也越大，说明在波的传播方向上，各质点的振动相位是依次落后的。相距 $\Delta x = x_2 - x_1$ 两点间的相位差为 $\Delta x = \lambda$ 时，$\Delta\varphi = 2\pi$，这正是波动具有空间周期性的体现。

如果平面简谐波沿 x 轴负方向传播，对于 $x>0$ 的质点，其振动相位超前于坐标原点 O 处质点的振动相位。因此，沿 x 轴负方向传播的平面简谐波波动方程可以表示为

$$y = A\cos\left[\omega\left(t + \frac{x}{u}\right) + \varphi\right] \tag{5-47}$$

或表示为

$$y = A\cos\left[2\pi\left(\frac{t}{T} + \frac{x}{\lambda}\right) + \varphi\right] \tag{5-48a}$$

$$y = A\cos\left[2\pi\left(\nu t + \frac{x}{\lambda}\right) + \varphi\right] \tag{5-48b}$$

$$y = A\cos\left(\omega t + \frac{2\pi}{\lambda}x + \varphi\right) \tag{5-48c}$$

式（5-44）和式（5-47）分别是沿 x 轴正、负方向传播的平面简谐波波动方程。

例 5-7　一横波在弦上传播，其行波表达式为 $y = 0.02\cos\pi(5x - 200t)$。试求：（1）振幅、波长、频率、周期和波速；（2）画出 $t = 0$ s 和 $t = 0.0025$ s 时的波形图。

解：（1）行波表达式的标准形式为

$$y = A\cos\left[2\pi\left(\frac{t}{T} - \frac{x}{\lambda}\right) + \varphi\right]$$

将已知的行波表达式也变为标准式

$$\begin{aligned} y &= 0.02\cos\pi(5x - 200t) \\ &= 0.02\cos\pi(200t - 5x) \\ &= 0.02\cos 2\pi\left(\frac{t}{0.01} - \frac{x}{0.4}\right) \end{aligned}$$

可得出所求各参量：

$$A = 0.02\ \text{m}, \quad \lambda = 0.4\ \text{m}, \quad T = 0.01\ \text{s}, \quad \varphi = 0$$

由此可得　$\nu = 100\ \text{Hz}, \ u = \lambda\nu = 40\ \text{m/s}$

（2）当 $t=0$ 时，弦上的横波表达式为

$$y=0.02\cos 5\pi x$$

根据上式可画出 $t=0$ 时的波形图，如图 5-17（a）所示。

当 $t=0.0025$ s 时，即经过时间 $\Delta t=0.0025$ s，亦即 $\dfrac{\Delta t}{T}=\dfrac{0.0025}{0.01}=\dfrac{1}{4}$，在 $\Delta t=\dfrac{1}{4}T$ 内波沿 x 轴正向向前传播的距离为

$$\Delta x=u\Delta t=40\times 0.0025=0.01=\frac{1}{4}\lambda$$

将 $t=0$ 时的波形图沿 x 轴正向向前推移 $\dfrac{1}{4}\lambda$，即为 $t=0.0025$s 时的波形图，如图 5-17（b）所示。

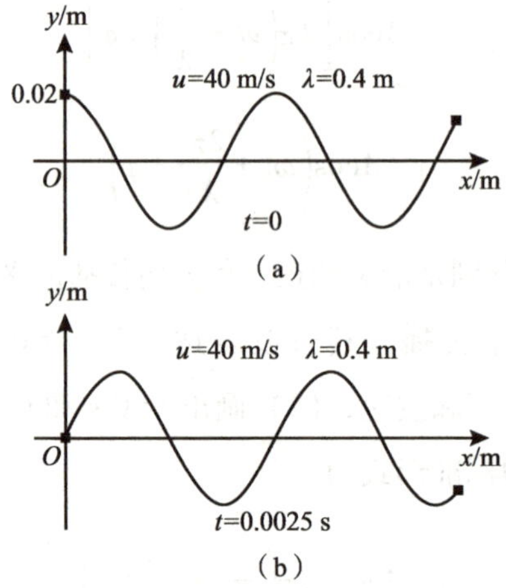

图 5-17

例 5-8 一平面简谐波波长 $\lambda=10$ m，已知原点 O 的振动方程为 $y=0.5\cos 4\pi t$。试求：（1）简谐波的周期、波速；（2）此波先后经过相距为 7.5 m 的 P、Q 两点振动的相位差。

解：（1）由已知坐标原点 O 的振动方程 $y=0.5\cos 4\pi t$ 及波长可求出波动的周期和波速为

$$T=\frac{2\pi}{\omega}=\frac{2\pi}{4\pi}=0.5\ \text{s}$$

$$u=\frac{\lambda}{T}=\frac{10}{0.5}=20\ \mathrm{m/s}$$

（2）P、Q 两点振动的相位差为

$$\Delta\varphi=\frac{2\pi}{\lambda}(x_2-x_1)=\frac{2\pi}{10}\times 7.5=\frac{3}{2}\pi$$

P 点比 Q 点相位超前 $\frac{3}{2}\pi$。

例 5-9　一平面简谐波以 400 m/s 的波速在均匀介质中沿一直线从 A 点向 B 点方向传播，如图 5-18 所示。已知直线上质点 A 的振动周期为 0.01 s，振幅 $A=0.01$ m。设以质点 A 的振动经过平衡位置向正方向运动时作为计时起点，求：

（1）以距 A 点 2 m 处的 B 点为坐标原点的波动方程；

（2）B 点和距 A 点 1 m 的 C 点间的振动相位差。

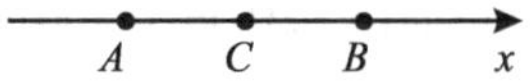

图 5-18

解：（1）已知 $t=0$ 时 A 点的振动状态以及振幅和周期，利用旋转矢量法，如图 5-19 所示，可得到 A 点的振动初相。

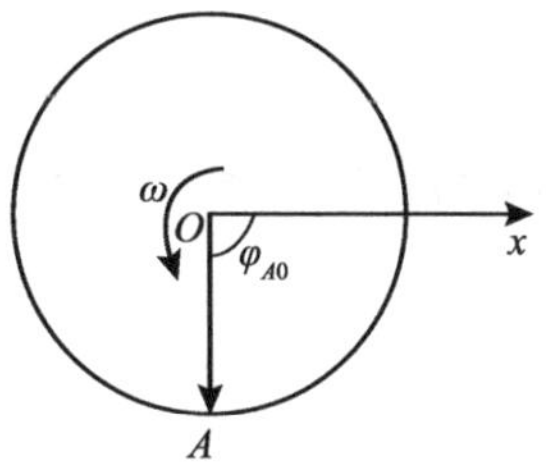

图 5-19

由

$$y_{A0}=0,\ v_{A0}=\frac{\partial y}{\partial t}>0$$

可得

$$\varphi_{A0}=-\frac{\pi}{2}$$

A 点的振动表达式为

$$y_A=A\cos\left(\frac{2\pi}{T}t+\varphi_{A0}\right)=0.01\cos\left(200\pi t-\frac{\pi}{2}\right)$$

平面简谐波从 A 点传播到 B 点，所需时间 $\Delta t=\frac{\Delta x}{u}=\frac{2}{400}$，据此可得到 B 点的振动表达式为

$$y_B=A\cos[\omega(t-\Delta t)+\varphi_{A0}]=0.01\cos\left(200\pi-200\pi\times\frac{2}{400}-\frac{\pi}{2}\right)$$

$$=0.01\cos\left(200\pi t-\frac{3}{2}\pi\right)$$

上式中，$-\frac{3}{2}\pi=\varphi_B$ 为 B 点振动的初相。

以 B 点为坐标原点的波动方程为

$$y=A\cos\left[\omega\left(t-\frac{x}{u}\right)+\varphi\right]=0.01\cos\left[200\pi\left(t-\frac{x}{400}\right)-\frac{3}{2}\pi\right]$$

（2）C 点的坐标为 $x_C=-1$ m，代入波动表达式并令 $t=0$，得到 C 点的振动初相：

$$\varphi_C=200\pi\times\frac{1}{400}-\frac{3}{2}\pi=-\pi$$

所以，B 点和 C 点间的振动相位差为

$$\Delta\varphi=\varphi_B-\varphi_C=-\frac{3}{2}\pi-(-\pi)=-\frac{\pi}{2}$$

5.5.3 波的能量和强度

在波动传播过程中，波源的振动通过弹性介质由近及远一层接一层地传播出去，使介质中各质点依次在各自的平衡位置附近做振动。可见，介质中各质点具有动能，同时介质因发生形变还具有势能。所以，波动过程也是能量传播的过程。

下面以一列绳线上的横波为例来定性地说明波动中的动能和势能及其关联性。

先看动能。当波动通过质量为 dm 的质元时，质元会做横向的简谐运动，从而具有与横向速度（振动速度）相关的动能。具体来说：当质元通过平衡位置（$y=0$）时（如图 5-20 中的质元 a），振动速度最大，因而动能也最大；当质元通过最大位移处（$y=y_m$）时（如图 5-20 中的质元 b），它的振动速度为 0，因而动能亦为 0（最小）。

再看势能。在波动传播过程中，为了沿一条原先是直的绳线传输一列简谐波，绳线会被拉伸，因为正弦曲线的长度一定大于对应的直线段长度。当长度为 dx 的质元横向振动时，质元会周期性地成为正弦曲线的一部分，其长度也会随之周期性地变化。这种长度变化导致了与形变相关的弹性势能的产生，类似于弹簧的弹性势能。由于长度变化量正比于正弦曲线的斜率，所以，当质元在最大位置（$y=y_m$）（如图 5-20 中的质元 b）时，形变最大，弹性势能也最大。

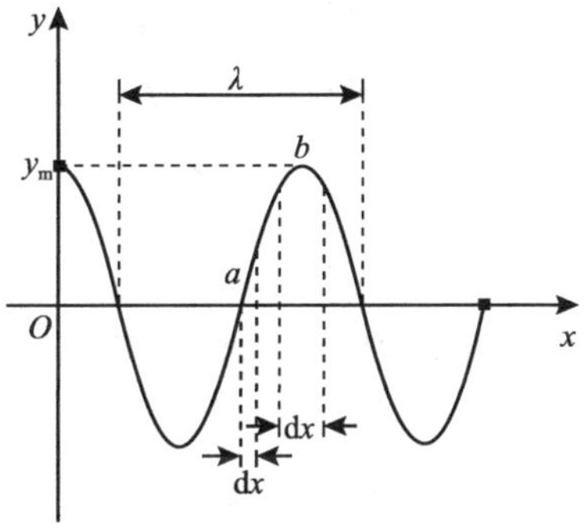

图 5-20 波形图

由此可知，在波动中，动能和势能同时达到最大值，又同时达到最小值，这与简谐运动系统中动、势能相互转化，机械能守恒不同。波动中机械能不守恒，沿着波动传播的方向，质元不断地从后面的介质中获取能量，又传递给前面的介质。这样，能量就随着波动行进，从介质的这一部分传向另一部分。所以，波动是能量传递的一种方式。为了描述波动能量的流动特性，引入能流的概念。**单位时间内垂直通过某一面积的能量称为能流，**用 P 表示。由于 P 是随时间周期性变化的，一般取其时间的平均值来表示平均能流，用 $\overline{P}$ 表示。此外，为了表征能量传播时的集中程度，引入了能流密度（垂直通过单位面积的平均能流），也叫作波的强度，用 I 表示。理论计算表明

$$I=\frac{\overline{P}}{S}=\frac{1}{2}\rho A^2\omega^2 u \tag{5-49}$$

式（5-49）中：ρ 为介质的质量密度；A 为简谐波的振幅；ω 为波动的圆频率；u 为波速。

5.6 惠更斯原理

在波动中，波源的振动是通过介质中的质点依次传播出去的，因此每个质点都可看

作是新的波源。例如，在图 5-21 中，水面波传播时，如果遇到一个障碍物，障碍物上有一小孔，当小孔的大小与波长相差不多时，穿过小孔的波会呈现出圆形波的形状。这说明小孔可以看作是新的波源。

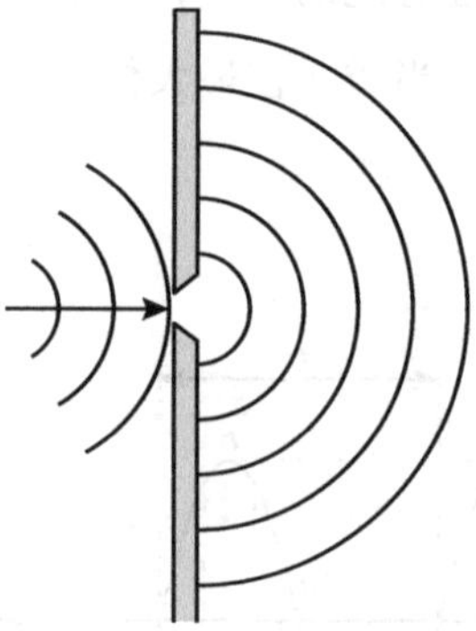

图 5-21　水面波的传播

在总结这类现象的基础上，荷兰物理学家惠更斯（C. Huygens，1629—1695）于 1678 年首先提出：**介质中波动传播到的各点都可以看作是发射子波的波源，而在其后的任意时刻，这些子波的包络面就是新的波前**。这就是惠更斯原理。对任何波动过程（机械波或电磁波），不论传播波动的介质是均匀的还是非均匀的，是各向同性的还是各向异性的，惠更斯原理都是适用的。若已知某一时刻波前的位置，就可以根据这一原理，用几何作图的方法确定出下一时刻波前的位置，从而确定波传播的方向。

下面以球面波为例，说明惠更斯原理的应用。如图 5-22（a）所示，以 O 为中心的球面波以波速 u 在介质中传播，在时刻 t 的波前是半径为 R_1 的球面 S_1。根据惠更斯原理，S_1 上的各点都可以看成是子波波源。以 $r=u\Delta t$ 为半径画出许多半球形子波，那么，这些子波的包络面 S_2 即为 $t+\Delta t$ 时刻新的波前。显然，S_2 是以 O 为中心，以 $R_2=R_1+u\Delta t$ 为半径的球面。通过这种方式，可以不断获得新的波前。对于半径很大的球面波，其一部分波前可以近似看作是平面波的波前。比如，由太阳发射的球面波到达地面时的一部分波前，即可看作平面波，用惠更斯原理同样可求得平面波的波前，如图 5-22（b）所示。

用惠更斯原理能够定性地说明衍射现象。当波在传播过程中遇到障碍物时，传播方向发生改变，并能绕过障碍物的边缘，继续向前传播，这种现象叫作**波的衍射**。如图 5-23 所示，当平面波到达一宽度与波长相近的缝时，缝上各点都可看作是子波的波源。做出这些子波的包络，就得出新的波前。很明显，此时的波前与原来的平面波略有不

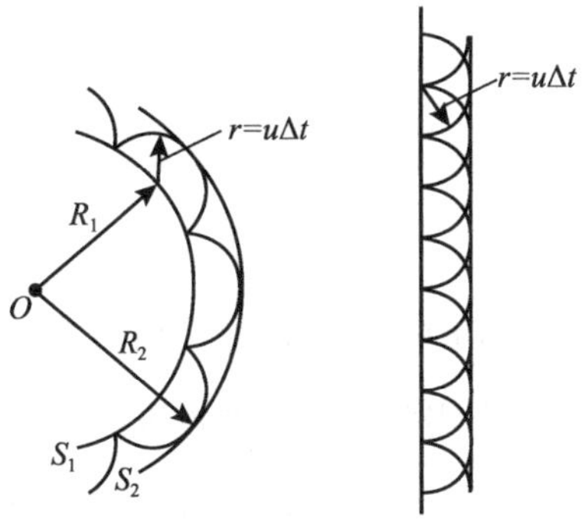

（a）球面波　　　　（b）平面波

图 5-22　波的传播

同：靠近边缘处，波前会弯曲，即波绕过了障碍物而继续传播。图 5-24 所示的是水波通过狭缝时所发生的衍射现象。

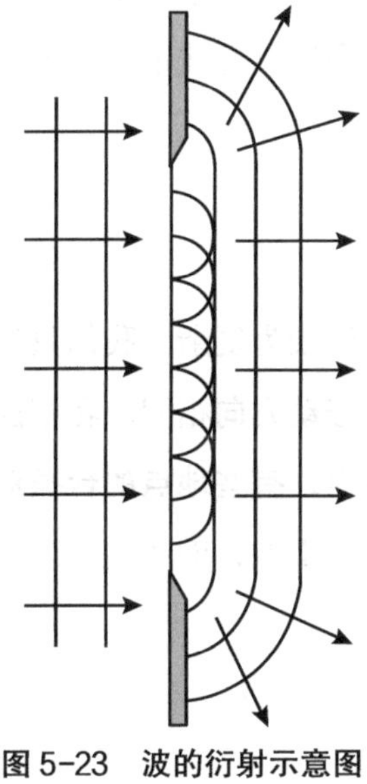

图 5-23　波的衍射示意图

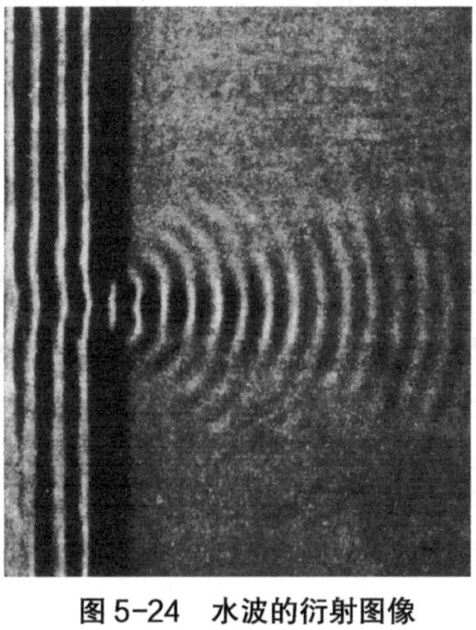

图 5-24　水波的衍射图像

衍射现象的显著程度与障碍物（如缝、遮板等）的大小和波长之比密切相关。当障碍物的宽度远大于波长时，衍射现象不明显；当障碍物的宽度与波长差不多时，衍射现象较为明显；而当障碍物的宽度小于波长时，衍射现象更加显著。在声学中，由于声音的波长通常与常见障碍物的大小相近，故声波的衍射较为显著，如在屋内能够听到室外的声音，就是声波能够绕过窗缝或门缝传播的缘故。

机械波和电磁波都会产生衍射现象，衍射是波动的重要特征之一。

5.7 波的干涉

5.7.1 波的叠加原理

前面讨论了只有一列波在媒质中传播的情况。如果在媒质中同时有几列波传播，情况将如何呢？例如，可做这样一个实验：在水中投进两个石子，在水面引起两列波。当它们相遇并互相穿过后，会发现每一列波仍保持自己的特性（频率、波长和振动方向等）不变，按照原来的传播方向继续前进，不受其他波的影响。

由大量的观察和实验得到结论：各列波在同一媒质中传播时是各自独立进行的，而在各列波相互交叠的区域，任一媒质质点的振动是各列波所引起的振动的合成。即任一时刻各质点的位移是各列波在该点所引起的分位移的矢量和。这个结论称为**波的叠加原理**，也称为**波的独立传播原理**。波的叠加原理在物理学中是一个很重要的原理，凡是适合波的叠加原理的场合，不论是机械波还是电磁波，一个复杂的波都可认为是由几个简单的简谐波的合成而得到的。这是个很重要的分析方法。

5.7.2 波的干涉原理

在几列波相遇并交叠的区域内，质点的运动情况一般较为复杂。我们只讨论一种最简单，也是最重要的波的叠加情况，即两列**频率相同、振动方向相同、在相遇点的相位差恒定**的波的叠加。这种情况下，**在两列波交叠的区域内，有些地点的合振动会始终增强，而有些地点的合振动会始终减弱**。这种现象称为波的干涉，能产生干涉现象的波称为**相干波**，而能形成相干波的波源为**相干波源**。

如图 5-25 所示，有两个相干波源 S_1、S_2，振动方程分别为

$$y_1 = A_{10}\cos(\omega t + \varphi_1)$$

$$y_2 = A_{20}\cos(\omega t + \varphi_2)$$

其中，ω 为两列波源作谐振动的圆频率，A_{10} 和 A_{20} 为它们的振幅，φ_1 和 φ_2 为它们的初相。两波源的相位差 $\varphi_2-\varphi_1$ 恒定。

从这两个波源发出的波在空间的 P 点相遇，P 点处质点的振动可根据波的叠加原理计算。设 P 点和 S_1、S_2 的距离分别为 r_1、r_2，设两列波到达 P 点时振幅分别为 A_1、A_2，波长为 λ。则 S_1、S_2 在 P 点引起的两个分振动分别为

$$y_1 = A_1\cos\left(\omega t + \varphi_1 - \frac{2\pi r_1}{\lambda}\right)$$

$$y_2 = A_2\cos\left(\omega t + \varphi_2 - \frac{2\pi r_2}{\lambda}\right)$$

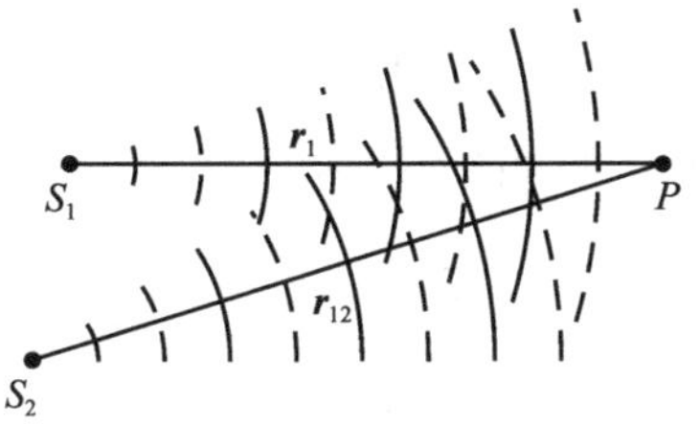

图 5-25　波的干涉示意图

P 点的合振动为

$$y = y_1 + y_2 = A_1\cos\left(\omega t + \varphi_1 - \frac{2\pi r_1}{\lambda}\right) + A_2\cos\left(\omega t + \varphi_2 - \frac{2\pi r_2}{\lambda}\right)$$

根据振动的合成规律，两个同方向、同频率的简谐振动的合振动仍是简谐振动，因此上式可以简化为

$$y = A\cos(\omega t + \varphi) \tag{5-50}$$

其中，A 为合振动的振幅，φ 为合振动的初相。

我们关心的是两列相干波的交叠区域内产生的干涉现象，哪些点的合振动将增强，哪些点的振动将减弱。根据式（5-23），P 点的合振动的振幅为

$$A = \sqrt{A_1^2 + A_2^2 + 2A_1A_2\cos\left[\varphi_2 - \varphi_1 - \frac{2\pi}{\lambda}(r_2 - r_1)\right]} \tag{5-51}$$

可见，因为两相干波在 P 点所引起的两分振动的相位差为一恒量，所以合振动的振幅也为一恒量。因此，干涉的结果是使空间各点的振幅始终保持不变，某些点始终加强，某些点始终减弱。其分布规律，可由相位差的公式来分析：

$$\Delta\varphi = \varphi_2 - \varphi_1 - \frac{2\pi}{\lambda}(r_2 - r_1) \tag{5-52}$$

而相位差 $\Delta\varphi$ 又仅决定于各点到波源的距离差（$r_2 - r_1$）。当 $\Delta\varphi$ 满足

$$\Delta\varphi = \pm 2k\pi(k = 0,1,2,3\cdots) \tag{5-53}$$

时，P 点的合振幅最大，为 A_1+A_2，振动加强。这种点称为干涉相长点。

当 $\Delta\varphi$ 满足

$$\Delta\varphi = \pm(2k+1)\pi \quad (k=0,1,2,3\cdots) \tag{5-54}$$

时，P 点的合振幅最小，为 $|A_1-A_2|$，振动减弱。这种点称为干涉相消点。$\Delta\varphi$ 为其他值的各点的合振幅，介于 A_1+A_2 和 $|A_1-A_2|$ 之间。

如果相干波源的初相相同，即 $\varphi_1=\varphi_2$，则式（5-52）可以简化为

$$\Delta\varphi = \frac{2\pi}{\lambda}(r_1-r_2) = \frac{2\pi}{\lambda}\delta$$

其中，$\delta=r_1-r_2$，表示从相干波源 S_1 和 S_2 发出的两列相干波到达 P 点时所经过的路程之差，称为**波程差**。

此时，干涉相长和干涉相消点的条件可简化为

$$\delta = r_1 - r_2 = \begin{cases} \pm k\lambda\text{（干涉相长）} \\ \pm(2k+1)\dfrac{\lambda}{2}\text{（干涉相消）} \end{cases} \quad (k=0,1,2,\cdots)$$

所以，从初相相同的两个相干波源发出的波在空间叠加时，凡是波程差等于 0 或等于波长的整数倍的各点，干涉加强；凡是波程差等于半波长的奇数倍的各点，干涉减弱。如图 5-26 所示的干涉图像中，S_1、S_2 是两个初相位相同的相干波源，用粗实线连接的是干涉加强的各点。类似地，水波的干涉图像如图 5-27 所示。

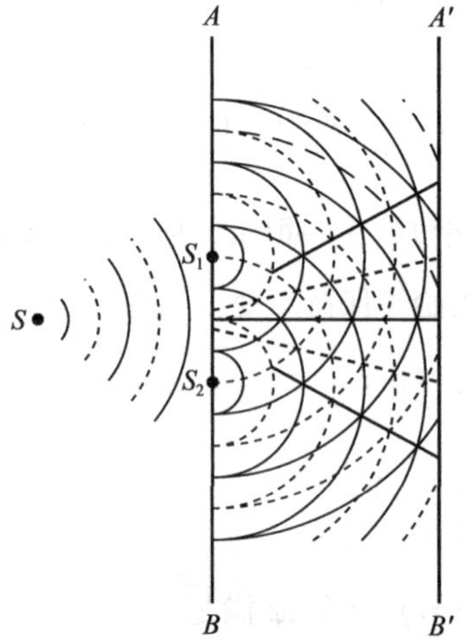

图 5-26　初相位相同的干涉示意图

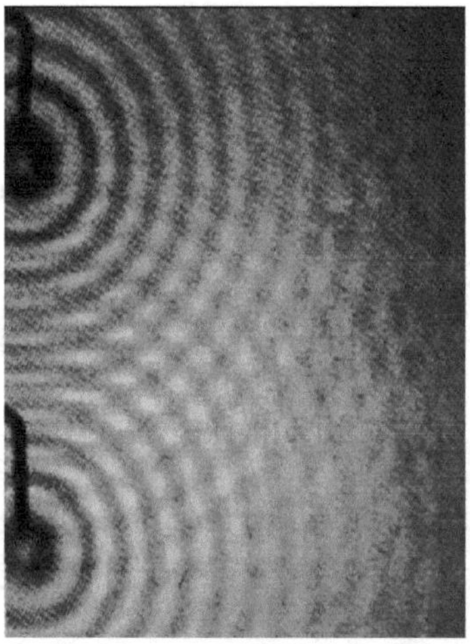

图 5-27　水波的干涉图像

应当指出，干涉现象是波动的特征之一，因为只有波动的合成才有可能产生干涉现象。干涉现象对于光学、声学等领域都非常重要。

例 5-10　S_1、S_2 为相干波源。它们激起平面简谐波，频率为 200 Hz。S_1 的振幅为 $A_1=0.05$ m，S_2 的振幅为 $A_2=0.03$ m，当 S_1 为波峰时，S_2 为波谷。$PS_1=3$ m，$PS_2=5$ m。设波速 $u=40$ m/s，试求两列波在 P 点干涉的结果。

解：根据题意，S_1、S_2 的相位差为 π，即 $\varphi_2-\varphi_1=\pi$ 设 $\varphi_2>\varphi_1$，则波程差

$$r_2-r_1=PS_2-PS_1=2\ \text{m}$$

又

$$\lambda=\frac{u}{\nu}=\frac{40}{200}=0.2\ \text{m}$$

$$\Delta\varphi=\varphi_2-\varphi_1-2\pi\frac{(r_2-r_1)}{\lambda}=\pi-2\pi\frac{2}{0.2}=-19\pi$$

所以，P 点振动最小，$A=A_1-A_2=0.02$ m，干涉相消。

例 5-11　平面简谐波 y_1 沿 x 轴正方向传播，平面简谐波 y_2 沿 x 轴负方向传播。它们的振动方向相同，振幅相等，频率都是 100 Hz，波的传播速度为 100 m/s。已知 x 轴上的 A，B 两点相距 30 m，当 y_1 引起 A 点振动的位移为正方向极大时，y_2 引起 B 点振动的位移为负方向极大。求：AB 连线上因干涉而静止的各点位置。

解：在 AB 连线上，两个相干波因干涉而使有些点的合振幅为 0，因而静止。在这些静止点上，两个分振动的相位差应满足干涉相消条件。

取 A 点为 x 轴的坐标原点，如图 5-28 所示。由题意可知，A、B 两点的振动初相之差为 π，波长 $\lambda=\frac{u}{\nu}=4$ m。对 AB 间任意 x 点，两波的波程分别为 $r_A=x$ 和 $r_B=30-x$。

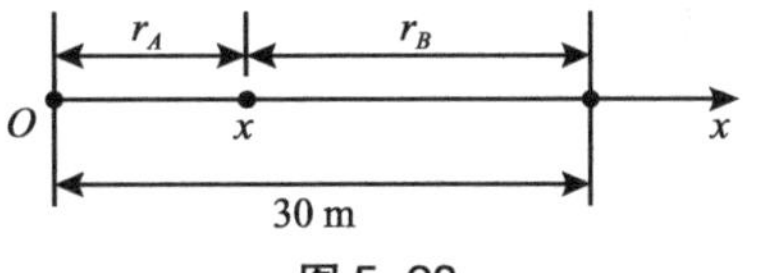

图 5-28

两波在 x 点的两分振动的相位差为

$$\Delta\varphi=\varphi_B-\varphi_A-2\pi\frac{(r_B-r_A)}{\lambda}=\pi-2\pi\frac{(30-2x)}{4}=\pi x-14\pi$$

因干涉而静止不动的 x 点，满足干涉相消条件，有

$$\pi x-14\pi=\pm(2k+1)\pi\quad(k=0,1,2,3\cdots)$$

按题设条件，应取

$$x=15+2k\quad(k=0,\ \pm1,\ \pm2,\cdots,\ \pm7)$$

所以，AB 连线上共有 15 个静止点，坐标为（1，3，5，…，29）m。

5.8 驻波

5.8.1 驻波的形成

在同一弦线上，有两列振幅相同、频率一致、坐标原点处的初相皆为 0，且分别沿 x 轴正、负方向传播的简谐波。其波动方程分别为

$$y_1=A\cos 2\pi\left(\nu t-\frac{x}{\lambda}\right)$$

$$y_2=A\cos 2\pi\left(\nu t+\frac{x}{\lambda}\right)$$

其中，A 为波的振幅，ν 为频率，λ 为波长。两列波合成波的波函数及其特点是什么？这两列波满足相干条件，因此在弦线上两列波合成的结果将出现干涉效应，只是干涉现象发生在一维空间，且与波的传播方向一致，这将会出现特殊形式的干涉现象——驻波。

两波在弦线上任意点、任意时刻叠加产生的合位移为

$$y=y_1+y_2=A\cos 2\pi\left(\nu t-\frac{x}{\lambda}\right)+A\cos 2\pi\left(\nu t+\frac{x}{\lambda}\right)$$

应用三角函数关系，上式可化为

$$y=2A\cos\left(2\pi\frac{x}{\lambda}\right)\cos(2\pi\nu t)\tag{5-55}$$

合成波的表达式由两个因子组成：一个因子只与位置 x 有关，可称为振幅因子；另一个只与时间 t 有关，可称为简谐振动因子。值得注意的是，式中没有表示振动相位传播的因子$\left(\omega t\pm\frac{2\pi}{\lambda}x\right)$，即行波特征消失了。这表明，**合成波实际上是一种振动，不再有振动相位的传播了**，因而称为**驻波**。

如何得到驻波呢？可通过一列入射波射到两个不同媒质的分界面上，使其发生全反射。这样，反射波的振幅与入射波的振幅相同，与原来的入射波叠加就能形成驻波。例如，将一

根绳子 AB 的一端固定在劈尖 B 处，另一端 A 系在音叉上，绳子绕过滑轮 P 后悬挂重物，使绳子拉紧。当音叉振动时，绳上产生的入射波在 B 处发生全反射，所以细绳上可以观察到驻波。

在弦乐器的演奏中，一根弦所产生的振动频率和弦的拉紧程度及弦长有关。所以，在交响乐等音乐会开始之前，音乐家会通过调整弦的松紧来改变弦的张力，从而调节乐器的基调（基频），使得演奏时乐器发出准确频率（谐频）的音乐。在演奏过程中，音乐家用手指按压琴弦的不同位置，形成不同的驻波，从而改变琴弦的振动频率，演奏出丰富多彩的美妙乐曲。

5.8.2　驻波的特点

驻波中，各质点的振幅为 $2A\cos\left(2\pi\dfrac{x}{\lambda}\right)$，凡满足 $\cos\left(2\pi\dfrac{x}{\lambda}\right)=0$ 的那些点，振动的振幅为 0，这些点始终静止不动，称为**波节**。在波节上有 $\cos\left(2\pi\dfrac{x}{\lambda}\right)=0$，即 $2\pi\dfrac{x}{\lambda}=(2k+1)\dfrac{\pi}{2}$，所以波节的位置为

$$x=(2k+1)\frac{\lambda}{4}\quad(k=0,\ \pm1,\ \pm2\cdots)\tag{5-56}$$

在式（5-56）中，k 分别取 n 和 $n+1$ 时，相邻波节的距离为

$$x_{n+1}-x_n=\frac{\lambda}{2}$$

在驻波中，凡满足 $\left|\cos\left(2\pi\dfrac{x}{\lambda}\right)\right|=1$ 的那些点振幅最大，等于 $2A$，这些点振动最强，称为波腹。在波腹处，由于 $\left|\cos\left(2\pi\dfrac{x}{\lambda}\right)\right|=1$。即 $\cos\left(2\pi\dfrac{x}{\lambda}\right)=k\pi$，所以波腹位置为

$$x=k\frac{\lambda}{2}\quad(k=0,\ \pm1,\ \pm2\cdots)\tag{5-57}$$

相邻波腹之间的距离为

$$x_{n+1}-x_n=\frac{\lambda}{2}$$

因此，相邻波节之间的距离为$\dfrac{\lambda}{2}$，相邻波腹之间的距离也是$\dfrac{\lambda}{2}$，而相邻波节和波腹之间

的距离为$\frac{\lambda}{4}$。所以，在驻波的实验中，只要测得波节和波腹之间的距离，就可以测定波长。

从驻波形态来看，每一时刻驻波都有一定的波形。但此波形既不向左移，也不向右移，各点以确定的振幅在各自的平衡位置附近振动。从能量的观点来看，行波是传播能量的一种形式。两列反方向传播、相同振幅的相干波，是平均能流密度相同但能流方向相反的行波。它们叠加成驻波，使各点的平均能流都为0。因此，驻波不能传播能量，这是驻波和行波的重要区别。

思考题

5-1　试说明下列运动是不是简谐振动：

(1) 小球在地面上作完全弹性的上下跳动；

(2) 小球在半径很大的光滑凹球面底部作小幅度的摆动。

5-2　简谐振动的速度和加速度在什么情况下是同号的？在什么情况下是异号的？加速度为正值时，振动质点的速率是否一定在增加？反之，加速度为负值时，速率是否一定在减小？

5-3　分析下列表述是否正确，为什么？

(1) 若物体受到一个总是指向平衡位置的合力，则物体必然作振动，但不一定是简谐振动；

(2) 简谐振动过程是能量守恒的过程，凡是能量守恒的过程就是简谐振动。

5-4　一质点沿x轴作简谐振动，周期为T，振幅为A，质点从$x_1=\frac{A}{2}$运动到$x_2=A$处所需要的最短时间为多少？

5-5　指出在弹簧振子中，物体处于下列位置时的位移、速度、加速度和所受弹性力的数值和方向。

(1) 正方向的端点；(2) 平衡位置且向负方向运动；(3) 位移为$\frac{A}{2}$且向正方向运动；(4) 位移为$\frac{A}{\sqrt{2}}$且向负方向运动。

5-6　为什么说简谐振动的相位是描述系统运动状态的量？简谐振动的初相位是否

一定指开始振动时刻的相位？同一简谐振动能否选择不同时刻作为计时起点？它们之间的差别是什么？

5-7 弹簧的一端固定，另一端系一质量为 m 的小物体。如果忽略摩擦及一切阻力，将弹簧放在光滑水平桌面上振动和将弹簧竖直悬挂起来振动，其振动周期相同吗？

5-8 什么是波动？振动和波动有什么区别？

5-9 机械波从一种媒质进入另一种媒质时，波长、波速、波的周期或频率等物理量中，哪个要变，哪个不变？

5-10 简谐波中的质元振动能量与独立质点的简谐振动能量有何不一样的地方？这种不一样是什么原因产生的？

5-11 试判断下列几种说法中哪些是正确的，哪些是错误的。

（1）机械振动一定能产生机械波。

（2）质点振动的速度就是波的传播速度。

（3）质点振动的周期和波的周期是相等的。

（4）波动方程中的坐标原点就是波源位置。

5-12 当两列波干涉时，是否会有能量损失？

习 题

5-1 质量为0.20 g的质点作简谐振动，位移表达式为 $x=6\cos(5t+\pi)$。式中 x 以 cm 计，t 以 s 计。求：

（1）振幅和周期；

（2）起始位移；

（3）质点在起始位置所受的力；

（4）在 πs 末的位移、速度和加速度；

（5）动能的最大值。

5-2 原长为0.5 m的弹簧，上端固定，下端挂一质量为0.1 kg的物体。当物体静止时，弹簧长为0.6 m。现将物体上推，使弹簧缩回到原长，然后放手。放手时开始计时，取竖直向下为正向，写出振动表达式（忽略空气阻力）。

5-3 一质点沿 x 轴作简谐振动，振幅为12 cm，周期为2 s。当 $t=0$ 时，位移为6 cm，且向 x 轴正方向运动。求：

（1）振动表达式；

（2）$t=0.5s$ 时，质点的位置、速度和加速度；

（3）如果在某时刻，质点位于 $x=-6\text{cm}$ 处，且向 x 轴负方向运动，求从该位置回到平衡位置所需要的最短时间。

5-4　质量为 10 g 的物体作简谐振动，振幅为 24 cm，周期为 4 s。当 $t=0$ 时，坐标为+24 cm，求：

（1）$t=0.5$ s 时物体的位置，此时作用在物体上的力的大小和方向；

（2）物体从初位置到 $x=-12$ cm 处所需的最短时间；

（3）当 $x=-12$ cm 向 $-x$ 方向运动时物体的速度。

5-5　质量为 0.10 kg 的物体，以振幅 1×10^{-2}m 作简谐振动，最大加速度为 4.0 m/s^2。求：（1）振动周期；（2）通过平衡位置时的动能；（3）总能量；（4）物体在何处时动能和势能相等。

5-6　两质点作同方向、同频率的简谐振动，振幅相等。当质点 1 在 $x_1=A/2$ 处，且向左运动时，另一个质点 2 在 $x_2=-\frac{A}{2}$处，且向右运动，求这两个质点的相位差。

5-7　两个同方向、同频率的简谐振动，合振动的振幅为 20 cm，与第一个振动的相位差为 $\pi/6$。若第一个振动的振幅为 $10\sqrt{3}$ cm，则

（1）第二个振动的振幅为多少？

（2）两简谐振动的相位差为多少？

5-8　质点分别参与下列三组互相垂直的谐振动：

（1）$\begin{cases} x=4\cos\left(8\pi t+\dfrac{\pi}{6}\right) \\ y=4\cos\left(8\pi t-\dfrac{\pi}{6}\right) \end{cases}$　　（2）$\begin{cases} x=4\cos\left(8\pi t+\dfrac{\pi}{6}\right) \\ y=4\cos\left(8\pi t-\dfrac{5\pi}{6}\right) \end{cases}$

（3）$\begin{cases} x=4\cos\left(8\pi t+\dfrac{\pi}{6}\right) \\ y=4\cos\left(8\pi t+\dfrac{2\pi}{3}\right) \end{cases}$

试判别质点运动的轨迹。

5-9　设一平面简谐波的波线上，有相距 2.0 m 的两质点 A 和 B，B 点振动相位比 A 点落后 $\pi/6$，已知振动周期为 2.0 s，求波长和波速。

5-10　一声波在空气中的波长是 0.25 m，波速是 340 m/s。当它进入另一种媒质

时，波长变成了 0.79 m，求此声波在这种媒质中的传播速度。

5-11　沿绳行进的横波方程为 $y=10\cos(0.01\pi x-2\pi t)$，式中 x 以 cm 计，t 以 s 计。试求：

（1）波的振幅、频率、波速和波长；

（2）绳中某质点的最大振动速度。

5-12　已知一沿 x 轴正方向传播的平面余弦波，$t=\frac{1}{3}$ s 时的波形如图 5-29 所示，且周期 T 为 2 s。

（1）写出 O 点的振动表达式；

（2）写出该波的波动表达式；

（3）写出 A 点的振动表达式；

（4）写出 A 点离 O 点的距离。

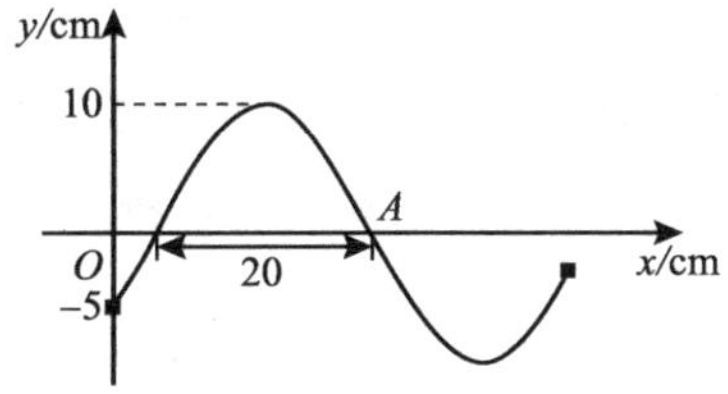

图 5-29

5-13　平面简谐波的波动方程为 $y=8\cos 2\pi\left(2t-\frac{x}{100}\right)$，式中 x 以 cm 计，t 以 s 计。试求：

（1）$t=2.1$s 时，波源及距波源 0.10 m 处的相位；

（2）离波源 0.80 m 及 0.30 m 两处的相位差。

5-14　在一根两端固定的，长为 3 m 的弦线上，一共有三个波腹的驻波，其振幅为 1.0 cm，弦上波速为 100 m/s，试求：（1）频率；（2）产生此驻波的两个波的表达式。

【选读材料】

声波、超声波与次声波

在弹性介质中，如果波源所激起的纵波的频率，在 20 Hz 到 20000 Hz，就能触发人的听觉。这一频率范围内的振动称为**声振动**，由声振动所激起的纵波称为声波。频率高于 20000Hz 的机械波叫作**超声波**。频率低于 20Hz 的机械波叫作**次声波**。

从声波的特性和作用来看，所谓 20 Hz 到 20000 Hz 并不是一个绝对明确的分界线。例如，频率较高的可闻声波已具备了超声波的某些特性和作用。因此，在超声技术的研究领域中，也常包括对高频可闻声波的特性和作用的研究。

一、声压

介质中有声波传播时的压强与无声波时的静压强之间存在一个差额，这一差额称为**声压**。设介质中没有声波时的压强为 P_0，有声波时各处的实际压强为 P'。$P'-P_0=\Delta P$ 就是声压，常用 P 来表示。声压是由声波引起的附加压强，反映了声波的强弱。声压的成因是很明显的：由于声波是纵波，在稀疏区域，实际压强小于原来静压强；在稠密区域，实际压强大于原来静压强。在稀疏区域，声压是负值，而在稠密区域，声压是正值。必须注意，在声波传播过程中，P_0 是不变的。由于介质中各点作周期性振动，因而声压也在作周期性变化。我们可以仿照前面建立波动方程的方法，建立流体中平面声波的波动方程（这里从略）。下面仅讨论声压变化的规律。

设在密度为 ρ 的流体中，有一平面余弦声波 $y(x,\ t)=A\cos\left[\omega\left(t-\dfrac{x}{u}\right)+\varphi_0\right]$ 沿 x 方向传播。我们在流体中 x 处取一截面积为 S、长度为 Δx 的柱形体积元，体积 $V=S\Delta x$。当声波传播时，这段流体柱两端的位移分别为 y 和 $y+\Delta y$，体积增量为 $\Delta V=S\Delta y$。

根据流体的体积模量的定义 $K=-\dfrac{\Delta P}{\dfrac{\Delta V}{V}}=-V\dfrac{\Delta P}{\Delta V}$，在流体中，有声波传播时，式中的压强增量 ΔP 就是声压 P，所以上式可改写为

$$K=-S\Delta x\frac{\Delta P}{S\Delta y}=-P\frac{\Delta x}{\Delta y}\text{ 或 }P=-K\frac{\Delta y}{\Delta x}$$

当流体住减为无限小时，$\Delta x\to 0$，得

$$P=-K\frac{\partial y}{\partial x}$$

对于平面余弦波

$$\frac{\partial y}{\partial x}=A\frac{\omega}{u}\sin\left[\omega\left(t-\frac{x}{u}\right)+\varphi_0\right]$$

代入上式得

$$P=-KA\frac{\omega}{u}\sin\left[\omega\left(t-\frac{x}{u}\right)+\varphi_0\right]$$

因为 $u=\sqrt{\frac{K}{\rho}}$，所以上式也可写成

$$P=-\rho u\omega A\sin\left[\omega\left(t-\frac{x}{u}\right)+\varphi_0\right]=-P_m\sin\left[\omega\left(t-\frac{x}{u}\right)+\varphi_0\right]$$

式中

$$P_m=\rho u\omega A$$

称为**声压振幅**。在声学工程中，讨论声压比讨论位移更为有用。

如果把上式改为余弦形式则有

$$P=P_m\cos\left[\omega\left(t-\frac{x}{u}\right)+\varphi_0+\frac{\pi}{2}\right]$$

由此可知，声压波比位移波在相位上超前$\frac{\pi}{2}$。因此，在位移最大处，声压为0；在位移为0处，声压最大。

二、声强 声强级

声强是声波的平均能流密度，即单位时间内通过垂直于声波传播方向的单位面积的声波能量。声强用 I 表示，其计算公式为

$$I=\frac{1}{2}\rho uA^2\omega^2=\frac{1}{2}\frac{P_m}{\rho u}$$

由上式可知，频率越高，声压振幅 P_m 和声强 I 越容易增大。高频声波具有较高的能量密度和声压，因此在声学工程中，高频声波更容易实现较大的声强。例如，辐射相同声功率的高频发生器，尺寸可以较小，从而在单位面积上所发射的功率（即声强）较大。此外，高频声波易于聚焦，在焦点可以获得极大的声强。

引起听觉的声波不仅有频率范围，而且有声强范围。对于每个给定的可闻频率，声强都有上、下两个限值，低于下限的声强不能引起听觉，能引起听觉的最低声强称为听觉阈；高于上限的声强也不能引起听觉，而太高只能引起痛觉，这一声强的上限值称为痛觉

阈。声强的上、下限值因频率而异。频率在 20 Hz 以下和 20000 Hz 以上时，任何大小的声强都不再引起听觉。在 1000 Hz 时，一般正常人痛觉阈（最高声强）约为 1 W/m^2，而听觉阈（最低声强）约为 10^{-12} W/m^2。通常将这一最低声强作为测定声强的标准，用 I_0 表示。由于声强的数量级相差悬殊（达 10^{12} 倍），所以常用对数标度作为声强级（以 I_L 表示）的量度，声强级的公式为

$$I_{\mathrm{L}} = \lg \frac{I}{I_0}$$

单位为贝尔（bel）。实际上，贝尔这一单位太大，常采用分贝（dB），此时声强级的公式为

$$I_{\mathrm{L}} = 10\ \lg \frac{I}{I_0}$$

例如，炮声的声强级为 110 dB，而聚焦的超声波的声强级可达 210 dB。表 5-1 给出了常见声音的声强级。

表 5-1　一些声音的声强、声强级和感觉到的响度

声　　源	声强/W · m^{-2}	声强级/dB	响　　度
听觉阈	10^{-12}	0	极轻
树叶微动	10^{-11}	10	
细语	10^{-11}	10	
交谈(轻)	10^{-10}	20	轻
收音机(轻)	10^{-8}	40	
交谈(平均)	10^{-7}	50	正常
工厂(平均)	10^{-6}	60	
闹市(平均)	10^{-5}	70	响
警笛	10^{-4}	80	极响
锅炉工厂	10^{-2}	100	
铆钉锤	10^{-1}	110	
雷声、炮声	10^{-1}	110	
痛觉阈	1	120	震耳
摇滚乐	1	120	
喷气机起飞	10^{3}	150	

噪声一般指一种干扰，也就是“不需要的声音”。从环境保护的角度看，凡是影响人们正常学习、工作和休息的，在某些场合“不需要的声音”，都统称为噪声。通常，大于 70 dB 的声音就已经开始对人的工作和健康产生影响。

三、超声波

频率在 20000 Hz 以上的机械波称为超声波。

超声波的产生方法一般可以分为电声型和机械型两大类。电声型超声波发生器是利用压电效应或磁致伸缩效应来产生超声波，而机械型超声波发生器是通过高压流体撞击空腔或簧片引起共振来产生超声波。

因为超声波的频率高、波长短，所以产生了一系列与通常声波不同的特性。

1. 定向性很好

超声束能定向传播。利用这一特性，超声波可以用于探测鱼群、潜艇等，还可以对工件内部的缺陷进行无损探测。医学上的“B 超”就是利用超声波来探测人体内部的病变。

2. 强度大

近代超声技术已能产生几百乃至几千兆瓦的超声波功率，压强振幅可达数千倍标准大气压。利用这一特性，超声波可以用于焊接、切削、钻孔等超声加工。

3. 空化作用

超声波通过液体时，会使液体中的气泡产生共振现象。在声波的压缩阶段，气泡突然被绝热压缩而破裂，内部可产生几千度的高温和几千倍标准大气压的高压，这就是液体内部的空化作用。利用空化作用，可以进行清洗、粉碎、乳化等操作。

此外，超声波在介质中的传播特性（如波速、衰减、吸收等）与介质的各种宏观的非声学的物理量（如弹性模量、密度、温度、化学成分、黏度等）密切有关。利用这些特性，可以间接测量相关的物理量。

四、次声波

次声波的频率范围大致为 10^{-4} Hz~20 Hz。许多自然现象，如火山爆发、地震、台风、海啸、磁暴等都伴随着次声波的产生。在核爆炸、火箭发射等过程中也有次声波产生。

由于次声波的频率低，波长较长，大气对次声波的吸收是很小的。1883 年 8 月 27 日，印度尼西亚的喀拉喀托火山爆发产生的次声波传播了十几万千米，绕地球三圈，历时 108 小时。这种特性使得次声波在大气中可以作为优秀的“通讯员”，用于预测自然灾害的产生。

然而，次声波也可能对人体健康产生危害，可能会引起共振，导致恶心、头晕或精神沮丧等症状。

第6章　真空中的静电场

电磁学是研究宏观电磁现象基本规律和应用的学科。人类对电磁现象的认识由来已久，但在很长的一段时间内，电现象和磁现象被看作是互不相关、彼此独立的。直到1820年，丹麦物理学家奥斯特发现了电流的磁效应，1831年，英国物理学家法拉第发现了电磁感应现象，并提出了用“场”的概念描述电场和磁场，人们才认识到电和磁的内在联系。1865年，麦克斯韦在前人工作的基础上，提出了感应电场和位移电流假说，总结建立了完整的电磁场理论。电磁学研究成果对人类社会影响巨大，随着科学技术的发展和信息社会的到来，冰箱、彩色电视机、洗衣机、微波炉、空调等家用电器以及计算机、手机、传真机等多种信息交流的工具进入了千千万万个家庭。在高科技领域中，电磁学原理得到广泛应用，如宇宙飞船和人造卫星的遥测和遥控、回旋加速器、电子显微镜、磁悬浮列车等。因此，电磁学是现代科学技术的重要基础。

本章主要研究相对于观察者静止的电荷在空间激发的电场，即**静电场**。主要内容有：静电场的基本定律——库仑定律；描述静电场基本特性的两个物理量——电场强度和电势；反映静电场性质的两条基本定理——高斯定理和环路定理。

6.1　电荷　库仑定律

6.1.1　电荷

电性是物质的一种基本特性，用来描述物体带电的属性。关于电的理解是以物质的电子理论为基础的。按照这种理论，物质是由原子组成的，而原子由带正电的原子核和带负电的电子组成。电荷是与粒子相伴随的，正如粒子的质量一样，电荷也是粒子的一种属性。在通常情况下，原子具有数量相等的带正电的质子和带负电的电子。因此，从电学上讲，原子是电中性的。很早人们就发现，用毛皮摩擦过的琥珀能够吸引羽毛、小纸片、头发等轻小物体，如图 6-1 所示。这时，我们说琥珀和毛皮这两样物体都已分别处于带电状态。处于带电状态的物体，称为**带电体**。

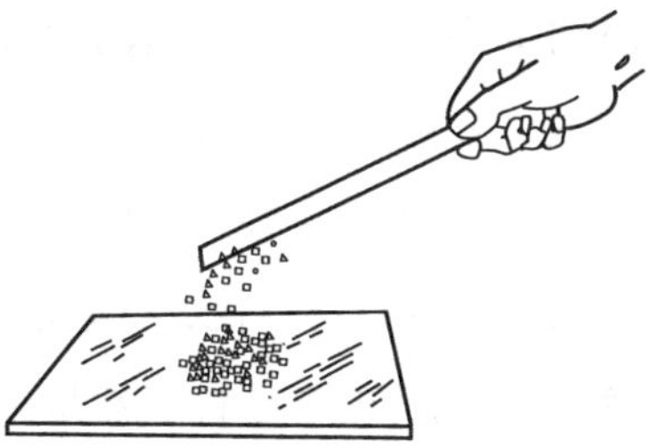

图 6-1　用毛皮摩擦过的琥珀可以吸引小纸片

人类对电的认识，最初来自摩擦起电和自然界的雷电现象。早在公元 3 世纪，晋朝张华的《博物志》即记载了摩擦起电的现象："今人梳头、解著衣，有随梳解结，有光者，亦有咤声。"；《南齐书》中详细记述了雷击现象："雷震会稽山阴恒山保林寺，刹上四破，电火烧塔下佛面，而窗户不异也"。

通过对电荷的各种相互作用和效应的研究，人们现在认识到电荷的基本特性有以下几方面。

1. 电荷的正负性

通过大量实验的研究和对物质结构的认识，人们逐步认识到电荷只有两种，即**正电荷**和**负电荷**。现在已知，宏观物体是由分子、原子组成的，任何化学元素的原子从微观上看都含有一个带有正电的原子核和若干带有负电的电子。在正常状态下，原子内的电子所带的负电荷和原子核所带的正电荷数量相等，因此原子整体呈电中性。不同原子束缚外围电子的能力是不同的，对电子束缚弱的原子易失去电子而变成正离子，对电子束缚强的原子易得到电子而变成负离子，这种现象称为**电离**。

2. 电荷的量子性

电荷的大小称为电量，单位是库仑，用 C 表示。需要强调的是，库仑是一个导出单位，而基本单位是电流单位——安培，用 A 表示。它们的关系是 1 C = 1 A · s，即 1 C 等于 1 A 的电流在 1 s 内流过某截面的电量。

1897 年，汤姆逊（J. J. Thomson）发现了电子。电子是目前实验观测到的带有最小负电荷的粒子，电量的近代测量值为 $e \approx 1.602177 \times 10^{-19}$ C。任意带电体的电量都是电子电量 e 的整数倍，而 e 则是电量的一个基本单元。当带电体的电量发生变化时，只能按

e 的整数倍改变，不能连续地任意改变。这种电量只能取分立的、不连续数值的性质，称为**电荷的量子性**，e 称为电荷的量子。

随着人们对物质结构的研究不断深入，发现所谓的“基本粒子”并不基本，而是由更小的粒子——夸克和反夸克组成。夸克和反夸克的电量分别为$\pm(1/3)\ e$ 或$\pm(2/3)\ e$。目前，许多粒子物理实验已间接证明了夸克的存在，但由于夸克禁闭现象，尚未能检测到单个自由的夸克。随着科学技术的发展和人类对物质微观结构认识的提高，e 是电量最小单元的观点可能需要修正。然而，电荷的量子性仍然是不可动摇的。

3. 电荷的守恒性

大量实验证明，在一个孤立系统中，系统具有的正、负电荷电量的代数和保持不变，这一性质称为**电荷守恒定律**。电荷守恒定律与能量守恒定律、角动量守恒定律一样，是自然界中的基本定律。根据电荷守恒定律，电荷不能被创造或消灭，只能被迁移或中和。摩擦起电过程实际上是电荷从一个物体转移到另一个物体的过程，虽然两物体的电中性状态都被打破，各显电性，但一方带正电，另一方就带负电，两物体构成的系统仍呈电中性。在微观粒子的反应过程中，反应前后的元电荷总数是守恒的，例如有下面这个方程：

$$e^{+}+e^{-}\rightarrow\gamma+\gamma$$

这一过程表明，负电子和正电子在相遇时将湮灭，即转变为两个中性的光子 γ。

4. 电荷的运动不变性

大量实验表明，电荷的电量与运动状态无关，具有相对论不变性。例如，加速器将电子或质子加速时，随着粒子速度的变化，电子或质子的质量会有明显变化，但电量却没有任何变化的痕迹。这也说明电荷是一个非常基本的物理量，需要人们进行更深入、更基本的研究。

6.1.2 库仑定律

观察表明，两个静止的带电体之间的作用力（静电力）除与电荷量及相对位置有关外，还依赖于带电体的大小、形状以及电荷的分布情况。要用实验直接确立所有这些因素对静电力的影响是困难的。但是，如果带电体的线度比带电体之间的距离小得多，那么静电力就基本上只取决于它们的电荷量和距离，问题就会大为简化。如前所述，满足这样条件的带电体即为点电荷。

在发现电现象后2000多年的时间内，人们对电现象的研究一直停留在定性阶段。1785年，法国物理学家库仑通过扭秤实验测定了两个带电球体间相互作用的电力，并在此实验基础上总结出了两个点电荷间相互作用的规律，即**库仑定律**。具体表述为：在真空中，两个静止的点电荷间的作用力的大小与它们所带电荷量的乘积成正比，与它们间距离的平方成反比；两个点电荷间的静电力大小相等、方向相反，并且作用力的方向沿着它们的连线，同号电荷相排斥，异号电荷相吸引。

如图6-2所示，两个静止的点电荷带电荷量分别为q_1和q_2，距离为r，令$\boldsymbol{F}_{12}$代表q_1对q_2的作用，$\boldsymbol{r}_{12}$代表由q_1到q_2方向的单位矢量，则

$$\boldsymbol{F}_{12}=\frac{1}{4\pi\varepsilon_0}\frac{q_1q_2}{r^2}\boldsymbol{r}_{12} \tag{6-1}$$

其中，$\varepsilon_0\approx8.85\times10^{-12}\ \mathrm{C^2/(N\cdot m^2)}$，称为**真空介电常数**。

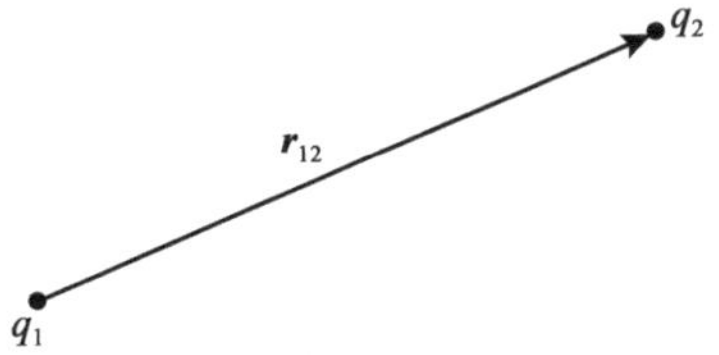

图6-2

从（6-1）式可以看出：若q_1和q_2同号（$q_1q_2>0$），$\boldsymbol{F}_{12}$和$\boldsymbol{r}_{12}$同向，表现为排斥力；若q_1和q_2异号（$q_1q_2<0$），$\boldsymbol{F}_{12}$和$\boldsymbol{r}_{12}$反向，表现为吸引力。当下标1、2对调时，$\boldsymbol{r}_{12}=-\boldsymbol{r}_{21}$。式（6-1）还表明$\boldsymbol{F}_{12}=-\boldsymbol{F}_{21}$，即静止电荷之间的库仑力满足牛顿第三定律，$\boldsymbol{F}_{12}$或$\boldsymbol{F}_{21}$的大小$F$为

$$F=\frac{1}{4\pi\varepsilon_0}\frac{q_1q_2}{r^2}$$

虽然库仑定律是通过宏观带电体的实验研究总结出来的规律，但现代物理学的研究表明，原子、分子结构，固体、液体结构，以及化学作用等微观现象的本质都与库仑力有关。相比之下，万有引力在微观尺度上的作用十分微小，通常可以忽略不计。

例6-1 设氢原子中电子和质子的距离为5.3×10^{-11} m。求：该原子中电子和质子之间的库仑力和万有引力各为多少？

解：由于电子和质子电荷量的绝对值都是e，电子的质量为$m_e\approx9.1\times10^{-31}$ kg，质子的质量为$m_p\approx1.7\times10^{-27}$ kg，所以由库仑定律可得静电力大小为

$$F_e = \frac{1}{4\pi\varepsilon_0}\frac{q_1 q_2}{r^2} = \frac{e^2}{4\pi\varepsilon_0 r^2} \approx 8.1\times10^{-8}\ \mathrm{N}$$

由万有引力定律得万有引力大小为

$$F_g = G\frac{m_e m_P}{r^2} \approx 3.6\times10^{-47}\ \mathrm{N}$$

由此可见，氢原子中电子和质子相互作用的静电力远远大于它们之间的万有引力，所以在微观粒子的相互作用中经常不用考虑它们间的万有引力。

上面只讨论了两个静止点电荷间的作用力。若考虑两个或两个以上的点电荷对同一个点电荷作用时，必须补充另一个实验事实：作用于每一个点电荷上的总静电力等于其他点电荷单独存在时对该点电荷作用的矢量和。这个结论称为库仑力的**叠加原理**。

例如，两个点电荷 q_1 和 q_2 对第三个点电荷 q 的作用力的叠加情况。设电荷 q_1 和 q_2 单独作用在 q 上的作用力分别为 $\boldsymbol{F}_{01}$ 和 $\boldsymbol{F}_{02}$。那么，它们共同作用在 q 上的力 $\boldsymbol{F}$ 就是这两个力的合力，即

$$\boldsymbol{F} = \boldsymbol{F}_{01} + \boldsymbol{F}_{02} \tag{6-2}$$

对于由 n 个点电荷 q_1，q_2，…，q_n 组成的点电荷系，对一个点电荷 q 的作用力为

$$\begin{aligned}\boldsymbol{F} &= \boldsymbol{F}_{01} + \boldsymbol{F}_{02} + \cdots + \boldsymbol{F}_{0n} \\ &= \frac{1}{4\pi\varepsilon_0}\frac{q_1 q_0}{r_1^2}\boldsymbol{r}_{01} + \frac{1}{4\pi\varepsilon_0}\frac{q_2 q_0}{r_2^2}\boldsymbol{r}_{12} + \cdots + \frac{1}{4\pi\varepsilon_0}\frac{q_n q_0}{r_n^2}\boldsymbol{r}_{0n} \\ &= \sum_{i=1}^{n}\frac{1}{4\pi\varepsilon_0}\frac{q_i q_0}{r_1^2}\boldsymbol{r}_{0i}\end{aligned} \tag{6-3}$$

式（6-3）中，r_i 为 q_i 和 q_0 间的距离；$\boldsymbol{r}_{0i}$ 为从点电荷 q_i 指向 q_0 的单位矢量。

6.2 电场强度

6.2.1 电场

电荷或带电体之间的相互作用是怎样传递的呢？关于这一问题，历史上有过长期的争论。一种观点认为，这类相互作用的传递不需要任何媒介，也不需要时间，就能由一个物体传递到另一地点的另一个物体上，这种观点被称为“超距作用”。另一观点认

为，这类作用是通过一种充满整个空间的弹性媒质——“以太”来传递的。

然而，近代物理学的发展证明，“超距作用”的观点是错误的，也不存在“以太”。实际上，电荷之间的相互作用是通过电场来传递的。

近代物理学的发展告诉我们，电荷在其周围空间激发电场。电场的基本特性是，它对处在其中的任何其他电荷都有作用力，这种作用力称为电场力。电荷间的相互作用可用下式表示：电荷⇔电场⇔电荷。现代科学实验证明，场的观点是正确的。电场与分子、原子所组成的实物一样，具有能量、动量及质量。所以，电场也是一种存在形态。产生电场的电荷称为**源电荷**。

本章讨论一种简单的情形，即相对于观察者静止且电量不变的源电荷在其周围空间激发的电场——**静电场**。

6.2.2　电场强度

源电荷 q 产生静电场。那么，如何描述这个电场呢？一个自然的做法是根据此电场对其他电荷作用的电场力来定量分析电场，为此引入**试探电荷** q_0 作为试探电荷。试探电荷的电量必须很小，避免由于它的引入而影响源电荷的分布，从而使源电荷原来所激发的电场不能保持原状。而且，试探电荷的几何尺寸也要很小，使其能精细地反映电场中各点的电场性质。当它被放到电场中时，它的位置在直角坐标系 $Oxyz$ 中可用一组坐标（x，y，z）来确定。总结以上两点，我们认为试探电荷是一个电量很小的点电荷。

如图 6-3 所示，为了定量描述源电荷 q 产生的电场，放一试探电荷 q_0 到场点 P，其所受电场力为 $\boldsymbol{F}$。实验表明，电场力 $\boldsymbol{F}$ 的大小与 q_0 成正比，而比值 $\boldsymbol{F}/q_0$ 则与试探电荷无关，是一个仅由源电荷的电场所决定的客观物理量。这样就可用物理量 $\boldsymbol{E}$ 来描述电场，称其为电场强度，定义为

$$\boldsymbol{E}=\frac{\boldsymbol{F}}{q_0} \tag{6-4}$$

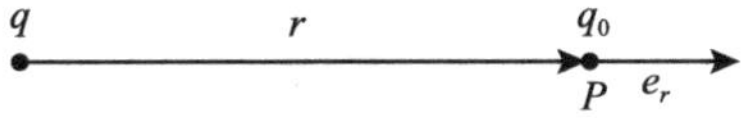

图 6-3

我们看到，电场中某点的电场强度等于该点处的单位正电荷所受的力。一般来说，不同场点上的电场强度大小和方向各不相同，是空间位置的矢量函数，可表示为 $\boldsymbol{E}(x,\ y,\ z)$ 或 $\boldsymbol{E}(\boldsymbol{r})$。

在国际单位制（SI）中，电场强度的单位为伏特每米（V/m）或牛顿每库仑（N/C），且两者等价，即 1 V/m=1 N/C。

6.2.3 电场强度的计算

1. 点电荷的场强

如上图 6-3 所示，先讨论一个最简单的情况，即点电荷 q 在其周围所形成的电场情况。为此，放一试验电荷 q_0 到任一场点 P，P 相对点电荷 q 的位矢为 $\boldsymbol{r}$，根据库仑定律，q_0 受到的电场力为

$$\boldsymbol{F}=\frac{qq_0}{4\pi\varepsilon_0 r^2}\boldsymbol{e}_r$$

再根据电场强度的定义有

$$\boldsymbol{E}=\frac{\boldsymbol{F}}{q_0}=\frac{q}{4\pi\varepsilon_0 r^2}\boldsymbol{e}_r \tag{6-5}$$

式（6-5）即为**点电荷的场强公式**，它描述了点电荷 q 周围空间各点场强的大小和方向。但当$r=0$ 时，$E\to\infty$，此结果无意义。这是因为点电荷只是一个理想模型，对于 $r=0$ 处的场点，必须考虑实际电荷分布，而不能再将其视为点电荷。若点电荷带正电，即 $q>0$，则 $\boldsymbol{E}$ 的方向为以 q 为球心沿径向向外；若点电荷带负电，即 $q<0$，则 $\boldsymbol{E}$ 的方向为以 q 为球心沿径向向内。电场强度 $\boldsymbol{E}$ 的大小与点电荷 q 的电量成正比，与场点到点电荷 q 的距离 r 的平方成反比，**电场呈球对称分布**。

2. 点电荷系的场强

如图 6-4 所示，若干点电荷构成一点电荷系，研究其在场点 P 处形成的场强情况。为此放一试探电荷 q_0 于 P 点，根据电场力叠加原理，其所受电场力为

$$\boldsymbol{F}=\sum_{i=1}^{n}\boldsymbol{F}_i$$

其中，$\boldsymbol{F}_i$ 是点电荷系中第 i 个点电荷单独存在时 q_0 受到的电场力。

再根据电场强度的定义，有

$$\boldsymbol{E}=\frac{\boldsymbol{F}}{q_0}=\sum_{i=1}^{n}\frac{\boldsymbol{F}_i}{q_0}=\sum_{i=1}^{n}\boldsymbol{E}_i \tag{6-6}$$

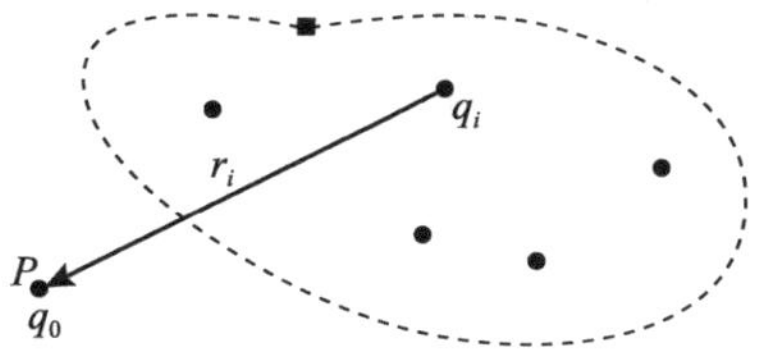

图 6-4

其中，$\boldsymbol{E}_i=\dfrac{\boldsymbol{F}_i}{q_0}$为点电荷系中第 i 个点电荷单独存在时，在场点 P 处产生的电场强度。

式（6-6）表明：点电荷系在某点产生的电场强度等于构成这个点电荷系的各个点电荷单独存在时在同一点处产生的电场强度的矢量和，这一结果称为场强叠加原理。从表面上看，场强叠加原理似乎是电场力叠加原理的推论，但从场的观点来看，场强叠加原理是电场的一个基本性质，它比电场力叠加原理更基本。

根据点电荷产生场强公式（6-6），可将点电荷系的场强公式写为：

$$\boldsymbol{E}=\sum_{i=1}^{n}\boldsymbol{E}_i=\frac{1}{4\pi\varepsilon_0}\sum_{i=1}^{n}\frac{q_i}{r_i^2}\boldsymbol{e}_i \tag{6-7}$$

3. 连续分布电荷系统的场强

如果场点或参考点距源电荷较近，源电荷本身的尺寸和形状不能忽视，这时场强如何计算？尽管从微观上看，由于电荷的量子性，电荷的分布总是不连续的，但由于电荷的最小基元非常小，从宏观上看，我们可以将电荷系统上的电荷当作是连续分布的。在处理此类问题时，可将电荷系统分解为许多无限小的电荷元 dq，而每个电荷元又能当成点电荷处理，其所产生的电场为

$$\mathrm{d}\boldsymbol{E}=\frac{\mathrm{d}q}{4\pi\varepsilon_0 r^2}\boldsymbol{e}_r$$

其中，r 是 dq 到 P 点的距离，如图 6-5 所示。根据场强叠加原理，整个系统在 P 点产生的场强可用积分计算：

$$\boldsymbol{E}=\int\mathrm{d}\boldsymbol{E}=\int\frac{\mathrm{d}q}{4\pi\varepsilon_0 r^2}\boldsymbol{e}_r \tag{6-8}$$

只要计算出这个积分，原则上任意形状的带电体所产生的场强问题都可以解决。但实际上，这个积分往往很难计算，只有在少数情况下可以严格解出。

在具体处理此类问题时，一般有以下三种情况。

（1）假如电荷是一个体分布，即分布在三维空间的一个区域内，这时可以引入**电荷体密度 $\boldsymbol{\rho}$** 来描述其分布，定义为

$$\rho=\lim_{\Delta V\to 0}\frac{\Delta q}{\Delta V}=\frac{\mathrm{d}q}{\mathrm{d}V} \tag{6-9}$$

其中，$\mathrm{d}V$ 为体积元。

（2）假如电荷分布在一个曲面上，可以引入**电荷面密度 $\boldsymbol{\sigma}$**：

$$\sigma=\frac{\mathrm{d}q}{\mathrm{d}S} \tag{6-10}$$

其中，$\mathrm{d}S$ 为面积的微元。

（3）假如电荷分布在一条线上，可以引入**电荷线密度 $\boldsymbol{\lambda}$**：

$$\lambda=\frac{\mathrm{d}q}{\mathrm{d}l} \tag{6-11}$$

其中，$\mathrm{d}l$ 为长度的微元。

在以上三种情况下，电荷元可分别表示为 $\mathrm{d}q=\rho\mathrm{d}V$、$\mathrm{d}q=\sigma\mathrm{d}S$ 和 $\mathrm{d}q=\lambda\mathrm{d}l$。相应的场强计算公式为

$$\boldsymbol{E}=\int\frac{\rho\mathrm{d}V}{4\pi\varepsilon_0 r^2}\boldsymbol{e}_r \tag{6-12}$$

$$\boldsymbol{E}=\int\frac{\sigma\mathrm{d}S}{4\pi\varepsilon_0 r^2}\boldsymbol{e}_r \tag{6-13}$$

$$\boldsymbol{E}=\int\frac{\lambda\mathrm{d}l}{4\pi\varepsilon_0 r^2}\boldsymbol{e}_r \tag{6-14}$$

这些积分是矢量函数的积分，一般处理较为复杂，在具体解决此问题时，需要选取合适的坐标系，将矢量分解为分量进行计算。

设两个点电荷等量异号（$+q$ 和 $-q$），相距为 l，当考察点离点电荷的距离远大于 l 时，这样一对点电荷就称为**电偶极子**。表征电偶极子的特征物理量是它的**电偶极矩 $\boldsymbol{P}$**，定义为 $\boldsymbol{P}=q\boldsymbol{l}$，其中矢量 $\boldsymbol{l}$ 由负电荷指向正电荷。电偶极子是一个非常重要的模型，在研究电介质的极化、电磁波的发射和吸收，以及中性分子间的相互作用力时都要用到这个模型。

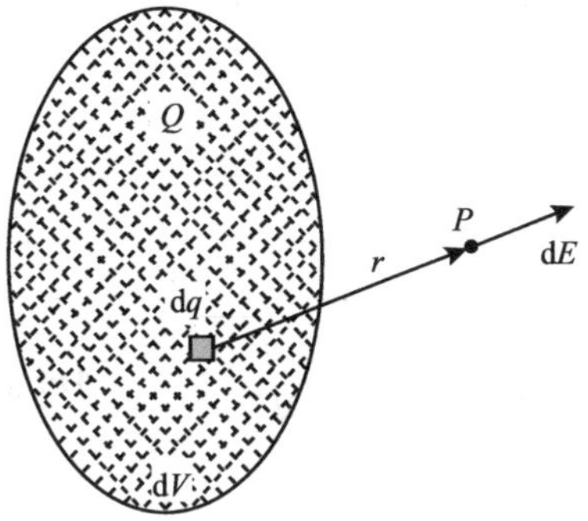

图 6-5

例 6-2　计算电偶极子轴线延长线上任一点 A 和中垂线上任一点 B 处的电场强度。

解： 取如图 6-6 所示的坐标系，设 A 点在轴线延长线上距离电偶极子中心为 x，根据题意有 $x>>l$。

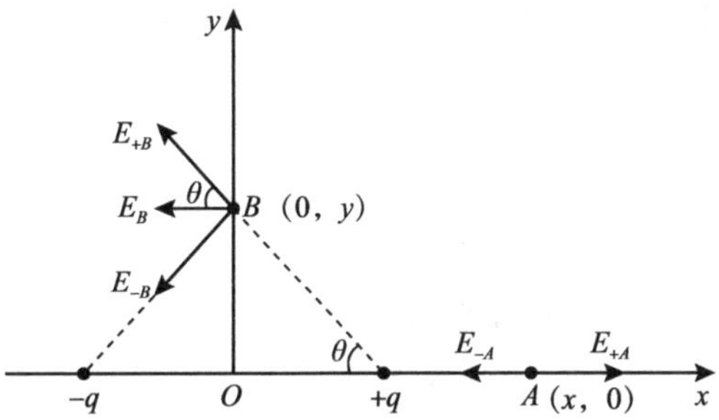

图 6-6

根据场强叠加原理可得 A 点的场强为

$$E_A=E_{+A}-E_{-A}$$

$$=\frac{q}{4\pi\varepsilon_0\left(x-\dfrac{l}{2}\right)^2}-\frac{q}{4\pi\varepsilon_0\left(x+\dfrac{l}{2}\right)^2}$$

由于 $x>>l$，可以近似为　$$E_A=\frac{2ql}{4\pi\varepsilon_0 x^3}=\frac{2P}{4\pi\varepsilon_0 x^3}$$

其中，$P=ql$ 为电偶极矩。

即 A 点场强为　$$\boldsymbol{E}_A=\frac{2\boldsymbol{P}}{4\pi\varepsilon_0 x^3}$$

设中垂线上 B 点距离电偶极子中心为 y。由于两个电场在中垂线方向上相互抵消，

仅在垂直于中垂线的方向上叠加，总电场强度 E_B 为

$$E_B=E_{+B}\cos\theta+E_{-B}\cos\theta$$
$$=2E_{+B}\cos\theta$$
$$=2\times\frac{q}{4\pi\varepsilon_0\left(y^2+\frac{l^2}{4}\right)}\cdot\frac{l}{2\sqrt{y^2+\frac{l^2}{4}}}=\frac{ql}{4\pi\varepsilon_0\left(y^2+\frac{l^2}{4}\right)^{\frac{3}{2}}}$$

当 $r>>l$ 时，可以近似为 $$E_B=\frac{ql}{4\pi\varepsilon_0 y^3}=\frac{P}{4\pi\varepsilon_0 y^3}$$

即 B 点场强为 $$\boldsymbol{E}_B=\frac{\boldsymbol{P}}{4\pi\varepsilon_0 y^3}$$

其中，P 为电偶极矩。

例 6-3 设有一均匀带电直棒，长度为 L，总电荷量为 q，线外一点 P 离开直棒的垂直距离为 a，P 点和直棒两端的连线与直棒之间的夹角分别为 θ_1 和 θ_2（图 6-7）。求 P 点的场强。

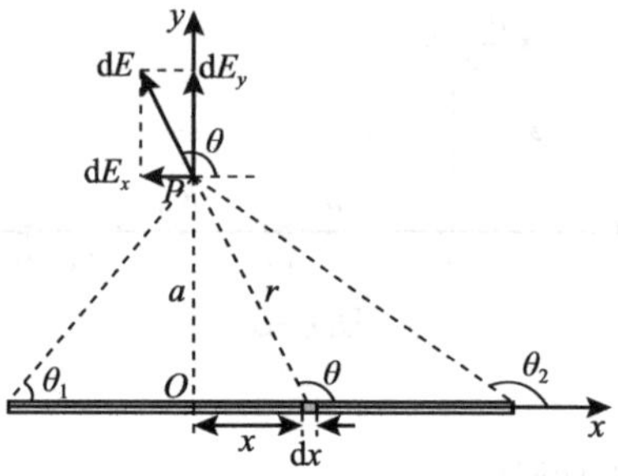

图 6-7

解：如图 6-7 所示，取 P 点到直棒的垂足 O 为原点，坐标轴 Ox 沿带电直棒，Oy 通过 P 点。设直线上每单位长度所带的电荷量为 λ（电荷线密度），即 $\lambda=q/L$。首先在棒上离原点为 x 处取一长度为 $\mathrm{d}x$ 的电荷元，其电荷量为 $\mathrm{d}q=\lambda\mathrm{d}x$，在 P 点激发的电场强度 $\mathrm{d}\boldsymbol{E}$ 为

$$\mathrm{d}\boldsymbol{E}=\frac{1}{4\pi\varepsilon_0}\frac{\lambda\mathrm{d}x}{r^2}\boldsymbol{e}_r$$

其中，$\boldsymbol{e}_r$ 是从 $\mathrm{d}x$ 指向 P 点的单位矢量。设 $\mathrm{d}\boldsymbol{E}$ 与 x 轴之间的夹角为 θ，则 $\mathrm{d}\boldsymbol{E}$ 沿 Ox 轴和 Oy 轴的两个分量分别为 $\mathrm{d}E_x=\mathrm{d}E\cos\theta$，$\mathrm{d}E_y=\mathrm{d}E\sin\theta$。从图中可知

$$x=a\tan\left(\theta-\frac{\pi}{2}\right)=-a\cot\theta,\ \mathrm{d}x=a\csc^2\theta\mathrm{d}\theta$$

$$r^2=x^2+a^2=a^2\csc^2\theta$$

所以

$$\mathrm{d}E_x=\frac{\lambda}{4\pi\varepsilon_0 a}\cos\theta\mathrm{d}\theta,\quad \mathrm{d}E_y=\frac{\lambda}{4\pi\varepsilon_0 a}\sin\theta\mathrm{d}\theta$$

将上两式积分，得

$$E_x=\int\mathrm{d}E_x=\int_{\theta_1}^{\theta_2}\frac{\lambda}{4\pi\varepsilon_0 a}\cos\theta\mathrm{d}\theta=\frac{\lambda}{4\pi\varepsilon_0 a}(\sin\theta_2-\sin\theta_1)$$

$$E_y=\int\mathrm{d}E_y=\int_{\theta_1}^{\theta_2}\frac{\lambda}{4\pi\varepsilon_0 a}\sin\theta\mathrm{d}\theta=\frac{\lambda}{4\pi\varepsilon_0 a}(\cos\theta_1-\cos\theta_2)$$

电场强度的大小为

$$E=\sqrt{E_x^2+E_y^2}=\frac{\lambda}{4\pi\varepsilon_0 a}\sqrt{2-2\cos(\theta_1-\theta_2)}$$

其方向可用 $\boldsymbol{E}$ 与 Ox 轴的夹角 α 表示

$$\alpha=\arctan\frac{E_y}{E_x}=\arctan\frac{\cos\theta_1-\cos\theta_2}{\sin\theta_2-\sin\theta_1}$$

如果这一均匀带电直棒是无限长的，亦即 $\theta_1=0$，$\theta_2=\pi$，那么

$$E=\frac{\lambda}{2\pi\varepsilon_0 a}\tag{6-15}$$

式（6-15）表明，无限长带电直棒附近某点的电场强度 $\boldsymbol{E}$ 与该点离带电直棒的距离 a 成反比，$\boldsymbol{E}$ 的方向垂直于直棒。若 $\boldsymbol{\lambda}$ 为正，$\boldsymbol{E}$ 沿 Oy 轴的正方向；若 $\boldsymbol{\lambda}$ 为负，$\boldsymbol{E}$ 沿 Oy 轴的负方向。以上结果对有限长的细直棒来说，在靠近直棒中部附近的区域（$a<<L$）也近似成立。

例 6-4　半径为 R 的均匀带电细圆环，电量为 Q，求圆环轴线上任一点的场强。

解： 如图 6-8 所示，在圆环上任取电荷元 $\mathrm{d}q$，在 P 点所产生场强为

$$\mathrm{d}\boldsymbol{E}=\frac{\mathrm{d}q}{4\pi\varepsilon_0 r^3}\boldsymbol{r}$$

将其分解为 x 方向分量和 y 方向分量 $\mathrm{d}E_x=\mathrm{d}E\cos\theta$，$\mathrm{d}E_y=\mathrm{d}E\sin\theta$。由对称性易知场强沿 y 方向分量相互抵消，即 $E_y=0$，所以总的场强沿 x 方向。P 点场强沿 x 轴的大小为

$$E=E_x=\int_{(Q)}\frac{\mathrm{d}q}{4\pi\varepsilon_0 r^2}\cos\theta=\frac{\cos\theta}{4\pi\varepsilon_0 r^2}\int_{(Q)}\mathrm{d}q=\frac{\cos\theta}{4\pi\varepsilon_0 r^2}Q$$

其中 $\cos\theta=\frac{x}{r}$，由此得

$$E=\frac{xQ}{4\pi\varepsilon_0(x^2+R^2)^{3/2}}$$

从上式可以看出，当 $x=0$ 时，$E=0$，这说明圆环中心处的场强为 0。而当 $x>>R$ 时，有

$$E\approx\frac{Q}{4\pi\varepsilon_0 x^2}=\frac{Q}{4\pi\varepsilon_0 r^2}$$

说明远离圆环中心处的场强近似等于点电荷的场强。何处的场强最大呢？只需要对函数 $E(x)$ 求取一阶导数，令其为 0 则可找到场强最大的位置。

令
$$\frac{\mathrm{d}E}{\mathrm{d}x}=\frac{R^2-2x^2}{(R^2+x^2)^{5/2}}=0$$

解得 $x=\pm\frac{\sqrt{2}}{2}R$，所以在轴线上距 O 点为 $\pm\frac{\sqrt{2}}{2}R$ 处场强具有极值。根据唯一性定理，在这两点 E 有最大值。

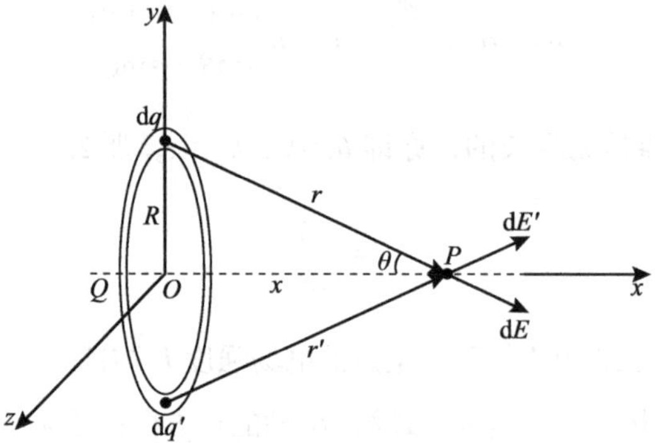

图 6-8

例 6-5 有一均匀带电的薄圆盘，半径为 R，电荷面密度为 σ。求圆盘轴线上任一点的场强（图 6-9）。

解： 如图 6-9 所示，均匀带电的薄圆盘可分解为不同半径的圆环，而圆环在轴线上任一点的场强可用上一题的结果

$$E=\frac{xQ}{4\pi\varepsilon_0(x^2+R^2)^{3/2}}$$

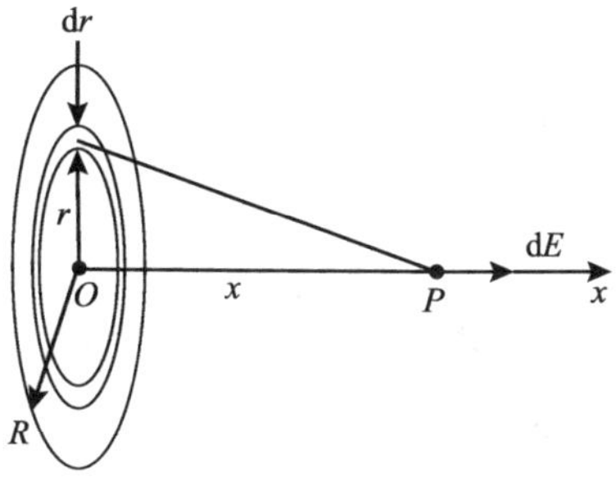

图 6-9

本题中，公式中的 Q 对应 $\mathrm{d}q=\sigma 2\pi r\mathrm{d}r$，$R$ 对应 r，而 E 对应 $\mathrm{d}E$，这时有

$$\mathrm{d}E=\frac{\mathrm{d}qx}{4\pi\varepsilon_0(x^2+r^2)^{3/2}}=\frac{\sigma}{2\varepsilon_0}\frac{xr\mathrm{d}r}{(x^2+r^2)^{3/2}}$$

由于不同半径的圆环在 P 点产生电场的方向相同，故直接进行标量函数的积分可得

$$E=\int_0^R\frac{\sigma}{2\varepsilon_0}\frac{xr\mathrm{d}r}{(x^2+r^2)^{3/2}}=\frac{\sigma}{2\varepsilon_0}\left(1-\frac{x}{\sqrt{x^2+R^2}}\right)$$

讨论：

（1）当 $x<<R$ 时，有限的均匀带电薄圆盘可视为一**无限大均匀带电平面**，所产生的电场强度为

$$E=\frac{\sigma}{2\varepsilon_0}$$

这一结果与场点的位置无关，**说明无限大均匀带电平面左侧或右侧各形成一个匀强电场。若平面带正电，则电场从带电平面指向两侧；若平面带负电，则电场从两侧指向带电平面。**

（2）当 $x>>R$ 时，有

$$E=\frac{\sigma}{2\varepsilon_0}\left(1-\frac{1}{\sqrt{1+R^2/x^2}}\right)\approx\frac{\sigma}{2\varepsilon_0}\frac{R^2}{2x^2}=\frac{q}{4\pi\varepsilon_0x^2}$$

当场点离开圆盘很远时，带电圆盘相当于一个点电荷，这是合理的结果。

6.3 高斯定理

6.3.1 电场线

为了形象描述静电场中各点场强大小和方向的分布情况，通常引入由法拉第首先提出的**电场线**的概念。电场线是这样一些曲线，它上面每一点的切线方向都与该点处的电场强度 $\boldsymbol{E}$ 的方向一致，如图 6-10。

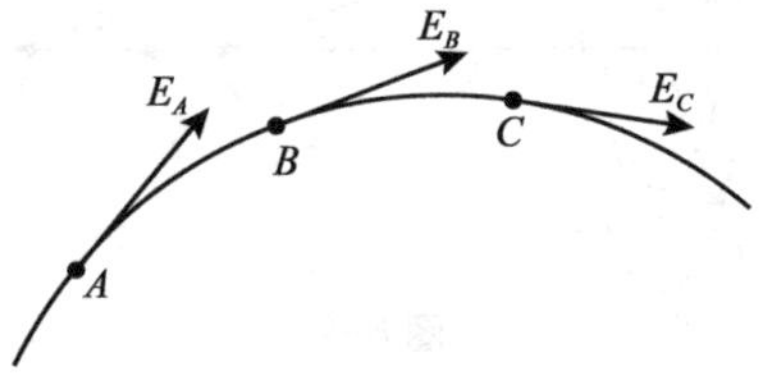

图 6-10

为了表示电场强度的大小，规定在电场强度较大的地方电场线较密，电场强度较小的地方电场线较疏。这样，电场线的疏密就形象地反映了电场中电场强度大小的分布。为了给出电场线密度和电场强度间的数量关系，人们对电场线的密度作了规定：在电场中任一点，作一个面积元 dS，并使它与该点的 $\boldsymbol{E}$ 垂直，如图 6-11 所示，可认为 dS 面上各点的 $\boldsymbol{E}$ 是相同的，则通过面积元 dS 的电场线数 dN 与该点 $\boldsymbol{E}$ 的大小有如下关系：

$$\frac{\mathrm{d}N}{\mathrm{d}S}=E \tag{6-16}$$

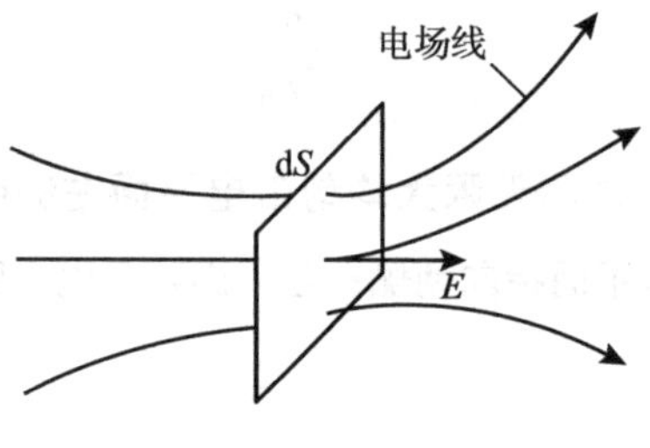

图 6-11

这就是说，通过电场中某点垂直于 $\boldsymbol{E}$ 的单位面积的电场线条数等于该点处电场强度 $\boldsymbol{E}$ 的大小。dN/dS 也叫作电场线密度。

图 6-12 所示的是几种典型带电系统的电场线分布情况。可以看出，静电场的电场线有如下性质：①电场线始于正电荷（或来自无限远处），止于负电荷（或伸向无限远处），不会在没有电荷的地方中断（电场强度为 0 的奇异点除外）；②电场线不能形成闭合曲线；③任何电场线都不能相交。

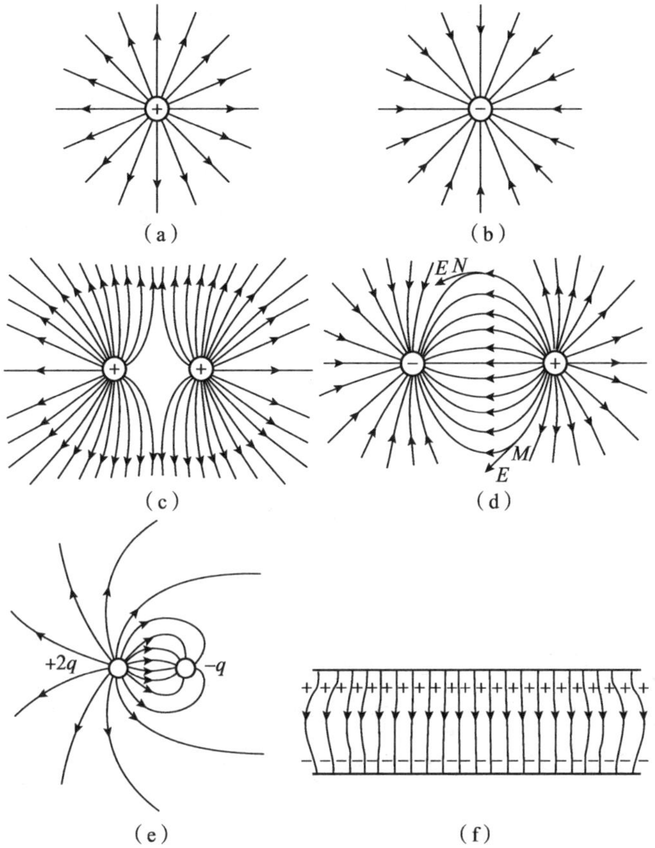

图 6-12　几种典型带电系统的电场线分布情况

6.3.2　电通量

在电场中，穿过任意曲面 S 的电场线条数称为通过该面的**电通量**，通常用 $\boldsymbol{\varPsi}$ 表示，如图 6-13 所示。

如图 6-13（a）所示，均匀电场 $\boldsymbol{E}$ 与 S 垂直，穿过的电场线条数为 $\varPsi$，根据电场线密度的定义可知 $\varPsi=ES$。图 6-13（b）所示均匀电场 $\boldsymbol{E}$ 不变，面 S' 与 S 的夹角为 θ，且 $S=S'\cos\theta$，穿过的电场线条数也为 $\varPsi$，同理可得 $\varPsi=ES'\cos\theta$，由于面的方向为其法向，故有

$$\varPsi = ES'\cos\theta = \boldsymbol{E}\cdot\boldsymbol{S}' \tag{6-17a}$$

一般情况下，电场是不均匀的，如图 6-13（c）所示，而且所取的几何面 S 可以是一个任意的曲面。在曲面上，电场强度的大小和方向逐点变化。为了计算通过该曲面的电通量，可以把该曲面分割成无限多个面积元 $\mathrm{d}S$，每个 $\mathrm{d}S$ 都趋向于无穷小，从而可以将 $\mathrm{d}S$ 上的电场强度 $\boldsymbol{E}$ 视为均匀电场。穿过面积元 $\mathrm{d}S$ 的电通量为

$$d\boldsymbol{\Psi}=E_n dS = E\cos\theta dS = \boldsymbol{E}\cdot d\boldsymbol{S} \tag{6-17b}$$

电通量是代数量，当$0\leqslant\theta\leqslant\frac{\pi}{2}$时，$d\boldsymbol{\Psi}$为正；当$\frac{\pi}{2}\leqslant\theta\leqslant\pi$时，$d\boldsymbol{\Psi}$为负。

为表示面积元矢量 $d\boldsymbol{S}$ 的法线 $\boldsymbol{n}$ 的方向为该面元的方向。根据矢量积的定义，穿过 $d\boldsymbol{S}$ 的电通量也可以写为 $d\boldsymbol{\Psi}=\boldsymbol{E}\cdot d\boldsymbol{S}$，则通过整个面 S 的电通量等于通过所有面 $d\boldsymbol{S}$ 的电通量的和。由于面 S 连续分布，有

$$\boldsymbol{\Psi}=\int d\boldsymbol{\Psi}=\int_S \boldsymbol{E}\cdot d\boldsymbol{S} \tag{6-18}$$

对于闭合曲面，则有

$$\boldsymbol{\Psi}=\oint_S \boldsymbol{E}\cdot d\boldsymbol{S} \tag{6-19}$$

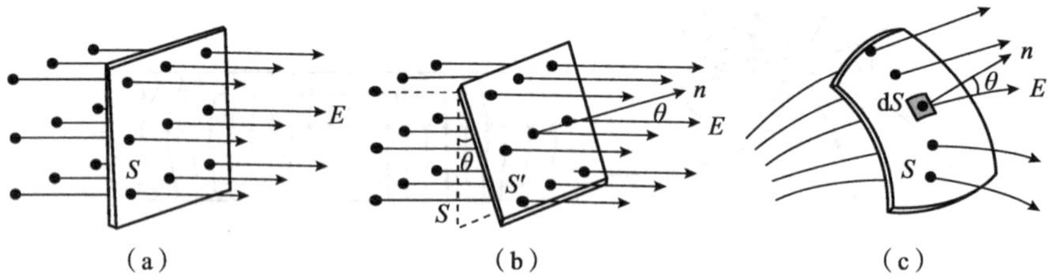

图 6-13

为方便电通量的积分计算，再对法线的方向作出规定：①对于闭合曲面，由于它把整个空间分为两个部分，一般规定由内向外为各面积元法线的正方向；②对于没有闭合的曲面，面上各处的法线正方向可以选取指向曲面凸的那一侧。如图 6-14 所示，当电场线从内部穿出时，$0\leqslant\theta\leqslant\frac{\pi}{2}$，$d\boldsymbol{\Psi}$ 为正；当电场线从外部穿入时，$\frac{\pi}{2}\leqslant\theta\leqslant\pi$，$d\boldsymbol{\Psi}$ 为负。通过整个曲面的电通量 $\boldsymbol{\Psi}$ 就等于穿出和穿入曲面的电场线条数之差，也就是净穿出曲面的电场线的总条数。

例 6-6　三棱柱体放在如图 6-15 所示的匀强电场中，求通过此三棱柱体的电通量。

解：三棱柱体的表面为一闭合曲面，由 5 个平面构成。其中 $MNPOM$ 所围的面积为 S_1，$MNQM$ 和 $OPRO$ 所围的面积为 S_2 和 S_3，$MORQM$ 和 $NPRQN$ 所围的面积为 S_4 和 S_5。那么，在此匀强电场中通过 S_1、S_2、S_3、S_4 和 S_5 的电通量分别为 $\boldsymbol{\Psi}_1$、$\boldsymbol{\Psi}_2$、$\boldsymbol{\Psi}_3$、$\boldsymbol{\Psi}_4$、$\boldsymbol{\Psi}_5$，故通过闭合曲面的电通量为

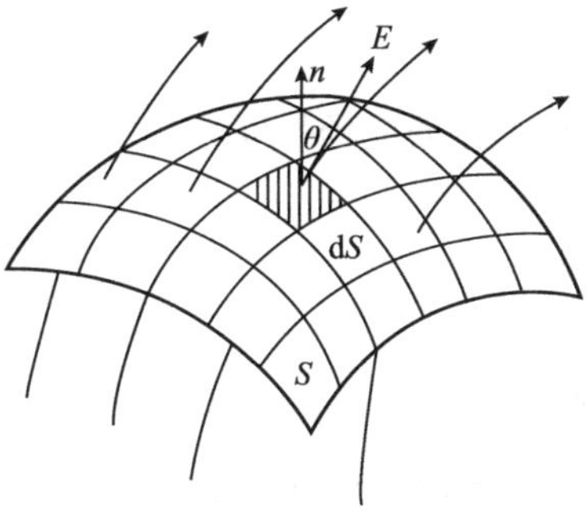

图 6-14

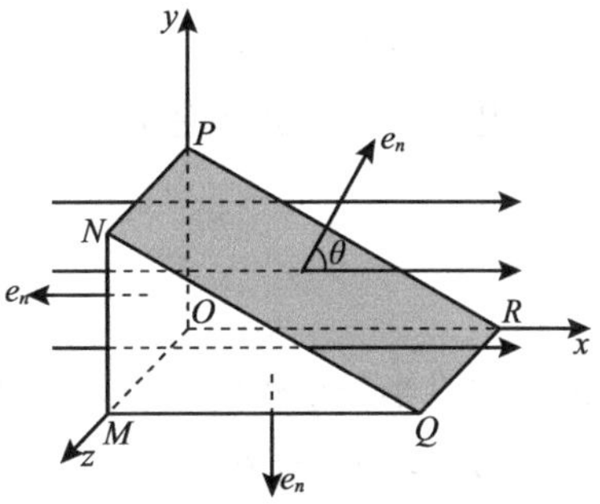

图 6-15

$$\boldsymbol{\Psi}=\boldsymbol{\Psi}_1+\boldsymbol{\Psi}_2+\boldsymbol{\Psi}_3+\boldsymbol{\Psi}_4+\boldsymbol{\Psi}_5$$

由（6-18）式可求得通过 S_1 的电通量为　　$\boldsymbol{\Psi}_1=\int_{S_1}\boldsymbol{E}\cdot \mathrm{d}\boldsymbol{S}$

从图 6-15 中可见，面 S_1 的正法线矢量 $\boldsymbol{e}_n$ 的方向与 $\boldsymbol{E}$ 的方向之间的夹角为 π，故

$$\boldsymbol{\Psi}_1=ES_1\cos\pi=-ES_1$$

而面 S_2、S_3 和 S_4 的正法线矢量 $\boldsymbol{e}_n$ 均与 $\boldsymbol{E}$ 垂直，故

$$\boldsymbol{\Psi}_2=\boldsymbol{\Psi}_3=\boldsymbol{\Psi}_4=\int_S\boldsymbol{E}\cdot \mathrm{d}\boldsymbol{S}=0$$

对于面 S_5，正法线矢量 $\boldsymbol{e}_n$ 与 $\boldsymbol{E}$ 的夹角 $0<\theta<\dfrac{\pi}{2}$，故

$$\boldsymbol{\Psi}_5=\int_{S_5}\boldsymbol{E}\cdot \mathrm{d}\boldsymbol{S}=E\cos\theta S_5$$

而 $S_5\cos\theta=S_1$，所以　　$\boldsymbol{\Psi}_5=ES_1$

把它们代入，有　　$\boldsymbol{\Psi}=\boldsymbol{\Psi}_1+\boldsymbol{\Psi}_2+\boldsymbol{\Psi}_3+\boldsymbol{\Psi}_4+\boldsymbol{\Psi}_5=-ES_1+ES_1=0$

上述结果表明，在匀强电场中穿入三棱柱体的电场线与穿出三棱柱体的电场线相等，即穿过闭合曲面（三棱柱体表面）的电通量为 0。

6.3.3 高斯定理

1. 静电场的高斯定理

在了解了电通量的概念后，现进一步讨论通过闭合曲面的电通量和作为场源的电荷量之间的关系，从而得出表征静电场性质的一个基本定理——**高斯定理**。

首先，我们计算在点电荷 q（$q>0$）所激发的电场中，通过以点电荷为中心、半径为 r 的球面的电通量。根据库仑定律，在球面上任一点的电场强度为

$$\boldsymbol{E}=\frac{q}{4\pi\varepsilon_0 r^2}\boldsymbol{e}_r$$

电场强度的方向沿半径呈辐射状，处处和球面的法线单位矢量 $\boldsymbol{e}_n$ 方向一致，如图 6-16 所示，即 $\boldsymbol{e}_n$ 和 $\boldsymbol{e}_r$ 之间的夹角 $\theta=0°$。所以，由式（6-19）可求得通过该闭合球面上的电通量为

$$\Psi=\oint\!\!\!\oint_S \boldsymbol{E}\cdot \mathrm{d}\boldsymbol{S}=\oint\!\!\!\oint_S \frac{q}{4\pi\varepsilon_0 r^2}\mathrm{d}S=\frac{q}{4\pi\varepsilon_0 r^2}\oint\!\!\!\oint_S \mathrm{d}S=\frac{q}{\varepsilon_0} \tag{6-20}$$

这一结果表明，通过闭合球面上的电通量和球面所包围的电荷量成正比，而和所取球面的半径无关。也就是说，如果以点电荷 q 为球心作几个同心球面 S_1、S_2、S_3…，通过各球面的电通量都等于 q/ε_0，如图 6-17 所示。

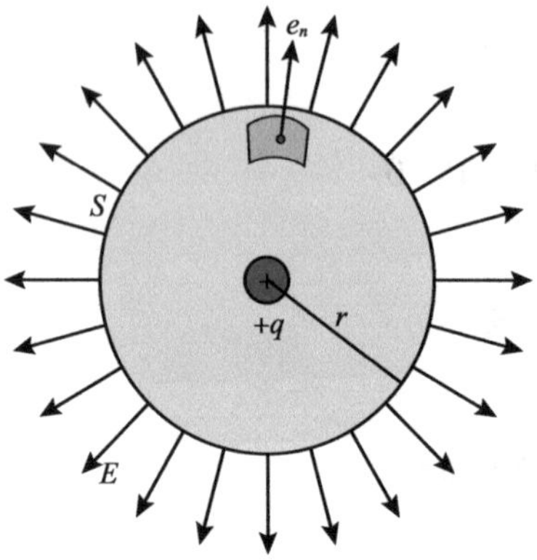

图 6-16

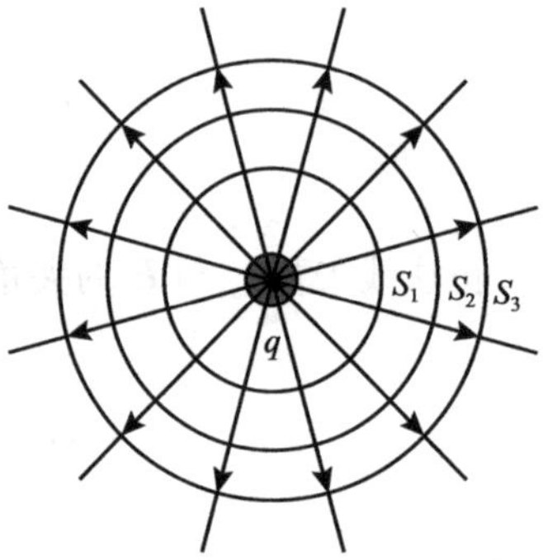

图 6-17

从电场线的观点来看，还可以进一步推断：由于从点电荷 q 发出的所有电场线连续地延伸到无限远处，即使球面的形状发生了畸变，或者点电荷不在球的中心，如图 6-18 所示，那么通过畸变了的球面的电通量，以及电荷不在中心的球面的电通量都没有发生变化，仍为 q/ε_0。

再进一步讲，在有 n 个电荷的情况下，根据电场强度叠加原理，空间任一点的电场强度是这 n 个电荷电场的矢量和：

$$\boldsymbol{E}=\boldsymbol{E}_1+\boldsymbol{E}_2+\cdots+\boldsymbol{E}_n$$

如果这 n 个电荷都在一个闭合曲面内，如图 6-19 所示，此时通过该闭合曲面的电通量为

$$\Psi = \oint_S \boldsymbol{E} \cdot \mathrm{d}\boldsymbol{S} = \oint_S \boldsymbol{E}_1 \cdot \mathrm{d}\boldsymbol{S} + \oint_S \boldsymbol{E}_2 \cdot \mathrm{d}\boldsymbol{S} + \cdots + \oint_S \boldsymbol{E}_n \cdot \mathrm{d}\boldsymbol{S} \tag{6-21}$$

式（6-21）右边第一项是电荷 q_1 所激发的电场通过闭合曲面 S 的电通量，按式（6-20）它等于 q_1/ε_0；其余各项有相同的意义。因此

$$\Psi = \oint_S \boldsymbol{E} \cdot d\boldsymbol{S} = \frac{q_1}{\varepsilon_0} + \frac{q_2}{\varepsilon_0} + \cdots + \frac{q_n}{\varepsilon_0} = \sum_{i=1}^{n} \frac{\mathrm{q}_i}{\varepsilon_0} \tag{6-22}$$

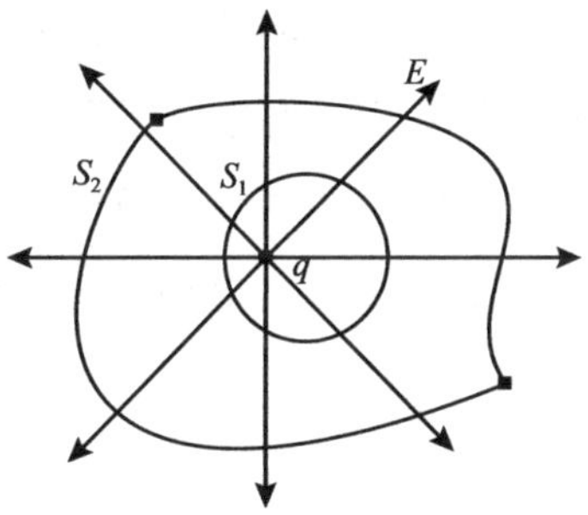

图 6-18

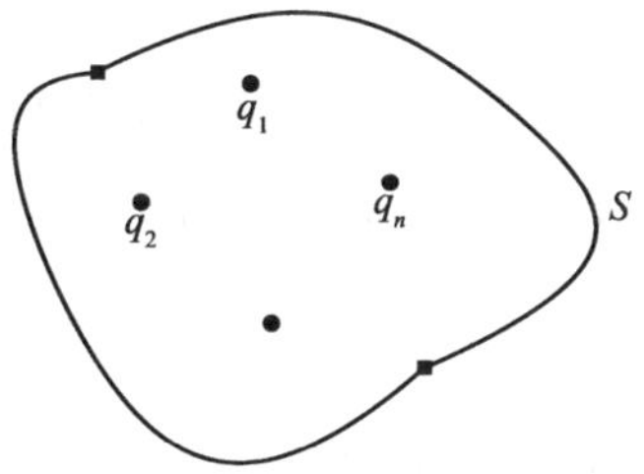

图 6-19

另一方面，如果闭合曲面内没有包围电荷，如图 6-20 所示，电荷在闭合曲面外，那么进入闭合曲面的电场线等于穿出闭合曲面的电场线，所以总的电通量为 0：

$$\oint_S \boldsymbol{E} \cdot \mathrm{d}\boldsymbol{S} = 0$$

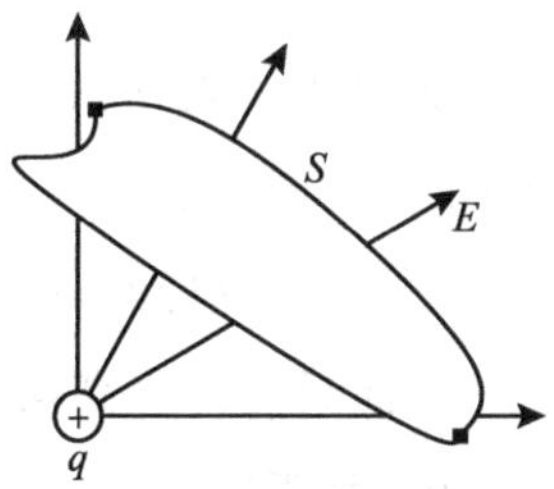

图 6-20

综上所讨论，不难得出结论：**在静电场中，通过任一闭合曲面的电通量，等于该曲面内电荷量的代数和除以 ε_0**，一般写为

$$\oint_S \boldsymbol{E} \cdot \mathrm{d}\boldsymbol{S} = \frac{1}{\varepsilon_0} \sum_i q_i \tag{6-23}$$

这就是表征静电场性质的**高斯定理**。

高斯定理是静电场中的一个重要定理。要正确理解高斯定理，须注意以下几点：①通过高斯面的电通量 $\boldsymbol{\Psi}$，只与高斯面内的电荷电量有关，与高斯面内的电荷分布以及高斯面外的电荷无关；②高斯面上任一点的场强 $\boldsymbol{E}$，是高斯面内、外所有电荷共同激发的总场强，不能理解为高斯面上的场强仅仅是由高斯面内的电荷所产生的；③高斯面内电荷的代数和为 0，只说明通过高斯面的电通量为 0，并不意味着高斯面上各点的场强也一定为 0。

高斯定理反映了静电场的一个基本性质，即**静电场是有源场**。高斯定理表明，当闭合曲面内的净电荷为正时，$\Psi>0$ 表示有电场线从它发出并穿出闭合曲面，所以正电荷称为静电场的源头；当闭合曲面内的净电荷为负时，$\Psi<0$ 表示有电场线穿入闭合曲面而终止于它，所以负电荷称为它的尾闾。即正电荷是发出电场线的源，负电荷是吸收电场线的闾（负源）。此外，高斯定理不仅对静电场适用，对变化的电场、对运动电荷的电场也适用。它是电磁场理论的基本方程之一。

2. 高斯定理的应用

一般情况下，当电荷分布给定时，从高斯定理只能求出通过某一闭合曲面的电通量，并不能直接确定电场中各点的电场强度。但是，**当电荷分布具有某些特殊的对称性，从而使相应的电场分布也具有一定的对称性时，就有可能应用高斯定理来计算电场强度**。所以，应用高斯定理求解电场强度时，首先必须对所讨论问题的电荷分布和电场分布进行适当的分析，看能否找出合适的闭合面（习惯称**高斯面**），使电场强度满足以下条件之一：在整个高斯面上，电场强度大小处处相等，且方向与该面垂直；在高斯面的某一部分上，电场强度处处相等且方向与该面垂直，而在另一部分上，电场强度与该面平行，因而通过的电通量为 0。如果能找到这样的高斯面，那么在应用高斯定理时，就可以避免对电场强度进行复杂的积分，而只需计算高斯面内的电荷量——这往往比较容易。通过这种方法，可以很方便地求出电场强度。

例 6-7 已知半径为 R，带电量为 q 的均匀带电球面，求空间场强的分布。

解：由于场源电荷分布的球对称性，显然可判断场中各点场强分布也是球对称性的，即离开球心距离为 r 处各点的场强大小一定相等，而方向都沿各自的径矢方向，如图 6-21 所示。

根据前述分析，以 O 点为球心，过球面外任一点 P，作半径为 r 的闭合球面 S（称高斯面），因为高斯面上各点场强大小处处相等，方向又与各点处面积元 $d\boldsymbol{S}$ 的法线方向

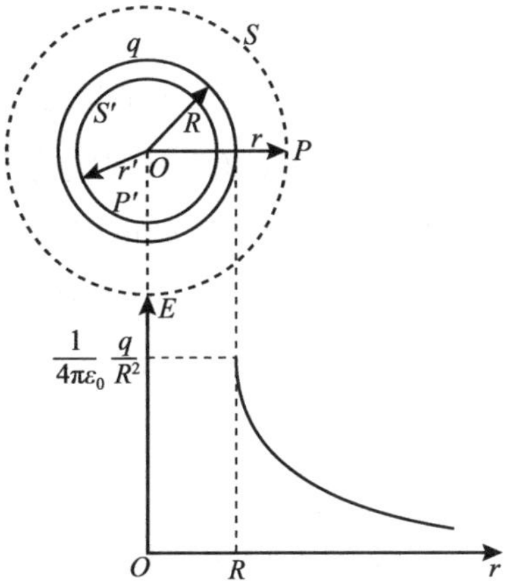

图 6-21

一致，所以穿过高斯面 S 的总电通量为

$$\Psi=\oint\!\!\!\oint_S \boldsymbol{E}\cdot \mathrm{d}\boldsymbol{S}=\oint\!\!\!\oint_S E\mathrm{d}S=E\oint\!\!\!\oint_S \mathrm{d}S=E4\pi r^2$$

此球面 S 包围的电荷为 q，由式（6-23）给出

$$E\times 4\pi r^2=\frac{q}{\varepsilon_0}$$

由此得

$$E=\frac{q}{4\pi\varepsilon_0 r^2}(r>R)$$

当 $q>0$ 时，场强 $\boldsymbol{E}$ 的方向沿径矢向外；当 $q<0$ 时，场强 $\boldsymbol{E}$ 的方向沿径矢由外指向球心 O。

对于球面内场强的分布，前述的对称性分析仍然有效。同理，仍可过 P' 点作以 O 为球心，$OP'=r(r<R)$ 为半径的高斯球面 S'，通过 S' 的电通量仍为 $E\times4\pi r^2$，但由于 S' 内没有电荷，根据高斯定理，应有

$$E\times 4\pi r^2=0$$

即

$$E=0(r<R)$$

根据上述结果可知，均匀带电球面内部的场强处处为 0；而球面外部的场强分布与将球面上电荷集中于球心的点电荷电场的场强分布相同。同时，场强 $\boldsymbol{E}$ 在球面处不连

续，产生突变。

思考：若为一半径为 R 的均匀带电球体，所带电荷量为 Q，则球内外的电场如何分布？

例 6-8 求“无限长”均匀带电直导线（设其线电荷密度为 λ）的场强分布。

解： 此带电体的场强分布具有轴对称性，因而可用高斯定理来求解。

如图 6-22 所示，选以带电直线为轴，场点至轴的距离 a 为半径，高为 L 的封闭圆柱面 S 为高斯面。

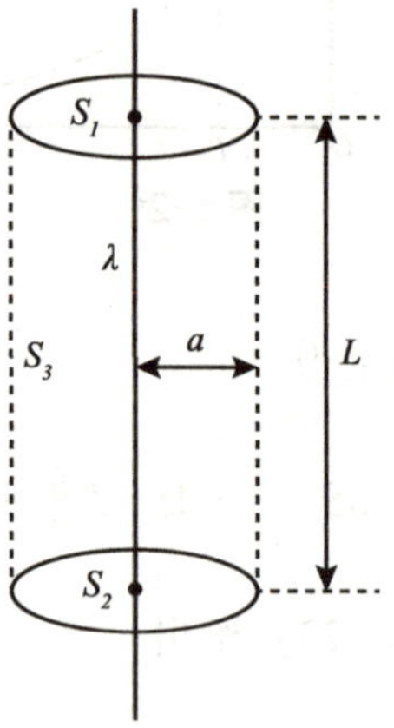

图 6-22

在 S 的上、下底面 S_1、S_2 上的任一点，场强 $\boldsymbol{E}\perp \mathrm{d}\boldsymbol{S}$；在侧面 S_3 上的任一点，场强 $\boldsymbol{E}/\!/\mathrm{d}\boldsymbol{S}$，$\boldsymbol{E}$ 的大小处处相等。所以，通过高斯面 S 的电通量

$$\begin{aligned}\Psi &= \oiint_S \boldsymbol{E}\cdot \mathrm{d}\boldsymbol{S}\\ &= \oiint_{S_1} \boldsymbol{E}\cdot \mathrm{d}\boldsymbol{S} + \oiint_{S_2} \boldsymbol{E}\cdot \mathrm{d}\boldsymbol{S} + \oiint_{S_3} \boldsymbol{E}\cdot \mathrm{d}\boldsymbol{S}\\ &= \oiint_{S_3} \boldsymbol{E}\cdot \mathrm{d}\boldsymbol{S}\\ &= 2\pi aLE\end{aligned}$$

根据高斯定理，有

$$2\pi aLE = \frac{\lambda L}{\varepsilon_0}$$

解之得

$$E = \frac{\lambda}{2\pi\varepsilon_0 a}$$

这与场强叠加原理积分计算的结果完全一致，但方法却要简便得多。

例 6-9　求“无限大”均匀带电平面的电场强度分布。已知平面上带电面电荷密度为$+\sigma$。

解： 由于电荷均匀分布在“无限大”平面上，可知空间各点的电场强度分布具有面对称性，即离带电平面等距离远处各点电场强度$\boldsymbol{E}$的大小相等，方向都与带电平面垂直，如图 6-23（a）所示。

选取一个圆柱形高斯面，使轴线与带电平面垂直，并使两边对称，P点位于一个底面上。底面的面积为S，电场强度大小为E。因为圆柱侧面上各点的电场强度与侧面平行，所以穿过侧面的电通量为 0。于是，穿过整个高斯面的电通量就等于两个底面上的电通量，即

$$\begin{aligned}\Psi &= \oint\!\!\!\oint_S \boldsymbol{E}\cdot d\boldsymbol{S}\\ &= \oint\!\!\!\oint_{S_{侧}} \boldsymbol{E}\cdot d\boldsymbol{S} + \oint\!\!\!\oint_{S_{左底}} \boldsymbol{E}\cdot d\boldsymbol{S} + \oint\!\!\!\oint_{S_{右底}} \boldsymbol{E}\cdot d\boldsymbol{S}\\ &= 0+ES+ES\\ &= 2ES\end{aligned}$$

高斯面内包围的电荷量$\dfrac{1}{\varepsilon_0}\sum_i q_{i(内)}=\sigma S$，根据高斯定理有

$$2ES=\frac{1}{\varepsilon_0}\sigma S$$

所以

$$E=\frac{\sigma}{2\varepsilon_0}$$

“无限大”均匀带电平面两侧的电场是均匀场，分布如图 6-23（b）所示。

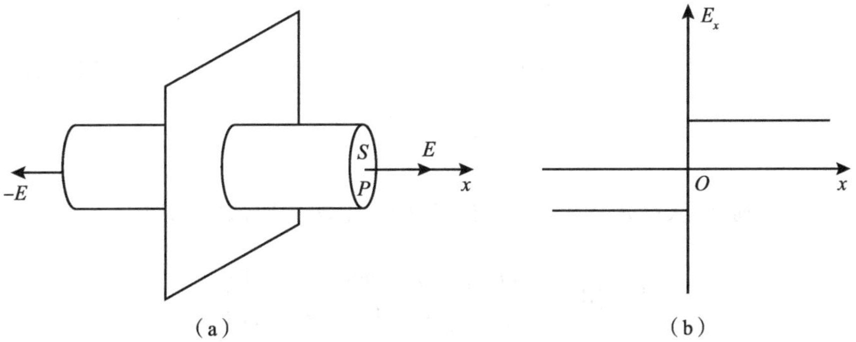

图 6-23

6.4 静电场的环路定理和电势

6.4.1 静电场的环路定理

1. 静电场力所做的功

如图 6-24 所示，有一正点电荷 q 固定于原点 O，试探电荷 q_0 在 q 的电场中由点 A 沿任意路径 ACB 到达点 B。在路径上点 C 处取位移元 $\mathrm{d}\boldsymbol{l}$，从原点 O 到点 C 的位矢为 $\boldsymbol{r}$。

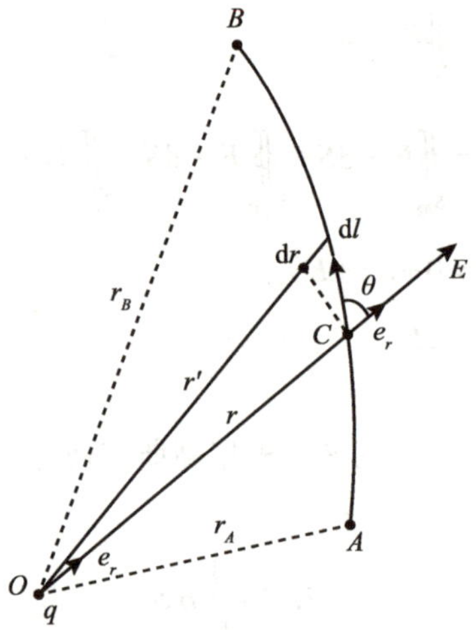

图 6-24

电场力对 q_0 做的元功为 $$\mathrm{d}W=q_0\boldsymbol{E}\cdot\mathrm{d}\boldsymbol{l}$$

代入带电荷的电场强度，元功可写为 $$\mathrm{d}W=\frac{1}{4\pi\varepsilon_0}\frac{qq_0}{r^2}\boldsymbol{e}_r\cdot\mathrm{d}\boldsymbol{l}$$

从图 6-24 中可以看出，$\boldsymbol{e}_r\cdot\mathrm{d}\boldsymbol{l}=\mathrm{d}l\cos\theta=\mathrm{d}r$，式中 θ 是 $\boldsymbol{E}$ 与 $\mathrm{d}\boldsymbol{l}$ 之间的夹角。所以，上式可写成 $$\mathrm{d}W=\frac{1}{4\pi\varepsilon_0}\frac{qq_0}{r^2}\mathrm{d}r$$

于是，在试探电荷 q_0 从点 A 移至点 B 的过程中，电场力所做的总功为

$$W=\int\mathrm{d}W=\frac{qq_0}{4\pi\varepsilon_0}\int_{r_A}^{r_B}\frac{\mathrm{d}r}{r^2}=\frac{qq_0}{4\pi\varepsilon_0}\left(\frac{1}{r_A}-\frac{1}{r_B}\right)\tag{6-24}$$

式（6-24）中，r_A 和 r_B 分别为试探电荷移动时的起点和终点距电荷 q 的距离。式（6-24）

表明，在点电荷 q 的非匀强电场中，电场力对试探电荷 q_0 所做的功，只与移动时的起始和终止位置有关，而与所经历的路径无关。

任意带电体都可看成由许多点电荷组成的点电荷系。根据电场强度叠加原理，点电荷系的电场强度 $\boldsymbol{E}$ 是各点电荷电场强度的矢量和，即：$\boldsymbol{E}=\boldsymbol{E}_1+\boldsymbol{E}_2+\cdots$。因此，任意点电荷系的电场力对试探电荷 q_0 所做的功，等于组成此点电荷系的各点电荷的电场力所做功的代数和，即

$$W=q_0\int_l \boldsymbol{E}\cdot \mathrm{d}\boldsymbol{l}=q_0\int_l \boldsymbol{E}_1\cdot \mathrm{d}\boldsymbol{l}+q_0\int_l \boldsymbol{E}_2\cdot \mathrm{d}\boldsymbol{l}+\cdots$$

上式中，每一项都与路径无关，所以它们的代数和也必然与路径无关。由此得出结论：一试探电荷 q_0 在静电场中从一点沿任意路径运动到另一点时，静电场力对它所做的功，仅与试探电荷 q_0 以及路径的起点和终点的位置有关，而与该路径的形状无关。

应当指出，在静电场中，电场力对试探电荷做功与路径无关是静电场的一个重要性质，这与万有引力和弹性力做功的特性是一样的。

2. 静电场的环路定理

由上述静电场力做功与路径无关这一特点出发，可以得到静电场的另一重要定理——静电场环路定理。

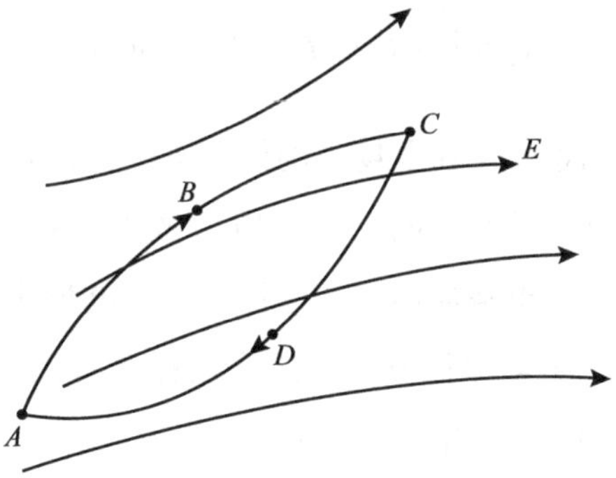

图 6-25

如图 6-25 所示，设试探电荷 q_0 在静电场中运动，经历的闭合路径为 $ABCDA$，电场力做的功为

$$W=q_0\oint_l \boldsymbol{E}\cdot \mathrm{d}\boldsymbol{l}=q_0\int_{ABC}\boldsymbol{E}\cdot \mathrm{d}\boldsymbol{l}+q_0\int_{CDA}\boldsymbol{E}\cdot \mathrm{d}\boldsymbol{l} \tag{6-25}$$

由于电场力做功与路径无关，即

$$q_0\int_{ADC}\boldsymbol{E}\cdot\mathrm{d}\boldsymbol{l}=q_0\int_{ABC}\boldsymbol{E}\cdot\mathrm{d}\boldsymbol{l}$$

将上式代入（6-24）得

$$q_0\oint_l\boldsymbol{E}\cdot\mathrm{d}\boldsymbol{l}=q_0\int_{ABC}\boldsymbol{E}\cdot\mathrm{d}\boldsymbol{l}-q_0\int_{ADC}\boldsymbol{E}\cdot\mathrm{d}\boldsymbol{l}=0$$

由于 q_0 不为 0，故上式成立的条件为

$$\oint_l\boldsymbol{E}\cdot\mathrm{d}\boldsymbol{l}=0 \tag{6-26}$$

式（6-26）表明，在静电场中，电场强度 $\boldsymbol{E}$ 沿任意闭合路径的线积分为 0。$\boldsymbol{E}$ 沿任意闭合路径的线积分又叫作 $\boldsymbol{E}$ 的**环流**，故式（6-26）也表明，在静电场中电场强度 $\boldsymbol{E}$ 的环流为 0，这叫作静电场的**环路定理**。它与高斯定理一样，也是表述静电场性质的一个重要定理。

至此，我们论证了静电场力与万有引力、弹性力一样，也是保守力；静电场是保守场。

6.4.2 电势差和电势

由于静电力是保守力，因而可引入与之相对应的势能，称为**电势能**。**静电力所做的功等于系统电势能增量的负值或电势能的减少**，即

$$A_{ab}=\int_a^b q_0\boldsymbol{E}\cdot\mathrm{d}\boldsymbol{l}=-(W_b-W_a) \tag{6-27}$$

式（6-27）中，a、b 分别代表 q_0 在电场中的始、末位置，而 W_a、W_b 分别代表 q_0 在两位置上的电势能。如 $A_{ab}>0$，则 $W_a>W_b$，即静电力做正功系统电势能减少；$A_{ab}>0$，则 $W_a<W_b$，即静电力做负功系统电势能增加。这样定义的电势能是一个相对量。为了确定某点的电势能，必须选择一个电势能 0 点，这个选择具有任意性。**对于有限大带电体，**一般**选无限远处的电势能为** 0。这样，***a* 点的电势能**为

$$W_a=\int_a^{\infty}q_0\boldsymbol{E}\cdot\mathrm{d}\boldsymbol{l} \tag{6-28}$$

即点电荷 q_0 在电场中任一点 a 的电势能 W_a，等于将点电荷 q_0 从点 a 移到无限远处的过程中电场力所做的功。一般情况下，这个功可正可负，相应的电势能也有正有负。电势能是属于相互作用的整个系统的，不仅与电场有关，还与点电荷 q_0 有关。但是，比值 $\dfrac{W_a}{q_0}=\int_a^{\infty}\boldsymbol{E}\cdot\mathrm{d}\boldsymbol{l}$ 仅与场点 a 的位置有关，而与电荷 q_0 无关。因此，$\dfrac{W_a}{q_0}$可用来描述电场中某

点 a 的性质，称为 a 点的电势，用 U_a 来表示，即

$$U_a=\int_a^{\infty}\boldsymbol{E}\cdot\mathrm{d}\boldsymbol{l} \tag{6-29}$$

可见，**静电场中某点的电势，在数值上等于放在该点的单位正电荷的电势能，或者等于将单位正电荷从点 a 移到无限远处的过程中电场力所做的功**。所以，**电势是一个标量**，单位为伏特（V）。我们将任意两点 a 和 b 的电势之差称为电势差，用 U_{ab} 来表示：

$$U_{ab}=U_a-U_b$$

即

$$U_{ab}=\int_a^{\infty}\boldsymbol{E}\cdot\mathrm{d}\boldsymbol{l}-\int_b^{\infty}\boldsymbol{E}\cdot\mathrm{d}\boldsymbol{l}=\int_a^{\infty}\boldsymbol{E}\cdot\mathrm{d}\boldsymbol{l}+\int_{\infty}^{b}\boldsymbol{E}\cdot\mathrm{d}\boldsymbol{l}$$

由此得到

$$U_{ab}=\int_a^{b}\boldsymbol{E}\cdot\mathrm{d}\boldsymbol{l} \tag{6-30}$$

即静电场中 a、b 两点的**电势差**，等于单位正电荷从点 a 移到点 b 过程中电场力所做功。由于电场力是保守力，这个功和过程是无关的，故电势差只与 a、b 两点的位置有关，与连接它们之间的路径无关。

反过来，知道了电势差后，静电力的做功问题也就非常简单了，即

$$A_{ab}=-q_0(U_b-U_a) \tag{6-31}$$

6.4.3　电势的计算

1. 点电荷电场中的电势

点电荷的电场为 $\boldsymbol{E}=\dfrac{q}{4\pi\varepsilon_0 r^2}\boldsymbol{e}_r$，根据电势的定义 $U_P=\int_P^{\infty}\boldsymbol{E}\cdot\mathrm{d}\boldsymbol{l}$，可求出 P 点处的电势，如图 6-26 所示。此积分与路径无关，可以选择一个最简单的，即沿着径向的路径：

$$U_P=\int_P^{\infty}\boldsymbol{E}\cdot\mathrm{d}\boldsymbol{l}=\int_r^{\infty}\boldsymbol{E}\cdot\mathrm{d}\boldsymbol{l}=\int_r^{\infty}\frac{q}{4\pi\varepsilon_0 r^2}\mathrm{d}r=\frac{q}{4\pi\varepsilon_0 r} \tag{6-32}$$

由此可见，点电荷的电势具有球对称性，且仅与点电荷 q 和距离 r 有关。当 q 是正的，电势也是正的；当 q 是负的，电势也是负的。

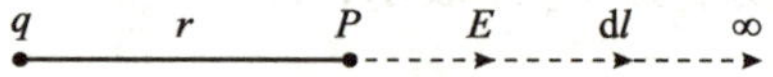

图 6-26

2. 点电荷系电场中的电势

设电场由 n 个点电荷组成的点电荷系 q_1，q_2，…，q_n 产生，按场强叠加原理，空间任意点的场强为各个点电荷单独存在时产生电场强度 $\boldsymbol{E}_i$ 的矢量和：

$$\boldsymbol{E}=\sum_{i=1}^{n}\boldsymbol{E}_i$$

这样，空间任意点的电势为

$$U=\int_P^{\infty}\boldsymbol{E}\cdot \mathrm{d}\boldsymbol{l}=\int_P^{\infty}\left(\sum_{i=1}^{n}\boldsymbol{E}_i\right)\cdot \mathrm{d}\boldsymbol{l}=\sum_{i=1}^{n}\int_P^{\infty}\boldsymbol{E}_i\cdot \mathrm{d}\boldsymbol{l}=\sum_{i=1}^{n}U_i=\sum_{i=1}^{n}\frac{q_i}{4\pi\varepsilon_0 r_i} \tag{6-33}$$

式（6-33）的含义为点电荷系电场在某场点的电势等于各个点电荷电场在同一场点的电势的代数和。这一结论称为**电势叠加原理**。

3. 连续分布电荷电场中的电势

对于连续分布电荷系统，可以将其分成无限多个电荷元 $\mathrm{d}q$。如图 6-27 所示，每个电荷元可以视为一个点电荷。在 P 点处产生的电势为

$$\mathrm{d}U=\frac{\mathrm{d}q}{4\pi\varepsilon_0 r}$$

其中，r 是电荷元 $\mathrm{d}q$ 到点 P 的距离。

根据电势叠加原理，P 点的总电势为

$$U=\int\frac{\mathrm{d}q}{4\pi\varepsilon_0 r} \tag{6-34}$$

式（6-34）中积分区间为电荷所在的空间。

例 6-10 均匀带电细圆环，总电量为 q 半径为 R，求圆环轴线上任一点的电势。

解：如图 6-28 所示，在圆环上任取电荷元 $\mathrm{d}q$。

$\mathrm{d}q$ 在圆环轴线上 P 点处产生的电势为 $\qquad \mathrm{d}U=\dfrac{\mathrm{d}q}{4\pi\varepsilon_0 r}$

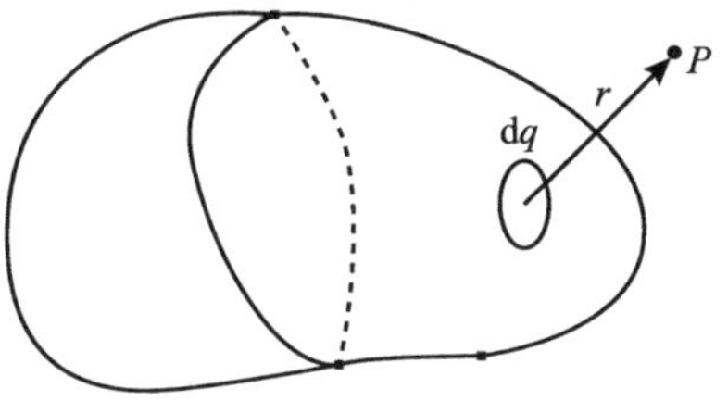

图 6-27

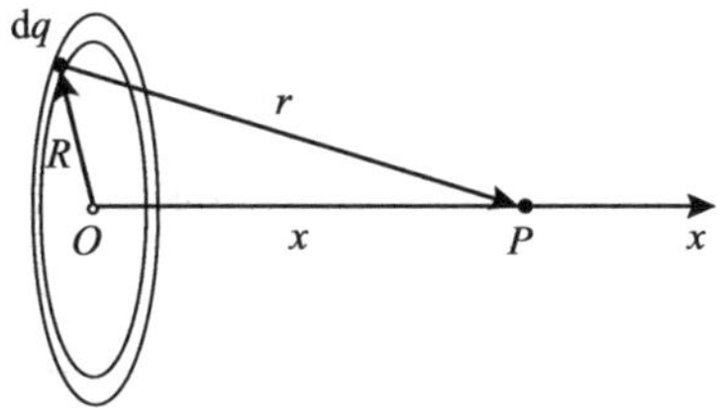

图 6-28

再由电势叠加原理有
$$U=\int \frac{dq}{4\pi\varepsilon_0 r}$$

其中，r 不是变量，且 $r=\sqrt{R^2+x^2}$。由于各个电荷元离圆环轴线上 P 点的距离都相同，故积分易得

$$U=\frac{q}{4\pi\varepsilon_0 r}=\frac{q}{4\pi\varepsilon_0(R^2+x^2)^{1/2}}$$

例 6-11　在真空中，有一电荷为 q，半径为 R 的均匀带电球壳，电荷是呈面分布的。试求产生的电场中电势的分布。

解：在前一节例 6-7 已经求出了均匀带电球壳的场强分布为

$$\boldsymbol{E}=\begin{cases}\dfrac{1}{4\pi\varepsilon_0}\dfrac{q}{r^2}\boldsymbol{e}_r & (r>R)\\ 0 & (r<R)\end{cases}$$

场强 $\boldsymbol{E}$ 的方向是沿径矢的，$\boldsymbol{e}_r$ 为沿径矢的单位矢量。

利用 $U_a=\int_a^{\infty}\boldsymbol{E}\cdot \mathrm{d}\boldsymbol{l}$，选用沿 $\boldsymbol{e}_r$ 方向的直线为积分路径，则在球壳外（$r>R$）有

$$U(r)=\int_r^{\infty}\boldsymbol{E}\cdot \mathrm{d}\boldsymbol{l}=\int_r^{\infty}\frac{1}{4\pi\varepsilon_0}\frac{q}{r^2}\mathrm{d}r=\frac{q}{4\pi\varepsilon_0 r}$$

这个式子表明，均匀带电球壳外一点的电势，与球上电荷全部集中于球心时的电势是一样的。

在球壳内（$r<R$），则电势的求解，需分为两段：

$$U(r)=\int_r^{\infty}\boldsymbol{E}\cdot \mathrm{d}\boldsymbol{l}=\int_r^{R}\boldsymbol{E}\cdot \mathrm{d}\boldsymbol{l}+\int_R^{\infty}\boldsymbol{E}\cdot \mathrm{d}\boldsymbol{l}$$

$$=0+\int_R^{\infty}\frac{q}{4\pi\varepsilon_0 r^2}\mathrm{d}r=\frac{q}{4\pi\varepsilon_0 R}$$

上式表明，带电球壳为一等势体，球壳内各处的电势和球壳表面的电势相等。由 $U(r)$ 的表达式可得均匀带电球壳内、外的电势分布曲线，如图 6-29 所示。

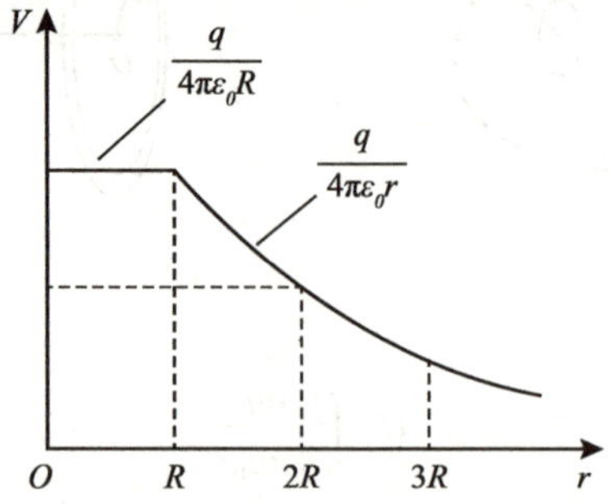

图 6-29

例 6-12 求电荷线密度为 λ 的无限长均匀带电直线的电势分布。

解： 无限长均匀带电直线产生的电场强度为 $\boldsymbol{E}=\frac{\lambda}{2\pi\varepsilon_0 r}\boldsymbol{e}_r$。此时，如果取无限远处为电势 0 点，那么计算电势的积分 $U_P=\int_P^{\infty}\boldsymbol{E}\cdot \mathrm{d}\boldsymbol{l}$ 会发散，因此只能选有限远点为电势 0 点。若取距带电直线 r_0 处为电势 0 点，如图 6-30 所示，则距带电直线 r 处的电势为

$$U(P)=\int_r^{r_0}\boldsymbol{E}\cdot \mathrm{d}\boldsymbol{l}=\int_r^{r_0}\frac{\lambda}{2\pi\varepsilon_0 r}\mathrm{d}r=\frac{\lambda}{2\pi\varepsilon_0}\ln r\Big|_r^{r_0}=\frac{\lambda}{2\pi\varepsilon_0}\ln\frac{r_0}{r}$$

由此可见，对于无限长均匀带电直线，只能选有限远点为电势 0 点；对于无限大均匀带电平面，也只能选有限远为电势 0 点。

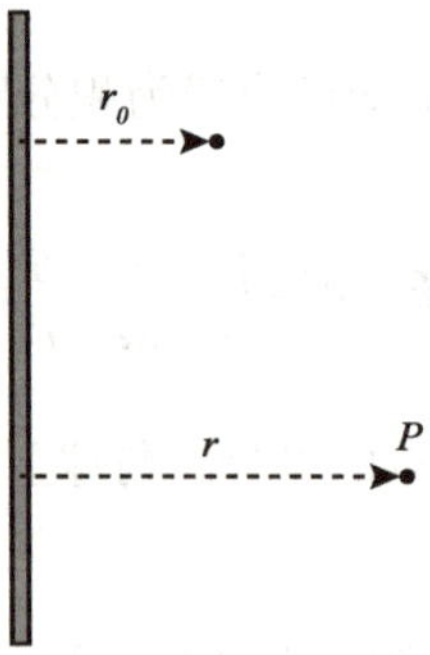

图 6-30

6.4.4 等势面

我们将电场中电势相同的各点形成的曲面称为**等势面**。显然，等势面满足方程：

$U(x, y, z)=C$，其中 C 是一个常数，表示等势面上各点的电势相同。通常约定相邻等势面的电势差为常量，这样可以得到一系列的等势面，并使得：$\Delta U_{12}=\Delta U_{23}$，如图 6-31 所示。

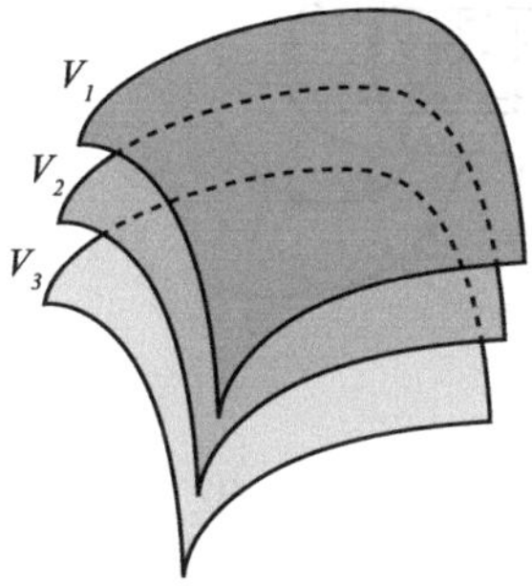

图 6-31

等势面有以下性质：

（1）电荷沿等势面移动，电场力不做功。这很容易理解，因为当电荷从等势面上的点 a 移动到点 b 时，电势差 $U_{ab}=0$，因此电场力所做的功为 $A_{ab}=qU_{ab}=q\cdot 0=0$，其中 a 和 b 为等势面上任意两点。

（2）电场强度与等势面正交；电场线由电势高的地方指向电势低的地方。在等势面上移动电荷时电场力不做功，即 $\mathrm{d}A=q\boldsymbol{E}\cdot\mathrm{d}\boldsymbol{l}=0$，其中 $\mathrm{d}\boldsymbol{l}$ 是等势面上的有向线段。由于 $\mathrm{d}\boldsymbol{l}$ 是任意的，故在 $\boldsymbol{E}$ 不等于 0 的情况下，它一定与等势面垂直。将带正电的电荷 q 从电势为 U_1 的等势面移动到电势为 U_2 的等势面时，电场力做功为 $A_{12}=q(U_1-U_2)$。如果 $U_2<U_1$，则 $A_{12}>0$，电场力做正功，电场线由等势面 U_1 指向等势面 U_2。由此可见，电场线总是由电势高的地方指向电势低的地方。

（3）相邻等势面间距小处，场强大；间距大处，场强小。等势面的疏密情况可以反映电场的强弱。等势面间距越小，电场强度越大；等势面间距越大，电场强度越小。图 6-32 所示为不同带电系统的等势面（虚线）和电场线示意图。

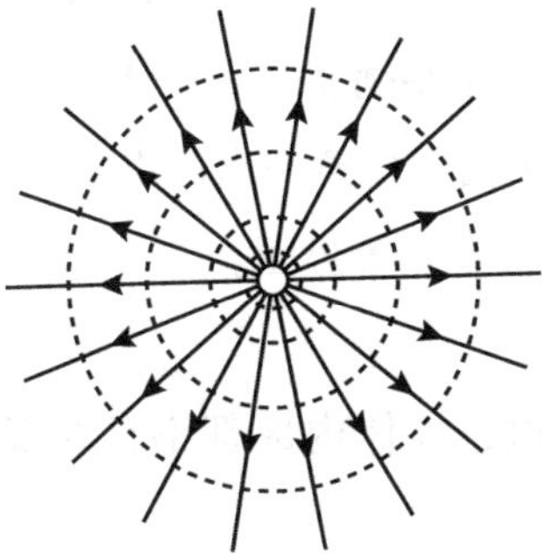

（a）

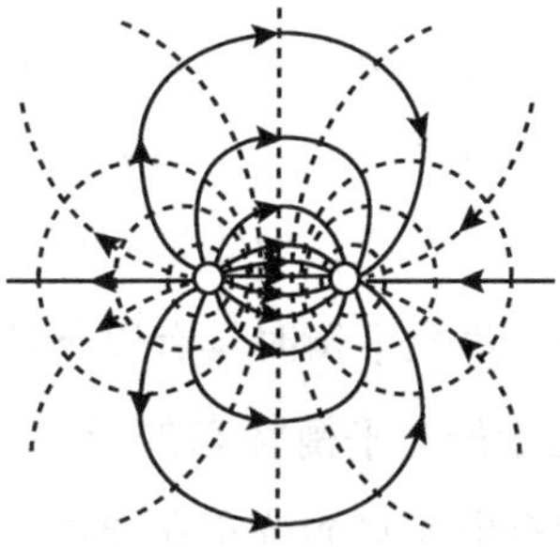

（b）

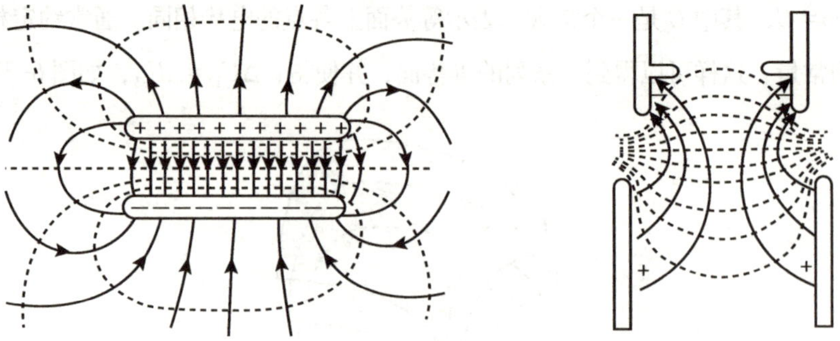

图 6-32

6.5 静电场中的导体和电介质

本章前面几节我们学习了真空中静电场的基本性质和规律，接下来将进一步讨论在电场中存在某些宏观物体的情况。此时，物体内包含的大量电子、原子核、正负离子等微观带电粒子，在电场作用下将产生运动，从而形成电荷的重新分布，并产生一个附加电场，这就是所谓的电场与物质的相互作用。

根据物质导电性能的不同，可将物质大致分为 3 类：导电性能很好的称为**导体**；导电性能极差的或不导电的物体称为**绝缘体**；而导电性能介于导体和绝缘体之间的称为**半导体**。

1. 静电平衡

当导体不带电（指没有多余的正电荷或负电荷），也不受外电场作用时，尽管自由电子在导体内不断地作无规则热运动，但从整体上看，导体内自由电子所带的负电荷与正电荷的数量相等，导体呈电中性。自由电子的热运动不会在导体内形成宏观上的定向运动。一般地说，不论导体是否带电或者是否受外电场作用，如果导体内部和表面上任何一部分都没有宏观电荷运动，我们就说导体处于**静电平衡状态**。导体达到静电平衡的条件是：导体内部任意一点的电场强度为 0，导体表面上任意一点的电场强度方向垂直于导体表面。或者说，导体是一个等势体，导体的表面是等势面。

导体处于静电平衡时具有以下性质。

(1) 处于静电平衡状态的导体，无论是否带电，导体内部都不存在多余的电荷，或者说，所有电荷只能分布在导体表面上。

(2) 处于静电平衡状态的导体，表面上一点（指表面外无限靠近表面的点）的电场强度和该点导体表面电荷的面密度成正比。从导体内部向外部看，在导体表面处出现电场的突变：内部场强为 0，而外部不为 0。电场强度的这种不连续性是由于表面电荷所引起的。

（3）处于静电平衡状态的孤立导体，其表面上电荷面密度的大小与表面的曲率有关。导体表面凸出的地方曲率较大，电荷分布较为密集，即电荷面密度 σ 较大；导体表面较平坦的地方曲率较小，电荷分布较为稀疏，电荷面密度 σ 较小；表面凹进去的地方，电荷面密度 σ 更小。在导体表面有尖端凸出的部分，曲率特别大，电荷密度也特别大，因而尖端附近的电场特别强。当电场强度大到超过空气的击穿场强时，空气会被电离。此时，与尖端上所带电荷符号相反的离子会被吸引到尖端上，与尖端上的电荷中和；而与尖端上所带电荷符号相同的离子则被排斥，加速离开尖端。这种现象称为尖端放电。

2. 静电屏蔽

在静电场中，因导体的存在使某些特定的区域不受电场影响的现象称之为静电屏蔽。怎样才能实现静电屏蔽呢？在如图 6-33 所示的静电场中，放置一个空腔导体。由前面的讨论可知，在静电平衡时，由静电感应产生感应电荷只分布在导体的外表面上，导体内空腔中的电场强度处处为 0。这就是说，空腔内的整个区域都将不受外电场的影响。这时导体和空腔内部的电势处处相等，构成一个等势体。

此外，有时还需要屏蔽电荷激发的电场对外界的影响。这时可采用如图 6-34 所示的办法，在电荷+q 外面放置一个外表面接地的空腔导体。这就使得导体外表面所产生的感应正电荷与从地上来的负电荷中和，使空腔导体外表面不带电。这样，接地的空腔导体内的电荷激发的电场对导体外就不会产生任何影响了。

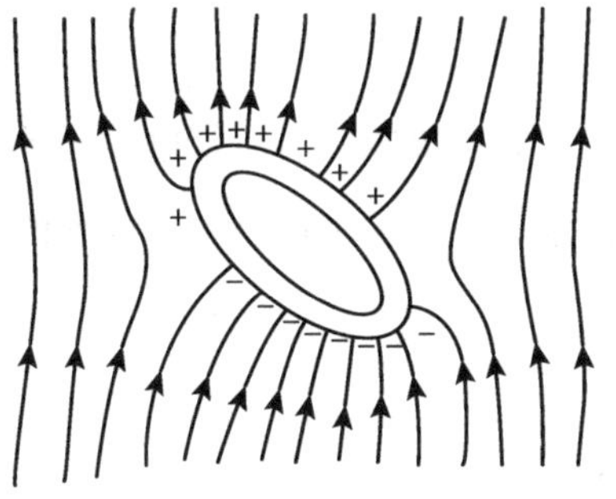

图 6-33

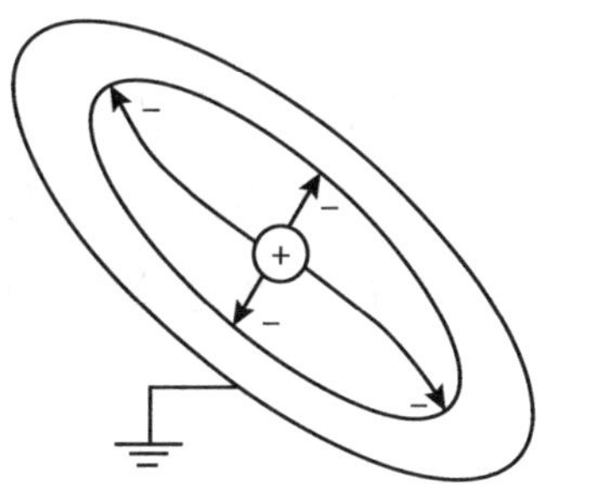

图 6-34

综上，空腔导体（无论接地与否）将使腔内空间不受外电场的影响，而接地的空腔导体可以使外部空间不受空腔内电场的影响。这就是空腔导体的静电屏蔽作用。

在实际应用中，常用编织紧密的金属网来代替金属壳体。例如高压设备周围的金属网、校测电子仪器的金属网屏蔽室，都能起到静电屏蔽的作用。

利用静电平衡条件下空腔导体是等势体以及静电屏蔽的道理，人们可以在高压输电线路上进行带电维修和检测等工作。当工作人员登上数十米高的铁塔，接近高压线（如500 kV）时，人体通过铁塔与大地相连接，人体与高压线间有非常大的电势差，因而它们之间存在很强的电场。这种电场能使人体周围的空气电离而放电，从而危及人体安全。为了保障工作人员的安全，利用空腔导体能屏蔽外电场的原理，用细铜丝（或导电纤维）和纤维编织制成导电性能良好的工作服（通常也叫屏蔽服、均压服），使手套、帽子、衣裤和袜子连成一体，构成一个导体网壳。工作人员工作时穿上它，就相当于把人体置于空腔导体内部，使电场不能深入到人体，从而保证了工作人员的安全。

6.6 电容和电容器

6.6.1 孤立导体的电容

一个孤立导体周围没有其他物体，以无穷远处为电势0点，当带电量为 Q 时，孤立导体的电势为 U。实验和理论都证明，对于任意形状的孤立导体，当所带电量增加 k 倍时，电势也将增加 k 倍，即孤立导体的电势与它所带的电量成正比。将孤立导体的电量与电势的正比称为孤立导体的电容，用 C 来表示，则

$$C=\frac{Q}{U} \tag{6-35}$$

真空中孤立导体的电容仅由导体的几何形状和大小决定，与所带电量无关。它的物理意义是使导体电势每升高一个单位所需的电荷量。在国际单位制中，电容的单位是法拉（F），1法拉等于1库仑/伏特（C/V），即

$$1\ \mathrm{F}=1\ \frac{\mathrm{C}}{\mathrm{V}}$$

在实际应用中，常用的单位包括微法（μF）、纳法（nF）和皮法（pF），它们与法拉的换算关系为

$$1\ \mathrm{F}=10^{6}\ \mu\mathrm{F}=10^{9}\ \mu\mathrm{F}=10^{12}\ \mathrm{pF}$$

例 6-13　求半径为 R 的孤立导体球的电容。

解： 因孤立导体球的电势

$$U=\frac{Q}{4\pi\varepsilon_0 R}$$

故由电容的定义式知

$$C=\frac{Q}{U}=4\pi\varepsilon_0 R$$

可见，孤立导体球的电容只与球的几何形状有关。

6.6.2　电容器的电容

在实际中，孤立导体并不存在。一般来说，带电导体的周围总是存在其他物体（导体或绝缘体），带电导体的电势也会因外界环境不同而有所变化。通常，电容器是由彼此绝缘且靠得很近的两导体（如薄板、薄球面、薄柱面等）组成。这两导体称为电容器的极板。当电容器充电时，电场相对集中在两极板之间的狭小空间内，这样外界对两极板间的电势差的影响就会很小，以至于可以忽略不计。若电容器两极板上分别带电荷量为 $+Q$ 和 $-Q$，两极板间的电势差为 U_1-U_2。实验和理论都证明，带电荷量 Q 与电势差 U_1-U_2 的比值对给定的电容器来说是一个常量，用 C 来表示。则

$$C=\frac{Q}{U_1-U_2} \tag{6-36}$$

这个比值 C 被定义为电容器的电容，它只与组成电容器的极板大小、形状、两极板的相对位置及其间所充的介质等因素有关。

电容器是重要的电子元件。按形状来分，有平行板电容器、柱形电容器和球形电容器等；按极板间所充的介质来分，有空气电容器、云母电容器、陶瓷电容器、电解电容器等。在电力系统中，电容器可以用来储存电荷或电能，也是提高功率因数等的重要元件。在电子电路中，电容器是实现振荡、滤波、相移、旁路、耦合等功能的关键元件。

例 6-14　求平行板电容器的电容。

解： 平行板电容器是由两块相距很近、平行放置的导体薄板组成的。设两极板的面积各为 S，其间的距离为 d，且 $S>>d^2$，这样就可以忽略边缘效应的影响。当给两极板充上电 $+q$ 和 $-q$ 时，电荷均匀分布在相对的两个极板表面上，面电荷密度为 $+\sigma$ 和 $-\sigma$，如图 6-35 所示。

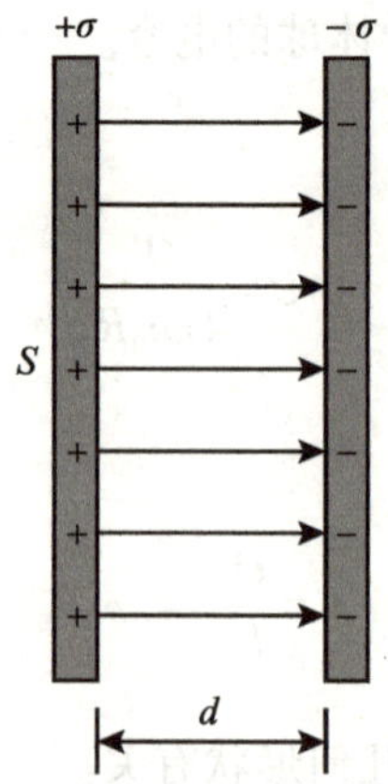

图 6-35

由高斯定理可以求出两极板间产生的电场强度为 $E=\dfrac{\sigma}{\varepsilon_0}$

两极板间的电势差为 $U_1-U_2=Ed=\dfrac{\sigma}{\varepsilon_0}d$

而面电荷密度为 $\sigma=\dfrac{q}{S}$

因而两板间的电势差为 $U_1-U_2=\dfrac{\sigma}{\varepsilon_0}d=\dfrac{qd}{\varepsilon_0 S}$

由电容器电容的定义有 $C=\dfrac{q}{U_1-U_2}=\dfrac{\varepsilon_0 S}{d}$

可以看出，平行板电容器的电容与极板的面积成正比，而与极板间的距离成反比。

例 6-15 求球形电容器的电容。

解： 球形电容器是由两个同心的导体球面组成的。设两球面的半径分别为 R_1 和 R_2，给两个球形极板充电，使两极板分别带上电荷量 $+q$ 和 $-q$，如图 6-36 所示。

由高斯定理不难求出两球面间电场强度为 $E=\dfrac{1}{4\pi\varepsilon_0}\dfrac{q}{r^2}$，方向沿着径向。因此，两球面间的电势差为

$$U_1-U_2=\int_{R_1}^{R_2}\boldsymbol{E}\cdot \mathrm{d}\boldsymbol{l}=\int_{R_1}^{R_2}\frac{1}{4\pi\varepsilon_0}\frac{q}{r^2}\mathrm{d}r=\frac{q}{4\pi\varepsilon_0}\left(\frac{1}{R_1}-\frac{1}{R_2}\right)$$

根据电容器电容的定义式可得

$$C=\frac{q}{U_1-U_2}=\frac{4\pi\varepsilon_0 R_1 R_2}{R_2-R_1}$$

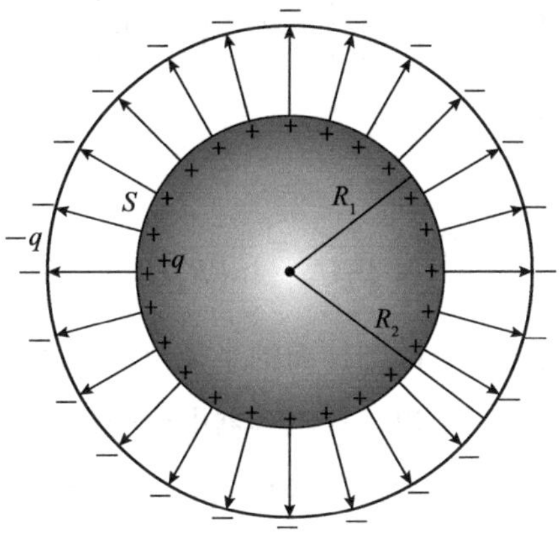

图 6-36

由此可见，球形电容器的电容与两球面的半径有关。

例 6-16　求圆柱形电容器的电容。

解： 圆柱形电容器是由两个同轴的导体圆柱面组成的。设两圆柱面的半径分别为 R_1 和 R_2，长度为 L，且 $L>>R_2-R_1$，如图 6-37 所示。给两圆柱面充电，使两板分别带有电荷量 $+q$ 和 $-q$，则单位长度的带电荷量分别为 $+\lambda=\frac{q}{L}$ 和 $-\lambda=-\frac{q}{L}$。由于 $L>>(R_2-R_1)$，可近似地把此圆柱形电容器视为“无限长”。

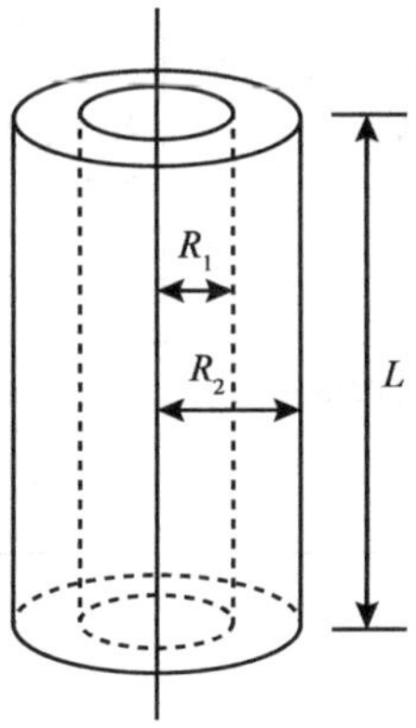

图 6-37

由高斯定理不难求出，两圆柱面建得电场强度为 $E=\frac{\lambda}{2\pi\varepsilon_0 r}$，方向沿着径向。则两圆柱面间的电势差为

$$U_1-U_2=\int \boldsymbol{E}\cdot \mathrm{d}\boldsymbol{l}=\int_{R_1}^{R_2}\frac{\lambda}{2\pi\varepsilon_0 r}\mathrm{d}r=\frac{\lambda}{2\pi\varepsilon_0}\ln\frac{R_2}{R_1}=\frac{q}{2\pi\varepsilon_0 L}\ln\frac{R_2}{R_1}$$

由电容器电容的定义式，得

$$C=\frac{q}{U_1-U_2}=\frac{2\pi\varepsilon_0 L}{\ln(R_2/R_1)}$$

可以看出，圆柱形电容器的电容与两圆柱面的半径及其长度等影响因素有关。

从以上例子中，我们可以归纳出计算电容器电容的步骤如下：①给电容器充电，使极板上分别带电荷$\pm q$，然后计算电容器两极板间的场强分布，从而计算出两板间的电势差；②再利用电容器电容的公式$C=\dfrac{q}{U_1-U_2}$求出电容。

6.6.3 电容器的连接

在实际的电路设计和使用中，常需要把一些电容器组合起来才便于使用。电容器最基本的组合方式是串联和并联，如表 6-1 所示。

表 6-1　串联与并联

连接方法	电　量	电　压	电　容
串联 (可增加耐压程度,但总电容要减小)	每个电容的带电量都相等 $Q_1=Q_2=\cdots=Q_n$	总电压等于各个电容上的电压之和 $U_{总}=\sum_{i=1}^{n}U_i$ 各个电容器上的电压与它的电容成反比 $U_i\propto\frac{1}{C_i}$	总电容的倒数等于各电容倒数之和 $\frac{1}{C}=\sum_{i=1}^{n}\frac{1}{C_i}$
并联 (总电容要增大,但耐压不变)	每个电容器上的电量与它的电容成正比 $Q_i\propto C_i$	每个电容器的电压都相等 $U_1=U_2=\cdots=U_n$	总电容等于各电容之和 $C_{总}=\sum_{i=1}^{n}C_i$

思考题

6-1　一金属球带上正电荷后，质量是增大、减小还是不变？

6-2　在一个带正电的大导体附近 P 点放置一个试探电荷 $q_0(q_0>0)$，测得它的受力 $\boldsymbol{F}$。若考虑到电量 q_0 不是足够小，则 $\boldsymbol{F}/q_0$ 比 P 点的场强 $\boldsymbol{E}$ 大还是小？若大导体球带负电，情况如何？

6-3　两个点电荷相距一定距离，已知在这两点电荷连线中点处场强为0，你对这两个点电荷的电量和符号可作什么结论？

6-4　如果穿过一闭合曲面的电通量 $\Psi=0$，那么，能否说此曲面上每一点的电场强度 $\boldsymbol{E}$ 也必为0呢？

6-5　在电场中，有两点的电势差为0，如在两点间选一路径，在这路径上，电场强度也处处为0吗？试说明理由。

6-6　根据库仑定律，两个点电荷之间的作用力随它们之间距离 r 的减小而增大，这样当 r 趋近于0时，作用力将趋于无限大。这种看法对不对，为什么？

6-7　静电场的环路积分表明了电场线的什么性质？

6-8　静电力做功有何特点？这表明静电场是什么力场？

6-9　应用高斯定理计算电场强度时，高斯面应该怎样选择？

6-10　比较下列几种情况下 A、B 两点电势的高低：

(1) 正电荷由 A 移到 B 时，外力克服电场力作正功；

(2) 正电荷由 A 移到 B 时，电场力作正功；

(3) 负电荷由 A 移到 B 时，外力克服电场力作正功；

(4) 负电荷由 A 移到 B 时，电场力作正功；

(5) 电荷顺着电场线方向由 A 移到 B；

(6) 电荷逆着电场线方向由 A 移到 B。

6-11　一带电导体放在封闭的金属壳内部。

(1) 若将另一带电导体从外面移近金属壳，壳内电场是否会改变？金属壳及壳内带电体的电势是否会改变？金属壳和壳内带电体间的电势差是否会改变？

(2) 若将金属壳内部带电导体在壳内移动或与壳接触时，壳外电场是否会改变？

(3) 如果壳内有两个带异号等值电荷的带电体，则壳外电场如何？

6-12　电容分别为 C_1 和 C_2 的两个电容器，并联充电到电压 U 和串联充电到电压 $2U$ 的两种电容器组中，哪种形式储存的电荷量、能量大些？

习　题

6-1　在真空中，两个等值同号的点电荷相距 0.01 m 时的作用力为 10^{-5} N，它们相距 0.1 m 时的作用力多大？两个点电荷所带电荷量是多少？

6-2 在边长为 2 cm 的等边三角形的顶点上，分别放置电荷量为 $q_1=1.0\times10^{-6}$ C、$q_2=3.0\times10^{-6}$ C 和 $q_3=-1.0\times10^{-6}$ C 的点电荷。求：

（1）哪一个点电荷所受力最大？

（2）作用在 q_2 上力的大小和方向。

6-3 在直角三角形 AOB 中，$AO=3.0$ cm，$BO=4.0$ cm，点电荷 $q_1=1.5\times10^{-9}$ C，$q_2=-2.5\times10^{-9}$ C，分别放置在 A、B 两点上，如图 6-38 所示，求 O 点的电场强度。

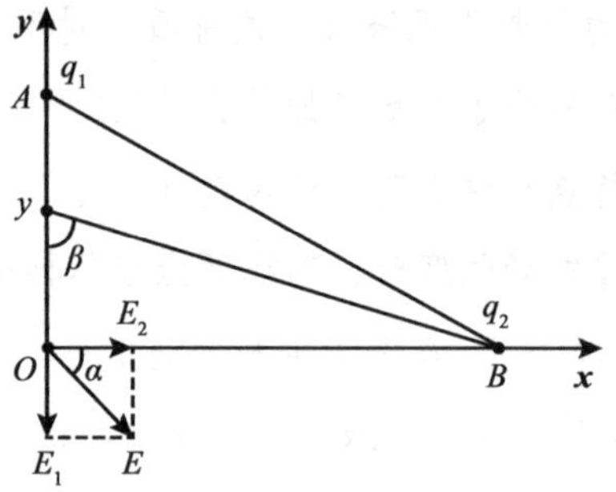

图 6-38

6-4 一半径为 R 的无限长直圆柱体均匀带电，电荷体密度 $\rho>0$，求场强分布，并用$E-r$ 图表示 E 随距离 r 的分布情况。

6-5 两个点电荷带电 $2q$ 和 q，相距 l，将第三个电荷放在何处所受合力为 0?

6-6 求一对等量同号点电荷连线中点的场强和电势。设两个点电荷电量均为 q，两者之间距离为 $2l$。

6-7 长 $l=15$ cm 的直导线 AB 上均匀地分布着线密度 $\lambda=5\times10^{-9}$ C/m 的电荷，如图 6-39 所示，求：(1) 在导线的延长线上与导线一端 B 相距 $d_1=5$ cm 处 P 点的场强；(2) 在导线的垂直平分线上与导线中点相距 $d_2=5$ cm 处 Q 点的场强。

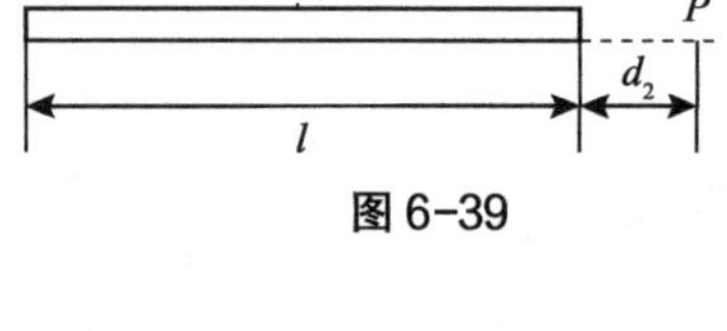

图 6-39

6-8 设点电荷分布的位置是：在 (0, 0) 处为 5×10^{-8} C，在 (3, 0) 处为 4×10^{-8} C，

在（0，4）处为-6×10^{-8} C。计算通过以（0，0）为球心，半径等于 5 m 的球面上的总电通量，如图 6-40 所示。

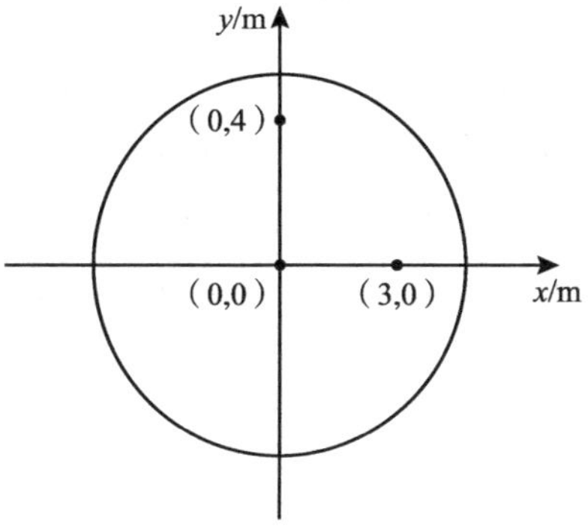

图 6-40

6-9　在金属球壳中心放一点电荷，若点电荷电量 $q=4\times10^{-10}$ C，内半径 $R_1=2$ cm，外半径$R_2=3$ cm，求：

（1）导体球壳的电势；

（2）离球心 $r=1$ cm 处的电势。

6-10　面积都是 2 m^2 的两平行导体板放在空气中，相距 5.0 mm，两板电势差为 1000 V，略去边缘效应。求：

（1）电容 C；

（2）各板上的电量 Q；

（3）板间的电场强度 E。

6-11　两个同心球面，半径分别为 10 cm 和 30 cm。小球面均匀带有正电荷 10^{-8} C，大球面带有正电荷 1.5×10^{-8} C。求离球心分别为 20 cm 和 50 cm 处的电势。

6-12　半径为 $R_1=1.0$ cm 的导体球，带有电荷 $q_1=1.0\times10^{-10}$ C，球外有一个内、外半径分别为 $R_2=3.0$ cm、$R_3=4.0$ cm 的同心导体球壳，壳上带有电荷 $Q=11\times10^{-10}$ C，试计算：

（1）两球的电势 U_1 和 U_2；

（2）用导体把球和壳接在一起后的 U_1 和 U_2；

（3）外球接地下的 U_2 和 U_2。

6-13　半径为 R_1 和 R_2（$R_1>R_2$）的两无限长同轴圆柱面，单位长度分别带有电量$+\lambda$和$-\lambda$，试求下列情况下处各点的电场强度。

（1）$r<R_1$；（2）$R_1<r<R_2$；（3）$r>R_2$。

6-14 求图 6-41 中：(1) A、B 间的电容；(2) 在 A、B 间加上 100 V 的电压，C_2 上的电荷和电压；(3) 若此时 C_1 被击穿（即变成通路），C_3 上的电荷和电压。

6-15 如图 6-42 所示，$r=6$ cm，$d=8$ cm，$q_1=3\times10^{-8}$ C，$q_2=-3\times10^{-8}$ C，求：

(1) 将电荷量为 2×10^{-9}C 的点电荷从 A 点移到 B 点，电场力做功多少？

(2) 将此点电荷从 C 点移到 D 点，电场力做功多少？

6-16 一平行板电容器两板间距为 d，其间充满了两部分介质，介电常数为 ε_1 的介质所占的面积为 S_1，介电常数 ε_2 的介质占面积 S_2，如图 6-43 所示，略去边缘效应，求电容 C。

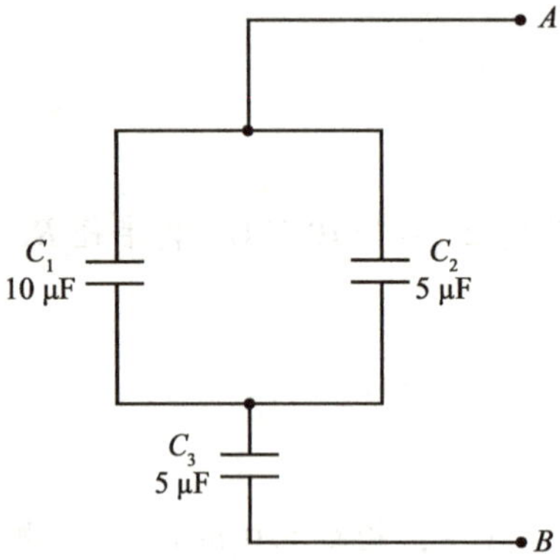

图 6-41

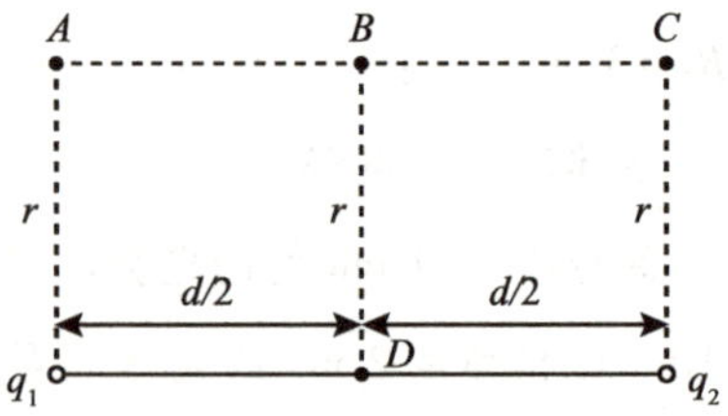

图 6-42

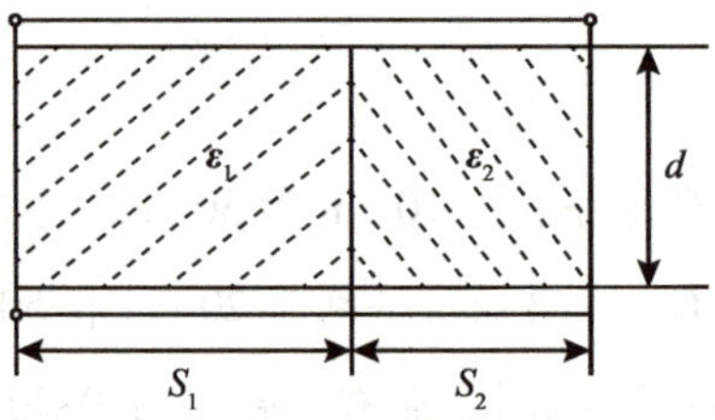

图 6-43

【选读材料】

科学家库仑

电学是物理学的一个重要分支，在其发展过程中，很多物理学巨匠都曾做出过杰出的贡献。法国物理学家查利·奥古斯丁·库仑就是其中影响力非常巨大的一员。查利·奥古斯丁·库仑（1736—1806），法国工程师、物理学家，1736年6月14日生于法国昂古莱姆，1806年8月23日在巴黎逝世。

库仑在应用力学方面做了大量工作，包括梁的断裂、砖石建筑、土力学和扭力等方面的实验，他是第一个尝试测量人在不同工作条件下做功的科学家，提出了计算物体上应力和应变分布情况的方法。此外，库仑还建立了库仑摩擦定律与库仑定律，并著有《电气与磁性》等。

库仑在青少年时期受到了良好的教育。他先后就读于巴黎的马萨林学院和法兰西学院。1761年，库仑毕业于梅济耶尔皇家军事工程学院。毕业后，他被派往西印度群岛的马提尼克岛，负责监督波旁堡的建设。他在那里工作了8年，这段经历为他积累了丰富的工程实践经验。1772年，库仑返回法国后，又被派往布尚等地参与军事工程建设。1773年，他向法国科学院提交了一篇关于材料强度的论文，提出了计算物体上应力和应变分析的方法。这种方法成为结构工程的基础，一直沿用至今。1777年，法国科学院悬赏征求改良航海指南针中磁针的方法。库仑认为磁针支架在轴上必然会带来摩擦，因此要改良磁针，必须从这个根本问题着手。他提出用细头发丝或丝线悬挂磁针。在研究过程中，库仑发现线扭转时的扭力和针转过的角度成比例关系。基于这一发现他发明了扭秤，利用这种装置能测量极为微小的静电力或磁力。由于成功地设计了新的指南针结构，并在普通机械理论方面做出重要贡献，库仑于1782年当选为法国科学院院士。

库仑在1785—1789年通过精密的实验对电荷间的作用力做了一系列的研究，并在皇家科学院备忘录中发表了多篇相关的文章。1785年，他利用自己发明的扭秤建立了静电学中著名的库仑定律，并在论文《电力定律》中详细介绍了实验装置、测试过程和实验结果。库仑定律是电学发展史上的第一个定量规律，它使电学的研究从定性阶段进入定量阶段，是电学史上重要的里程碑。电荷的单位“库仑”就是以他的名字命名的，用以纪念他在电学领域中的杰出贡献。

磁学中的库仑定律也是利用类似的方法得到的。1789年法国大革命爆发，库仑隐居在自己的领地里，每天全身心地投入到科学研究中。在这一时期，他的一部重要著作问世。在这部书里，他对有两种形式的电的认识发展到磁学理论方面，并归纳出类似于两个点电荷相互作用的两个磁极的相互作用定律。库仑以自己一系列的著作丰富了电学与磁学研究的计量方法，将牛顿的力学原理扩展到电学与磁学中。

库仑的研究为电磁学的发展和电磁场理论的建立开拓了道路。他的扭秤不仅用于测量静电力，还在精密测量仪器及物理学的其他方面得到了广泛的应用。库仑不仅在力学和电学上做出了重大的贡献，作为一名工程师，他在工程方面也做出了重要贡献。他曾设计了一种水下作业法，这种作业法类似于现代的沉箱，是水下建筑施工中的一种很重要的方法。库仑留下了不少宝贵的著作，其中最主要的有《电气与磁性》一书，共7卷，于1785—1789年先后公开出版发行。

库仑是18世纪非常伟大的物理学家，他的杰出贡献永远也不会磨灭。

第7章　稳恒磁场

本章从电流产生磁场出发，用磁感应强度 $\boldsymbol{B}$ 来描述磁场，讨论真空中恒定电流激发的磁场，也称为恒定磁场或静磁场。同时，研究电流或运动电荷在外磁场中所受的作用力，并探讨磁场的基本性质。

7.1　磁场　磁感应强度

7.1.1　磁场及基本磁现象

1. 基本磁现象

天然磁石（化学成分主要是 Fe_3O_4）吸引铁的现象，我国早在战国时期（公元前300年）已有记载。《管子·地数篇》中提到："山有磁石者，其下有金铜"，这表明古人已经认识到磁石的特性。11世纪时，我国科学家沈括在《梦溪笔谈》中详细记载了指南针的制作方法，并发现了地磁偏角。现代所用的磁铁多半是人工制成的，例如用铁、钴、镍等合金制成的永久磁铁。无论是天然磁石或是人造磁体，都有N极和S极两个磁极。由于地球就是一个巨大的磁体，当将一条形磁铁悬挂起来并使其自由旋转时，磁铁会自动转向南北方向，指北的一极称为北极或N极，指南的一极称为南极或S极。需要注意的是，地磁北极位于地理南极附近，地磁南极位于地理北极附近。磁极之间的作用规律是：同名磁极相互排斥，异名磁极相互吸引。与正负电荷可以独立存在不一样，在自然界中不存在独立的N极或S极。任一磁铁，不管把它分割得多小，每一小块磁铁仍然具有N和S两极。近代理论认为可能有单独磁极存在，这种具有磁南极或磁北极的粒子，叫作**磁单极子**。但至今尚未观测到这种粒子的存在。

磁现象和电现象虽然早已被人们发现，但在很长一段时期内，磁学和静电学各自独立地发展着。1820 年，丹麦科学家奥斯特发现放在载流导线周围的磁针也会受到磁力的作用而偏转。后来，法国科学家安培发现放在磁铁附近的载流导线也会受到磁力的作用而发生运动。其后，安培又发现载流导线之间或载流线圈之间也有相互作用。从这些实验中，人们了解到磁现象与电现象是密不可分的。运动电荷可以产生磁现象，运动电荷本身也可以受到磁力的作用。

2. 磁场

电荷之间的相互作用是通过电场来传递的。同样，磁极或电流之间的相互作用也是通过另一种场来传递的。磁极或电流在自己周围的空间里激发一个磁场。磁场是物质存在的一种特殊形式。磁场对外的重要表现是：对处于其中的磁极、运动电荷或载流导体有力的作用。当载流导体在磁场中移动时，磁场的作用力会对载流导体做功。

以上的描述可通过图 7-1 表示。

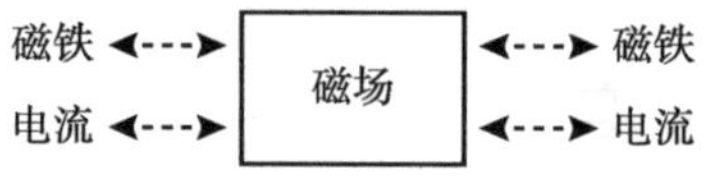

图 7-1

电流产生磁场的实验，尤其是螺线管和磁棒之间磁特性的相似性，启发了人们对磁铁和电流是否本质上一致的思考。19 世纪，法国科学家安培提出一个假说：组成磁铁的最小单元（磁分子）就是一个环形分子电流。如果这些分子环流定向地排列起来，如图 7-2 所示，宏观上就会显示出 N 极和 S 极。这就是安培分子环流假说。现在我们已清楚地知道，原子、分子等微观粒子内电子的运动形成了“分子环流”，这正是物质磁性的基本来源。

应该注意的是，运动电荷间的磁相互作用与库仑相互作用不同。无论电荷是否静止，它们之间都存在着库仑相互作用，但只有运动着的电荷之间才存在着磁相互作用。

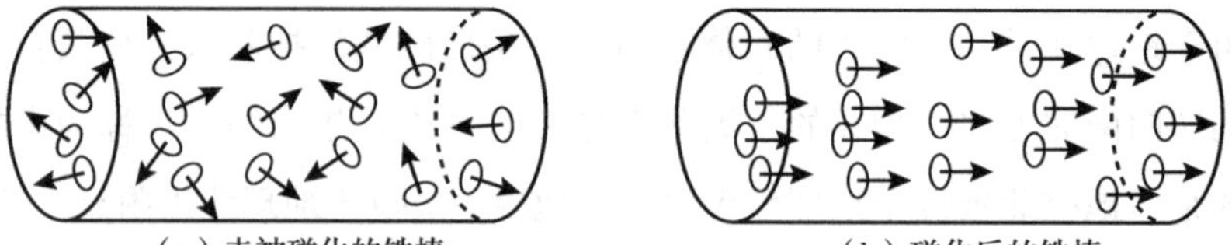

（a）未被磁化的铁棒　　（b）磁化后的铁棒

图 7-2　安培分子环流假说

7.1.2　磁感应强度

电流（运动电荷）的周围存在磁场，其对外的重要表现是：对引入场中的运动试探电荷、载流导体或永久磁体有磁场力的作用。因此，可以用描述电场类似的方法，用磁场对运动试探电荷的作用来描述磁场，并由此引入磁感应强度 $\boldsymbol{B}$ 作为定量描述磁场中各点特性的基本物理量。

实验发现：①当运动试探电荷以同一速率 v 沿不同方向通过磁场中某点 P 时，电荷所受磁场力的大小是不同的，但磁场力的方向却总是与电荷运动方向垂直；②在磁场中 P 点存在一个特定的方向，当电荷沿这特定方向（或其反方向）运动时，磁场力为 0。显然，这个特定方向与运动试探电荷无关，它反映出磁场本身的一个性质。于是定义：P 点磁场的方向是沿着运动试探电荷通过该点时不受磁场力的方向（至于磁场的指向是沿两个彼此相反的哪一方，将在下面另行规定）。实验还发现，如果电荷在 P 点沿着与磁场方向垂直的方向运动时，所受到的磁场力最大（这里考虑正电荷情况）。这个最大磁场力大小 F_m 正比于运动试探电荷的电荷量 q，也正比于电荷运动的速率 v，但比值 F_m/qv 却在该点具有确定的量值而与运动试探电荷的 qv 值的大小无关。由此可见，比值 F_m/qv 反映了该点磁场强弱的性质，可以定义为该点的磁感应强度的大小：

$$B=\frac{F_m}{qv} \tag{7-1}$$

这就如同用 $E=\frac{F}{q_0}$ 来描述电场的强弱一样，现在用 $B=\frac{F_m}{qv}$ 来描述磁场的强弱。

实验表明，磁场力 $\boldsymbol{F}$ 既与运动电荷的速度 $\boldsymbol{v}$ 垂直，又与磁感应强度 $\boldsymbol{B}$ 相垂直，且三者相互构成右手螺旋关系，因此，它们之间的矢量关系式又可写成

$$\boldsymbol{F}=q\boldsymbol{v}\times\boldsymbol{B} \tag{7-2}$$

从而确定 $\boldsymbol{B}$ 的方向为：由正电荷所受力 $\boldsymbol{F}_m$ 的方向，按右手螺旋法则，沿小于 π 的角度转向正电荷运动速度 $\boldsymbol{v}$ 的方向，这时螺旋前进的方向便是该点 $\boldsymbol{B}$ 的方向。也就是说，对于正电荷而言，可通过矢积 $\boldsymbol{F}_m\times\boldsymbol{v}$ 的方向确定 $\boldsymbol{B}$ 矢量的方向。此外，也可用小磁针的 N 极在磁场中某点所受磁场力的方向来表示 $\boldsymbol{B}$ 的方向。

根据式（7-1）可确定磁感应强度的单位。在国际单位制中，磁感应强度 $\boldsymbol{B}$ 的单位定义为 N · s/(C · m) 或 N/(A · m)，名称为特斯拉，符号为 T：

$$1\ \text{T}=1\ \text{N}/(\text{A}\cdot\text{m})$$

磁感应强度有时还可以用高斯（Gs）为单位，简称高，有：$1\ \text{Gs}=10^{-4}\ \text{T}$。

7.2 毕奥-萨伐尔定律

7.2.1 毕奥-萨伐尔定律

如图 7-3 所示，设真空中有电流强度为 I 的任意形状的载流导线，P 为任意场点，导线与场点的距离较导线直径大得多，这种电流称为**线电流**。那么，如何求这段载流导线在 P 点产生的磁感应强度呢?

类比任意形状的带电体周围产生的电场的求解方法：先把带电体分割成许多电荷元 dq，根据场强叠加原理，带电体产生的电场场强等于各个电荷元产生的场强的矢量叠加。在求任意形状的载流导线所激发的磁场时，也可以把电流看成是无穷多小段电流的集合。各小段电流称为电流元，并用矢量 $I\mathrm{d}\boldsymbol{l}$ 来表示，其中 $\mathrm{d}\boldsymbol{l}$ 表示在载流导线上（沿电流方向）所取的有向线元，I 为导线中的电流。任意形状的线电流所激发的磁场等于构成该线电流的各段电流元所激发磁场的矢量和。毕奥和萨伐尔等证明出电流元 $I\mathrm{d}\boldsymbol{l}$ 在空间任一点 P 处所激发的磁感应强度 $\mathrm{d}\boldsymbol{B}$ 的大小为

$$\mathrm{d}B=k\frac{I\mathrm{d}l\sin\theta}{r^2} \tag{7-3}$$

式（7-3）中：r 是从电流元所在处到 P 点的位矢 $\boldsymbol{r}$ 的大小；θ 为电流元 $I\mathrm{d}\boldsymbol{l}$ 与位矢 $\boldsymbol{r}$ 之间小于 π 的夹角；k 为常数，如图 7-3 所示。$\mathrm{d}\boldsymbol{B}$ 的方向垂直于 $I\mathrm{d}\boldsymbol{l}$ 与 $\boldsymbol{r}$ 组成的平面，指向由 $I\mathrm{d}\boldsymbol{l}$ 经 θ 角转向 $\boldsymbol{r}$ 时右螺旋前进的方向，即 $\mathrm{d}\boldsymbol{B}$ 的方向沿着矢量 $I\mathrm{d}\boldsymbol{l}\times\boldsymbol{r}$ 的方向。如图 7-4 所示，**一个电流元 $I\mathrm{d}\boldsymbol{l}$ 所产生磁场的磁力线是以电流元 $I\mathrm{d}\boldsymbol{l}$ 所在直线为轴的一系列同心圆，磁感应强度方向与电流元方向呈右螺旋关系**。对于通电直导线，用右手握住导线，大拇指指向电流方向，弯曲的四指所指的方向即为磁感应线的环绕方向。

综上所述，有

$$\mathrm{d}\boldsymbol{B}=k\frac{I\mathrm{d}\boldsymbol{l}\times\boldsymbol{r}}{r^3}$$

其中，$k=\dfrac{\mu_0}{4\pi}=10^{-7}\ \mathrm{T\cdot m/A}$，$\mu_0=4\pi\times10^{-7}\ \mathrm{T\cdot m/A}$，称为真空磁导率。由此电流元激发的磁场的基本公式——毕奥-萨伐尔定律可表示为

$$\mathrm{d}\boldsymbol{B}=\frac{\mu_0}{4\pi}\frac{I\mathrm{d}\boldsymbol{l}\times\boldsymbol{r}}{r^3} \tag{7-4}$$

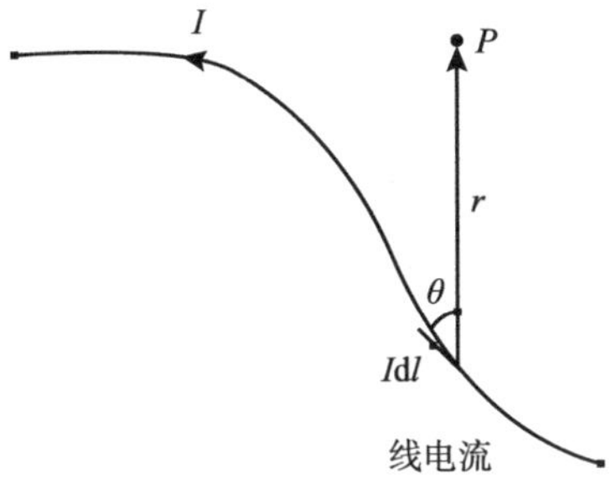

图7-3

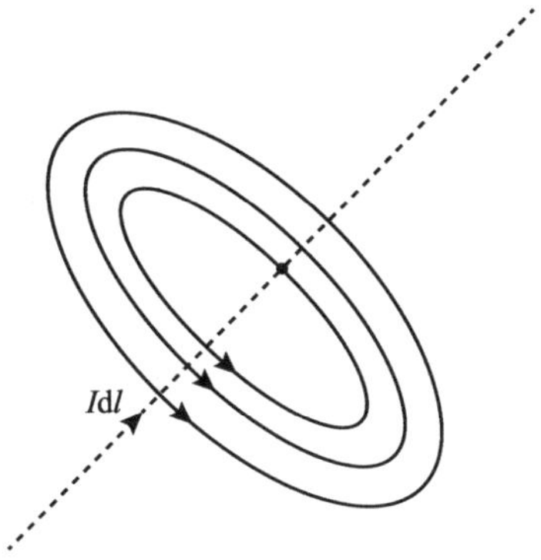

图7-4

根据叠加原理，任意线电流所激发的总磁感应强度可以通过如下积分来计算：

$$\boldsymbol{B}=\int_L \mathrm{d}\boldsymbol{B}=\frac{\mu_0}{4\pi}\int_L \frac{I\mathrm{d}\boldsymbol{l}\times\boldsymbol{r}}{r^3} \tag{7-5}$$

7.2.2　毕奥-萨伐尔定律的应用

应用毕奥-萨伐尔定律计算载流导体激发的磁场中各点磁感应强度的具体步骤如下：①在载流导线上任选一段电流元 $I\mathrm{d}\boldsymbol{l}$，并标出 $I\mathrm{d}\boldsymbol{l}$ 到场点 P 的位矢 $\boldsymbol{r}$，确定两者的夹角；②根据毕奥-萨伐尔定律，求出电流元在场点 P 所激发的磁感应强度 $\mathrm{d}\boldsymbol{B}$ 的大小，并由右手螺旋法则确定 $\mathrm{d}\boldsymbol{B}$ 的方向；③建立坐标系，将 $\mathrm{d}\boldsymbol{B}$ 在坐标系中分解，例如在直角坐标系中，$\mathrm{d}\boldsymbol{B}$ 可分解为

$$\mathrm{d}\boldsymbol{B}=\mathrm{d}B_x\boldsymbol{i}+\mathrm{d}B_y\boldsymbol{j}+\mathrm{d}B_z\boldsymbol{k} \tag{7-6}$$

④分别对各分量进行积分，再对积分结果进行矢量合成，即可求出总磁感应强度。

例7-1　计算一段载流直导线的磁场。如图7-5所示，在长为 L 的载流直导线中通有稳恒电流 I，试求距离载流直导线为 a 处 P 点的磁感应强 $\boldsymbol{B}$。

解：在导线上任取电流元 $I\mathrm{d}\boldsymbol{l}$，到 P 点的矢径 $\boldsymbol{r}$，根据右手螺旋定则判断 $\mathrm{d}\boldsymbol{B}$ 的方向垂直纸面向内。对于直线上所有 $I\mathrm{d}\boldsymbol{l}$ 方向相同，故 $\mathrm{d}\boldsymbol{B}$ 在同一方向上，其大小可直接积分。电流元 $I\mathrm{d}\boldsymbol{l}$ 在 P 点产生的磁感应强度大小为

$$\mathrm{d}B=\frac{\mu_0}{4\pi}\frac{I\mathrm{d}l\sin\theta}{r^2}$$

而

$$I=-a\cot\theta$$

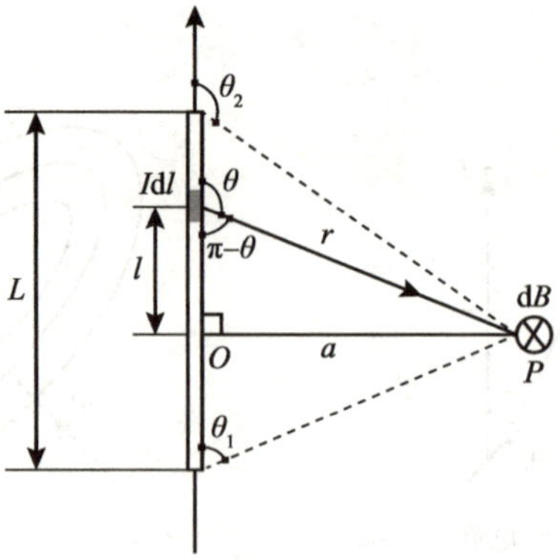

图 7-5

所以 $$\mathrm{d}l=\frac{a\mathrm{d}\theta}{\sin^2\theta}$$

$$r=\frac{a}{\sin\theta}$$

代入则有 $$\mathrm{d}B=\frac{\mu_0 I}{4\pi a}\sin\theta\mathrm{d}\theta$$

积分可得 $$B=\frac{\mu_0 I}{4\pi a}(\cos\theta_1-\cos\theta_2) \tag{7-7}$$

方向垂直于纸面向里。

讨论：①当载流导线为无限长时，$\theta_1\approx0$，$\theta_2\approx\pi$，磁感应强度 $B=\frac{\mu_0 I}{2\pi a}$；②当 P 点位于导线上或导线延长线上时，$\theta_1=\theta_2=0$ 或 $\theta_1=\theta_2=\pi$，磁感应强度 $B=0$；③当载流导线为半无限长时，$\theta_1=0$，$\theta_2=\frac{\pi}{2}$；$\theta_1=\frac{\pi}{2}$，$\theta_2=\pi$，磁感应强度 $B=\frac{\mu_0 I}{4\pi a}$；④无限长载流导线磁场分布规律——轴对称。

例 7-2 计算载流圆线圈的磁场。如图 7-6 所示，载流圆线圈（也称圆电流）半径为 R，通以电流 I。

在圆电流上任取一电流元 $I\mathrm{d}\boldsymbol{l}$，显然电流元与其到轴线上 P 点的矢量 $\boldsymbol{r}$ 之间的夹角为 $\frac{\pi}{2}$，按毕奥-萨伐尔定律，电流元在 P 点产生的磁感应强度 $\mathrm{d}\boldsymbol{B}$ 的大小为

$$\mathrm{d}B=\frac{\mu_0}{4\pi}\frac{I\mathrm{d}l}{r^2}\sin\frac{\pi}{2}$$

将磁感应强度 $\mathrm{d}\boldsymbol{B}$ 分解为平行于 z 轴的分量 $\mathrm{d}B_z$ 和垂直于 z 轴的分量 $\mathrm{d}B_\perp$。由对称性可

知，各电流元在 P 点产生的磁感应强度的垂直分量 $dB_{\perp}$ 逐对抵消。这样 P 点的总磁感应强度方向平行于对称轴，且与电流方向呈右手螺旋关系，而对平行分量 dB_z 求积分即可得其大小

$$B=\int dB_z=\frac{\mu_0 I}{4\pi}\int\frac{dl\sin\alpha}{r^2}=\frac{\mu_0 IR^2}{2(R^2+z^2)^{3/2}} \tag{7-8}$$

其中利用了关系式：
$$\sin\alpha=\frac{R}{r}=\frac{R}{(R^2+z^2)^{1/2}}$$

令 $z=0$，得圆电流中心处的磁感应强度

$$B_0=\frac{\mu_0 I}{2R} \tag{7-9}$$

如场点 P 远离圆心，即 $z>>R$，则有

$$B\approx\frac{\mu_0 IR^2}{2z^3}=\frac{\mu_0 IS}{2\pi z^3} \tag{7-10}$$

式（7-10）中，$S=\pi R^2$ 为圆线圈的面积。

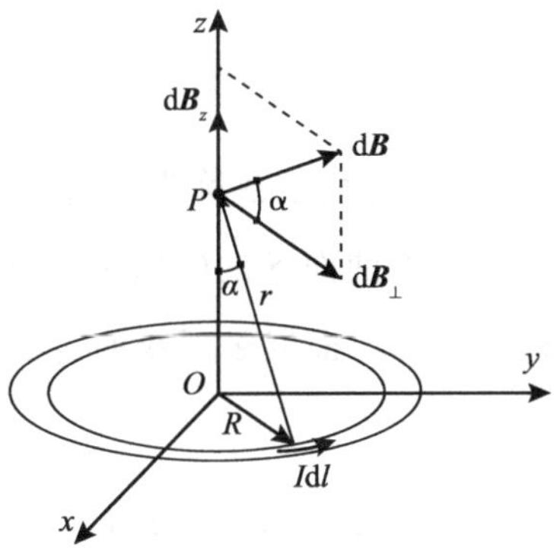

图 7-6

7.3 磁场的高斯定理和安培环路定理

7.3.1 磁通量

1. 磁感应线

在静电场中可以用电场线来直观地表示电场的分布。同样，也可以用曲线来描述磁

场中各处磁感应强度的方向和大小，这样的曲线称为磁感应线。磁感应线上任一点的切线方向都和该点的磁感应强度方向一致。

为了使磁感应线能定量地描述磁感应强度的大小，规定通过空间某点垂直于 $\boldsymbol{B}$ 的单位面积的磁感应线数目等于该点磁感应强度 $\boldsymbol{B}$ 的数值，即

$$B=\frac{\mathrm{d}N}{\mathrm{d}S_{\perp}} \tag{7-11}$$

因此，磁感应强度 $\boldsymbol{B}$ 的数值等于磁感应线的数密度。$\boldsymbol{B}$ 大的地方磁感应线密集，$\boldsymbol{B}$ 小的地方磁感应线稀疏。

磁感应线具有以下特性：①任何磁感应线都不会相交，否则相交点就会有两个磁场方向，这一点和电场线是相同的；②磁感应线是闭合曲线，既没有起点，也没有终点；③磁感应线的方向与电流方向组成右手螺旋关系：对于环形电流，让弯曲的右手四指代表电流方向，则伸直拇指代表的就是环形导线轴线上磁感应线的方向；对于通电螺线管，让弯曲的四指与螺线管的电流方向一致，伸直的拇指所指的方向就是螺线管内部磁感应线的方向（即 N 极）。

2. 磁通量

在磁场中，穿过任意曲面 S 的磁感线条数称为穿过该面的磁通量，用 $\boldsymbol{\Phi}$ 表示，如图 7-7 所示。为求得穿过磁场中任意曲面 S 的磁通量，可以采用类似于求电通量的方法，将曲面分割成无限多个面积元 $\mathrm{d}S$。根据磁感线的定义，在磁场中穿过任一面积元 $\mathrm{d}S$ 的磁通量为

$$\mathrm{d}\Phi=B\mathrm{d}S_{\perp}=B\cos\theta\mathrm{d}S \tag{7-12}$$

其中，θ 是面积元 $\mathrm{d}S$ 的法线 $\boldsymbol{e}_n$ 和磁感应强度 $\boldsymbol{B}$ 间的夹角，$\mathrm{d}S_{\perp}$ 是面积元 $\mathrm{d}S$ 在垂直于磁场方向的投影面积。

根据矢量标积的定义，穿过面积元 $\mathrm{d}S$ 的磁通量也可表示为

$$\mathrm{d}\Phi=\boldsymbol{B}\cdot\mathrm{d}\boldsymbol{S} \tag{7-13}$$

式（7-13）中，$\mathrm{d}\boldsymbol{S}=\mathrm{d}S\,\boldsymbol{e}_n$ 为面积元矢量。

通过积分，便可求出穿过整个曲面 S 的磁通量

$$\Phi=\int_S\boldsymbol{B}\cdot\mathrm{d}\boldsymbol{S} \tag{7-14}$$

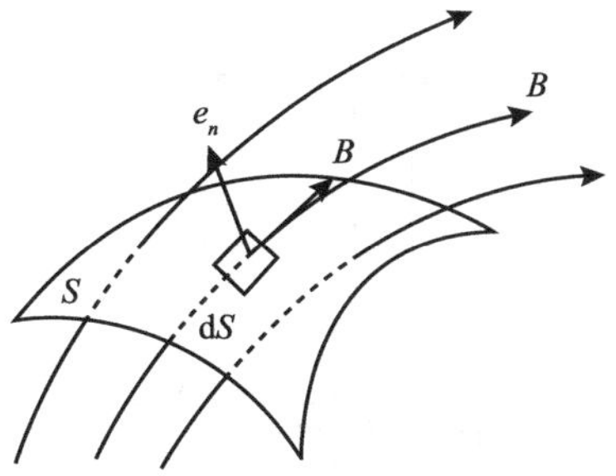

图 7-7

如果 S 为任意闭合曲面，则在磁场中穿过 S 的磁通量为

$$\Phi=\oiint_{s}\boldsymbol{B}\cdot \mathrm{d}\boldsymbol{S} \tag{7-15}$$

对于闭合曲面 S 来说，仍取曲面的法线 $\boldsymbol{e}_n$ 向外为正，反之为负。当磁感线由闭合曲面内部穿出时，$\boldsymbol{B}$ 与法线 $\boldsymbol{e}_n$ 的夹角 θ 为 $0\leqslant\theta\leqslant\frac{\pi}{2}$，相应的磁通量为正；当磁感线从外部穿入闭合曲面时，$\boldsymbol{B}$ 与法线 $\boldsymbol{e}_n$ 的夹角 θ 为 $\frac{\pi}{2}<\theta\leqslant\pi$，相应的磁通量为负，如图 7-8 所示。因此，磁通量为代数量。在国际单位制中，磁通量的单位是韦伯（Wb）。1 Wb = 1 T · m^2。

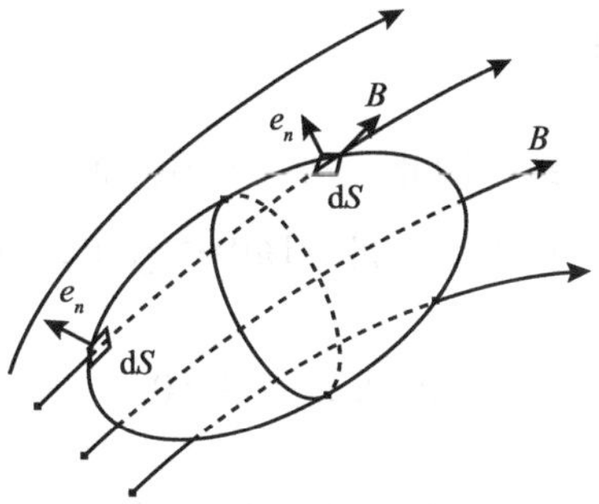

图 7-8

例 7-3　在电流为 I 的长直载流导线附近有一与导线共面的单匝矩形线圈，其一边与导线平行，如图 7-9 所示。求通过此线圈的磁通量。

解：建立如图所示的坐标系。在线框内距导线 x 处取一长为 a，宽为 $\mathrm{d}x$ 的矩形面元 $\mathrm{d}S$，面元中各点的磁感应强度的大小

$$B=\frac{\mu_0 I}{2\pi x}$$

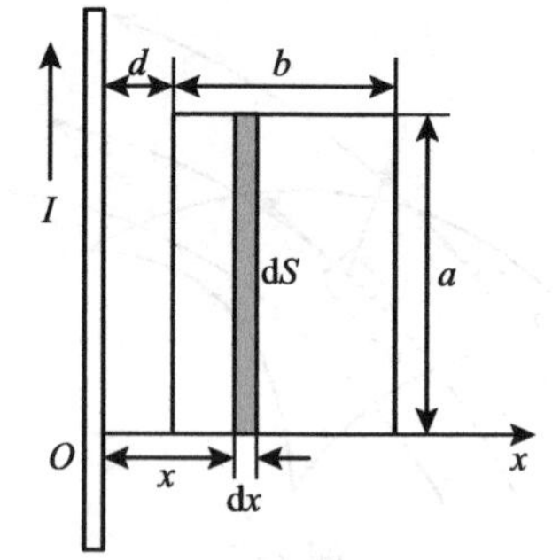

图 7-9

磁感应强度方向垂直纸面向里，μ_0 是真空的磁导率，I 是导线中的电流。

若规定 $\mathrm{d}S$ 的法线方向也向里，则通过此面元的磁通量为

$$\mathrm{d}\Phi=\boldsymbol{B}\cdot\mathrm{d}\boldsymbol{S}=\frac{\mu_0 I}{2\pi x}a\mathrm{d}x$$

通过整个线圈的磁通量为

$$\Phi=\int\mathrm{d}\Phi=\int_d^{d+b}\frac{\mu_0 Ia}{2\pi}\frac{\mathrm{d}x}{x}=\frac{\mu_0 Ia}{2\pi}\ln\frac{d+b}{d}$$

7.3.2 磁场的高斯定理

由于磁感应线都是闭合曲线，因此，从一个闭合曲面 S 某处穿进的磁感应线必然要从该闭合曲面的另一处穿出。所以，通过磁场中任意闭合曲面的净磁通量恒等于 0，即

$$\Phi=\oiint_s\boldsymbol{B}\cdot\mathrm{d}\boldsymbol{S}=0 \tag{7-16}$$

式（7-16）便是磁场的高斯定理。它是电磁场的基本规律之一，表明磁场是无源场，即不存在单独的磁极——磁单极。但是，1933 年，英国物理学家狄拉克从理论上提出了磁单极的存在，不过至今仍未获得磁单极存在的实验性证据。

磁场的高斯定理的根本意义在于，它使我们有可能引入矢量势的概念来描述磁场。这一问题将在电磁学的后续课程《电动力学》中讨论，此处不作介绍。

7.3.3 安培环路定理

在静电场的环路定理中，电场线是有头有尾的，电场强度 $\boldsymbol{E}$ 沿任意闭合路径的积分

等于 0，即 $\oint_l \boldsymbol{E}\cdot \mathrm{d}\boldsymbol{l}=0$，这是静电场的一个重要特征。那么，磁场中的磁感应强度 $\boldsymbol{B}$ 沿任意闭合路径的积分 $\oint_l \boldsymbol{B}\cdot \mathrm{d}\boldsymbol{l}$ 等于多少？

下面先研究真空中一无限长载流直导线的磁场。如图 7-10 所示，取一平面 S 与载流直导线垂直，以平面与导线的交点 O 为圆心，在平面上作一半径为 R 的圆周，并选定圆周回路 l 的绕行方向与电流的流向呈右手螺旋关系，即迎着电流流向看为逆时针方向。

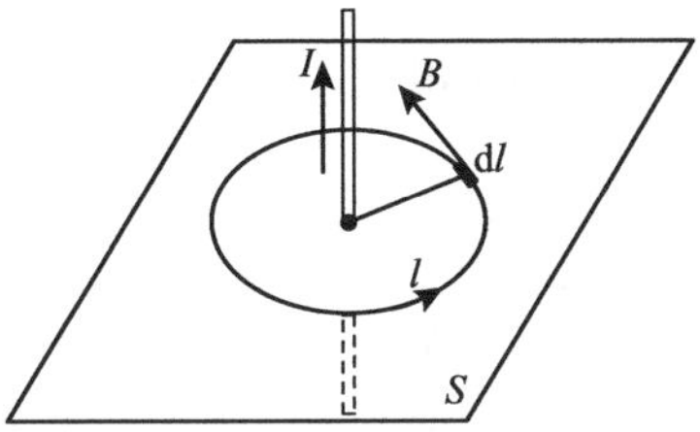

图 7-10

由前面的知识可知，在这圆周上任意一点的磁感应强度 $\boldsymbol{B}$ 的大小均为 $B=\mu_0 I/2\pi R$。$\boldsymbol{B}$ 的方向与线元 $\mathrm{d}\boldsymbol{l}$ 的方向相同，即 $\boldsymbol{B}$ 与 $\mathrm{d}\boldsymbol{l}$ 之间的夹角 $\theta=0°$。这样，$\boldsymbol{B}$ 沿着上述圆周的积分为

$$\oint_l \boldsymbol{B}\cdot \mathrm{d}\boldsymbol{l}=\oint_l B\cos\theta \mathrm{d}l=\oint_l \frac{\mu_0 I}{2\pi R}\mathrm{d}l=\frac{\mu_0 I}{2\pi R}\oint_l \mathrm{d}l=\frac{\mu_0 I}{2\pi R}2\pi R=\mu_0 I$$

所以

$$\oint_l \boldsymbol{B}\cdot \mathrm{d}\boldsymbol{l}=\mu_0 I \tag{7-17}$$

式（7-17）表明，在稳恒磁场中，磁感应强度 $\boldsymbol{B}$ 沿闭合路径的线积分，等于此闭合路径所包围的电流与真空磁导率的乘积。$\boldsymbol{B}$ 沿闭合路径的线积分又叫作 $\boldsymbol{B}$ 的环流。

在式（7-17）中，若回路 l 绕行方向不变，而电流反向，则

$$\oint_l \boldsymbol{B}\cdot \mathrm{d}\boldsymbol{l}=-\mu_0 I=\mu_0(-I)$$

这时可以认为，对于回路 l 来讲，电流是负的。

如果回路不是圆周路径，而是任意闭合路径，而且其中不止一个电流，那么也可以证明：在真空的稳恒磁场中，磁感应强度 $\boldsymbol{B}$ 沿任一闭合路径的积分的值，等于 μ_0 乘以该闭合路径所包围的各电流的代数和，即

$$\oint_l \boldsymbol{B}\cdot \mathrm{d}\boldsymbol{l}=\mu_0\sum_{i=1}^{n} I_i \tag{7-18}$$

这就是真空中磁场的环路定理，也称安培环路定理。式（7-18）中 $\boldsymbol{B}_i$ 为由电流 I_i 产生的磁感应强度，$\sum\limits_i I_i$ 表示处在积分回路中电流的代数和。

关于安培环路定理有以下几点需要强调。

（1）电流强度的代数和是有正负的。如果所取积分的绕行与电流流向满足右螺旋关系，则电流为正；如果绕行方向与电流方向满足左螺旋关系，则电流为负。例如，对于如图 7-11 所示的闭合回路，磁感应强度的环流为

$$\oint_l \boldsymbol{B} \cdot \mathrm{d}\boldsymbol{l} = \mu_0(I_1 - I_2)$$

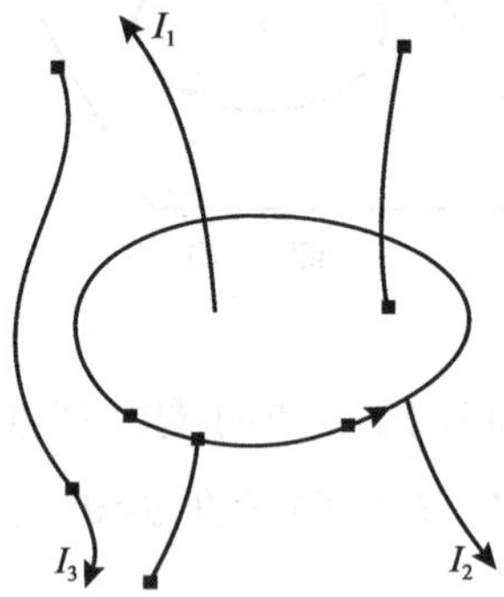

图 7-11

（2）磁感应强度是由全空间所有电流产生的，但安培环路定理中的电流强度是指穿过闭合回路的电流，不包括闭合回路以外的电流。例如即使存在其他电流 I_3 产生磁场，但如果没有穿过闭合回路，则它不会出现在安培环路定理的表达式中。

（3）安培环路定理仅适用于由稳恒电流产生的磁场。对于一段假想的电流或非稳恒电流，该定理不适用。

（4）磁感应强度的环流不一定等于 0，这表明磁场不是保守力场，而是有旋场。因此，不能像静电场那样引入电势的概念来描述磁场。

例 7-4 求图 7-12（a）中长直圆柱形载流导线内外的磁场。

解： 设圆柱截面的半径为 R，恒定电流 I 沿轴线方向流动，并呈轴对称分布，当所考察的场点 P（或 Q）离导线的距离比 P（或 Q）离导线两端的距离小得很多时，可以把导线看作是无限长。在此区域内，磁场对圆柱形轴线具有对称性，磁感应线是垂直于轴线平面内以轴线为中心的同心圆，如图 7-12 所示。过 P（或 Q）取一半径为 r 的磁感应线为积分回路，由于线上任一点的 $\boldsymbol{B}$ 的量值相等，方向与该点的 $\mathrm{d}\boldsymbol{l}$ 方向一致，所以，$\boldsymbol{B}$ 矢量的环流为

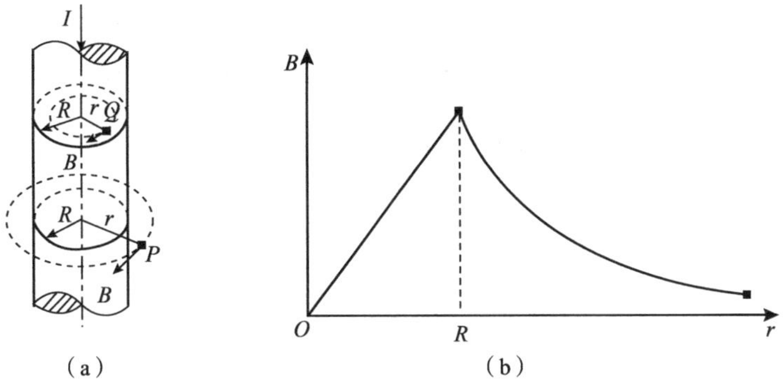

图 7-12

$$\oint_l \boldsymbol{B} \cdot d\boldsymbol{l} = B2\pi r$$

如果 $r>R$（图中 P 点），全部电流 I 穿过积分回路，由安培环路定理得

$$B2\pi r = \mu_0 I$$

即
$$B = \frac{\mu_0 I}{2\pi r} \tag{7-19}$$

由此可见，长圆柱形载流导线外的磁场与长直载流导线激发的磁场相同。

如果 $r<R$，即在圆柱形导线内部（图中 Q 点），考虑两种可能的电流分布情况：①当电流均匀分布在圆柱形导线表面层时，则穿过积分回路的电流为 0，由安培环路定理给出 $B2\pi r=0$，即 $B=0$，柱内任一点的磁感应强度为 0；②当电流均匀分布在圆柱形导线截面上时，穿过积分回路的电流应是 $I' = \frac{Ir^2}{R^2}$，所以应用安培环路定理得

$$\oint_l \boldsymbol{B} \cdot d\boldsymbol{l} = B2\pi r = \mu_0 \frac{Ir^2}{R^2}$$

由此算出导线内 Q 点的磁感应强度为

$$B = \frac{\mu_0 I r}{2\pi R^2} \tag{7-20}$$

可见，在圆柱形导线内部，磁感应强度和离开轴线的距离 r 成正比，图 7-12 中（b）绘出了磁感应强度与离轴线距离 r 的关系曲线。

例 7-5　截面图如图 7-13 所示，将载流导线均匀密绕在环形圆管上，则构成了螺绕环。设积分回路半径为 R，线圈总匝数为 N，导线中电流为 I。求螺绕环电流的磁场。

由于对称性的缘故，圆形回路上磁感应强度各点大小相等，而方向沿圆形积分回路的切线。如果积分回路在螺绕环内，则有电流通过回路 N 次，由安培环路定理有

$$\oint_l \boldsymbol{B} \cdot \mathrm{d}\boldsymbol{l} = B2\pi R = \mu_0 NI$$

所以

$$B = \frac{\mu_0 NI}{2\pi R} = \mu_0 nI \quad （环内） \tag{7-21}$$

式（7-21）中，$n = \dfrac{N}{2\pi R}$ 代表单位长度线圈的匝数。

如果积分回路在螺绕环外，则通过积分回路的总电流为 0，有

$$\oint_l \boldsymbol{B} \cdot \mathrm{d}\boldsymbol{l} = B2\pi R = 0$$

所以 $B=0$（环外），即螺绕环外无磁场。

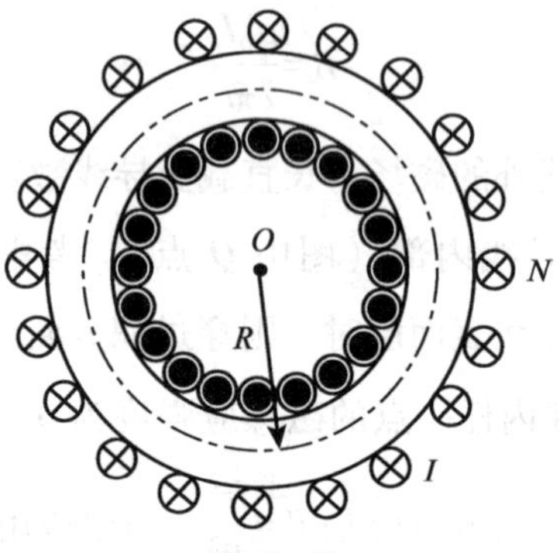

图 7-13

例 7-6 如图 7-14 所示的空心柱形导体，柱的内、外半径分别为 a 和 b，导体内载有电流 I，设电流 I 均匀分布在导体横截面上。求导体内部各点（$a<r<b$）的磁感应强度大小，并试讨论 $a=0$ 和 $r \geqslant b$ 时的情况。

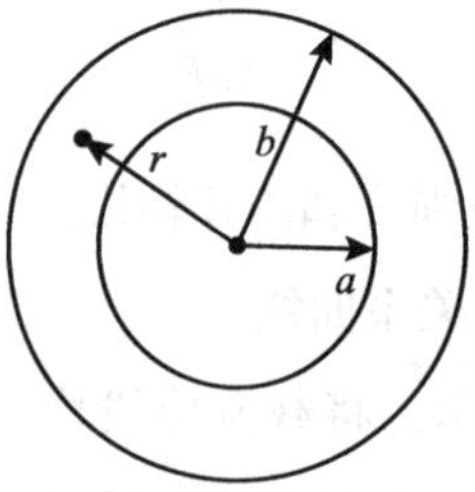

图 7-14

解：作一个半径为 r（$a<r<b$）的积分回路，应用安培环路定理有

$$\oint_l \boldsymbol{B}\cdot \mathrm{d}\boldsymbol{l}=B2\pi r=\mu_0\frac{(\pi r^2-\pi a^2)}{(\pi b^2-\pi a^2)}I$$

得
$$B=\frac{\mu_0 I}{2\pi(b^2-a^2)}\frac{(r^2-a^2)}{r}\quad (a<r<b)$$

当 $a=0$ 时，$B=\dfrac{\mu_0 I}{2\pi b^2}r$。

作为一个半径为 r（$r\geqslant b$）的积分回路，应用安培环路定理有

$$B2\pi r=\mu_0 I$$

所以，当 $r\geqslant b$ 时，$B=\dfrac{\mu_0 I}{2\pi r}$。

7.4　磁场对载流导线的作用

7.4.1　安培定律

安培在研究电流与电流之间的相互作用时，仿照电荷之间相互作用的库仑定律，把载流导线分割成电流元，得到了两个电流元之间的相互作用规律，并于 1820 年总结出了电流元受力的安培定律。根据安培定律，电流元 $I\mathrm{d}\boldsymbol{l}$ 在磁场中某点所受到的磁场力 $\mathrm{d}\boldsymbol{F}$ 的大小与该点磁感应强度 $\boldsymbol{B}$ 的大小、电流元 $I\mathrm{d}\boldsymbol{l}$ 的大小以及电流元 $I\mathrm{d}\boldsymbol{l}$ 与磁感应强度 $\boldsymbol{B}$ 的夹角 θ 的正弦成正比，可表示为

$$\mathrm{d}F=I\mathrm{d}lB\sin\theta$$

$\mathrm{d}\boldsymbol{F}$ 的方向垂直于 $I\mathrm{d}\boldsymbol{l}$ 与 $\boldsymbol{B}$ 所决定的平面，指向由右手螺旋法则确定。将上式写成矢量形式为

$$\mathrm{d}\boldsymbol{F}=I\mathrm{d}\boldsymbol{l}\times\boldsymbol{B}\tag{7-22a}$$

因此，一段任意形状的载流导线所受的磁场力等于作用在它各段电流元上的磁场力的矢量和，即

$$\boldsymbol{F}=\int_L \mathrm{d}\boldsymbol{F}=\int_L I\mathrm{d}\boldsymbol{l}\times\boldsymbol{B}\tag{7-22b}$$

这个力又叫**安培力**。式（7-22a）称为**安培定律**。

7.4.2 载流导线与载流线圈在磁场中受力

1. 载流导线在磁场中受力

下面讨论均匀磁场中的一段长直导线所受的安培力。设直导线长 l，通有电流 I，置于磁感应强度为 $\boldsymbol{B}$ 的均匀磁场中，导线与 $\boldsymbol{B}$ 的夹角为 θ，如图 7-15 所示。在这种情况下，作用在各电流元上的安培力 $\mathrm{d}\boldsymbol{F}$ 的方向都沿 Oz 轴正向，所以作用在长直导线上的合力即等于各电流元上的各个分力的代数和，即

$$F=\int_L \mathrm{d}F=\int_0^l I\mathrm{d}lB\sin\theta=IB\sin\theta\int_0^l \mathrm{d}l=IBl\sin\theta \tag{7-23}$$

合力作用在长直导线中点，方向沿 Oz 轴正向。

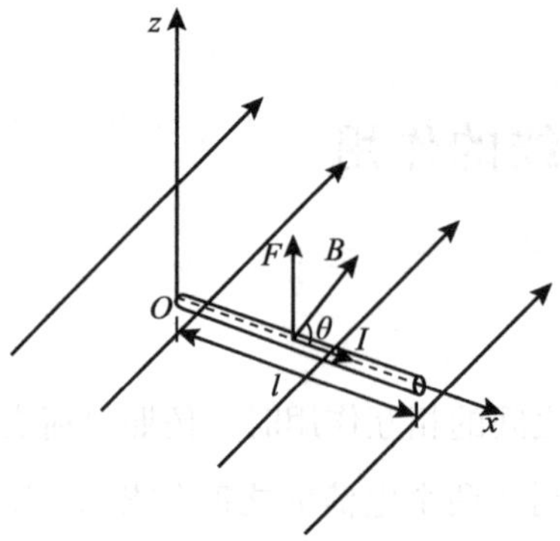

图 7-15

例 7-7 一长直导线竖直放置，通有电流 I_1，其旁共面放置另一长度为 b 的刚性水平导线 MN，通有电流 I_2，M 端与竖直导线的距离为 a，如图 7-16（a）所示。试求导线 MN 所受的作用力。

解：如图 7-16（b）所示，取电流元 $I_2\mathrm{d}\boldsymbol{r}$，根据安培定律有

$$\begin{aligned}\mathrm{d}F&=I_2\mathrm{d}rB\sin\theta=I_2B\mathrm{d}r\\&=\frac{\mu_0 I_1 I_2}{2\pi r}\mathrm{d}r\end{aligned}$$

$\mathrm{d}\boldsymbol{F}$ 的方向向上，因为在 MN 导线上各电流元所受力的方向相同，求合力可用标量进行积分，有

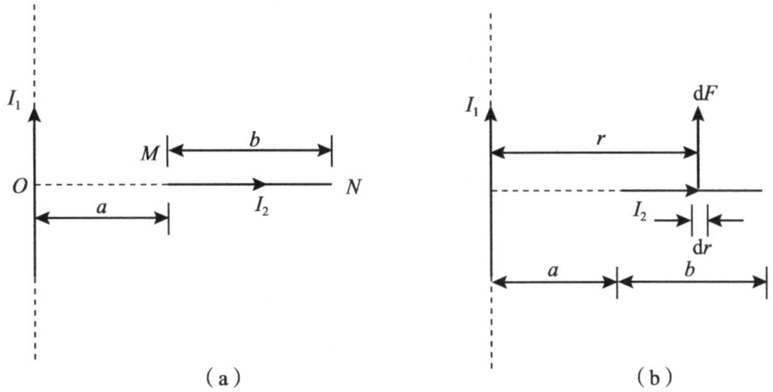

图 7-16

$$F=\int \mathrm{d}F=\frac{\mu_0 I_1 I_2}{2\pi}\int_a^{a+b}\frac{\mathrm{d}r}{r}=\frac{\mu_0 I_1 I_2}{2\pi}\ln\left(\frac{a+b}{a}\right)$$

方向垂直 MN 向上。

例 7-8 如图 7-17 所示，在同一平面内有一无限长平行薄板和一无限长直线电流，均通有电流 I，板宽为 a，直线电流距板中心为 b。求直线电流单位长度上所受到的磁场力。

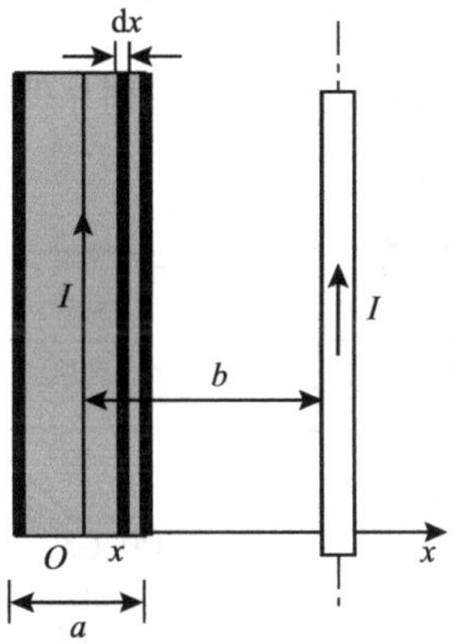

图 7-17

解：将无限长平行薄板分成许多宽度为 dx 的无限长直电流，则有

$$\mathrm{d}I=\frac{I}{a}\mathrm{d}x$$

其中 x 处宽度为 dx 的无限长直电流在无限长直线电流处产生的磁场为

$$\mathrm{d}B=\frac{\mu_0 \mathrm{d}I}{2\pi(b-x)}$$

总磁场为
$$B=\int_{-\frac{a}{2}}^{\frac{a}{2}}\frac{\mu_0 I}{2\pi(b-x)a}\mathrm{d}x=\frac{\mu_0 I}{2\pi a}\ln\left(\frac{b+\frac{a}{2}}{b-\frac{a}{2}}\right)$$

直线电流单位长度上所受到的磁场力为

$$f=IB=\frac{\mu_0 I^2}{2\pi a}\ln\left(\frac{b+\frac{a}{2}}{b-\frac{a}{2}}\right)$$

2. 磁场对载流线圈的作用

如图 7-18 所示，在磁感应强度为 $\boldsymbol{B}$ 的匀强磁场中，有一刚性的长方形平面载流线圈，边长分别为 l_1 和 l_2，电流为 I，设线圈的平面与磁场方向成任意角 θ，对边 AB、CD 与磁场垂直。根据安培定律，导线 BC 和 AD 所受的磁场力分别为

$$F_1=BIl_1\sin\theta$$
$$F_1'=BIl_1\sin(\pi-\theta)=BIl_1\sin\theta$$

这两个力在同一直线上，大小相等而方向相反，相互抵消。

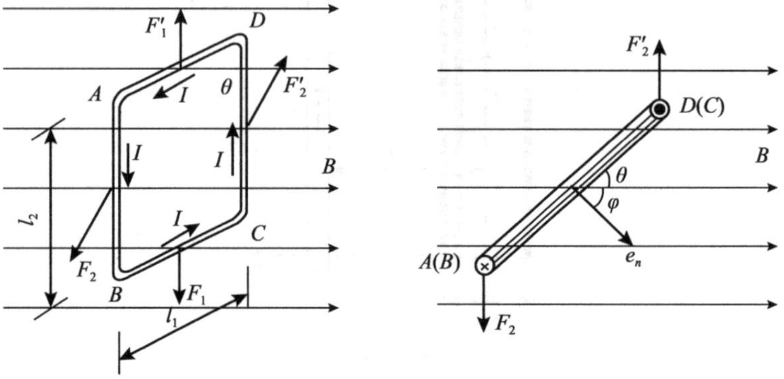

（a）立体图　　（b）俯视图

图 7-18

导线 AB、CD 所受的磁场力分别为 F_2、F_2'，有

$$F_2=F_2'=BIl_2$$

这两个力大小相等，方向相反，因此整个线圈所受的合力为 0。但 F_2、F_2'作用线可以不在同一直线上，形成一对力偶，力臂为 $l_1\cos\theta$。它们作用在线圈上的力偶矩为

$$M = F_2 l_1 \cos\theta = BIl_1 l_2 \cos\theta = BIS\cos\theta$$

其中 $S=l_1l_2$ 为线圈的面积。如果用线圈平面的正法线方向和磁场方向的夹角 φ 来代替 θ，由于 $\theta+\varphi=\pi/2$，上式可写为

$$M = BIS\sin\varphi$$

如果线圈有 N 匝，那么线圈所受的力偶矩为

$$M = NBIS\sin\varphi = P_m B\sin\varphi \tag{7-24a}$$

式中的 $P_m=NIS$ 是线圈的磁矩，由于 φ 也是磁矩矢量 $\boldsymbol{P}_m$ 与磁感应强度 $\boldsymbol{B}$ 的夹角，所以式（7-24a）也可写成矢量式：

$$\boldsymbol{M} = \boldsymbol{P}_m \times \boldsymbol{B} \tag{7-24b}$$

式（7-24b）不仅对长方形线圈成立，对于均匀磁场中任意形状的平面线圈也成立。而且，对带电粒子沿闭合回路的运动以及带电粒子的自旋，也可用上述公式计算在磁场中所受的磁力矩。

讨论几种特殊情形：当 $\varphi=\dfrac{\pi}{2}$时，线圈平面与磁场平行，此时力矩最大，这个力矩有使 φ 角减小的趋势；当 $\varphi=0$ 时，线圈平面与磁场垂直，此时力矩为 0，线圈处于稳定平衡位置；当 $\varphi=\pi$ 时，力矩虽然也为 0，但线圈处于不稳定平衡位置。

由上可见，平面载流线圈在均匀磁场中任意位置上所受的合力都为 0，仅受磁力矩的作用，因此，在均匀磁场中的平面载流线圈只发生转动，不会发生平动。磁力矩的规律是制造各种电动机、电流计等设备的基本原理。

7.4.3　磁场力的功

载流导线或载流线圈在磁场内受到磁场力（安培力）或磁力矩的作用，因此，当导线或线圈的位置与方位改变时，磁场力就作了功。

1. 载流导线在磁场中运动时磁场力所做的功

如图 7-19 所示，设有一匀强磁场，磁感应强度 $\boldsymbol{B}$ 的方向垂直于纸面向外，磁场中有一载流的闭合电路 $abcd$，电流 I 保持不变，电路中导线 ab 长为 l，ab 可以沿着 ca 和 db 滑动。由安培定律，载流导线 ab 在磁场中所受的力，大小为

$$F = BIl$$

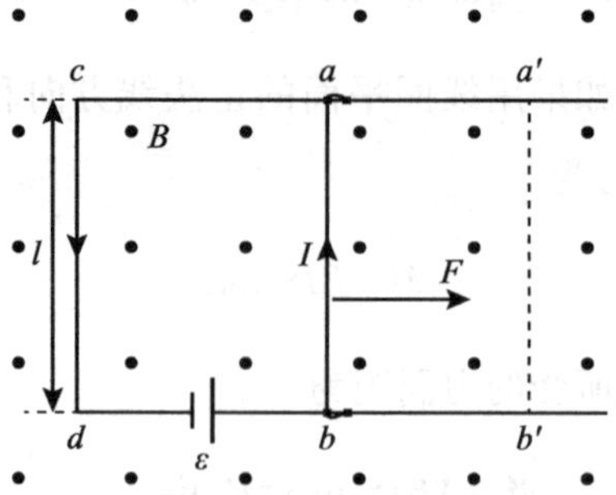

图 7-19

在力 $\boldsymbol{F}$ 的作用下，ab 沿 $\boldsymbol{F}$ 的方向移动。当移动到 $a'b'$时，磁场力所做的功为

$$A = F\overline{aa'} = BIl\overline{aa'}$$

而通过回路磁通量的增量为

$$\Delta\Phi_{\mathrm{m}} = \Phi_{\mathrm{m2}} - \Phi_{\mathrm{m1}} = Bl\overline{da'} - Bl\overline{da} = Bl\overline{aa'}$$

所以，在导线移动的过程中，磁场力所做的功为

$$A = BIl\overline{aa'} = I\Delta\Phi_{\mathrm{m}} \tag{7-25}$$

式（7-25）说明，当载流导线在磁场中运动时，如果电流保持不变，磁场力所做的功等于电流乘以通过回路所环绕的面积内磁通量的增量。

2. 载流线圈在磁场内转动时磁场力所做的功

设有一载流线圈在磁场内转动，设法使线圈中的电流保持不变，现计算线圈转动时磁场力所做的功。

如图 7-20 所示，设线圈转过极小的角度 $\mathrm{d}\varphi$，使 $\boldsymbol{e}_n$ 与 $\boldsymbol{B}$ 之间的夹角从 φ 增大为 $\varphi+d\varphi$，由 $\boldsymbol{M}=\boldsymbol{P}_{\mathrm{m}}\times\boldsymbol{B}$ 知，磁力矩大小 $M=BIS\sin\varphi$，所以磁力矩所做的功

$$\mathrm{d}A = -M\mathrm{d}\varphi = -BIS\sin\varphi\mathrm{d}\varphi = BIS\mathrm{d}(\cos\varphi)$$

其中负号表示磁力矩做正功时将使 φ 减小。因为 $BS\cos\varphi$ 表示通过线圈的磁通量，所以 $\mathrm{d}(BS\cos\varphi)$ 表示线圈转过 $\mathrm{d}\varphi$ 后磁通量的增量 $\mathrm{d}\Phi$。所以上式也可写为

$$\mathrm{d}A = I\mathrm{d}\Phi \tag{7-26}$$

当载流线圈从 φ_1 转到 φ_2 时，将上式积分后得磁力矩所做的总功为

$$A=\int_{\Phi_1}^{\Phi_2} I\mathrm{d}\Phi = I(\Phi_2-\Phi_1) = I\Delta\Phi \tag{7-27}$$

其中，Φ_1 和 Φ_2 分别表示线圈在 φ_1 转到 φ_2 时通过线圈的磁通量。

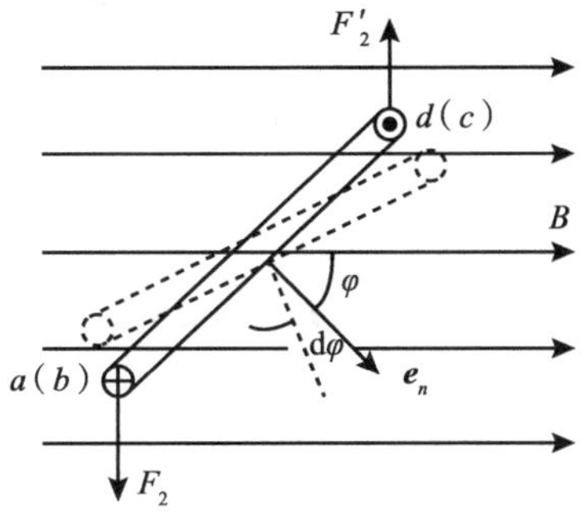

图 7-20

可以证明，一个任意的闭合电流回路在磁场中改变位置或形状时，如果保持回路中电流不变，则磁场力或磁力矩所做的功都可按照 $A=I\Delta\Phi$ 这个公式计算，亦即磁场力或磁力矩所做的功等于电流乘以通过载流线圈的磁通量的增量。

例 7-9　有一半径为 R 的半圆形闭合载流线圈，如图 7-21 所示，通有电流 I。现把它放在均匀磁场中，磁感应强度为 B，其方向与线圈平面平行。求：

（1）以直径为转轴，线圈所受磁力矩的大小和方向；

（2）在磁力矩作用下，线圈转过 90°，在这一过程中磁力矩做了多少功？

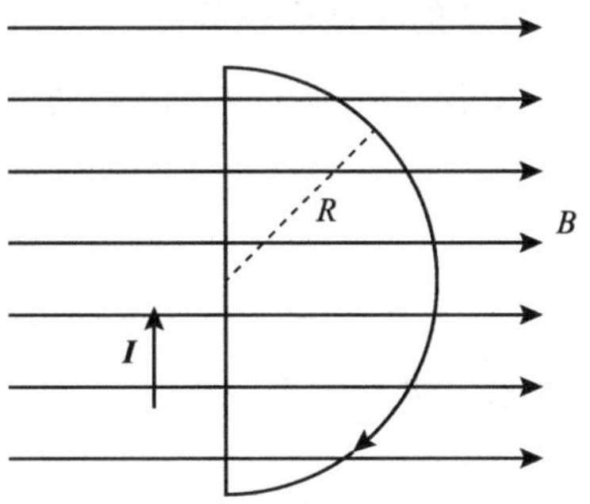

图 7-21

解：（1）由磁力矩求解公式　　$\boldsymbol{M}=\boldsymbol{P}_{\mathrm{m}}\times\boldsymbol{B}$

磁力矩的大小为　　$M=P_{\mathrm{m}}B\sin\varphi$

而 $$\varphi=\frac{\pi}{2},\quad P_m=I\cdot\frac{\pi R^2}{2}$$

故 $$M=\frac{1}{2}\pi IBR^2,$$ 方向为竖直向下

（2）在力矩作用下，线圈转过 90°时，磁通量的增量为

$$\Delta\Phi=\frac{\pi R^2}{2}B$$

因此，磁力矩的功为 $$A=I\Delta\Phi=\frac{\pi R^2}{2}IB$$

7.5 运动电荷产生的磁场

由经典电子论可知，金属导体内的电流是由大量自由电子作定向运动而形成的。所以，载流导线产生磁场的本质实际上是由带电粒子的运动而产生的。运动电荷产生磁场就是毕奥-萨伐尔定律的微观解释。

毕奥-萨伐尔定律说明电流元 $I\mathrm{d}\boldsymbol{l}$ 产生的磁感应强度的大小为

$$\mathrm{d}\boldsymbol{B}=\frac{\mu_0}{4\pi}\frac{I\mathrm{d}\boldsymbol{l}\sin\theta}{r^2}$$

其中，θ 为电流元的指向与以电流元为圆点而指向场点的矢量 $\boldsymbol{r}$ 之间的夹角。

如图 7-22 所示，设电流元 $I\mathrm{d}\boldsymbol{l}$ 的横截面积为 S，单位体积内的带电粒子数为 n，每个粒子的带电量为 q，并以速度 $\boldsymbol{v}$ 沿 $I\mathrm{d}\boldsymbol{l}$ 的方向匀速运动。单位时间内通过横截面 S 的电量为 $nqvS$，则电流强度 I 为

$$I=nqvS$$

将这一电流表示代入毕奥-萨伐尔定律表达式，有

$$\mathrm{d}B=\frac{\mu_0}{4\pi}\frac{nqvS\mathrm{d}l\sin\theta}{r^2}\tag{7-28}$$

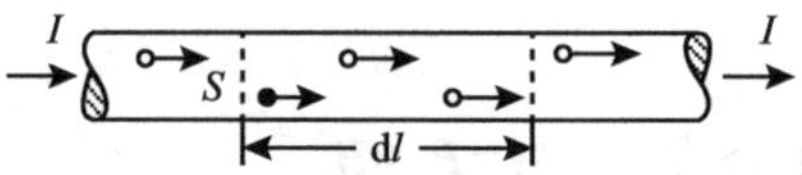

图 7-22

在电流元 $I\mathrm{d}\boldsymbol{l}$ 内，任何时刻都存在着 $\mathrm{d}N=nS\mathrm{d}l$ 个带电粒子以匀速 $\boldsymbol{v}$ 运动着。从微观意义上讲，由电流元所产生的磁场实际上就是这 $\mathrm{d}N$ 个运动电荷产生的。每一运动带电粒子所产生的磁感应强度 $\boldsymbol{B}_0$ 的大小就为

$$B_0=\frac{\mathrm{d}B}{\mathrm{d}N}=\frac{\mu_0}{4\pi}\frac{qv\sin\theta}{r^2} \tag{7-29}$$

式（7-29）中，$\boldsymbol{B}_0$ 的方向垂直于 $\boldsymbol{v}$ 与 $\boldsymbol{r}$ 所决定的平面。如果 q 为正，则 $\boldsymbol{B}_0$ 的方向由右手螺旋法则给出；如果 q 为负，则与右手螺旋的方向相反。如果考虑方向，上式可写为

$$\boldsymbol{B}_0=\frac{\mu_0}{4\pi}\frac{q\boldsymbol{v}\times\boldsymbol{r}_0}{r^2} \tag{7-30}$$

式（7-30）中，$\boldsymbol{r}_0$ 为 $\boldsymbol{r}$ 方向上的单位矢量。

例 7-10　氢原子中的电子以速度 $v=2.2\times10^6$ m/s 在半径 $r=0.53\times10^{-10}$ m 的圆周上作匀速圆周运动，如图 7-23 所示。试求这电子在轨道中心所产生的磁感应强度 $\boldsymbol{B}$ 和电子的磁矩 $\boldsymbol{P}_\mathrm{m}$。

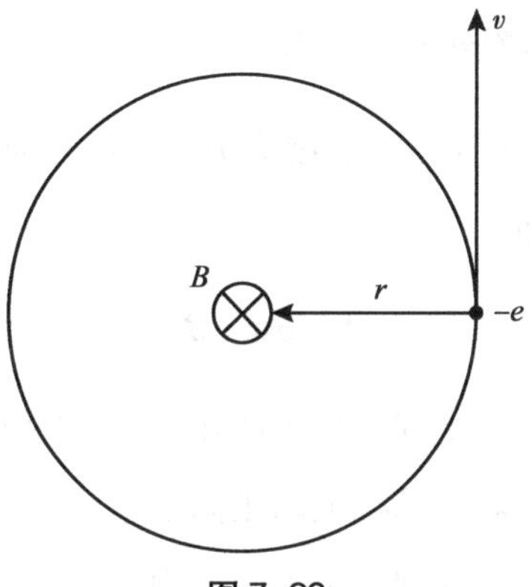

图 7-23

解： 电子在轨道中心所产生的磁感应强度 $\boldsymbol{B}$ 的大小，可根据运动电荷的磁场关系式

$$B=\frac{\mu_0}{4\pi}\frac{qv\sin\theta}{r^2}$$

其中 θ 角为 $\boldsymbol{v}$ 与 $\boldsymbol{r}$ 间的夹角。因为 $\boldsymbol{v}$ 与 $\boldsymbol{r}$ 是相互垂直的，所以 $\sin\theta=1$，这样原子中的 $\boldsymbol{B}$ 大小为

$$B=\frac{\mu_0}{4\pi}\frac{qv}{r^2}=10^{-7}\times\frac{1.6\times10^{-19}\times2.2\times10^6}{(0.53\times10^{-10})^2}\approx12\ \mathrm{T}$$

$\boldsymbol{B}$ 的方向为垂直于纸面向里。

电子的速度为 $\boldsymbol{v}$，轨道半径为 r，所以在 1 s 内电子通过轨道上任意一点的次数为 $n=\frac{v}{2\pi r}$。由此可见，作圆周运动的电子相当于一圆电流，这圆电流的电流 I 和面积 S 分别为

$$I=ne=\frac{v}{2\pi r}e,\quad S=\pi r^2$$

所以电子的磁矩为

$$P_m=IS=\frac{v}{2\pi r}e\pi r^2=\frac{1}{2}vre$$

代入数据解得 $P_m\approx 0.93\times10^{-23}\ \mathrm{A\cdot m^2}$，方向为垂直纸面向里。

7.6 带电粒子在磁场中运动

7.6.1 带电粒子在匀强磁场中的运动

带电粒子带电量为 q，质量为 m，速度为 $\boldsymbol{v}$，在磁感应强度为 $\boldsymbol{B}$ 的匀强磁场中运动时要受到洛伦兹力的作用，即

$$\boldsymbol{F}=q\boldsymbol{v}\times\boldsymbol{B} \tag{7-31}$$

我们知道，载流导线在磁场中会受到安培力的作用。实际上，这是因为导线中的运动电子受到了磁场的作用力后，不断与晶格上的正离子碰撞，而把力传递给了导线，从而在宏观上表现为载流导线在磁场中受到安培力的作用。

按照安培定律，任一电流元 $I\mathrm{d}\boldsymbol{l}$ 在磁感应强度为 $\boldsymbol{B}$ 的磁场中受力 $\mathrm{d}\boldsymbol{F}$ 的大小为

$$\mathrm{d}F=BI\mathrm{d}l\cdot\sin\theta$$

其中，θ 为电流元 $I\mathrm{d}\boldsymbol{l}$ 与磁感应强度 $\boldsymbol{B}$ 之间的夹角。因为 $I=nqvS$，S 为导线的横截面积，有

$$\mathrm{d}F=BnqvS\mathrm{d}l\cdot\sin\theta$$

在 $\mathrm{d}l$ 长度的线元内，有 $\mathrm{d}N=nS\mathrm{d}l$ 个运动带电粒子，每一个粒子所受到的磁场力即为洛伦兹力，为

$$F=\frac{\mathrm{d}F}{\mathrm{d}N}=qvB\sin\theta$$

写成矢量式，即 $\boldsymbol{F}=q\boldsymbol{v}\times\boldsymbol{B}$

洛伦兹力的方向由右手螺旋法则可得到，若粒子带负电，则方向刚好相反。

下面讨论几种特殊的带电粒子在匀强磁场中的运动情况。

（1）粒子运动速度与磁场平行或反平行。

由于 $\boldsymbol{F}=0$，故粒子运动状态不变。

（2）初始时刻粒子运动速度与磁场垂直。

如图 7-24 所示，这时粒子将受到与运动方向垂直的洛伦兹力的作用，其大小为

$$F=qvB$$

方向垂直于速度 $\boldsymbol{v}$ 及磁感应强度 $\boldsymbol{B}$。所以粒子速度的大小不变，只改变方向，带电粒子将作匀速率圆周运动，而洛伦兹力起着向心力的作用，因此：$qvB=m\dfrac{v^2}{R}$。

由此可得粒子的圆形轨道半径

$$R=\frac{mv}{qB} \tag{7-32}$$

带电粒子绕圆形轨道一周所需的时间（周期）为

$$T=\frac{2\pi R}{v}=\frac{2\pi m}{qB} \tag{7-33}$$

这一周期与带电粒子的运动速度无关。

（3）初始时刻粒子运动速度与磁场成 θ 角（即 $\boldsymbol{v}$ 与 $\boldsymbol{B}$ 既不平行也不垂直）。

这时，可将 $\boldsymbol{v}$ 分解成与 $\boldsymbol{B}$ 平行的分量 $\boldsymbol{v}_{/\!/}=\boldsymbol{v}\cos\theta$ 和与 $\boldsymbol{B}$ 垂直的分量 $\boldsymbol{v}_{\perp}=v\sin\theta$，如图 7-25 所示。垂直分量 $\boldsymbol{v}_{\perp}$ 使粒子做圆周运动，其半径

$$R=\frac{mv_{\perp}}{qB}=\frac{mv\sin\theta}{qB} \tag{7-34}$$

周期

$$T=\frac{2\pi R}{v_{\perp}}=\frac{2\pi m}{qB} \tag{7-35}$$

平行分量 $v_{/\!/}$ 使粒子做匀速直线运动，一周期内通过的水平距离（也称螺距）h 为

$$h=v_{/\!/}T=\frac{2\pi m}{qB}v\cos\theta \tag{7-36}$$

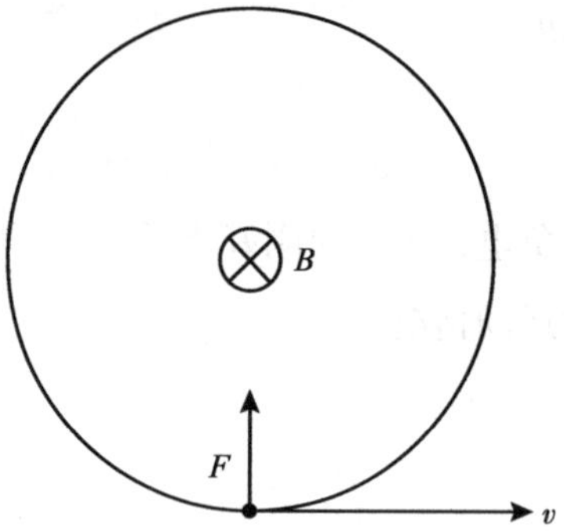

图 7-24

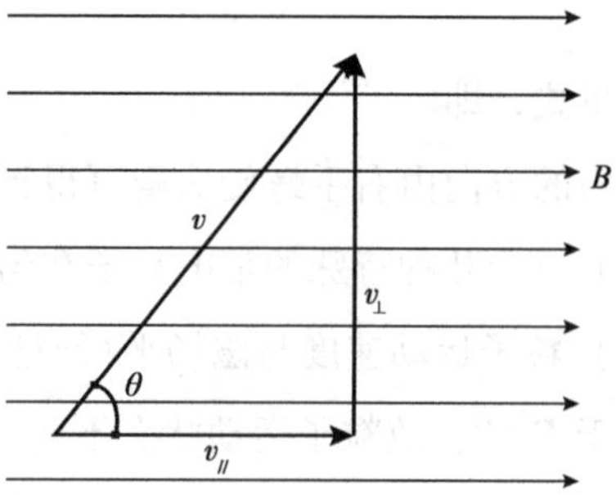

图 7-25

从上面的分析可以看出，θ 为任意角时，带电粒子将做螺旋线运动，如图 7-26 所示。

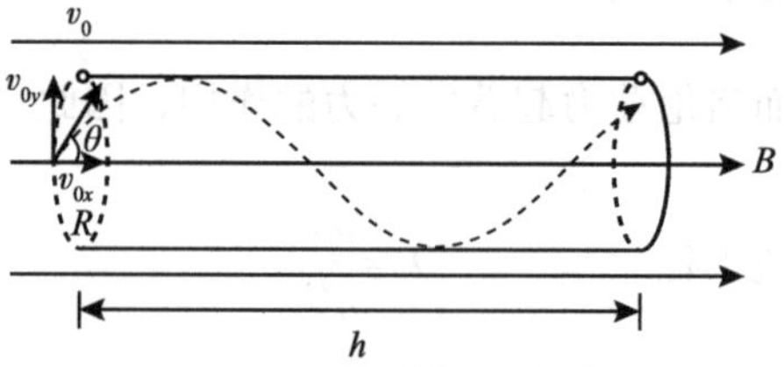

图 7-26

7.6.2 带电粒子在非均匀磁场中的运动

在非均匀磁场中，带电粒子的速度方向与磁感应强度方向不同时，该粒子也要做螺旋线运动，但半径和螺距都将不断发生变化。特别是当粒子具有一分速度向磁场较强处做螺旋前进时，它受到的磁场力有一个和前进方向相反的分量，如图 7-27 所示。这一分量有可能最终使粒子的前进速度减小到 0，并继而沿反方向前进。强度逐渐增加的磁场能使粒子发生“反射”，因而把这种磁场分布称作**磁镜**。

可以用两个电流方向相同的线圈产生一个中间弱、两端强的磁场，如图 7-28 所示。这一磁场区域的两端就形成两个磁镜，平行于磁场方向的速度分量不太大的带电粒子将被约束在两个磁镜间的磁场内作来回运动而不能逃脱，这种能约束带电粒子的磁场分布叫作磁瓶子。在现代研究受控热核反应的实验中，需要把很高温度的等离子体限制在一定空间区域内。在这样的高温下，所有固体材料都将会熔化，无法用作容器。因此，磁约束成为实现这一目的的常用方法之一。磁约束现象也存在于宇宙空间中，地球的磁场是一个不均匀磁场，其强度从赤道向两极逐渐增强，如图 7-29 所示。

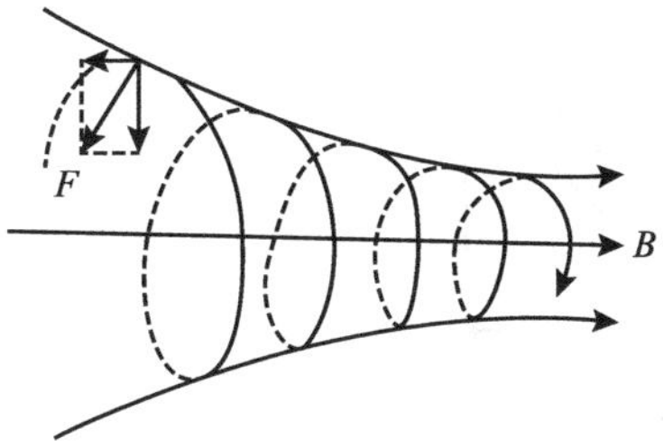

图 7-27

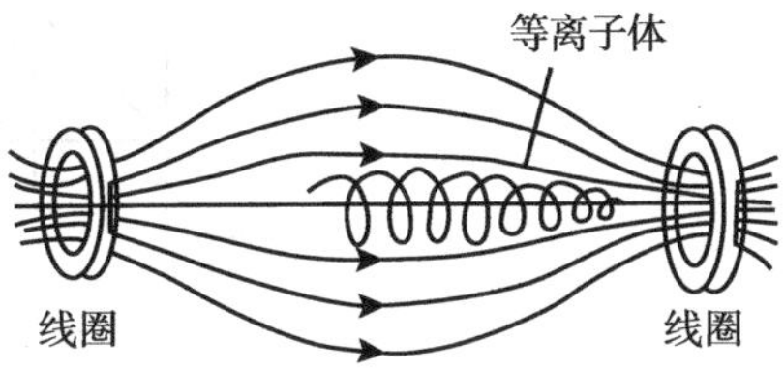

图 7-28

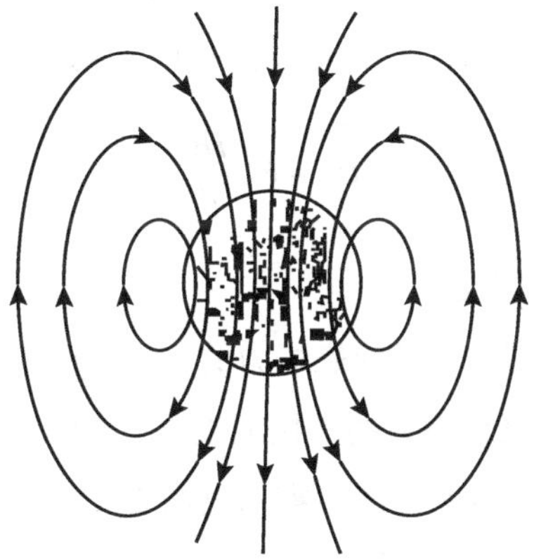

图 7-29　磁约束现象

7.6.3　带电粒子在电场和磁场中的运动

带有电量 q 的粒子在静电场 $\boldsymbol{E}$ 中受到的电场力为

$$\boldsymbol{F}_e = q\boldsymbol{E}$$

具有速度 $\boldsymbol{v}$ 的带电粒子在磁场中受到的磁场力为

$$\boldsymbol{F}_m = q\boldsymbol{v} \times \boldsymbol{B}$$

因此，如果电场和磁场同时存在，带电粒子所受的总作用力将是 $\boldsymbol{F}_e$ 和 $\boldsymbol{F}_m$ 的矢量和，即

$$\boldsymbol{F} = \boldsymbol{F}_e + \boldsymbol{F}_m = q\boldsymbol{E} + q\boldsymbol{v} \times \boldsymbol{B}$$

霍尔效应　将高度为 l、厚度为 d 的金属板（或半导体板）置于磁感应强度为 $\boldsymbol{B}$ 的均匀磁场中，如果在板中通过方向与磁场方向垂直的电流 I，如图 7-30 所示，在金属板的上下表面间就会出现电势差 U_H，这种现象称为霍尔效应，U_H 则称为霍尔电压。

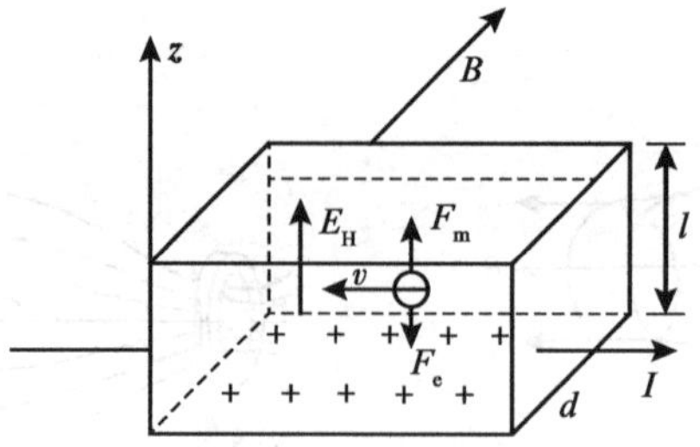

图 7-30

实验测定表明，霍尔电压的大小和电流 I 及磁感应强度 B 的大小成正比，与板的厚度 d 成反比。进一步的理论分析表明，霍尔电压可定量地表示为

$$U_H = R_H \frac{IB}{d} \tag{7-37}$$

式（7-37）中，R_H 称为霍尔系数。

霍尔效应是由于运动的带电粒子受磁场力的作用而产生的。在金属导体中通有电流时，电子在均匀磁场 $\boldsymbol{B}$ 中受洛伦兹力的作用而发生偏转，在上下两表面分别聚集起正、负电荷。积累的电荷在上、下表面间产生霍尔电场 $\boldsymbol{E}_H$，当电子受到的电场力 $\boldsymbol{F}_e$ 与洛伦兹力 $\boldsymbol{F}_m$ 达到平衡时，由 $eE_H = evB$ 可得

$$E_H = vB$$

其中，v 是电子的定向运动速度（又称漂移速度）。因为霍尔电场 $\boldsymbol{E}_H$ 是均匀的，故上下表面间的霍尔电压为

$$U_H = E_H l = vBl$$

若导体中载流子的电荷为 q，数密度（即单位体积中的载流子数目）为 n，导体横截面积为 S，因 $S=ld$，则可由电流的公式

$$I = nqvS$$

得到载流子的平均漂移速度为

$$v = \frac{I}{qnld}$$

则霍尔电压为

$$U_H = \frac{1}{nq} \frac{IB}{d} \tag{7-38}$$

比较式（7-37）和式（7-38），可得霍尔系数为

$$R_{\mathrm{H}}=\frac{1}{nq} \tag{7-39}$$

金属导体中自由电子的数密度很大，故金属导体的霍尔系数较小，霍尔效应不明显。而半导体中的载流子数密度远小于金属中自由电子的数密度，这使得半导体的霍尔系数比金属导体的大得多，霍尔效应更为显著。

利用霍尔效应可以测量电流、磁感应强度、载流子数密度等。此外，还可以用霍尔效应判断半导体中载流子类型（P 型或 N 型）。

7.7　磁场中的磁介质

7.7.1　磁介质

如果磁场中有实物物质存在，则由于磁场和实物之间的相互作用，实物物质的内部状态会发生变化，从而改变原来的磁场的分布。这种在磁场作用下，内部状态发生变化并反过来影响磁场分布的物质，称为**磁介质**。磁介质在磁场作用下内部状态的变化叫作**磁化**。设某一电流分布在真空中激发的磁感应强度为 $\boldsymbol{B}_0$，当磁场中放入某种磁介质后，磁化了的磁介质会激发附加磁感应强度 $\boldsymbol{B}'$。这时，磁场中任一点的磁感应强度 $\boldsymbol{B}$ 等于 $\boldsymbol{B}_0$ 和 $\boldsymbol{B}'$ 的矢量和，即

$$\boldsymbol{B}=\boldsymbol{B}_0+\boldsymbol{B}' \tag{7-40}$$

由于磁介质的磁化特性不同，有一些磁介质磁化后使磁介质中的磁感应强度 $\boldsymbol{B}$ 稍大于 $\boldsymbol{B}_0$，即 $B>B_0$，这类磁介质称为**顺磁质**，例如锰、铬、铂、氮等；另一些磁介质磁化后使磁介质中的磁感应强度 $\boldsymbol{B}$ 稍小于 $\boldsymbol{B}_0$，即 $B<B_0$，这类磁介质称为**抗磁质**，例如水银、铜、铋、硫、氯、氢、金、锌、铅等。一切抗磁质以及大多数顺磁质有一个共同点，那就是它们所激发的附加磁场极其微弱，$\boldsymbol{B}$ 和 $\boldsymbol{B}_0$ 相差很小。此外，还有一类磁介质，它们磁化后所激发的附加磁感应强度 $\boldsymbol{B}'$ 远大于 $\boldsymbol{B}_0$，使得 $B>>B_0$。这类能显著增强磁场的物质称为**铁磁质**。铁、镍、钴以及这些金属的合金还有铁氧体等都是铁磁质。

7.7.2　顺磁质和抗磁质的磁化

下面用安培的分子电流假说简单说明顺磁性和抗磁性的起源。

在物质的分子中，每个电子都绕原子核做轨道运动，从而产生轨道磁矩。此外，电子本身还具有自旋，因而也会产生自旋磁矩。一个分子内所有电子的磁矩矢量和称为分子的固有磁矩，简称分子磁矩，用符号 $\boldsymbol{m}$ 表示。分子磁矩可用一个等效的圆电流 I 来表示，这与安培当年为解释磁性起源而设想的分子电流的现代解释一致，如图 7-31 所示。需要注意的是，分子电流与导体中导电的传导电流是有区别的，构成分子电流的电子只做绕核运动，它们并不是自由电子。

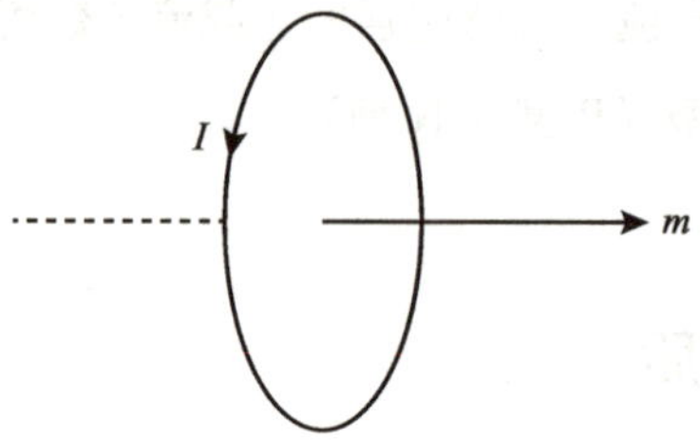

图 7-31

在顺磁性物质中，虽然每个分子都具有磁矩 $\boldsymbol{m}$，但在没有外磁场时，各分子磁矩 $\boldsymbol{m}$ 的取向是无规律的。因此，在顺磁质中任一宏观小体积内，所有分子磁矩的矢量和为 0，致使顺磁质对外不显现磁性，处于未被磁化的状态。

当顺磁性物质处在外磁场中时，各分子磁矩都要受到磁力矩的作用。在磁力矩的作用下，各分子磁矩的取向具有转到与外磁场方向相同的趋势，从而使顺磁质被磁化。显然，在顺磁质中因磁化而出现的附加磁感应强度 $\boldsymbol{B}'$ 与外磁场的磁感应强度 $\boldsymbol{B}_0$ 的方向相同。于是，在外磁场中，顺磁质内的磁感应强度 $\boldsymbol{B}$ 的大小为

$$B=B_0+B'$$

对抗磁质来说，在没有外磁场作用时，虽然分子中每个电子的轨道磁矩与自旋磁矩都不等于 0，但分子中全部电子的轨道磁矩与自旋磁矩的矢量和等于 0，即分子固有磁矩为 0（$\boldsymbol{m}=0$）。所以，在没有外磁场时，抗磁质并不显现出磁性。但在外磁场作用下，分子中每个电子的轨道运动和自旋运动都将发生变化，从而引起附加磁矩 $\Delta\boldsymbol{m}$，而且附加磁矩 $\Delta\boldsymbol{m}$ 的方向必是与外磁场的方向相反。

思考题

7-1　安培定律的三个矢量中哪两个矢量是始终正交的？哪两个矢量之间可以有任

意角度？

7-2　为什么不把作用于运动电荷的磁场力的方向定义为磁感应强度的方向？

7-3　地磁场的主要分量是从南到北，还是从北到南？

7-4　试探电流元 $I\mathrm{d}\boldsymbol{l}$ 在磁场中某处沿直角坐标系 x 轴方向放置时不受力，把这电流元转到 y 轴方向时受到的力沿 x 轴方向，此处的磁感应强度 $\boldsymbol{B}$ 指向何方？

7-5　若闭合曲线内不包围电流，曲线上各点的磁感应强度为 0 吗？为什么？

7-6　在载有电流 I 的圆线圈中，线圈平面内各点磁感应强度的方向是否相同？线圈内各点的 $\boldsymbol{B}$ 是否均匀？

7-7　如图 7-32 所示，两根无限长载流直导线十字交叉，电流 I 相同，但未接触。在图中标出的区域中，哪些区域中存在磁感应强度为 0 的点？

7-8　为什么一均匀带电圆环在中心处产生的电场强度为 0，而一通有恒定电流的圆线圈在中心处产生的磁感应强度却不为 0？

7-9　一个弯曲的载流导线在匀强磁场中应如何放置才不受安培力的作用？

7-10　如图 7-33 所示，有一电子通过两个恒定磁场 $\boldsymbol{B}_1$ 和 $\boldsymbol{B}_2$，它在每个磁场中的路径都是一个半圆周，试问：

（1）哪个磁场比较强？

（2）两个磁场的磁感应强度方向如何？

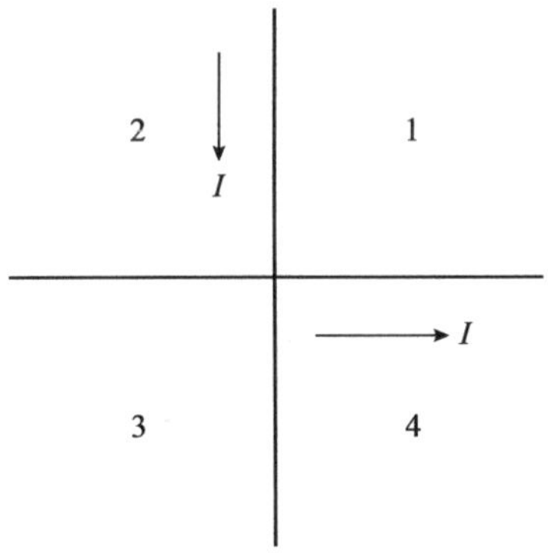

图 7-32

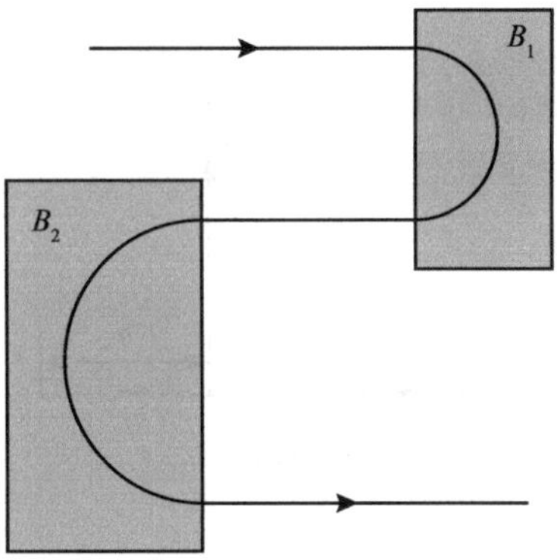

图 7-33

7-11　一电荷 q 在匀强磁场中运动，判断下列的说法是否正确，并说明理由。

（1）只要电荷运动速度的大小不变，它朝任何方向运动时所受的洛伦兹力都相等。

（2）在速度不变的前提下，电荷量 $+q$ 变为 $-q$，它受的力方向相反，大小不变。

7-12　一半导体样品通过的电流为 I，放在磁场 $\boldsymbol{B}$ 中，如图 7-34 所示，实验中测

得霍尔电压 $U_{ab}<0$，此半导体是 N 型还是 P 型？

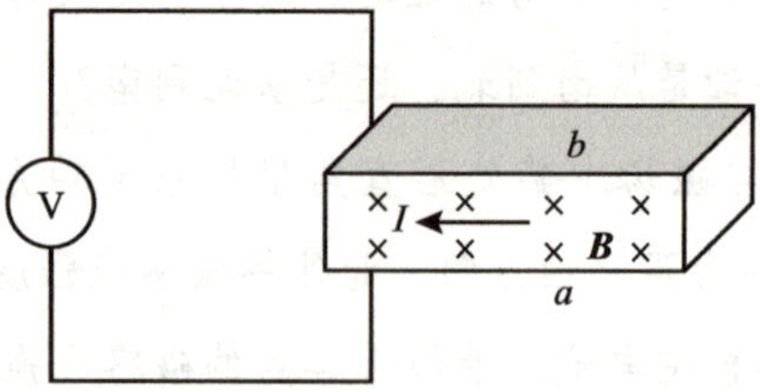

图 7-34

习 题

7-1 如图 7-35 所示，一无限长直载流导线在一处折成直角，P 点在折线的延长线上，到折点的距离为 a。

（1）设载有电流为 I，求 P 点的磁感应强度 $\boldsymbol{B}$。

（2）当 $I=20\ \text{A}$，$a=2.0\ \text{cm}$ 时，求磁感应强度 $\boldsymbol{B}$。

7-2 如图 7-36 所示，一无限长直载流导线，在一处弯成半径为 R 的半圆形，已知导线中的电流为 I，求圆心处的磁感应强度 $\boldsymbol{B}$。

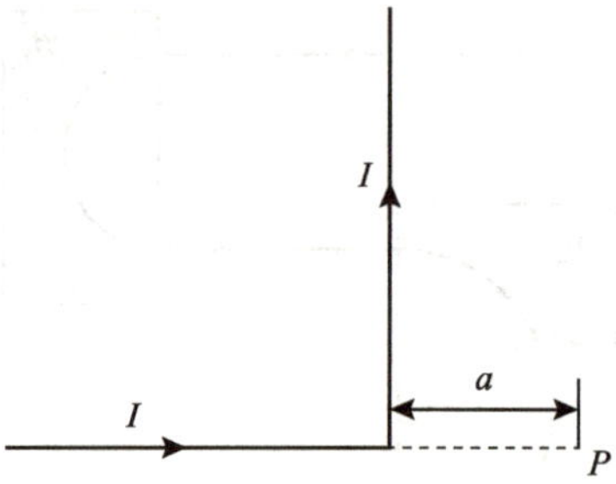

图 7-35

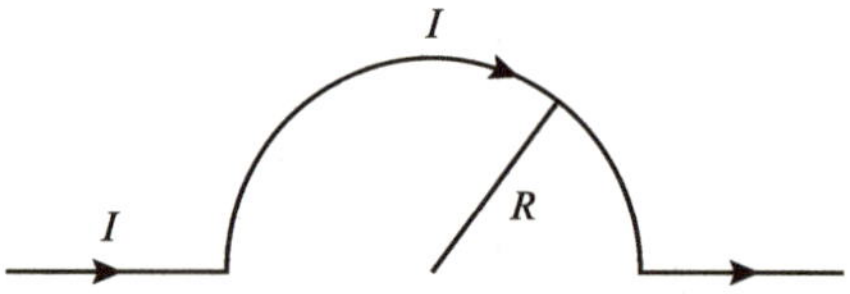

图 7-36

7-3 如图 7-37 所示，两条无限长直载流导线垂直而不相交，其间最近距离为 $d=2.0\ \text{cm}$，电流分别为 $I_1=4.0\ \text{A}$ 和 $I_2=6.0\ \text{A}$。P 点到两条导线的距离都为 d，求 P 点的磁感应强度 $\boldsymbol{B}$。

7-4 如图 7-38 所示的弓形线框中通有电流 I，求圆心 O 处的磁感应强度 $\boldsymbol{B}$。

7-5 一载有电流 $I=5\ \text{A}$ 的无穷长直空心圆筒，半径为 $R=1\ \text{cm}$（铜壁厚度可以忽略），电流沿它的轴线方向流动，并且是均匀的分布，求离轴线为 $r=2\ \text{cm}$ 处的磁感应

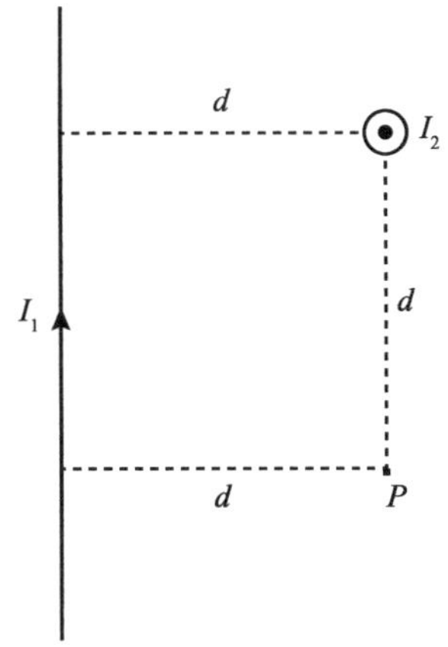

图 7-37

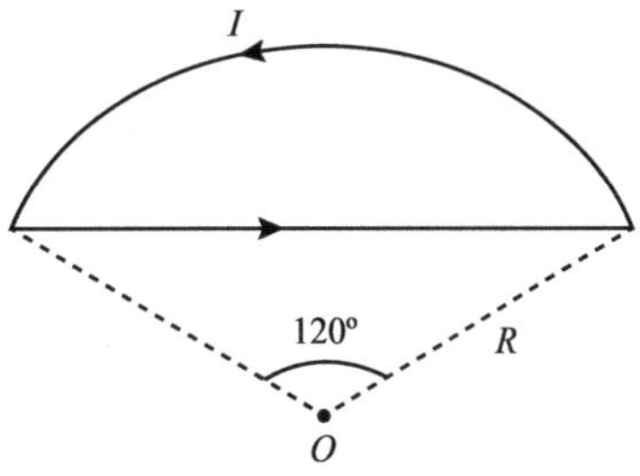

图 7-38

强度的大小。

7-6　载有 $I=10$ A 的一段直导线，长为 $l=1.0$ m，在磁感应强度为 $B=1.5$ T 的均匀磁场中，电流与 $\boldsymbol{B}$ 成 30°角，如图 7-39 所示，求此段导线所受的力。

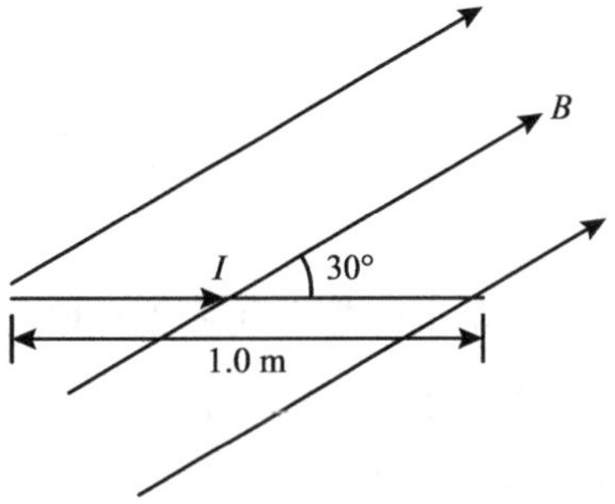

图 7-39

7-7　一个塑料圆盘半径为 R，电荷 q 均匀分布于表面，圆盘绕通过圆心垂直于盘面的轴转动，角速度为 ω。求圆盘中心处的磁感应强度。

7-8　一正方形线圈，共有 200 匝，每边长为 1.5 cm，放在 $B=4.0$ T 的外磁场中，当导线中通有 $I=8$ A 的电流时，求：

（1）线圈磁矩 P_m 的大小；

（2）作用在线圈上的力矩的最大值。

7-9　两平行长直导线相距 $d=40$ cm，每根导线载有电流 $I_1=I_2=20$ A，电流流向如图 7-40 所示。求：

（1）两导线所在平面内与该两导线等距的一点 A 处的磁感应强度；

（2）通过图中斜线所示面积的磁通量（$r_1=r_3=10$ cm，$l=25$ cm）。

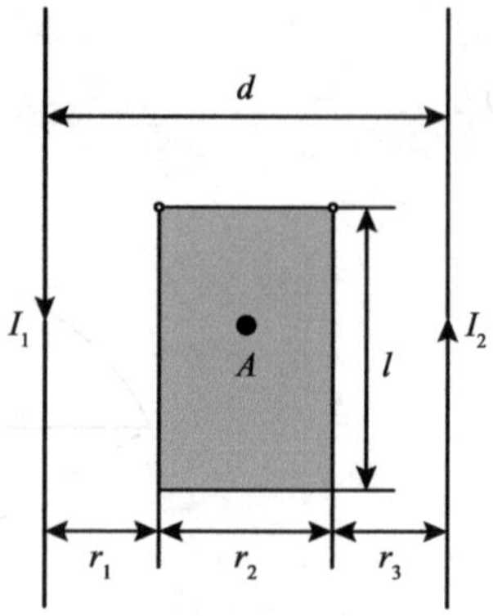

图 7-40

7-10 载流圆线圈半径 $R=11$ cm，电流 $I=14$ A，求它的轴线上距圆心 $r_0=0$ cm 和 $r=10$ cm 处的磁感应强度为多大。

7-11 一半径 $R=0.1$ m 的半圆形闭合线圈，载有电流 $I=10$ A，放在均匀外磁场中，磁场方向与线圈平面平行，如图 7-41 所示，磁感应强度的大小 $B=5.0\times10^3$ Gs。求：

（1）线圈所受磁力矩的大小和方向；

（2）在此力矩作用下线圈转过 90°（转到线圈平面与 B 垂直）时，磁力矩做的功为多少？

7-12 如图 7-42 所示，一长直导线载有电流 $I_1=30$ A，长方形回路和它在同一平面内，载有电流 $I_2=20$ A，与直导线相距 $a=1$ cm，长方形回路长 $l=30$ cm，宽 $b=8$ cm。求直导线电流的磁场作用在这回路上的合力。

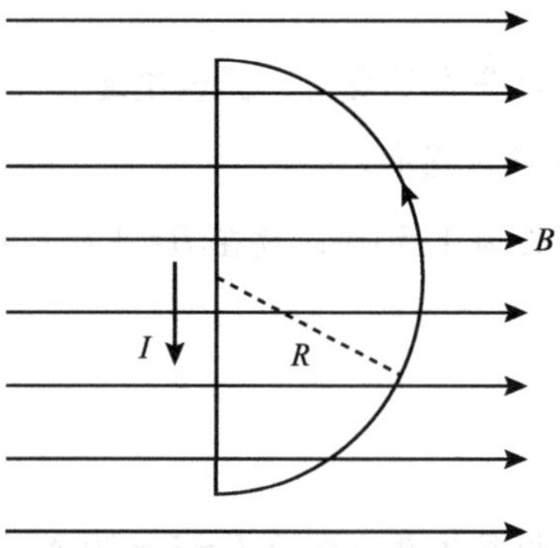

图 7-41

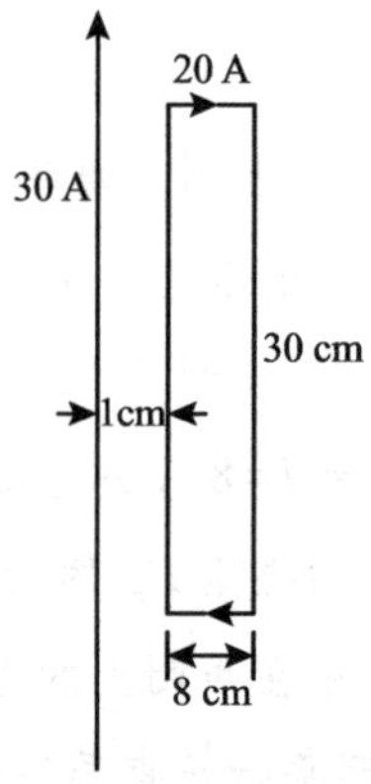

图 7-42

7-13　正电子的质量与电子的相同，都是 9.11×10^{-31} kg，所带电量也和电子的相同，都是 1.6×10^{-19} C。有一正电子，动能为 2000 eV，在磁感应强度为 $B=1000$ Gs 的均匀磁场中运动，它的速度 $\boldsymbol{v}$ 与 $\boldsymbol{B}$ 成 60°角，所以它沿一条螺旋线运动。求这螺旋线运动的周期、半径和螺距。

7-14　无限长直线电流 I_1 与直线电流 I_2 共面，几何位置如图 7-43 所示。试求直线电流 I_2 受到电流 I_1 磁场的作用力大小和方向。

7-15　一铜块厚为 $d=1.0$ mm，放在磁感应强度 $B=1.5$ T 的磁场中，磁场方向与铜片表面垂直如图 7-44 所示。已知铜片里每立方厘米有 8.4×10^{22} 个自由电子，每个电子的电荷 $-e=-1.6\times10^{-19}$C，当铜片中通有电流 $I=200$ A 时，求：

（1）铜片两侧的电势差 $U_{aa'}$；

（2）铜片宽度 b 对 $U_{aa'}$ 有无影响？为什么？

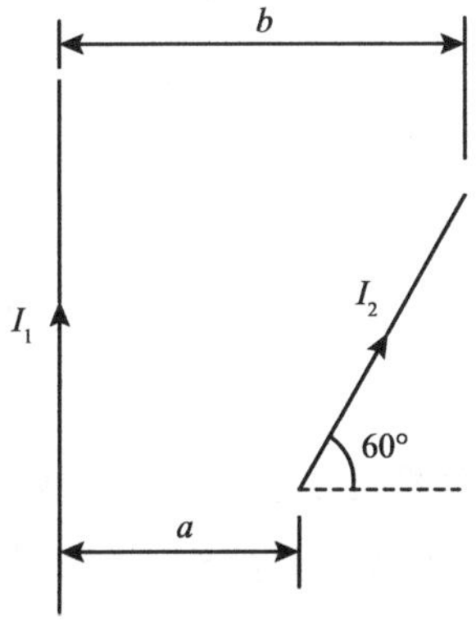

图 7-43

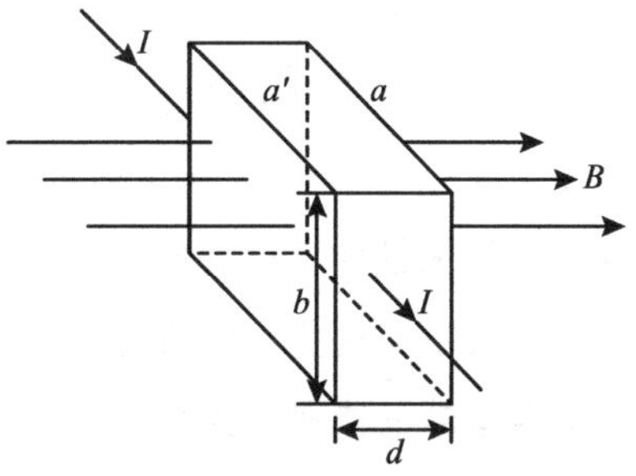

图 7-44

【选读材料】

科学家安培

安培（1775—1836 年）：法国物理学家，对数学和化学学科也有杰出贡献。

他的主要成就：发现了安培定则；发现电流的相互作用规律；发明了电流计；提出分子电流假说；总结了电流元之间的作用规律——安培定律；著有《电动力学的观察汇编》《电动力学现象的数学理论》等。

1775 年，安培生于法国里昂的一个富商家庭，安培小时候记忆力极强，数学才华出众。他父亲受卢梭教育思想的影响很深，决定让安培自学，经常带他到图书馆看书。安培自学了《科学史》《百科全书》等著作。他对数学最着迷，13岁发表了第一篇数学论文，论述了螺旋线。1799年，安培在里昂的一所中学教数学。1802年，安培离开里昂去另外一所学校讲授物理学和化学。同年4月，他发表了一篇论述赌博的数学理论，显示出极好的数学基础。1808年，他被任命为法国帝国大学总学监，此后一直担任此职。1814年，他被选为帝国学院数学部成员。1819年，他主持了巴黎大学的哲学讲座。

安培最主要的成就是在1820—1827年对电磁作用的研究。1820年7月，丹麦物理学家奥斯特发表了关于电流磁效应的论文。同年8月，法国物理学家阿拉果在瑞士听到奥斯特成功的消息，立即赶回法国，并在9月向法国科学院报告了奥斯特的实验细节。安培听了报告之后，迅速重复了奥斯特的实验，并于9月18日向法国科学院提交了第一篇论文。在这篇论文中，安培提出了磁针转动方向和电流方向的关系，即右手定则（后来被命名为安培定则）。1820年9月25日，安培向法国科学院提交了他的第二篇论文，提出了电流方向相同的两条平行载流导线互相吸引，电流方向相反的两条平行载流导线相互排斥的现象。在后续的研究中，安培又做了许多实验，进一步探索了电流元之间的相互作用力。1826年，他总结出了电流元之间相互作用力的定律，描述了两个电流元之间的相互作用同两电流元的大小、间距以及相对取向之间的关系。1826年12月，安培向科学院报告了这一成果。

安培并不仅限于这些实验研究成果。1821年1月，他提出了著名的分子电流假说。他根据磁是由运动电荷产生的这一观点来说明地磁的成因和物质的磁性。安培的分子电流假说在当时物质结构知识甚少的情况下无法证实，它带有相当大的臆测成分。而如今，我们已经了解到物质由分子组成，而分子由原子组成，原子中有绕核运动的电子，这些让安培的分子电流假说有了实在的内涵，已成为我们认识物质磁性的重要依据。安培还对比了静力学和动力学的名称，第一个把研究动电的理论称为“电动力学”，并于1822年出版了《电动力学的观察汇编》一书。此外，安培发现电流在线圈中流动时表现出来的磁性和磁铁相似，他制出了第一个螺线管，并在这个基础上发明了探测和量度电流的电流计。1827年，安培将他的电磁现象的研究综合在《电动力学现象的数学理论》一书中，这是电磁学史上一部重要的经典论著，对以后电磁学的发展产生了深远的影响。

安培的研究范围很广。在数学方面，他曾研究过概率论和积分偏微分方程。在化学方面，他几乎与汉弗莱·戴维同时认识到元素氯和碘。尽管安培没有导出阿伏伽德罗定律，但他比阿伏伽德罗晚3年独立提出了类似的观点。此外，他还论证过恒温下体积和压强之间的关系。他的研究还涉及哲学，在植物学上他也有一定的兴趣。

安培在他的一生中，只有很短的时期从事物理工作，可是他却能以独特的、透彻的分析论述带电导线的磁效应，因此我们也称他是电动力学的先创者，他是当之无愧的。麦克斯韦称赞安培的工作是“科学上最光辉的成就之一”，还把安培誉为“电学中的牛顿”。安培的钻研精神也是值得我们后人学习的。他全身心投入科学研究中，常常沉浸在思考中，甚至在日常生活中闹出一些趣事。例如，有一次他边走边思考问题，误将怀表当作鹅卵石扔进了塞纳河。还有一次，安培在街上行走，走着走着，想出了一个电学问题的算式，便把一辆马车的车厢背面当作了“黑板”，在上面进行演算，直到马车走远才停下。这些轶事展现了安培对科学的专注和执着。

1836 年，安培以大学学监的身份外出巡视工作时，不幸染上急性肺炎，医治无效，于 6 月 10 日在马赛去世，终年 61 岁。后人为了纪念安培在电学上的杰出贡献，以他的姓氏命名电流的单位——安培，简称“安”。

第 8 章　电磁感应

激发电场和磁场的源——电荷和电流是相互关联的。这启发我们：电场和磁场之间必然存在着相互联系、互相制约的关系。法拉第电磁感应定律以及位移电流概念的提出，阐明了变化的磁场能够激发电场，变化的电场能够激发磁场，充分揭示了电场和磁场的内在联系及依存关系。在此基础上，麦克斯韦以麦克斯韦方程组的形式总结了普遍而完整的电磁场理论。本章主要讨论电磁感应现象及其基本规律，其中主要介绍法拉第电磁感应定律、动生电动势、感生电动势、自感和互感现象，然后讨论磁场的能量和麦克斯韦方程组。

8.1　电磁感应定律

8.1.1　电磁感应基本现象

从电磁学的发展史可以看到，最早的电现象和磁现象是分开进行研究的，被认为是相互独立的。1820 年，奥斯特发现了电流的磁效应，第一次揭示了电现象和磁现象之间的内在关系。此后，科学家开始考虑这一现象的逆问题，即利用磁场来产生电场或电流，这最终导致了电磁感应现象的发现。1831 年 8 月 29 日，法拉第首次发现，处在随时间而变化的电流附近的闭合回路中有感应电流产生。在兴奋之余，他又做了一系列实验，用不同的方式证实了电磁感应现象的存在及其规律。下面选取两个表明电磁感应现象的实验，并说明产生这一现象的条件。

（1）如图 8-1 所示，线圈 A 和 B 绕在一环形铁芯上，B 与开关 S 和电源相接，A 接有电流计。在开关 S 闭合和打开的瞬间，与线圈 A 连接的电流计的指针将发生偏转，说明线圈 A 中产生了感应电流，且电流的流向相反。

（2）取一如图 8-2 所示的线圈 A，把它的两端和一电流计 G 连成一闭合回路。若将一磁铁插入线圈或从线圈中抽出，或者磁铁不动，线圈向着（或背着）磁铁运动，即两者发生相对运动时，电流计的指针都将发生偏转。这说明在这些情况下，线圈中的磁通量发生变化，从而产生了感应电流。感应电流的流向与线圈和磁铁的相对运动情况有关。

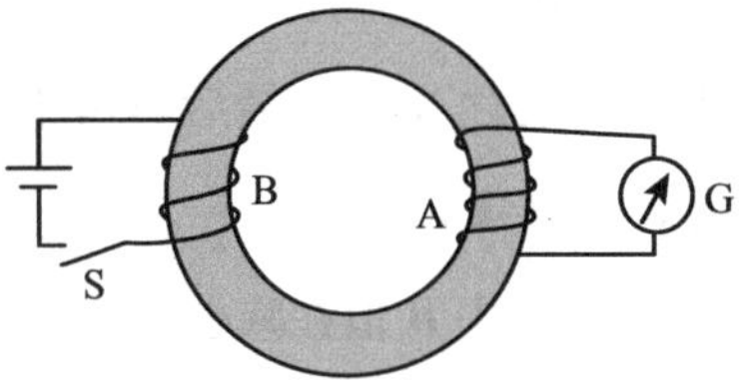

图 8-1　实验 1

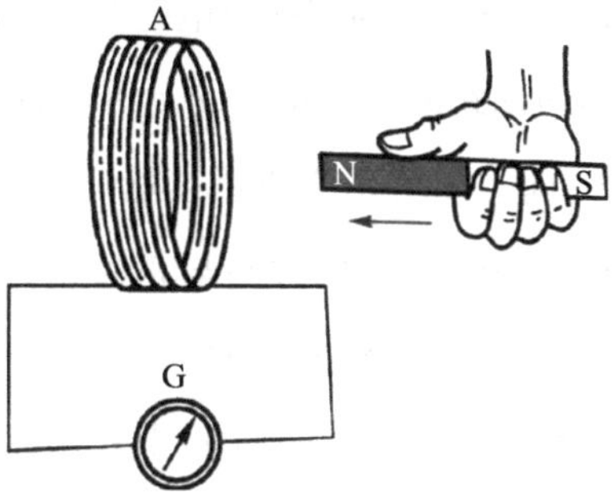

图 8-2　实验 2

此外，法拉第还做了一些相关实验，例如闭合线圈在磁场中转动，或闭合回路中某一段导线在磁场内运动，也都发现回路中有电流产生。

从实验可以看出，无论是使闭合回路（或称探测线圈）保持不动，而让闭合回路（或线圈）中的磁场发生变化；或者磁场保持不变，而使闭合回路（或线圈）在磁场中运动，都可以在闭合回路（或线圈）中引起电流。这就是说，尽管引起电流的方式有所不同，但都可归结出一个共同点：通过闭合回路（或线圈）的磁通量发生了变化。这里要特别强调的是，不是磁通量本身，而是磁通量的变化，才是产生电磁感应现象的必要条件。于是，可以得出如下结论：当穿过一个闭合导体回路所围面积的磁通量发生变化时，不管这种变化是由于什么原因所引起的，回路中就会产生电流，这种现象叫作**电磁感应现象**。回路中所出现的电流叫作**感应电流**。在回路中出现电流，表明回路中有电动势存在，这种电动势叫作**感应电动势**。

8.1.2　法拉第电磁感应定律

1. 法拉第电磁感应定律

法拉第发现了电磁感应现象并且作了深入的研究，他总结了产生感应电流的几种情况，并提出了电磁感应的基本定律——**法拉第电磁感应定律**。该定律的内容为：闭合回路上**感应电动势的大小**与通过回路的磁通量的变化率成正比。感应电动势的方向可通过楞次定律来判定。在国际单位制中，感应电动势 ε 的单位是伏特（V），磁通量 Φ 的单位是韦伯（Wb），时间 t 的单位是秒（s）。法拉第电磁感应定律的数学表达式为

$$\varepsilon=-\frac{\mathrm{d}\Phi}{\mathrm{d}t} \tag{8-1a}$$

式（8-1a）中，负号表明感应电动势的方向总是阻碍磁通量的变化，这是楞次定律的数学表现。

由式（8-1a）确定感应电动势 ε 的方向的符号规则如下：在回路上先任意选定一个方向作为回路的绕行正方向，再用右手螺旋法则确定此回路所围面积的正法线单位矢量 $\boldsymbol{e}_n$ 的方向，如图 8-2 所示；然后确定通过回路面积的磁通量的正、负，凡穿过回路面积的磁感应强度 $\boldsymbol{B}$ 的方向与正法线方向相同则为正，反之为负；最后再考虑 $\boldsymbol{\Phi}$ 的变化，从式（8-1a）来看，感应电动势 ε 的正负只由 $\mathrm{d}\Phi/\mathrm{d}t$ 决定。

在图 8-3 中，(a) 和 (c) 中 $\boldsymbol{B}$ 值在增大，(b) 和 (d) 中 $\boldsymbol{B}$ 值在减小。对于图 8-3 中的 (a) 和 (b)，$\Phi>0$，其中图 8-3 (a) 中 $\mathrm{d}\Phi/\mathrm{d}t>0$，则 $\varepsilon<0$，表示感应电动势的方向与回路上所选定的正方向相反；在图 (b) 中，$\mathrm{d}\Phi/\mathrm{d}t<0$，则 $\varepsilon>0$，表示 ε 的方向与回路正方向相同。对于图 8-3 中的 (c) 和 (d)，$\Phi<0$，情况可作类似讨论。通过这种方法确定感应电动势的方向与使用楞次定律确定的方法完全一致。在实际问题中，使用楞次定律来确定感应电动势的方向更为简便。

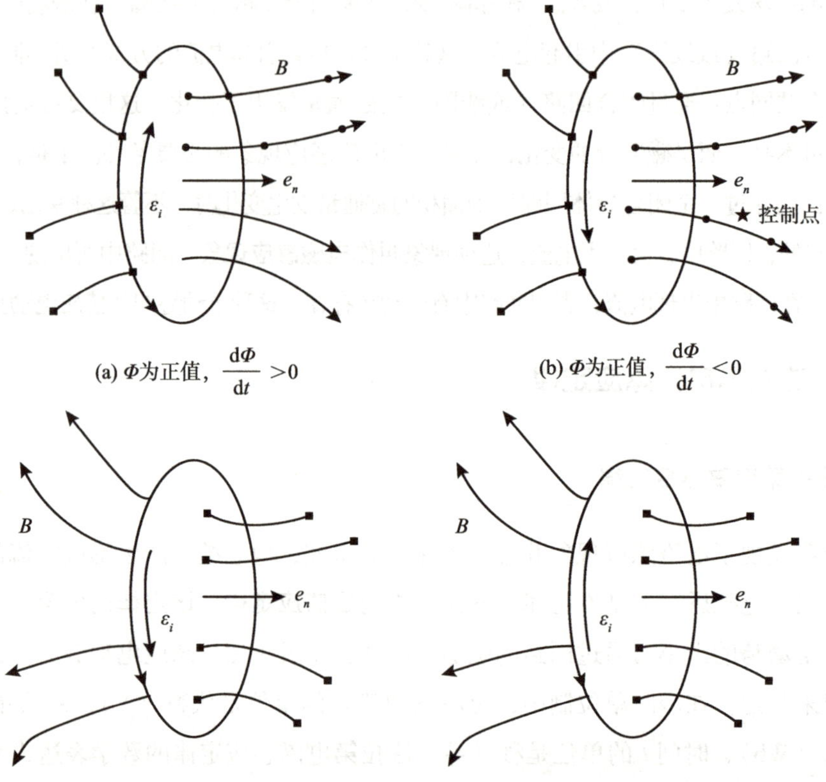

(a) Φ为正值，$\frac{\mathrm{d}\Phi}{\mathrm{d}t}>0$　(b) Φ为正值，$\frac{\mathrm{d}\Phi}{\mathrm{d}t}<0$

(c) Φ为负值，$\frac{\mathrm{d}\Phi}{\mathrm{d}t}<0$　(d) Φ为负值，$\frac{\mathrm{d}\Phi}{\mathrm{d}t}>0$

图 8-3

如果回路是由 N 匝密绕线圈组成的，而穿过每匝线圈的磁通量都等于 Φ，那么通过 N 匝密绕线圈的磁通匝数则为 $\psi=N\Phi$，ψ 也叫作磁通链数。对此，电磁感应定律就可写成：

$$\varepsilon=-\frac{d\psi}{dt} \tag{8-1b}$$

如果闭合回路的电阻为 R，则由闭合回路欧姆定律 $\varepsilon=IR$，可得回路中的感应电流为

$$I=-\frac{1}{R}\frac{d\Phi}{dt} \tag{8-2}$$

利用式（8-2）以及 $I=\frac{dq}{dt}$，可计算出在时间间隔 $\Delta t=t_2-t_1$ 内，由于电磁感应的缘故，流过回路的电荷。设在时刻 t_1 穿过回路所围面积的磁通量为 Φ_1，在时刻 t_2 穿过回路所围面积的磁通量为 Φ_2，于是在 Δt 时间内，通过回路的感应电荷则为

$$q=\int_{t_1}^{t_2}Idt=-\frac{1}{R}\int_{\Phi_1}^{\Phi_2}d\Phi=\frac{1}{R}(\Phi_1-\Phi_2) \tag{8-3}$$

比较式（8-2）和式（8-3）可以看出，感应电流与回路中磁通量随时间的变化率有关，变化率越大，感应电流越强；而感应电荷则只与回路中磁通量的变化量有关，与磁通量随时间的变化率无关。

2. 楞次定律

1833 年，俄国物理学家楞次在进一步概括大量实验结果的基础上，总结出了确定感应电流方向的法则，称为**楞次定律**。楞次定律的内容可以表述为闭合回路中感应电流具有确定的方向，它总是使得感应电流所产生的、通过回路面积的磁通量去补偿或反抗引起感应电流的磁通量的变化。

这里所谓“补偿或反抗引起感应电流的磁通量的变化”，是指当磁通量增加时，感应电流所产生的磁通量方向与原来磁通量的方向相反（反抗它的增加）；当磁通量减小时，感应电流所产生的磁通量与原来磁通量的方向相同（补偿它的减小）。这种现象可以总结为“增反减同”。

实质上，楞次定律是能量守恒定律在电磁感应现象中的具体体现。为理解这一点，我们可以从功和能的角度分析如图 8-4 所示的实验。当磁棒插入时，按照楞次定律，出

现感应电流的线圈可看作另一磁棒（电磁铁），其右端相当于N极，正好与向左插入的磁棒N极相斥。为了使磁棒匀速向左插入，就必须借用外力克服这一斥力做功。另外，感应电流流过线圈及电流计时必然要发热，这个热量正是外力的功转化而成的。可见，楞次定律符合能量守恒与转化这一普遍规律。假设如果感应电流的方向与楞次定律的结论相反，如图8-4（a）所示，线圈右端相当于S极，它与向左插入的磁棒左端的N极相吸引，磁棒在这个引力的作用下将加速向左运动（无须其他向左的外力），线圈的感应电流越来越大，线圈与磁棒的吸引力也越来越强。如此循环，在没有任何外力做功的情况下，磁棒的动能不断增加，而感应电流放出越来越多的热能，这显然违反了能量守恒定律。由此可见，能量守恒定律要求感应电流的方向服从楞次定律。

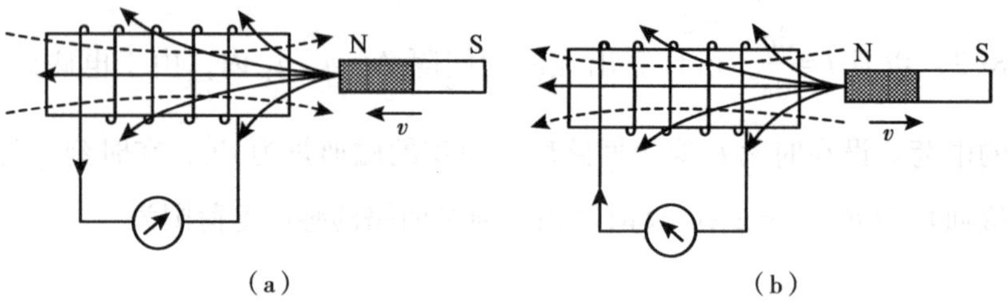

图8-4

例8-1 一长直导线中通有交变电流$I=I_0\sin\omega t$，式中I表示瞬时电流，I_0是电流幅值，ω是角频率，I_0和ω都是常量。在长直导线旁平行放置N匝矩形线圈，线圈和长直导线在同一平面内。已知线圈长为l，宽为b，如图8-5所示。求任一瞬间线圈中的感应电动势。

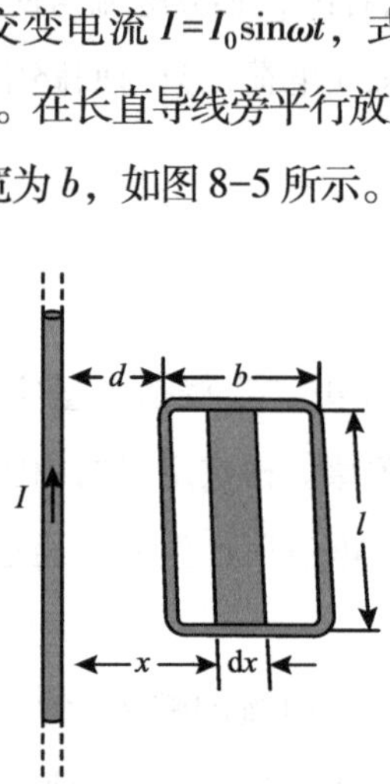

图8-5

解： 在某一瞬时，距直导线为x处的磁感应强度大小为

$$B=\frac{\mu_0 I}{2\pi x}$$

选顺时针的转向作为矩形线圈的绕行正方向，则通过阴影面积 $dS=ldx$ 的磁通量为

$$d\Phi = BdS\cos 0° = \frac{\mu_0 I}{2\pi x}l dx$$

在该瞬时 t，通过一匝线圈的磁通量为

$$\Phi = \int d\Phi = \int_d^{d+b}\frac{\mu_0 I}{2\pi x}l dx = \frac{\mu_0 l I_0 \sin\omega t}{2\pi}\ln\left(\frac{d+b}{d}\right)$$

由于电流随时间变化，通过线圈面积的磁通量也随时间变化，故线圈中的感应电动势为

$$\varepsilon = -\frac{d(N\Phi)}{dt} = -\frac{\mu_0 N l I_0}{2\pi}\ln\left(\frac{d+b}{d}\right)\frac{d}{dt}(\sin\omega t)$$

$$= -\frac{\mu_0 N l I_0 \omega}{2\pi}\ln\left(\frac{d+b}{d}\right)\cos\omega t$$

从上式可知，线圈内的感应电动势随时间按余弦规律变化，方向也随余弦值的正负作逆时针、顺时针的转向变化。

例 8-2　设有一无铁芯的螺绕环，单位长度上的匝数为 5000 匝/m，螺绕环的截面积 $S=2\times10^{-3}\ m^2$，金属导线的两端和电源及可变电阻串联成闭合电路，如图 8-6 所示。在环上再绕一线圈 A，匝数 $N=5$，电阻为 $R=2\ \Omega$，调节可变电阻 R 使通过螺绕环的电流 I 每秒减少 20 A。求：

（1）线圈 A 中产生的感应电动势 ε 及感应电流 I；

（2）2 s 内通过线圈 A 的感应电量 q。

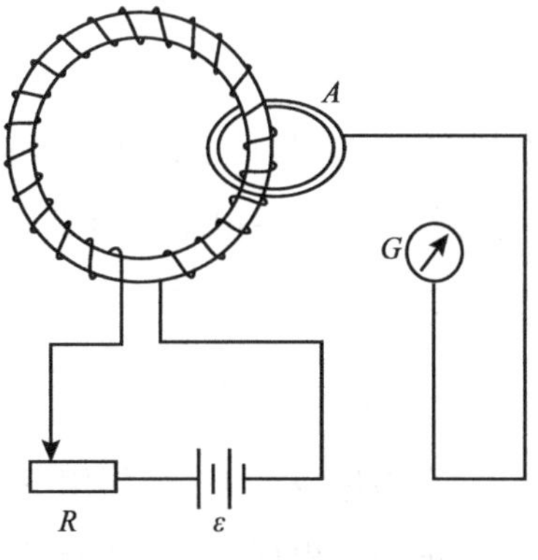

图 8-6

解：（1）螺绕环截面积很小，可认为磁场全部集中在环内，而且是均匀磁场，故有

$$B=\mu_0 nI$$

线圈 A 所包围的面积上只有螺绕环的截面部分有磁场，故通过线圈 A 的磁通量 $\boldsymbol{\Phi}$ 为

$$\Phi = BS = \mu_0 nIS$$

线圈 A 中的感应电动势为 $\varepsilon = -N\dfrac{\mathrm{d}\Phi}{\mathrm{d}t} = -\mu_0 nNS\dfrac{\mathrm{d}I}{\mathrm{d}t}$

将 $n = 5000$ 匝/m，$N = 5$，$S = 2\times10^{-3}\ \mathrm{m}^2$，$\dfrac{\mathrm{d}I}{\mathrm{d}t} = -20\ \mathrm{A/s}$ 代入上式，得

$$I = \frac{\varepsilon}{R} = \frac{1.26\times10^{-3}}{2}\mathrm{A} \approx 6.30\times10^{-4}\ \mathrm{A}$$

（2）在 2s 内通过线圈 A 截面的感应电量 q 为

$$q = \int_{t_1}^{t_2} I\mathrm{d}t = 1.26\times10^{-3}\ \mathrm{C}$$

8.2 动生电动势

法拉第电磁感应定律告诉我们，只要通过闭合回路所围面积的磁通量发生变化，回路中就会产生感应电动势。由式 $\Phi = \oiint_S \boldsymbol{B}\cdot\mathrm{d}\boldsymbol{S}$ 可知，使磁通量发生变化的方法是多种多样的，但从本质上可以归纳为两类：一类是磁场保持不变，导体回路或导体在磁场中运动，由此产生的电动势称为**动生电动势**；另一类是导体回路不动，磁场发生变化，由此产生的电动势称为**感生电动势**。本节主要讨论动生电动势。

8.2.1 动生电动势的产生

若长为 l 的导体棒 ab，在恒定的均匀磁场中以速度 $\boldsymbol{v}$ 沿垂直于磁场 $\boldsymbol{B}$ 的方向运动，如图 8-7（a）所示。这时，导体棒中的自由电子将随棒一起以速度 $\boldsymbol{v}$ 在磁场 $\boldsymbol{B}$ 中运动，因而每个自由电子都受到洛伦兹力 $\boldsymbol{F}_{\mathrm{m}}$ 的作用，为

$$\boldsymbol{F}_{\mathrm{m}} = -e(\boldsymbol{v}\times\boldsymbol{B})$$

其中，力 $\boldsymbol{F}_{\mathrm{m}}$ 的方向由 b 指向 a。在洛伦兹力 $\boldsymbol{F}_{\mathrm{m}}$ 的作用下，自由电子沿棒向 a 端运动。自由电子运动的结果，使导体棒 ab 两端出现了上正下负的电荷累积，从而产生自 b 指向 a 的静电场，其电场强度为 $\boldsymbol{E}$，于是电子又受到一个与洛伦兹力方向相反的静电力 $\boldsymbol{F}_e$。此静电力随电荷的累积而增大。当静电力的大小增大到等于洛伦兹力的大小时，a、b 两端形成一定的电势差。如果用导线把 a、b 两端联起来，如图 8-7（b）所示，则在外电路

aGb 上，自由电子在静电力的作用下，将由 a 端沿 aGb 方向运动到 b 端。由于电荷的移动，使 a、b 两端累积的电荷减少，从而静电场的电场强度 $\boldsymbol{E}$ 变小。于是运动棒内原来两力平衡的状态被破坏，又会发生电子沿洛伦兹力 $\boldsymbol{F}_m$ 方向运动补充 a、b 两端减少的电荷，使匀速运动棒的两端维持一定的电势差，这时导体棒 a、b 相当于一个具有一定电动势的电源。显然，洛伦兹力是此“电源”的非静电力，它不断地在此“电源”内部把电子从高电势处搬到低点势处，从而在运动导体棒内形成动生电动势，并在闭合回路中产生电流。

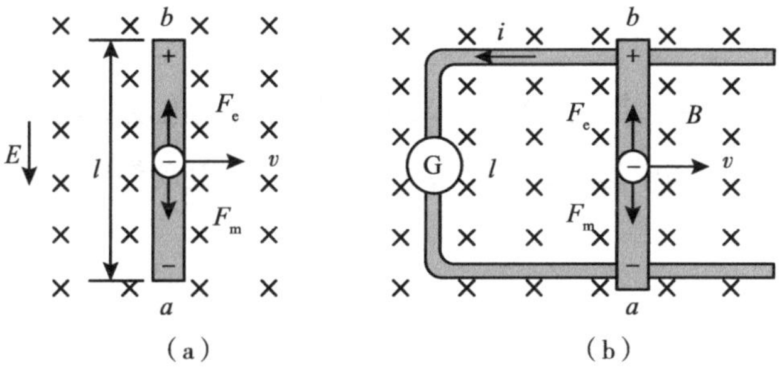

图 8-7

运动导体棒内与洛伦兹力相对应的非静电性场强为

$$\boldsymbol{E}_k=-\frac{\boldsymbol{F}_m}{e}=(\boldsymbol{v}\times\boldsymbol{B})$$

根据电动势的定义，导体棒 ab 上的动生电动势为

$$\varepsilon=\int_a^b \boldsymbol{E}_k\cdot \mathrm{d}\boldsymbol{l}=\int_a^b(\boldsymbol{v}\times\boldsymbol{B})\cdot \mathrm{d}\boldsymbol{l} \tag{8-4}$$

对于任意形状的一段导线 ab，在恒定的非均匀磁场中运动时，如图 8-8 所示，导线中的自由电子在随导线一起运动时，同样会受到洛伦兹力 $\boldsymbol{F}_m$ 的作用。一般情况下，导线内会出现电场 $\boldsymbol{E}_k$ 并产生动生电动势。此时，导线 ab 上动生电动势可由各线元的动生电动势之和求得。设导线 ab 中一段导线元 $\mathrm{d}\boldsymbol{l}$ 在磁场中以速度 $\boldsymbol{v}$ 运动，则导线元 $\mathrm{d}\boldsymbol{l}$ 两端的动生电动势 $\mathrm{d}\varepsilon$ 应为

$$\mathrm{d}\varepsilon=\boldsymbol{E}_k\cdot \mathrm{d}\boldsymbol{l}=(\boldsymbol{v}\times\boldsymbol{B})\cdot \mathrm{d}\boldsymbol{l}$$

导线 ab 上的总动生电动势为

$$\varepsilon=\int_a^b \mathrm{d}\varepsilon=\int_a^b \boldsymbol{E}_k\cdot \mathrm{d}\boldsymbol{l}=\int_a^b(\boldsymbol{v}\times\boldsymbol{B})\cdot \mathrm{d}\boldsymbol{l} \tag{8-5}$$

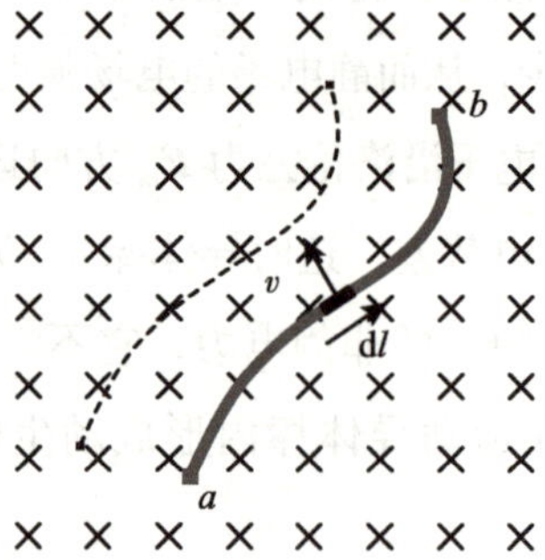

图 8-8

由此可见，式（8-4）与式（8-5）相同，都为动生电动势的一般表达式。如果闭合导体回路 L 在恒定磁场中运动，则闭合回路内的动生电动势等于回路中所有各小段上电动势之和，即

$$\varepsilon=\oint_L \mathrm{d}\varepsilon=\oint_L (\boldsymbol{v}\times\boldsymbol{B})\cdot\mathrm{d}\boldsymbol{l} \tag{8-6}$$

动生电动势的大小与 $\boldsymbol{v}$、$\boldsymbol{B}$ 的大小以及 $\boldsymbol{v}$ 和 $\boldsymbol{B}$ 的夹角 θ，还与（$\boldsymbol{v}\times\boldsymbol{B}$）与 $\mathrm{d}\boldsymbol{l}$ 的夹角 φ 有关。动生电动势的方向可以通过积分路径的方向来确定。也就是说，如果由式（8-4）求得 $\varepsilon>0$，表明积分路径是沿着非静电性场强 $\boldsymbol{E}_k$ 的方向进行的，因此 a 点的电势比 b 点的电势低。反之，如果由式（8-4）求得 $\varepsilon<0$，则 a 点的电势比 b 点的电势高。若由式（8-6）求得 $\varepsilon>0$，表示电动势 ε 的方向与所取的积分绕行方向一致；$\varepsilon<0$，则表示相反。例如，在图 8-7 中，$\boldsymbol{v}$、$\boldsymbol{B}$、$\mathrm{d}\boldsymbol{l}$ 三者互相垂直，当积分路径由 a 到 b，则 $\theta=\pi/2$，$\varphi=0$，由式（8-4）得到 ab 棒上的动生电动势为

$$\varepsilon=\int_a^b (\boldsymbol{v}\times\boldsymbol{B})\cdot\mathrm{d}\boldsymbol{l}=\int_a^b Bv\mathrm{d}l=Blv$$

$\varepsilon>0$，说明 a 点的电势比 b 点的电势低。其中，lv 是单位时间导体棒扫过的面积，Blv 表示单位时间内导体棒切割磁感线的数量。

只有当导体棒运动时切割磁感线，才会产生动生电动势。实际上，在图 8-7 中，若导体棒沿磁场方向（$\boldsymbol{v}/\!/\boldsymbol{B}$）或逆磁场方向（$\boldsymbol{v}/\!/-\boldsymbol{B}$）运动，根据式（8-4）可判断出都不会产生动生电动势。因此，动生电动势还可表示为

$$\varepsilon=-\frac{\mathrm{d}\Phi}{\mathrm{d}t} \tag{8-7}$$

式（8-7）中，$\frac{\mathrm{d}\Phi}{\mathrm{d}t}$表示在 d$t$ 时间内，导体棒切割磁力线数与 dt 的比值，即动生电动势等于单位时间内导体棒切割磁感线的数目。

8.2.2　动生电动势的计算

动生电动势的计算一般有以下几种情况。

（1）如图 8-9 所示，当导线回路在磁场中运动时，计算动生电动势可用公式：

$$\varepsilon=\oint_L(\boldsymbol{v}\times\boldsymbol{B})\cdot\mathrm{d}\boldsymbol{l}$$

或者用法拉第电磁感应定律　　$\varepsilon=-\frac{\mathrm{d}\Phi}{\mathrm{d}t}$

（2）如图 8-10 所示，对于不成回路的一段导线，计算动生电动势可用公式：

$$\varepsilon=\int_a^b(\boldsymbol{v}\times\boldsymbol{B})\cdot\mathrm{d}\boldsymbol{l}$$

如果假想一段静止的导线与原导线构成闭合回路，可以使用公式 $\varepsilon=-\frac{\mathrm{d}\Phi}{\mathrm{d}t}$来计算动生电动势。此时，可以将 d$\Phi$ 理解为导线 ab 在 dt 时间间隔内扫过面积的磁通量。

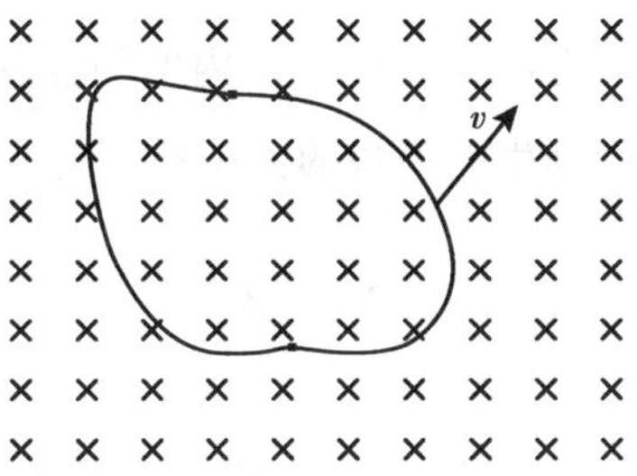

图 8-9

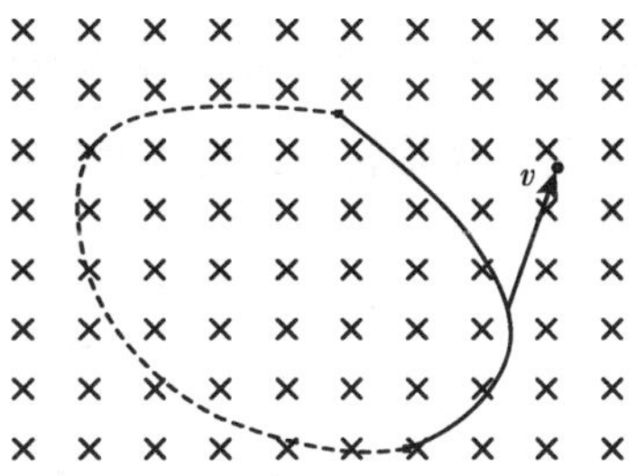

图 8-10

例 8-3　如图 8-11 所示，一长直导线中通有电流 $I=10$ A，有一长为 $l=0.2$ m 的金属棒 AB 与导线垂直并且共面。当棒 AB 以速度 $v=2$ m/s 平行于直导线匀速运动时，求棒 AB 产生的动生电动势。已知 $a=0.1$ m。

解：当金属棒 AB 在长直导线产生的非均匀磁场中运动时，尽管满足 $\boldsymbol{v}$、$\boldsymbol{B}$ 和棒长方向三者互相垂直，但棒上各段磁感应强度 $\boldsymbol{B}$ 的大小不等，也不能直接应用（8-5）式求解。而应该取线元 dx，方向由 B 指向 A，每个线元 dx 所在处磁场可以看作是均匀的。在图中所示坐标中，dx 处的磁场为

$$B=\frac{\mu_0 I}{2\pi x}$$

则线元 dx 上产生的动生电动势为

$$d\varepsilon=(\boldsymbol{v}\times\boldsymbol{B})\cdot d\boldsymbol{x}=vBdx=\frac{\mu_0 I}{2\pi x}vdx$$

整个金属棒 AB 中产生的动生电动势大小为

$$\varepsilon=\int d\varepsilon=\int_a^{a+l}\frac{\mu_0 I}{2\pi x}vdx=\frac{\mu_0 Iv}{2\pi}\ln\left(\frac{a+l}{a}\right)\approx 4.4\times10^{-6}\ \text{V}$$

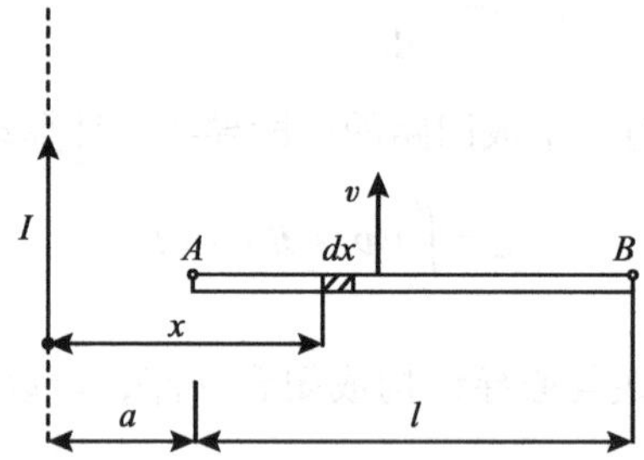

图 8-11

例 8-4 如图 8-12 所示，铜棒 OA 长为 L，在方向垂直纸面向内的匀强磁场 $\boldsymbol{B}$ 中，沿逆时针方向绕 O 轴转动，角速度为 ω，求铜棒中动生电动势的大小和方向。

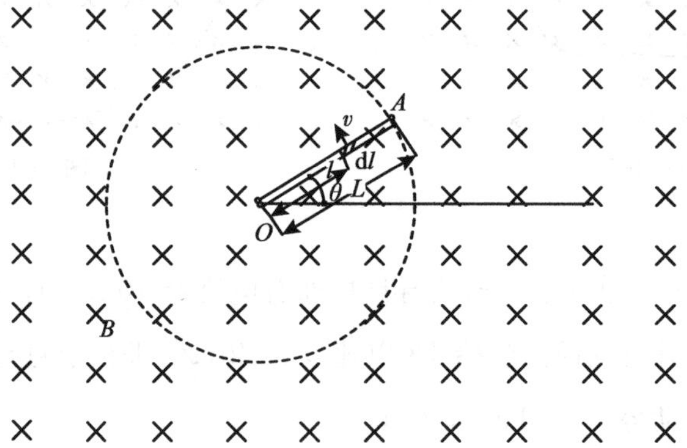

图 8-12

解：当铜棒做匀速转动时，铜棒上各点的速度不相同，因此必须划分成小段来考虑。在铜棒上距 O 点为 l 处取长度元 d$\boldsymbol{l}$，方向从 O 指向 A，其速率为 $v=\omega l$。d$\boldsymbol{l}$ 上的动生

电动势为

$$d\varepsilon=(\boldsymbol{v}\times\boldsymbol{B})\cdot d\boldsymbol{l}=-vBdl=-B\omega l dl$$

其中，负号是由于 $\boldsymbol{v}\times\boldsymbol{B}$ 的方向由 A 指向 O 的。各小段上 $d\varepsilon$ 的方向相同，所以铜棒中总的动生电动势为

$$\varepsilon=-\int_0^L B\omega l dl=-\frac{B\omega L^2}{2}$$

其中，负号说明电动势的方向从 A 指向 O。

此题还有一种解法。设铜棒在 Δt 时间内所转过的角度为 $\Delta\theta$，则在这段时间内通过铜棒扫过扇形面积的磁通量为

$$\Delta\Phi=\frac{1}{2}BL^2\Delta\theta$$

所以铜棒中的动生电动势为

$$\varepsilon=\frac{\Delta\Phi}{\Delta t}=\frac{1}{2}BL^2\frac{\Delta\theta}{\Delta t}=\frac{1}{2}BL^2\omega$$

方向可由楞次定律确定，结果与上一解法的完全一致。

如果铜盘转动，可以把铜盘想象成由无数根并联的铜棒组合而成，每根铜棒都类似于 OA。因为这些铜棒是并联的，所以铜盘的电动势也为 $\varepsilon=\frac{1}{2}BL^2\omega$。

如果把铜盘的中心和其边缘通过外电路接通，则在磁场中转动的铜盘就能对外供应电流，这种简易的发电机称为**法拉第圆盘发电机**。

8.3　感生电动势和感应电场

当导线静止，而磁场发生变化时，导线内也会出现感应电动势，称为感生电动势。如果导线是闭合回路，则会出现感应电流。如图 8-13 所示，在通有电流 I 的螺绕环外套一个接有电流计的导线回路。当电流 I 变化时，螺绕环内的磁场将发生变化，从而导致通过导线回路的磁通量发生变化。根据法拉第电磁感应定律，导线回路中将出现感生电动势：$\varepsilon=-\frac{d\Phi}{dt}$，和感应电流：$I=\frac{\varepsilon}{R}$，其中 R 为导线回路中的电阻。

实验结果显示，电流计发生了偏转，说明回路中存在感应电流。

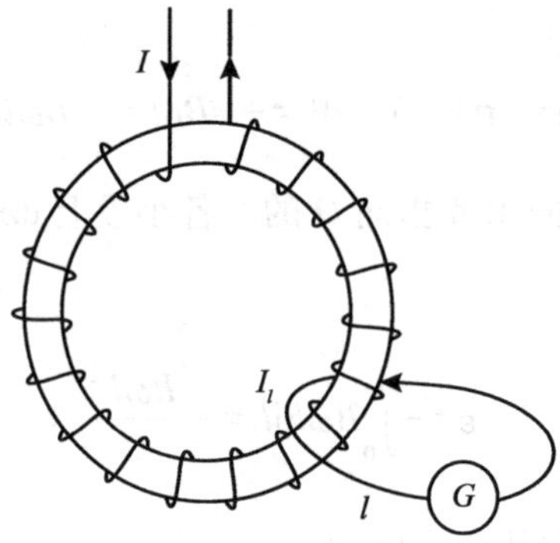

图 8-13

现在我们的问题是：产生感生电动势的非静电力是什么？即什么力作用在导线回路中的载流子上使之运动，使电流计指针发生偏转？

麦克斯韦提出一种假设：变化的磁场在其周围激发了一种电场，称为感应电场。当导线或导线回路处在变化的磁场中时，就是这种电场作用于导体中的自由电荷，从而在导线中引起感生电动势。如果导线形成闭合回路，还会出现感应电流。

设感应电场的场强为 $\boldsymbol{E}$，它在导线 ab 上产生的感生电动势为

$$\varepsilon=\int_a^b \boldsymbol{E}\cdot \mathrm{d}\boldsymbol{l} \tag{8-8}$$

对于导线回路有

$$\varepsilon=\oint_l \boldsymbol{E}\cdot \mathrm{d}\boldsymbol{l} \tag{8-9}$$

根据法拉第电磁感应定律，则有

$$\oint_l \boldsymbol{E}\cdot \mathrm{d}\boldsymbol{l}=-\frac{\mathrm{d}\Phi}{\mathrm{d}t} \tag{8-10}$$

显然，磁通量的变化可以表示为 $\dfrac{\mathrm{d}\Phi}{\mathrm{d}t}=\dfrac{\mathrm{d}}{\mathrm{d}t}\left(\iint_S \boldsymbol{B}\cdot \mathrm{d}\boldsymbol{S}\right)$

式（8-10）中，S 表示面积分沿着以闭合回路为边界的任意曲面进行，而在导线回路静止的条件下，唯一的变量是磁感应强度 $\boldsymbol{E}$。因此有

$$\oint_l \boldsymbol{E}\cdot \mathrm{d}\boldsymbol{l}=-\iint_S \frac{\partial \boldsymbol{B}}{\partial t}\cdot \mathrm{d}\boldsymbol{S} \tag{8-11}$$

式（8-11）揭示了变化磁场与感应电场的关系，这是麦克斯韦对电磁学理论做出的杰出贡献之一，是变化磁场的基本方程之一。

8.3.1 感应电场的性质

静电场和感应电场的共性表现在于它们都能对电荷施加作用力，但它们在本质上有

显著差异。首先，静电场是由电量不变且静止的电荷产生的，而感应电场则是由变化的磁场产生的。其次，静电场满足环流定理，即 $\oint_l \boldsymbol{E}_s \cdot \mathrm{d}\boldsymbol{l} = 0$，这说明静电场是保守场，可以引入电势和电势能的概念。对于感应电场，它的环流不为 0，即 $\oint_l \boldsymbol{E}_i \cdot \mathrm{d}\boldsymbol{l} = -\iint_S \frac{\partial \boldsymbol{B}}{\partial t} \cdot \mathrm{d}\boldsymbol{S} \neq 0$，说明**感应电场不是保守场，是有旋场**。因此，引入对应的电势和电势能的概念是没有意义的。对于静电场，有高斯定理，即 $\oiint_S \boldsymbol{E}_s \cdot \mathrm{d}\boldsymbol{S} = q/\varepsilon_0$，说明静电场是有源场，电场线起于正电荷，止于负电荷，在没有电荷的地方不会中断。对于感应电场，麦克斯韦假设 $\oiint_S \boldsymbol{E}_i \cdot \mathrm{d}\boldsymbol{S} = 0$，即感应电场为无源场，其电场线是无头无尾的闭合曲线，不像静电场电场线起于正电荷，收于负电荷。由此可见，静电场是有源无旋场，而感应电场是无源有旋场，而稳恒磁场也是无源有旋场。下面将进一步对感应电场与稳恒磁场作类比。

对于稳恒磁场，有安培环路定理：

$$\oint_l \boldsymbol{B} \cdot \mathrm{d}\boldsymbol{l} = \mu_0 I$$

其中 I 表示回路所包围的电流。上式表明，传导电流是产生磁场的涡旋源，磁场的环流方向与传导电流间呈右螺旋关系。对于感应电场，有

$$\oint_l \boldsymbol{E}_i \cdot \mathrm{d}\boldsymbol{l} = -\iint_s \frac{\partial \boldsymbol{B}}{\partial t} \cdot \mathrm{d}\boldsymbol{S} \tag{8-12}$$

式（8-12）表明，变化的磁场会产生感应电场，变化的磁场是感应电场的涡旋源。由于式（8-12）中有一个负号，故感应电场的方向与变化的磁场间方向呈左螺旋关系，如图 8-14 所示。在这里，变化的磁场用磁感应强度对时间的一阶导数来表示，即 $\frac{\partial \boldsymbol{B}}{\partial t}$，其方向可能与磁感应强度的方向不同，而取决于磁感应强度增量的方向。比如，如果磁感应强度方向向上且大小增加，则 $B /\!/ \frac{\partial \boldsymbol{B}}{\partial t}$；而如果磁感应强度方向向上且大小减小，则 $B /\!/ \left(-\frac{\partial \boldsymbol{B}}{\partial t}\right)$。

8.3.2　感生电动势的计算

感生电动势的计算有如下几种情况。

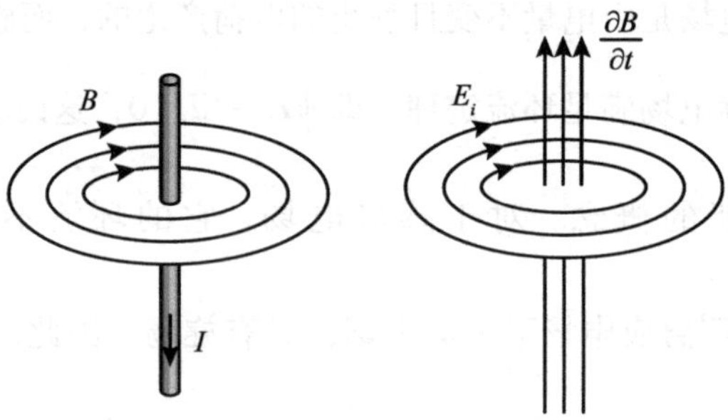

图 8-14

（1）对于导线回路，计算感生电动势的有效方法是法拉第电磁感应定律：

$$\varepsilon=-\frac{\mathrm{d}\Phi}{\mathrm{d}t}$$

这里，磁通量 Φ 的变化仅仅是由磁场的变化所造成的。当然，在导线回路的情况下，法拉第电磁感应定律也可以用来计算动生电动势。

（2）对于不成回路的一段导线，如果磁场在空间具有较高的对称性，可以先利用公式：

$$\oint_l \boldsymbol{E}_i\cdot\mathrm{d}\boldsymbol{l}=-\iint_S\frac{\partial\boldsymbol{B}}{\partial t}\cdot\mathrm{d}\boldsymbol{S}$$

求出感应电场 $\boldsymbol{E}_i$ 的分布，然后再利用 $\varepsilon=\int_a^b\boldsymbol{E}_i\cdot\mathrm{d}\boldsymbol{l}$ 计算导线 ab 上的感生电动势。

还有一种处理方法是这样的：如图 8-15 所示，为了计算导线 acb 上的感生电动势，可以用虚线假设一个闭合回路 $acbda$，用法拉第电磁感应定律计算整个回路的感生电动势：

$$\varepsilon=-\frac{\mathrm{d}\Phi}{\mathrm{d}t}=\varepsilon_{acb}+\varepsilon_{bda}$$

由此可得 $\varepsilon_{acb}=\varepsilon-\varepsilon_{bda}$。这样，问题就归结为计算 bda 上的感生电动势 ε_{bda}。如果虚线假设得合适，感生电动势 ε_{bda} 非常容易计算，或在有的情况下，它甚至为 0。

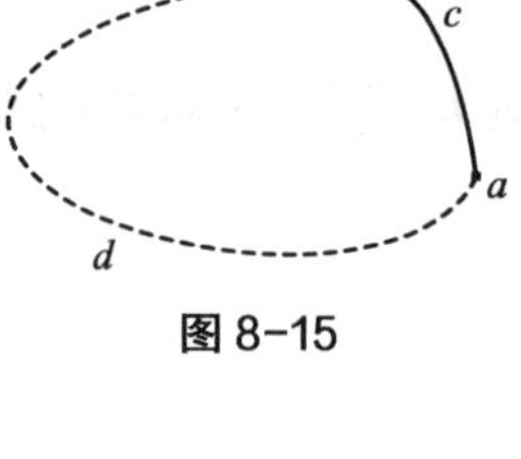

图 8-15

（3）当既有动生电动势又有感生电动势时，计算总感应电动势需要综合考虑这两种电动势的贡献。

对于导线回路的情况：

$$\varepsilon=\oint_{L}(\boldsymbol{v}\times\boldsymbol{B})\cdot\mathrm{d}\boldsymbol{l}-\iint_{S}\frac{\partial\boldsymbol{B}}{\partial t}\cdot\mathrm{d}\boldsymbol{S}\tag{8-13}$$

对于不成回路的一段导线：

$$\varepsilon=\int_{a}^{b}(\boldsymbol{v}\times\boldsymbol{B})\cdot\mathrm{d}\boldsymbol{l}+\int_{a}^{b}\boldsymbol{E}_{i}\cdot\mathrm{d}\boldsymbol{l}\tag{8-14}$$

例 8-5　一磁感应强度为 $\boldsymbol{B}$ 的匀强磁场，分布在半径为 R 的长圆柱体内，设 $B=B_0t$ ($B_0>0$)。现有一金属杆长为 R，放在垂直于磁场的平面内，杆的两端正好位于磁场边缘。求金属杆上的感生电动势。

解：法拉第电磁感应定律是求解电动势简单而有效的方法，但现在一根金属杆不成回路，不能直接应用法拉第电磁感应定律。但如果加两条线 OA 和 OB，就可构成等边三角形闭合回路 $OABO$，如图 8-16 所示，根据法拉第电磁感应定律，该闭合回路上的感生电动势为

$$\varepsilon=-\frac{\mathrm{d}\Phi}{\mathrm{d}t}=\varepsilon_{AB}+\varepsilon_{OA}+\varepsilon_{OB}=-B_0\frac{\sqrt{3}}{4}R^2$$

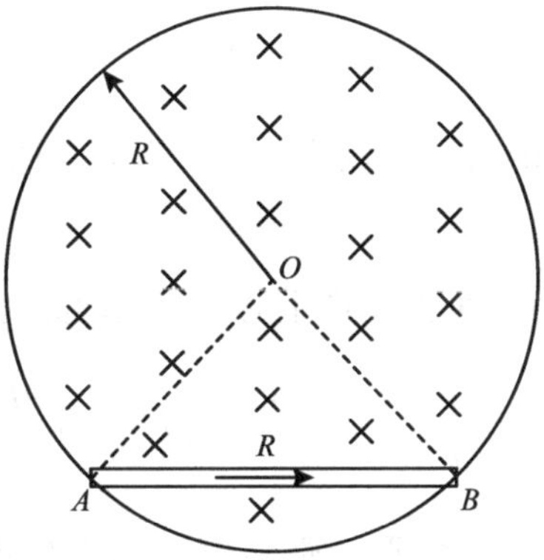

图 8-16

我们知道，分布在半径为 R 的长圆柱体内的匀强磁场变化时所激发的感应电场的电场线是以磁场中心为圆心的一系列同心圆。感应电场的场强始终与 OA 和 OB 垂直，故 OA 和 OB 边上的感生电动势为

$$\varepsilon_{OA}=\int_{O}^{A}\boldsymbol{E}_i\cdot\mathrm{d}\boldsymbol{l}=0,\ \varepsilon_{OB}=\int_{O}^{B}\boldsymbol{E}_i\cdot\mathrm{d}\boldsymbol{l}=0$$

由此得到，金属杆上的感生电动势：

$$\varepsilon=\varepsilon_{AB}=-B_0\frac{\sqrt{3}}{4}R^2$$

由楞次定律可得感生电动势的方向是从 A 到 B。

8.4 自感和互感

8.4.1 自感

由电磁感应定律知，只要通过回路面积的磁通量发生变化，回路中就有感应电动势产生。当回路中通有电流时，它产生的磁场穿过自身的回路。如果此时回路中的电流、回路的形状或回路周围的磁介质发生变化时，通过回路自身的磁通量将发生变化，由此在回路中产生感应电动势。这种由于回路中电流产生的磁通量变化，而在回路自身产生感应电动势的现象，称为**自感现象**。产生的电动势称为自感电动势。

由毕奥–萨伐尔定律，空间任意一点的磁感应强度都与回路中的电流 I 成正比。因此，通过回路自身的磁通量 Φ 也与 I 成正比，即

$$\Phi=LI \tag{8-15}$$

式（8–15）中 L 称为该回路的自感系数或自感，它只与回路的几何结构及空间磁介质的分布有关。

按照法拉第电磁感应定律，回路中产生的自感电动势为

$$\varepsilon=-\frac{\mathrm{d}\Phi}{\mathrm{d}t}=-\frac{\mathrm{d}(LI)}{\mathrm{d}t}=-\left(L\frac{\mathrm{d}I}{\mathrm{d}t}+I\frac{\mathrm{d}L}{\mathrm{d}t}\right) \tag{8-16}$$

如果回路的几何形状与磁介质的性质（磁导率）都保持不变，即 L 保持不变，则有 $\frac{\mathrm{d}L}{\mathrm{d}t}=0$，所以有

$$\varepsilon=-L\frac{\mathrm{d}I}{\mathrm{d}t} \tag{8-17}$$

式（8–17）中的负号是楞次定律的数学表示，表明自感电动势要反抗引起它的原因（这里是 I 的变化）。自感系数越大，自感作用越明显，表明回路中的电流越不容易改变。回路中的自感具有使自身回路电流保持不变的特性，这与力学中的惯性有些相似，因此可以把自感系数视为回路的“电磁惯性”的量度。

如果回路由N匝线圈构成，通过每一匝的磁通量均为Φ，则有

$$\varepsilon=-\frac{d(N\Phi)}{\mathrm{d}t}=-L\frac{\mathrm{d}I}{\mathrm{d}t} \tag{8-18}$$

所以

$$N\Phi=LI \quad 或 \quad L=\frac{N\Phi}{I} \tag{8-19}$$

自感系数L在数值上等于通有单位电流时线圈的磁通链数。自感系数的单位由式$L=-\frac{\varepsilon}{\frac{\mathrm{d}I}{\mathrm{d}t}}$决定。当电流用安培（A），电动势用伏特（V），时间用秒（s）时，自感系数的单位为亨利（H）。

例8-6 设有一单层密绕螺线管长为$l=50$ cm，截面积为$S=10$ cm^2，绕组的总匝数为$N=3000$，试求其自感系数。

解：因为螺线管长度比直径大许多，所以可把管内磁场看作是均匀的。当螺线管内通有电流I时，管内的磁感应强度为

$$B=\mu_0 nI$$

其中，$n=\frac{N}{l}$为单位长度上的匝数。因此，通过每一匝的磁通量都为BS。

总的磁通链数为

$$\psi=N\Phi=\mu_0 nNIS=\mu_0 n^2 lIS=\mu_0 n^2 VI$$

这里，$V=lS$是螺线管的体积，由式（8-19）得

$$L=\mu_0 n^2 V \tag{8-20}$$

由式（8-20）可看出，螺线管自感系数L正比于它的体积和单位长度上匝数的平方。将题目已知量代入（8-20）式得

$$L\approx 0.023\ \mathrm{H}$$

自感现象在无线电电子学和电工技术中有广泛的应用。利用线圈有阻碍电流变化的特点，可以稳定电路中的电流。在无线电设备中，自感线圈常与其他元件一起构成滤波器或谐振电路。有时，自感现象也会带来不利影响，如大自感线圈的电路突然断开时，由于电流变化很快，会产生很大的自感电动势，这可能导致击穿绝缘层，或在电闸的间隙中产生强烈的电弧，从而烧坏开关。

8.4.2 互感

假定有两个邻近的线圈 1 和 2，如图 8-17 所示，分别通有电流 I_1 和 I_2。当其他条件不变，只有其中一个线圈的电流发生变化时，在另一个线圈中就会引起互感电动势。这两个回路通常被称为互感耦合回路。

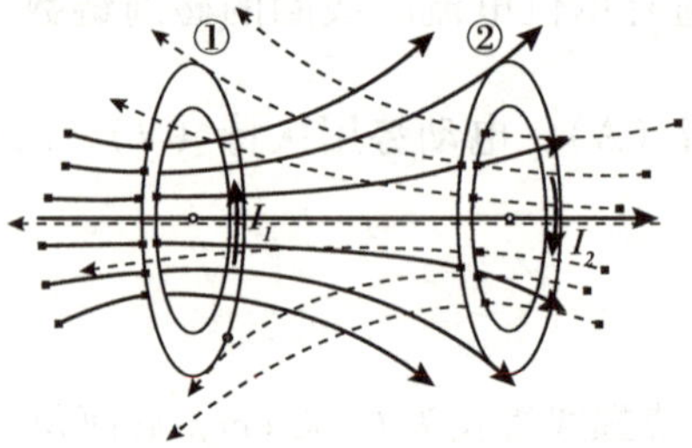

图 8-17

若线圈 1 中电流 I_1 所激发的磁场穿过线圈 2 的磁通量是 Φ_{21}。根据毕奥-萨伐尔定律，在空间的任意一点，I_1 所产生的磁感应强度都与 I_1 成正比。因此，I_1 的磁力线穿过线圈 2 的磁通量也必然与 I_1 成正比，即有

$$\Phi_{21}=M_{21}I_1$$

其中，M_{21} 是比例系数，称为互感系数，单位为亨利（H）。

类似地，线圈 2 中电流 I_2 所激发的磁场穿过线圈 1 的磁通量 Φ_{12}，应与 I_2 成正比，所以有

$$\Phi_{12}=M_{12}I_2$$

这里，互感系数 M_{21} 和 M_{12} 与两个线圈的形状、大小、匝数、相对位置以及周围磁介质的磁导率有关。理论和实验都证明，在两线圈的形状、大小、匝数、相对位置以及周围的磁介质的磁导率都保持不变时，M_{21} 和 M_{12} 是相等的。如果令 $M_{21}=M_{12}=M$，则上述两式可简化为

$$\Phi_{21}=MI_1,\quad \Phi_{12}=MI_2 \tag{8-21}$$

从式（8-21）可以看出，两个线圈的互感 M 在数值上等于其中一个线圈中的电流为单位电流时，穿过另一个线圈所围面积的磁通量。

由此可得，当线圈 1 中的电流 I_1 发生变化时，根据电磁感应定律，在线圈 2 中引起的互感电动势为

$$\varepsilon_{21}=-\frac{\mathrm{d}\Phi_{21}}{\mathrm{d}t}=-M\frac{\mathrm{d}I_1}{\mathrm{d}t} \tag{8-22a}$$

同理，当线圈 2 中的电流 I_2 发生变化时，在线圈 1 中引起的互感电动势为

$$\varepsilon_{12}=-\frac{\mathrm{d}\Phi_{12}}{\mathrm{d}t}=-M\frac{\mathrm{d}I_2}{\mathrm{d}t} \tag{8-22b}$$

由式（8-22a）、式（8-22b）可以看出，互感 M 的意义也可以这样来理解：两个线圈的互感 M，在数值上等于一个线圈中的电流随时间的变化率为一个单位时，在另一个线圈中所引起的互感电动势的绝对值。另外，还可以看出，当一个线圈中的电流随时间的变化率一定时，互感越大，则在另一个线圈中引起的互感电动势就越大；反之，互感越小，在另一个线圈中引起的互感电动势就越小。所以，互感是表明相互感应强弱的一个物理量，或者说是两个电路耦合程度的量度。

式（8-22）中的负号表示在一个线圈中所引起的互感电动势，要对抗另一个线圈中电流的变化。

利用互感现象，可以将交变的电信号或电能从一个电路转移到另一电路，而无需将这两个电路直接连接起来。这种转移能量的方法在电工和无线电技术中得到了广泛的应用。当然，互感现象有时也需予以避免，使之不产生有害的干扰。为此，常采用磁屏蔽的方法将某些器件保护起来。

互感通常用实验方法测定，只有在一些比较简单的情况下，才能用计算的方法求得。

例 8-7　如图 8-18 所示，两同心共面线圈，半径分别为 r_1 和 r_2（$r_1 \ll r_2$），小线圈中电流为 $I=kt$，k 为正的常数。求变化磁场在大圆环内激发的感生电动势。

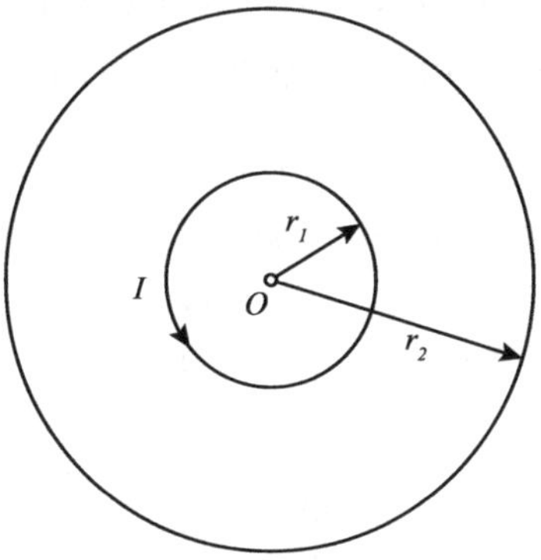

图 8-18

解： 给线圈 1 一个电流 I_1，计算它给线圈 2 的磁通链 ψ_{21}，也可以给线圈 2 一个电流 I_2，计算它给线圈 1 的磁通链 ψ_{12}，由此计算互感：

$$M=\frac{\psi_{21}}{I_1}=\frac{\psi_{12}}{I_2}$$

但给线圈 1 一个电流 I_1，不能解析地得到线圈平面内除圆心外任意点的磁感应强度，因而也无法求出磁通链 ψ_{21}。反之，给线圈 2 一个电流 I_2，虽然也不能通过解析得到线圈平面内除圆心外任意点的磁感应强度，但由于 $r_1<<r_2$，可以认为小线圈内各点磁感应强度近似相等，等于线圈 2 中的电流 I_2 在圆心处产生的磁场 B_2。这样分析以后有

$$M=\frac{\psi_{12}}{I_2}=\frac{B_2\pi r_1^2}{I_2}$$

其中
$$B_2=\frac{\mu_0 I_2}{2r_2}$$

所以
$$M=\frac{\mu_0\pi r_1^2}{2r_2}$$

再根据实际情况有
$$\varepsilon_{21}=-\frac{\mathrm{d}\psi_{21}}{\mathrm{d}t}=-M\frac{\mathrm{d}I}{\mathrm{d}t}=-\frac{\mu_0\pi r_1^2}{2r_2}k$$

负号表示大线圈中感生电动势的方向与小线圈中电流的方向相反。

8.5 磁场能量

如图 8-19（a）所示，将一自感系数为 L 的长直螺线管与电源相连。接入电源后，回路中的电流 i 便逐渐增加，最后达到稳定值 I，如图 8-19（b）所示。在这一过程中，回路中始终存在有与电源 ε 反向的自感电动势，阻碍回路电流的增加。因此，电源必须反抗自感电动势而做功。设在 $\mathrm{d}t$ 时间内通过线圈的电荷为 $\mathrm{d}q$，则电源反抗自感电动势做的元功为

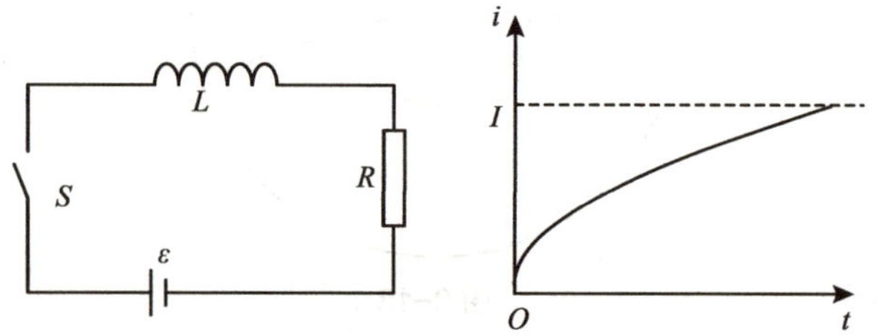

（a）通电线圈　　（b）i-t关系

图 8-19

$$dA = -\varepsilon_L dq = -\varepsilon_L i dt = Lid$$

当电流由 0 变化到恒定值 I 时，电源反抗自感电动势做的总功为

$$A = \int dA = \int_0^I Lidi = \frac{1}{2}LI^2$$

由于电源在反抗自感电动势做功的过程中，只是在线圈中逐渐建立起磁场而无其他变化，根据功能原理可知，这一部分功必定转化为线圈中**磁场的能量**（简称磁能），有

$$W_m = W_L = A = \frac{1}{2}LI^2 \tag{8-23}$$

由于长直螺线管的自感系数 $L=\mu_0 n^2 V$，当螺线管内不充任何介质时，管内的磁场 $B=\mu n I_0$，即 $I_0=\frac{B}{\mu_0 n}$。将 L 及 I_0 的数值代入式（8-23），得

$$W_m = \frac{1}{2}\mu_0 n^2 V\left(\frac{B}{\mu_0 n}\right)^2 = \frac{B^2}{2\mu_0}V \tag{8-24}$$

式（8-24）中，V 为长直螺线管内不空间的体积，即磁场存在的空间。由于可以认为长直螺线管内的磁场是均匀分布的，管内单位体积中的磁能（即磁能密度）可写成：

$$w_m = \frac{W_m}{V} = \frac{B^2}{2\mu_0} \tag{8-25}$$

例 8-8　如图 8-20 所示，计算载流为 I、长为 l 的直电缆内的磁场能（已知 R_1、R_2、μ_0）。

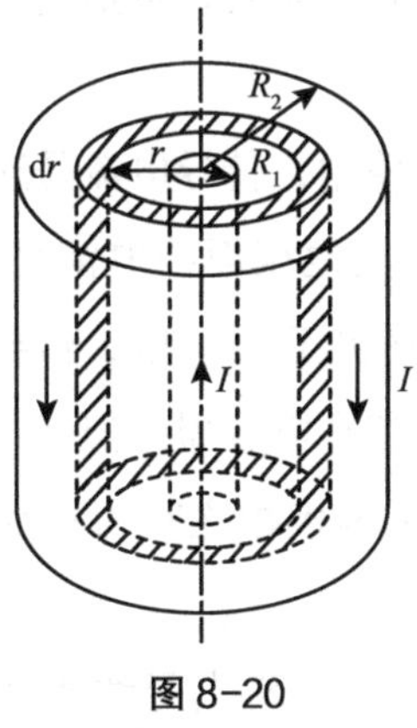

图 8-20

解：电流分布具有轴对称性，由介质中的环路定理 $\oint_L \boldsymbol{B}\cdot d\boldsymbol{l}=\mu_0\sum I_0$ 可知：

$$B\times 2\pi r=\mu_0\sum I_0=\mu_0 I$$

则
$$B=\frac{\mu_0 I}{2\pi r}$$

$$w_m=\frac{1}{2}\mu_0\frac{I^2}{4\pi^2 r^2}$$

不均匀分布 $dW_m=w_m dV$，其中 $dV=2\pi r dr l$，则

$$dW_m=\frac{\mu_0 I^2 l}{4\pi}\frac{dr}{r}$$

$$W_m=\int_{R_1}^{R_2}\frac{\mu_0 I^2 l}{4\pi}\frac{dr}{r}=\frac{\mu_0 I^2 l}{4\pi}\ln\frac{R_2}{R_1}$$

由于 $W_m=\frac{1}{2}LI^2$，则 $L=\frac{\mu_0 l}{2\pi}\ln\frac{R_2}{R_1}$，因此已知线圈内的磁场能，可以求出自感。

8.6 麦克斯韦电磁场方程组

8.6.1 位移电流

在前面我们曾讨论了在真空中恒定电流磁场的安培环路定理 $\oint_l \boldsymbol{B}\cdot d\boldsymbol{l}=\mu_0 I$。这一定理表明，真空中磁感应强度沿任一闭合回路的环流等于此闭合回路所围传导电流的代数和。在非恒定电流的情况下，这个定律是否仍可适用呢？讨论这个问题可以先从电流连续性的问题谈起。

在一个不含有电容器的闭合电路中，传导电流是连续的。这说明在任一时刻，流过导体上某一截面的电流与流过任何其他截面的电流是相等的。但在含有电容器的电路中，情况有所不同。无论电容器是充电还是放电，传导电流都无法直接流过电容器的两极板之间的绝缘介质，因此传导电流在电容器处似乎“中断”。

设在如图 8-21 所示的电容器的两极板之间为真空，在放电过程中，电路导线中的传导电流 I_C 是非恒定电流，它随时间而变化。若在极板 A 附近取一个闭合回路 L，并以此回路为边界作两个曲面 S_1 和 S_2，其中 S_1 与导线相交，而 S_2 不与导线相交。因为有传导电流穿过曲面 S_1，所以对 S_1 来说，回路 L 所围的电流为 I_C。根据安培环路定理，有

$$\oint_L \boldsymbol{B}\cdot d\boldsymbol{l}=\mu_0 I_C$$

而因为没有传导电流穿过 S_2，故若以 S_2 为依据，则回路 L 所围的电流为 0。于是，安培环路定理给出：

$$\oint_L \boldsymbol{B} \cdot \mathrm{d}\boldsymbol{l} = 0$$

这表明，在真空的非恒定电流的磁场中，磁感应强度沿回路 L 的环流与如何选取以闭合回路 L 为边界的曲面有关。选取不同曲面，$\boldsymbol{B}$ 的环流有不同的值。怎样来解决这一问题呢？

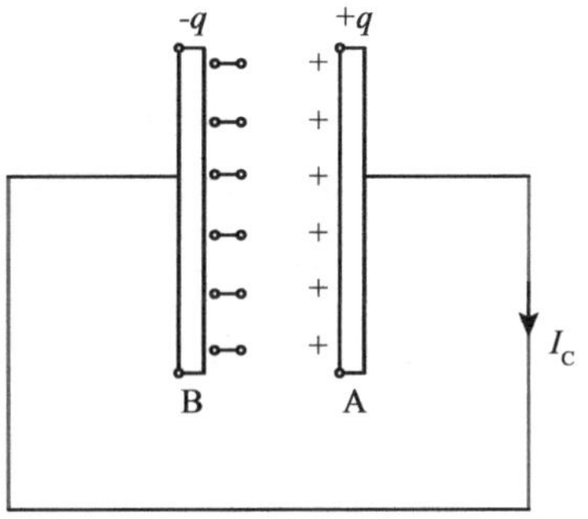

图 8-21

在科学史上，解决这类问题一般有两条途径：一是在大量实验事实的基础上，提出新概念，建立与实验事实相符合的新理念；另一是在原有理论的基础上，提出合理的假设，对原有理论作必要的修正，使矛盾得到解决，并用实验检验假设的合理性。在科学发展的一定阶段上，往往优先遵循第二条途径。麦克斯韦的位移电流假设，就是为了修正安培环路定理，使其也适用于非恒定电流的情形而提出的。

在图 8-22 的真空电容器放电电路中，设某一时刻电容器 A、B 两极板上的电荷分别为 $+q$ 和 $-q$，电荷面密度分别为 $+\sigma$ 和 $-\sigma$。当电容器放电时，设正电荷由极板 A 沿导线向极板 B 流动，则在时间间隔 $\mathrm{d}t$ 内通过电路中任一截面的电荷为 $\mathrm{d}q$，而这个 $\mathrm{d}q$ 也就是电容器极板上失去（或获得）的电荷量。所以，极板上电荷对时间的变化率 $\mathrm{d}q/\mathrm{d}t$ 也即为电路中的传导电流。若极板的面积为 S，则极板上的电荷量 q 可表示为 $q=\sigma S$，因此，极板内的传导电流 I_C 可以表示为

$$I_C = \frac{\mathrm{d}q}{\mathrm{d}t} = \frac{\mathrm{d}(\sigma S)}{\mathrm{d}t} = S\frac{\mathrm{d}\sigma}{\mathrm{d}t}$$

传导电流密度为

$$j_C = \frac{\mathrm{d}\sigma}{\mathrm{d}t}$$

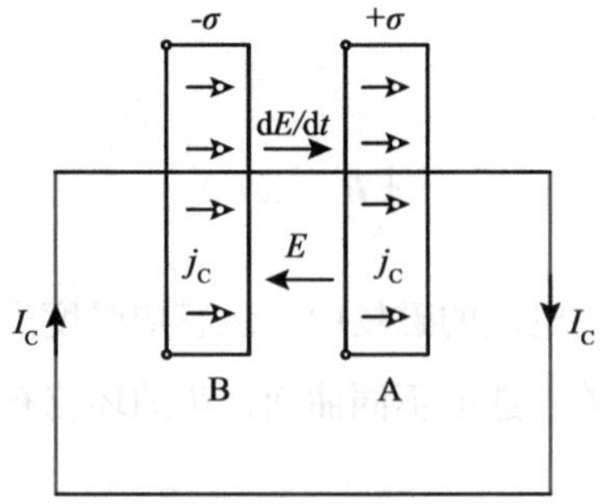

图 8-22

在电容器两板间的真空中，由于没有自由电荷的移动，传导电流为 0，即对整个电路来说，传导电流是不连续的。然而，极板上的电荷面密度 σ 随时间变化，导致极板间电场强度 $\boldsymbol{E}$ 和电通量 Ψ 也随时间变化。当两极板上电荷分别为 $+\sigma$ 和 $-\sigma$ 时，两极板间电场强度 $\boldsymbol{E}$ 的大小为 $E=\sigma/\varepsilon_0$，电通量的大小为 $\Psi=ES$，二者均随时间而变化。其随时间的变化率分别为

$$\frac{\mathrm{d}E}{\mathrm{d}t}=\frac{1}{\varepsilon_0}\frac{\mathrm{d}\sigma}{\mathrm{d}t}$$

$$\frac{\mathrm{d}\Psi}{\mathrm{d}t}=\frac{\mathrm{d}(ES)}{\mathrm{d}t}=\frac{S\mathrm{d}E}{\mathrm{d}t}=\frac{1}{\varepsilon_0}\frac{S\mathrm{d}\sigma}{\mathrm{d}t}=\frac{1}{\varepsilon_0}\frac{\mathrm{d}q}{\mathrm{d}t}$$

上式中 S 为极板的面积。从上述结果可以看出：两极板间电场强度矢量随时间的变化率 $\mathrm{d}E/\mathrm{d}t$ 在数值上等于极板内传导电流密度 j_{C} 除以真空电容率 ε_0；电通量随时间的变化率 $\mathrm{d}\Psi/\mathrm{d}t$ 在数值上等于传导电流 I_{C} 除以真空电容率。当电容器放电时，极板上电荷密度减小，所以，$\mathrm{d}E/\mathrm{d}t$ 的方向与 $\boldsymbol{E}$ 的方向相反。然而，$\mathrm{d}E/\mathrm{d}t$ 的方向与极板内电流密度的方向相同。因此，可以设想，如果以 $\mathrm{d}E/\mathrm{d}t$ 表示某种电流密度，那么，它就可以替代在两极板间中断了的传导电流密度，从而保持电流的连续性。

麦克斯韦引进位移电流，并定义：真空电场中某一点的位移电流密度 j_{d} 等于通过电场强度 $\boldsymbol{E}$ 对时间的变化率与真空电容率 ε_0 的乘积，即

$$j_{\mathrm{d}}=\varepsilon_0\frac{\partial E}{\partial t} \tag{8-26}$$

位移电流 I_{d} 可表示为

$$I_{\mathrm{d}}=\varepsilon_0\frac{\mathrm{d}\Psi}{\mathrm{d}t}$$

麦克斯韦假设位移电流和传导电流一样，也会在其周围空间激发起磁场。这样，按照麦克斯韦的位移电流假设，在有电容器的电路中，电容器极板表面中断的传导电流 I_C 可以由位移电流 I_d 继续下去，两者一起构成电流的连续性。

就一般情形来说，麦克斯韦认为电路中可同时存在传导电流和位移电流，那么它们之和为

$$I_S = I_C + I_d \tag{8-27}$$

其中 I_S 叫作全电流。这样就推广了电流的概念。

8.6.2　麦克斯韦电磁场方程

麦克斯韦的两个重要假设分别是：有旋电场假设和位移电流假设。前者指出变化的磁场会激发有旋电场，后者指出变化的电场会激发有旋磁场。这两个假设深刻揭示了变化的电场和变化的磁场之间的密切联系，它们构成了一个统一的电磁场整体。在研究电现象和磁现象的过程中，人们分别得出了真空中静止电荷激发的静电场和恒定电流激发的恒定磁场的一些基本方程，即

静电场的高斯定理：

$$\oiint_S \boldsymbol{E} \cdot d\boldsymbol{S} = \frac{q}{\varepsilon_0}$$

静电场的环路定理：

$$\oint_l \boldsymbol{E} \cdot d\boldsymbol{l} = 0$$

磁场的高斯定理：

$$\oiint_S \boldsymbol{B} \cdot d\boldsymbol{S} = 0$$

磁场的安培环路定理：

$$\oint_l \boldsymbol{B} \cdot d\boldsymbol{l} = \mu_0 I$$

麦克斯韦在引入有旋电场和位移电流两个重要概念后，将真空中静电场的环路定理修改为

$$\oint_l \boldsymbol{E} \cdot d\boldsymbol{l} = -\frac{d\Psi}{dt} = -\iint_s \frac{\partial \boldsymbol{B}}{\partial t} \cdot d\boldsymbol{S}$$

将真空中安培环路定理修改为

$$\oint_l \boldsymbol{B} \cdot \mathrm{d}\boldsymbol{l} = \mu_0 (I_{\mathrm{C}} + I_{\mathrm{d}}) = \iint_S \left(\mu_0 \boldsymbol{j} + \mu_0 \varepsilon_0 \frac{\partial \boldsymbol{E}}{\partial t} \right) \cdot \mathrm{d}\boldsymbol{S}$$

使它们能适用于一般的电磁场。麦克斯韦还认为静电场的高斯定理和磁场的高斯定理不仅适用于静电场和恒定电流的磁场，也适用于一般电磁场。于是，得到了真空中的电磁场的四个基本方程：

$$\oiint_S \boldsymbol{E} \cdot \mathrm{d}\boldsymbol{S} = \frac{q}{\varepsilon_0} \tag{8-28}$$

$$\oint_l \boldsymbol{E} \cdot \mathrm{d}\boldsymbol{l} = -\iint_S \frac{\partial \boldsymbol{B}}{\partial t} \cdot \mathrm{d}\boldsymbol{S} \tag{8-29}$$

$$\oiint_S \boldsymbol{B} \cdot \mathrm{d}\boldsymbol{S} = 0 \tag{8-30}$$

$$\oint_l \boldsymbol{B} \cdot \mathrm{d}\boldsymbol{l} = \iint_S \left(\mu_0 \boldsymbol{j} + \mu_0 \varepsilon_0 \frac{\partial \boldsymbol{E}}{\partial t} \right) \cdot \mathrm{d}\boldsymbol{S} \tag{8-31}$$

这四个方程就是麦克斯韦方程组的积分形式。

麦克斯韦方程组的形式既简洁又优美，全面反映了电场和磁场的基本性质，并将电磁场作为一个整体，从统一的视角阐明了电场和磁场之间的密切联系。因此，麦克斯韦方程组是对电磁场基本规律的总结性、统一性的简明而完美的描述。麦克斯韦电磁理论的建立是 19 世纪物理学发展史上的一个重要里程碑。

思考题

8-1　如图 8-23 所示为一观察电磁感应现象的装置。左边 a 为闭合铝制圆环，右边 b 为有缺口的铝制圆环，两环用细杆连接支在 O 点，可绕 O 在水平面内自由转动。用条形磁铁插入环 a 时，环向后退；插入环 b 时，环不动，试解释所观察到的现象。当 S 极插入环 a 时，环中的感应电流方向如何？

8-2　让一块磁铁在一根很长的竖直铜管内顺管落下，若不计空气阻力，试说明磁铁作什么运动。为什么？

8-3　一铜片其平面与磁场垂直，若将铜片从磁场中拉出或推进，则受到一阻力。

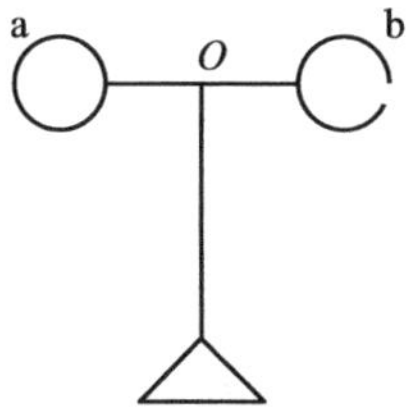

图 8-23

试解释这个阻力的来源。

8-4 楞次定律是能量守恒所必需的。换句话说，如果电磁感应的规律正好与楞次定律相反，则能量守恒定律不成立。试用简单例子加以说明。

8-5 一个线圈的自感系数的大小决定于哪些因素?

8-6 如图 8-24（a）所示为一量值随时间减小、方向垂直纸面向内的变化电场，均匀分布在圆柱形区域内。试在图 8-24（b）中画出：

（1）位移电流的大致分布和方向；

（2）磁场的大致分布和方向。

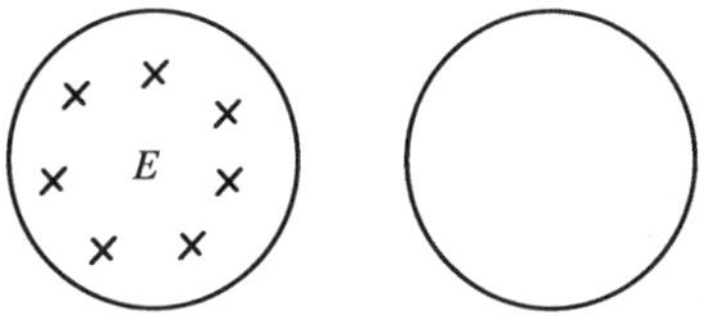

图 8-24

8-7 空间有限的区域内存在随时间变化的磁场，所产生的感生电场场强为 $\boldsymbol{E}_i$，在不包含磁场的空间区域中分别取闭合曲面 S，闭合曲线 l，则（　　）。

A. $\oiint_S \boldsymbol{E}_i \cdot \mathrm{d}\boldsymbol{S}=0$，$\oint_l \boldsymbol{S}_i \cdot \mathrm{d}\boldsymbol{l}=0$　　　B. $\oiint_S \boldsymbol{E}_i \cdot \mathrm{d}\boldsymbol{S}=0$，$\oint_l \boldsymbol{S}_i \cdot \mathrm{d}\boldsymbol{l}\neq 0$

C. $\oiint_S \boldsymbol{E}_i \cdot \mathrm{d}\boldsymbol{S}\neq 0$，$\oint_l \boldsymbol{S}_i \cdot \mathrm{d}\boldsymbol{l}=0$　　　D. $\oiint_S \boldsymbol{E}_i \cdot \mathrm{d}\boldsymbol{S}\neq 0$，$\oint_l \boldsymbol{S}_i \cdot \mathrm{d}\boldsymbol{l}\neq 0$

8-8 试写出与下列内容相对应的麦克斯韦方程的积分形式：

（1）电力线起始于正电荷终止于负电荷；

（2）磁力线无头无尾；

（3）变化的电场伴有磁场；

（4）变化的磁场伴有电场。

习 题

8-1 如图 8-25 所示，一长直导线载有 $I=0.5$ A 的电流，旁边有一矩形线圈 $ABCD$（与此长直导线共面），长 $l_1=0.2$ m、宽 $l_2=0.1$ m，长边与导线平行，AD 与导线相距 $a=0.1$ m，线圈共 1000 匝。令线圈以速度 v 垂直于长直导线向右运动，$v=0.3$ m/s。求线圈中的感应电动势。

8-2 如上题中的线圈保持不动，而在长直导线中通有交变电流 $i=10\sin(100\pi t)$ A，时间 t 以 s 计，则线圈中的感应电动势如何？

8-3 如图 8-26 所示通过回路的磁感应线与线圈平面垂直，且指向图面，设磁通量如下列关系变化 $\Phi=6t^2+7t+1$，式中 Φ 的单位为 mWb，t 的单位为 s。求 $t=2$ s 时，在回路中的感生电动势的量值和方向。

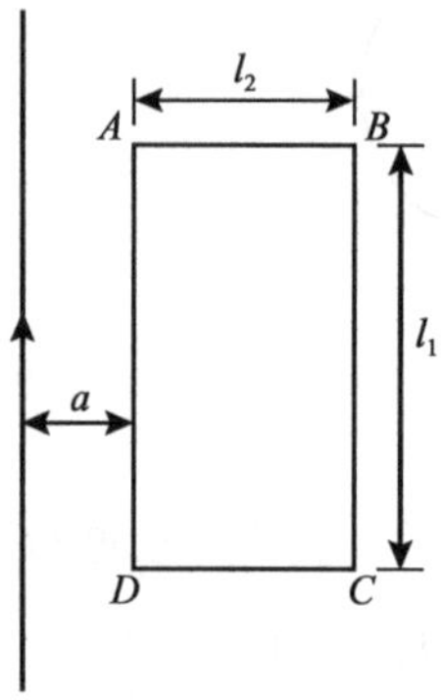

图 8-25

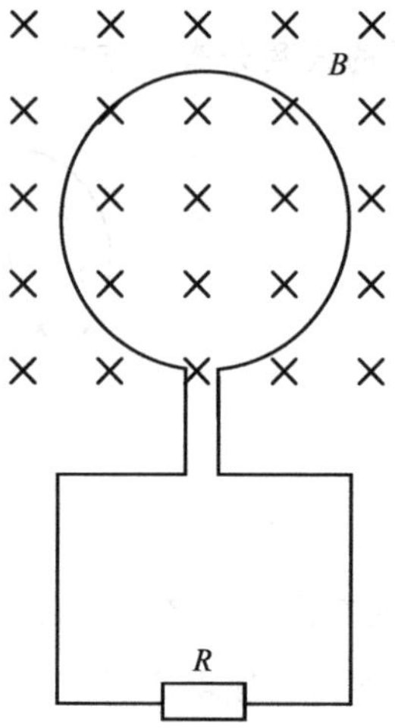

图 8-26

8-4 电子在电子感应加速器中沿半径为 1 m 的轨道作圆周运动，如果电子每转一周动能增加 700 eV，试计算轨道内磁通量的变化率。

8-5 闭合线圈共有 N 匝，电阻为 R。证明：当通过这线圈的磁通量改变 $\Delta\Phi$ 时，线圈内流过的电量为

$$\Delta q=\frac{N\Delta\Phi}{R}$$

8-6　如图 8-27 所示，导线 MN 在导线架上以速度 v 向右滑动。已知导线 MN 的长为 $l=50$ cm，$v=0.4$ m/s，$R=0.2\ \Omega$，磁感应强度 $B=0.5$ T，方向垂直回路平面。试求：

（1）MN 运动时所产生的动生电动势；

（2）电阻 R 上所消耗的功率；

（3）磁场作用在 MN 上的力。

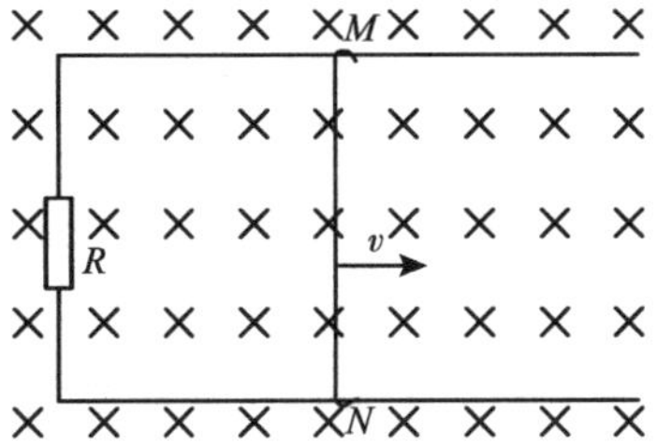

图 8-27

8-7　有一螺线管，每米有 800 匝。在管内中心放置一绕有 30 圈的半径为 1 cm 的圆形小回路，在 0.01 s 时间内，螺线管中产生 5A 的电流。问：小回路中产生的感生电动势为多少？

8-8　两段导线 $ab=bc=10$ cm，在 b 处相接而成 30°角。若使导线在匀强磁场中以速率 $v=1.5$ m/s 运动，方向如图 8-28 所示，磁场方向垂直纸面向内，$B=2.5\times10^2$ Gs，问：ac 间的电势差是多少？哪一端的电势更高？

8-9　如图 8-29 所示，金属棒 ab 以 $v=2.0$ m/s 的速率平行于一长直导线运动，此导线电流 $I=40$ A。求棒中感应电动势的大小。哪一端的电势更高？

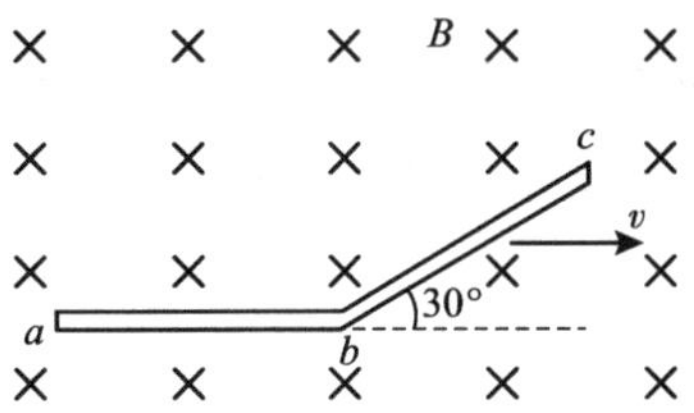

图 8-28

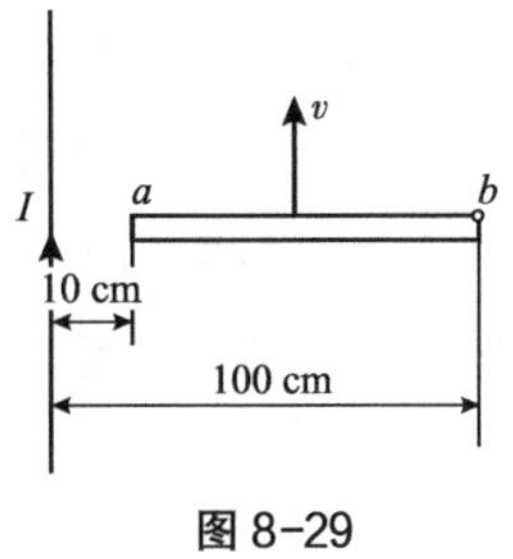

图 8-29

8-10　在长为 60 cm、直径为 5.0 cm 的空心纸筒上绕多少匝才能得到自感为 6.0×10^{-3} H 的线圈。

8-11　已知一个空心密绕的螺绕环，其平均半径为 0.1 m，横截面积为 6 cm^2，环上共有线圈 250 匝，求螺绕环的自感。又若线圈中通有电流 3 A 时，求线圈中的磁通量及磁链。

8-12　已知在电子感应加速器中，电子加速的时间是 4.2 ms，电子轨道内最大磁通量为 1.8 Wb，试求电子沿轨道绕行一周平均获得的能量。若电子最终所获得的能量为 100 MeV，电子将绕多少周？若轨道半径为 84 cm，电子绕行的路程有多少？

【选读材料】

涡 电 流

在一些电器设备中，常常遇到大块的金属体在磁场中运动，或者处在变化的磁场中。此时，在金属体内部也会产生感应电流，这种电流在金属体内部自成闭合回路，形成涡旋状，因此被称为**涡电流**。

如图 8-30 所示，当绕在圆柱形铁芯上的线圈中通入交变电流时，铁芯内变化的磁感应强度 $\boldsymbol{B}$ 会在铁芯内激发感生电场，结果在垂直于磁场的平面内产生绕轴流动的环形感应电流，即涡电流。由于大块铁芯的电阻很小，涡电流的强度可以很大，在铁芯内将放出大量的焦耳热，这就是感应加热的原理。因为感生电动势与磁通量的变化率成正比，而磁通量的变化率与外加交变电流的频率成正比，所以涡电流 I' 也与外加交变电流的频率成正比。涡电流 I' 产生的焦耳热是与 I'^2 成正比的，因此涡电流产生的焦耳热将与外加交变电流的频率的平方成正比。

当使用频率高达几百赫甚至几千赫的交变电流时，铁芯内由于涡电流将放出巨大的热量，这种热量可以用于冶炼金属。现代厨房电器之一的电磁灶就是利用交变磁场在铁锅底部产生涡电流而发热的。在一些需要在高度真空下工作的电子器件（如电子管、示波管、显像管等）中，通过将这些器件置于高频磁场内，其中的金属部分即使隔着玻璃管子也能被加热。温度升高后，吸附在金属表面上的残存气体被释放出来，由抽气机抽出，从而达到更高的真空度。

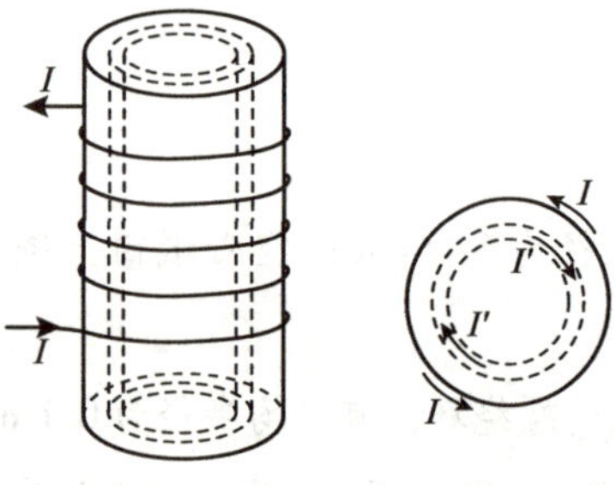

图 8-30

利用涡电流还可产生阻尼作用。如图8-31所示，设有一金属片做成的摆，可在电磁铁的两极之间摆动。如果电磁铁的线圈中不通电，则两极间无磁场，金属摆可持续较长时间的摆动才会停下来。当电磁铁的线圈中通有电流时，两极间便有强大的磁场，金属摆在磁场中摆动时产生了涡电流。根据楞次定律，磁场对涡电流的作用会阻碍摆和磁场的相对运动，因此金属摆受到一个阻尼力的作用，就像在黏性介质中摆动一样，会很快地停止下来。这种阻尼起源于电磁感应，称为电磁阻尼，在各式仪表中电磁阻尼已被广泛应用。例如，在很多电表中，线圈通常绕在一闭合的铝框上，或者附加一个短路线圈。当电流线圈在磁场中摆动时，铝框（或短路线圈）中产生涡电流，电流线圈在由此产生的电磁阻尼作用下就能很快地稳定在平衡位置上。

涡电流产生的热效应虽然有着广泛的应用，但在某些情况下也有很大的弊害。例如，变压器或其他电机的铁芯常常因涡电流产生无用的热量，不仅消耗了部分电能，降低了电机的效率，而且会因铁芯严重发热而不能正常工作。为了减小涡流损耗，一般变压器、电机及其他交流仪器的铁芯不采用整块材料，而是用互相绝缘的薄片（如硅钢片）或细条叠合而成，如图8-32所示。这种结构使涡流受到绝缘的限制，只能在薄片范围内流动，从而增大了电阻，减小了涡电流，使损耗显著降低。

图8-31

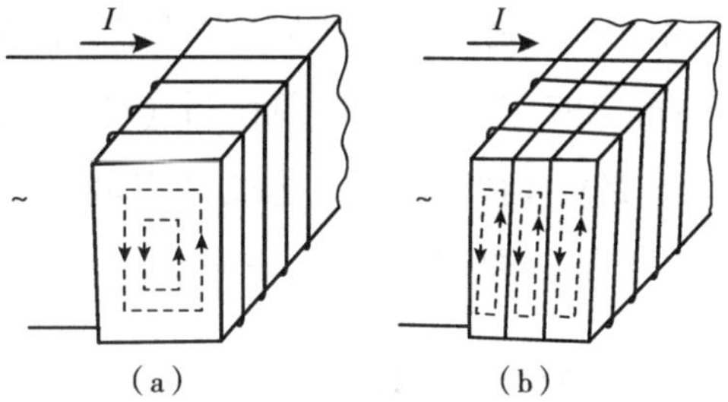

图8-32

附录 I　力学单位制

1. 基本单位、导出单位、单位制

在物理学中，用于量度物质的属性和描述其运动状态时所用的各种量称为**物理量**。物理量可以通过测量获得，其数值需要结合特定的单位来表示，否则无法明确其具体含义。例如用数值“a”表示长度时必须明确是“a 厘米”（a cm）还是“a 米”（a m），否则无法准确表达。因此，单位是衡量物理量的标准。物理学中的物理量众多，如果为每个物理量都独立选择一个单位，不仅烦锁，而且不利于实际应用。物理公式反映了物理量间的相互关系，同时也确定了物理量单位之间的关系。因此，我们通常选择一组基本物理量，并为其规定基本单位，然后通过这些基本单位推导出其他物理量的单位。这些被任意选定的物理量叫**基本物理量**。基本物理量的单位叫**基本单位**。

基本物理量是由人们根据需要选定的，在不同学科、不同时期，选定的基本物理量有所不同。1971 年前，国际单位制（SI）中采用的基本物理量是 6 个，即长度（米）、质量（千克）、时间（秒）、电流（安培）、热力学温度（开尔文）和发光强度（坎德拉）。1971 年，国际计量大会增加了“物质的量”，使基本物理量的数量增加到了 7 个。

2. 国际单位制（SI）

由于所采取的基本量和基本单位不同，用来推导出单位的定义式也不同，存在着多种单位制，如物理学中以前通常采用绝对单位制。这种单位制以长度、质量、时间为基本量，若它们的基本单位分别是米、千克、秒，则称为绝对米 · 千克 · 秒制或 MKS 制。鉴于国际上使用的单位制种类繁多，换算十分复杂，给科学技术的交流带来很多困难。为避免多种单位制并存，国际上制定了一种适合所有计量领域的单位制，即国际单位制，简称国际制，代号为 SI。该标准于 1960 年在第 11 届国际计量大会通过，自 1978 年 1 月 1 日起在全球范围内正式推广使用。目前，国际单位制已成为国际上普遍采用的标准单位制。

我国于1977年5月颁发了《中华人民共和国计量管理条例（试行）》，其中第三条规定："我国的基本计量制度是米制，逐步采用国际单位制"。我国自1986年1月1日起，在全国范围内统一使用国际单位制。这一举措不仅使我国的计量制度进一步统一，而且有利于加强我国同各国人民的经济文化交流。

3. 力学单位制

国际单位制中有7个基本单位和2个辅助单位，见附表1。在力学范围内，长度、质量和时间三个基本物理量分别规定以米、千克和秒为基本单位。由各定义式推导出力学的一系列导出单位。如由 $\boldsymbol{v}=\frac{\mathrm{d}\boldsymbol{r}}{\mathrm{d}t}$、$\boldsymbol{a}=\frac{\mathrm{d}\boldsymbol{v}}{\mathrm{d}t}$ 推导出速度和加速度的单位分别为米每秒（m/s）和米每秒平方（m/s^2）；由牛顿第二定律 $\boldsymbol{F}=m\boldsymbol{a}$ 可推导出力的单位是千克米每秒平方（$kg\cdot m/s^2$），即牛顿（N）。力学的基本单位和导出单位共同组成了力学单位制。

附表1　国际单位制的基本单位

物理量的名称	单位名称		单位符号	定　义
	全称	简称		
长度	米	米	m	"米是光在真空中1/299 792 458 s的时间间隔内所行进的路程长度"（1983年第17届国际计量大会上通过的新定义）
质量	千克	千克	kg	"千克是质量单位,等于国际千克原器的质量"（1889年和1901年第1届和第3届国际计量大会通过）
时间	秒	秒	s	"秒是铯-133原子基态的两个超精细能级之间跃迁所对应的辐射的9 192 631 770个周期的持续时间"（1967年第13届国际计量大会通过决议）
电流	安培	安	A	"安培是一恒定电流，若保持在处于真空中相距1米的两无限长而圆截面可忽略的平行直导线内，则此两导线之间产生的力在每米长度上等于 2×10^{-7} 牛顿"（1946年国际计量委员会决议2通过，1948年第9届国际计量大会批准）
热力学温度	开尔文	开	K	"热力学温度单位开尔文是水的三相点热力学温度的1/273.16"（第13届国际计量大会，1967年决议4）
物质的量	摩尔	摩	mol	"(1)摩尔是一系统的物质的量，该系统中所包含的基本单元数与0.012千克碳-12的原子数目相等。(2)在使用摩尔时，基本单元应予指明，可以是原子、分子、离子、电子及其他粒子，或是这些粒子的特定组合"
发光强度	坎德拉	坎	cd	"坎德拉是在101325帕斯卡压力下，处于铂凝固温度的黑体的1/600000平方米表面在垂直方向上的发光强度。"（第13届国际计量大会，1967年决议5）

附录Ⅱ　量纲

1. 量纲

物理量可分为基本量和导出量，而导出量均由基本量组合而成。表示一个物理量是由哪些基本量组成和怎样组成的，这种关系的式子叫物理量的量纲式。量纲式中各基本量的幂指数叫作这个物理量对于所取基本量的量纲，量纲又叫作“因次”。

在国际单位制（SI）中，所有力学量都是由长度（L）、质量（M）、时间（T）这三个基本量组成的。任一力学量 Q 的量纲式都可写成：

$$\dim Q = L^{\alpha} M^{\beta} T^{\gamma}$$

其中 α、β、γ 分别叫作物理量 Q 对于长度、质量、时间的量纲。例如，速度、加速度、力的量纲式分别为

$$\boldsymbol{v} = \frac{\mathrm{d}\boldsymbol{r}}{\mathrm{d}t},\ \dim v = \frac{[L]}{[T]} = LT^{-1}$$

$$\boldsymbol{a} = \frac{\mathrm{d}\boldsymbol{v}}{\mathrm{d}t},\ \dim a = \frac{[LT^{-1}]}{[T]} = LT^{-2}$$

$$\boldsymbol{F} = m\boldsymbol{a},\ \dim F = [M \cdot LT^{-2}] = MLT^{-2}$$

当单位确定后，任何物理量都有其唯一确定的量纲和量纲式。

2. 量纲式的作用

物理量的量纲式除表明导出量和基本量的关系外，还可以用来检验物理关系的正确性。在物理计算中，物理量的性质不会因数学运算而有所改变，因此，在一个物理关系式中，只有量纲相同的项才能相加、减和用等号连接，这称为量纲法则。检验各项的量纲，就可以明确等式是否正确。例如，如果匀变速直线运动方程是：

$$x = v_0 t + \frac{1}{2} a t$$

其中 x 是位移，v_0 是初速度，x 是时间，a 是加速度。我们可以检验各项的量纲：v_0t 的量纲是 L，$\frac{1}{2}at$ 的量纲是 LT^{-1}，这两项量纲不同，所以不能相加，不符合量纲法则，那么可肯定这个公式是错误的。

另外，根据量纲法则，有时从量纲的分析可以明确方程中某一比例系数（实际上是一物理量）的量纲，从而确定该比例系数的单位。例如，在万有引力定律的表达式：

$$F=G\frac{m_1m_2}{r^2}$$

式中，G 表示万有引力常数，F、m、r 分别表示力、质量、距离。因此，从它们的量纲可以得出 G 的量纲为 $L^3M^{-1}T^{-2}$。

用量纲还可以定出同一物理量不同单位之间的换算因数。例如，力的量纲式为 LMT^{-2}，力的单位从国际单位制换算为厘米克秒制时，可以写成：

$$1\ \mathrm{N}=1\ \mathrm{kg}\cdot\frac{\mathrm{m}}{\mathrm{s}^2}=1000\ \mathrm{g}\times100\ \frac{\mathrm{cm}}{\mathrm{s}^2}=10^5\ \mathrm{g}\cdot\frac{\mathrm{cm}}{\mathrm{s}^2}=10^5\ \mathrm{dyn}$$

由此可得换算关系 $1\ \mathrm{N}=10^5\ \mathrm{dyn}$。

量纲式除了用来表示出导出量和基本量的关系进行单位换算外，还有其他用途。例如，利用量纲可为寻求复杂的物理规律提供线索。

附录Ⅲ　矢量

1. 标量和矢量

在物理学中，有一类物理量，如时间、质量、功、能量、温度等，它们只有大小，没有方向，这类物理量称为标量。另一类物理量，如位移、速度、加速度、力、动量、冲量等，既有大小又有方向，且在相加减时遵从平行四边形的运算法则，这类物理量称为**矢量**（也称为**向量**）。通常在书写时，矢量用带箭头的字母表示（例如 $\vec{a}$），在印刷品中用黑体斜字母（例如 $\boldsymbol{a}$）表示，以区别于标量。在作图时，我们可以在空间用一条有向线段来表示矢量，如附图 1 所示。线段的长度表示矢量的大小，而箭头的指向则表示矢量的方向。

因为矢量具有大小和方向这两个特征，所以只有大小相等、方向相同的两个矢量才相等，如附图 2（a）所示。如果有一矢量和另一矢量 $\boldsymbol{A}$ 大小相等而方向相反，这一矢量就称为 $\boldsymbol{A}$ 矢量的负矢量，用 $-\boldsymbol{A}$ 来表示，如附图 2（b）所示。

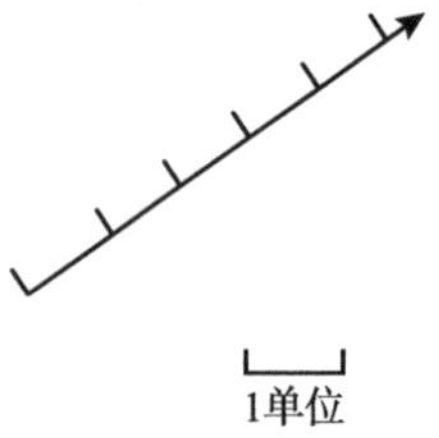

附图 1

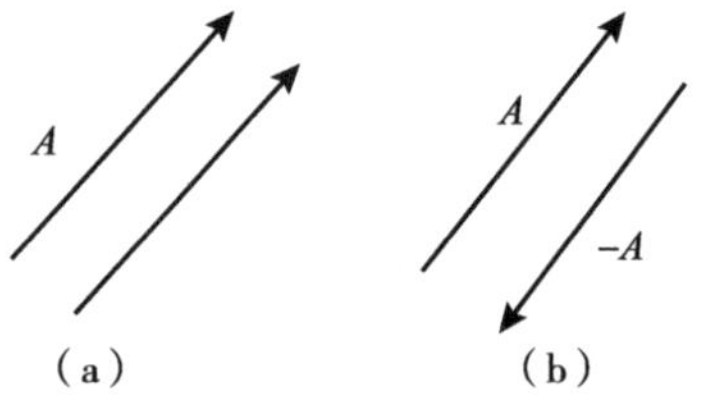

附图 2

将一矢量平移后，它的大小和方向都保持不变。因此，在考察矢量之间的关系或对它们进行运算时，可以根据需要将矢量进行平移，如附图 3 所示。

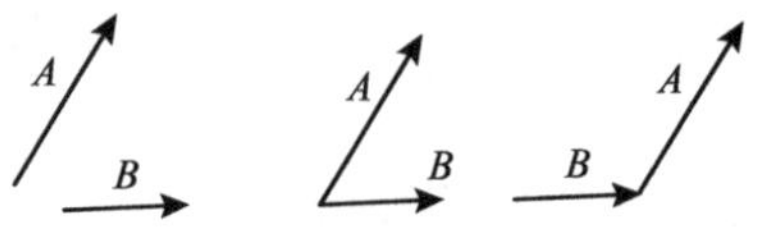

附图 3

2. 矢量的模和单位矢量

矢量的大小称为矢量的模。矢量 $\boldsymbol{A}$ 的模常用符号 $|\boldsymbol{A}|$ 或 A 表示。

如果矢量 $\boldsymbol{A}_0$ 的模等于 1，且方向与矢量 $\boldsymbol{A}$ 相同，则 $\boldsymbol{A}_0$ 称为矢量 $\boldsymbol{A}$ 方向上的单位矢量。引入单位矢量后，矢量 $\boldsymbol{A}$ 可以表示为

$$\boldsymbol{A}=|\boldsymbol{A}|\boldsymbol{A}_0$$

这种表示方法实际上是把矢量 $\boldsymbol{A}$ 的大小和方向这两个特征分别表示出来。

对于空间直角坐标系 $Oxyz$ 来说，通常用 $\boldsymbol{i}$、$\boldsymbol{j}$、$\boldsymbol{k}$ 分别表示沿 x、y、z 三个坐标轴正方向的单位矢量。

3. 矢量的加法和减法

矢量的运算不同于标量的运算。例如，一个物体同时受到几个方向的力作用时，在计算合力时，不能简单地运用代数相加，而必须遵从平行四边形法则。因此，矢量相加的方法常称为**平行四边形法则**。

设有两个矢量 $\boldsymbol{A}$ 和 $\boldsymbol{B}$，如附图 4 所示。将它们相加时，可将两矢量的起点交于一点，再以这两个矢量 $\boldsymbol{A}$ 和 $\boldsymbol{B}$ 为邻边作平行四边形，从两矢量的交点作平行四边形的对角线，此对角线即代表 $\boldsymbol{A}$ 和 $\boldsymbol{B}$ 两矢量之和，用矢量式表示为

$$\boldsymbol{C}=\boldsymbol{A}+\boldsymbol{B}$$

$\boldsymbol{C}$ 称为**合矢量**，而 $\boldsymbol{A}$ 和 $\boldsymbol{B}$ 则称为 $\boldsymbol{C}$ 的**分矢量**。

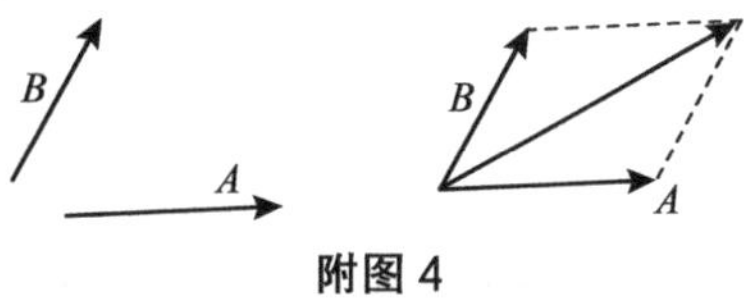

附图 4

因为平行四边形的对边平行且相等，所以两矢量合成的平行四边形法则可简化为**三角形法则**，即以矢量 $\boldsymbol{A}$ 的末端为起点，作矢量 $\boldsymbol{B}$，如附图 5 所示。不难看出，由 $\boldsymbol{A}$ 的起点画到 $\boldsymbol{B}$ 的末端的矢量就是合矢量 $\boldsymbol{C}$。同样，如果以矢量 $\boldsymbol{B}$ 的末端为起点，作矢量 $\boldsymbol{A}$，由 $\boldsymbol{B}$ 的起点画到 $\boldsymbol{A}$ 的末端的矢量也就是合矢量 $\boldsymbol{C}$。

对于两个以上的矢量相加，例如求 $\boldsymbol{A}$、$\boldsymbol{B}$、$\boldsymbol{C}$ 和 $\boldsymbol{D}$ 的合矢量，则可根据三角形法则，先求出其中两个矢量的合矢量，然后将该合矢量与第三个矢量相加，求出这三个矢

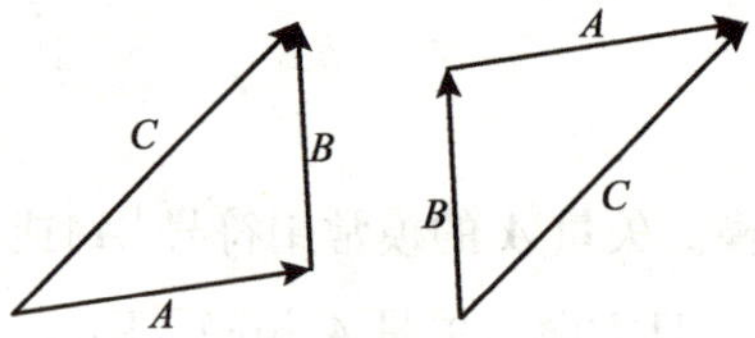

附图 5

量的合矢量，以此类推，就可以求出多个矢量的合矢量，如附图 6。从图中还可以看出，如果在第一个矢量的末端画出第二个矢量，再在第二个矢量的末端画出第三个矢量……即把所有相加的矢量首尾相连，然后由第一个矢量的起点到最后一个矢量的末端作一矢量，这个矢量就是它们的合矢量。因为所有的分矢量与合矢量在矢量图上围成一个多边形，所以这种求合矢量的方法常称为**多边形法则**。

合矢量的大小和方向也可以通过计算求得。如附图 7 中，矢量 $\boldsymbol{A}$、$\boldsymbol{B}$ 之间的夹角为 θ，那么合矢量 $\boldsymbol{C}$ 的大小和方向很容易从图中看出：

$$C=\sqrt{(A+B\cos\theta)^2+(B\sin\theta)^2}=\sqrt{A^2+B^2+2AB\cos\theta}$$

$$\varphi=\arctan\frac{B\sin\theta}{A+B\cos\theta}$$

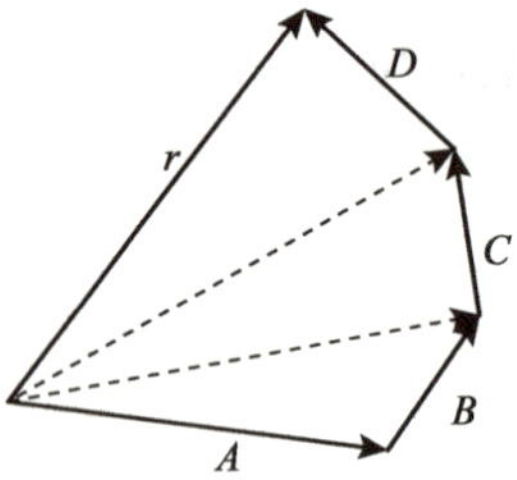

附图 6

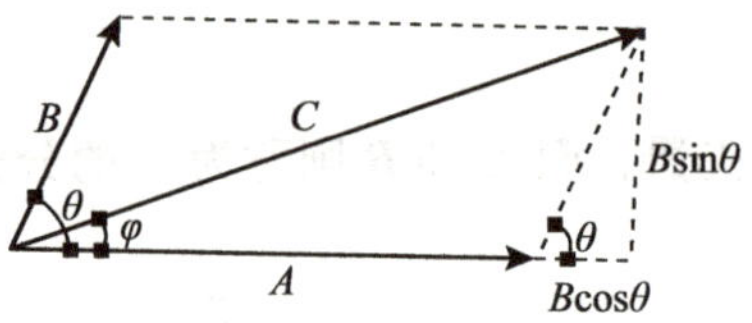

附图 7

矢量的减法是按矢量加法的逆运算来定义的。例如，如何求 $\boldsymbol{A}$、$\boldsymbol{B}$ 两矢量之差 $\boldsymbol{A}-\boldsymbol{B}$？它将是另一个矢量 $\boldsymbol{D}$，计作 $\boldsymbol{D}=\boldsymbol{A}-\boldsymbol{B}$，如果把 $\boldsymbol{D}$ 和 $\boldsymbol{B}$ 相加，就应该得到 $\boldsymbol{A}$。从附图 8（a）还可以看出，$\boldsymbol{A}-\boldsymbol{B}$ 也等于 $\boldsymbol{A}$ 和 $-\boldsymbol{B}$ 的合矢量，即

$$\boldsymbol{A}-\boldsymbol{B}=\boldsymbol{A}+(-\boldsymbol{B})$$

所以，求矢量差 $\boldsymbol{A}-\boldsymbol{B}$ 可按附图 8（a）中所示的三角形法则或平行四边形法则。

如果求矢量差 $\boldsymbol{B}-\boldsymbol{A}$，用同样的方法可以知道，它等于由 $\boldsymbol{A}$ 的末端到达 $\boldsymbol{B}$ 的末端的矢量，如附图 8（b）。它的大小同 $\boldsymbol{A}-\boldsymbol{B}$ 的大小相等，但方向相反。

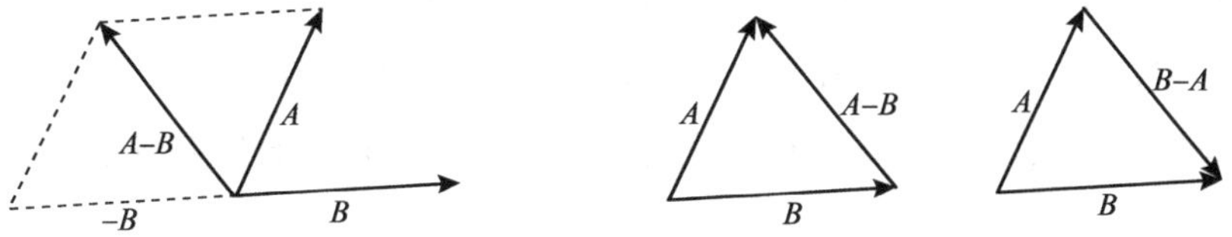

（a）　　　　　　（b）

附图 8

4. 矢量合成的解析法

两个或两个以上的矢量可以合成为一个矢量。同样，一个矢量也可以分解为两个或两个以上的分矢量。但是，一个矢量分解为两个分矢量时，有无限多组解答，如附图9。如果先限定了两个分矢量的方向，则解答是唯一的。我们常常将一矢量沿直角坐标轴分解。因为坐标轴的方向已确定，所以任一矢量分解在各轴上的分矢量只需用带有正号或负号的数值表示即可。这些分矢量的量值都是标量，一般叫作分量。如附图 10，矢量 $\boldsymbol{A}$ 在 x 轴和 y 轴上的分量分别为

$$A_x = A\cos\theta,\ A_y = A\sin\theta$$

显然，矢量 $\boldsymbol{A}$ 的模与分量 A_x、A_y 之间的关系为

$$|\boldsymbol{A}| = \sqrt{A_x^2 + A_y^2}$$

矢量 $\boldsymbol{A}$ 的方向可用与 x 轴的夹角 θ 来表示，即

$$\theta = \arctan\left(\frac{A_y}{A_x}\right)$$

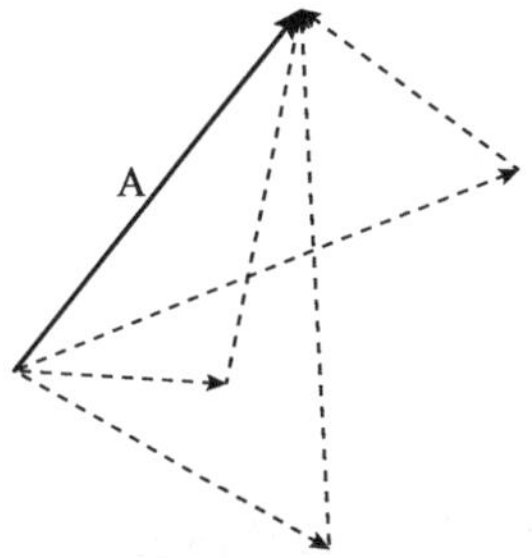

附图 9

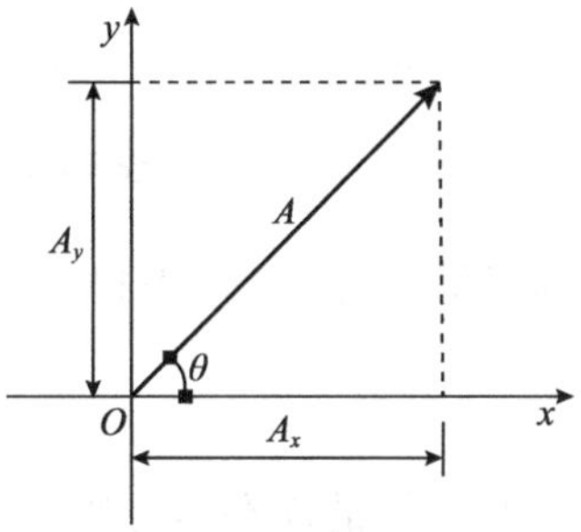

附图 10

运用矢量的分量表示法，可以使矢量的加减运算得到简化。如附图 11 所示，设有两矢量 $\boldsymbol{A}$ 和 $\boldsymbol{B}$，其合矢量 $\boldsymbol{C}$ 可由平行四边形或三角形法则求出。若矢量 $\boldsymbol{A}$ 和 $\boldsymbol{B}$ 在坐标轴上的分量分别为 A_x、A_y 和 B_x、B_y，则合矢量 $\boldsymbol{C}$ 在坐标轴上的分量满足关系式：

$$C_x = A_x + B_x$$

$$C_y = A_y + B_y$$

这表明，合矢量在任一直角坐标轴上的分量等于分矢量在同一坐标轴上各分量的代数和。这样，通过分矢量在坐标轴上的分量，就可以求得合矢量的大小和方向。

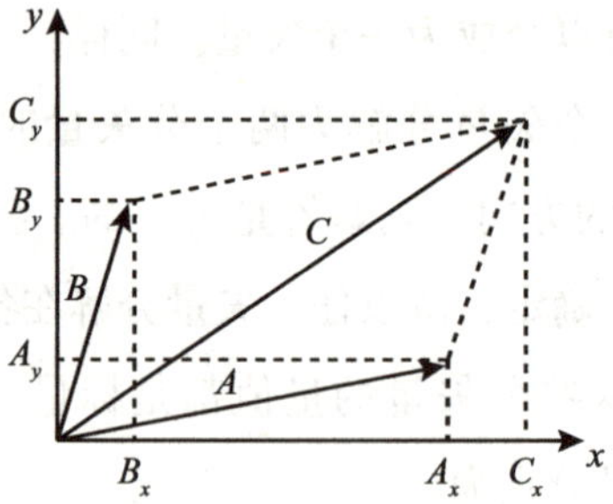

附图 11

5. 矢量的数乘

一个数 λ 和矢量 $\boldsymbol{A}$ 相乘，那么得到另一个矢量 $\lambda\boldsymbol{A}$，其大小是 $|\lambda|\cdot|\boldsymbol{A}|$。如果 $\lambda>0$，其方向与 $\boldsymbol{A}$ 相同；如果 $\lambda<0$，其方向与 $\boldsymbol{A}$ 相反。

6. 矢量的坐标表示

矢量的合成与分解是密切相连的。在空间直角坐标系中，任一矢量 $\boldsymbol{A}$ 都可沿坐标轴方向分解为三个分量，如附图 12 所示，即

$$\boldsymbol{Ox} = A_x\boldsymbol{i},\ \boldsymbol{Oy} = A_y\boldsymbol{j},\ \boldsymbol{Oz} = A_z\boldsymbol{k}$$

由矢量合成的三角形法则不难得到：

$$\boldsymbol{A} = A_x\boldsymbol{i} + A_y\boldsymbol{j} + A_z\boldsymbol{k}$$

其中 A_x、A_y、A_z 为矢量 $\boldsymbol{A}$ 在坐标轴上的分量，上式即为矢量的坐标表示。于是矢量 $\boldsymbol{A}$ 的模为

$$|\boldsymbol{A}| = \sqrt{A_x^2 + A_y^2 + A_z^2}$$

而矢量 $\boldsymbol{A}$ 的方向则由该矢量与坐标轴的夹角 α、β、γ 来确定：

$$\cos\alpha=\frac{A_x}{|\boldsymbol{A}|},\ \cos\beta=\frac{A_y}{|\boldsymbol{A}|},\ \cos\gamma=\frac{A_z}{|\boldsymbol{A}|}$$

由此，又可得到矢量加减法的坐标表示。设 $\boldsymbol{A}$ 和 $\boldsymbol{B}$ 两矢量的坐标表达式为

$$\boldsymbol{A}=A_x\boldsymbol{i}+A_y\boldsymbol{j}+A_z\boldsymbol{k},\ \boldsymbol{B}=B_x\boldsymbol{i}+B_y\boldsymbol{j}+B_z\boldsymbol{k}$$

于是

$$\boldsymbol{A}\pm\boldsymbol{B}=(A_x\pm B_x)\boldsymbol{i}+(A_y\pm B_y)\boldsymbol{j}+(A_z\pm B_z)\boldsymbol{k}$$

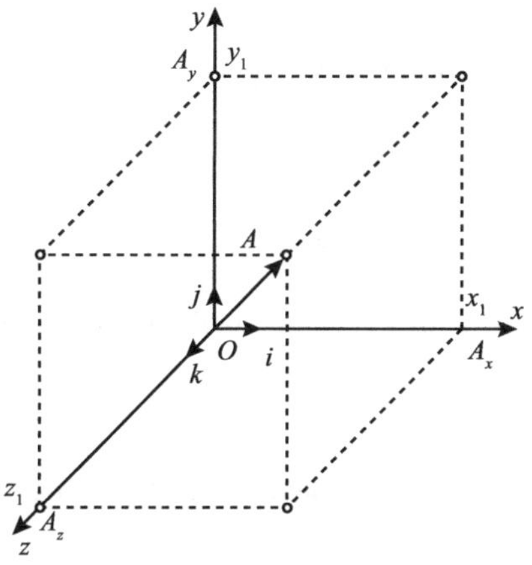

附图 12

7. 矢量的标积和矢积

在物理学中，我们常常遇到两个矢量相乘的情形。例如，功 W 与力 $\boldsymbol{F}$ 和位移 $\boldsymbol{r}$ 的关系为

$$W=|\boldsymbol{F}||\boldsymbol{r}|\cos\theta$$

其中 θ 是力与位移之间的夹角。力 $\boldsymbol{F}$ 和位移 $\boldsymbol{r}$ 都是矢量，而功 W 是只有大小与正负、没有方向的量，即标量。类似地，力矩 $\boldsymbol{M}$ 也是矢量。由此可知，两矢量相乘有两种结果：两矢量相乘得到一个标量的运算叫作标积（或称点乘）；两矢量相乘得到一个矢量的运算叫作矢积（或称叉乘）。

设 $\boldsymbol{A}$ 和 $\boldsymbol{B}$ 为任意两个矢量，夹角为 θ，则标积通常用 $\boldsymbol{A}\cdot\boldsymbol{B}$ 来表示，定义为

$$\boldsymbol{A}\cdot\boldsymbol{B}=|\boldsymbol{A}||\boldsymbol{B}|\cos\theta$$

上式说明，标积 $\boldsymbol{A}\cdot\boldsymbol{B}$ 等于矢量 $\boldsymbol{A}$ 在 $\boldsymbol{B}$ 矢量方向上的投影 $|\boldsymbol{A}|\cos\theta$ 与矢量 $\boldsymbol{B}$ 的模的乘积，如附图 13（a），也等于矢量 $\boldsymbol{B}$ 在 $\boldsymbol{A}$ 矢量方向上的投影 $|\boldsymbol{B}|\cos\theta$ 与矢量 $\boldsymbol{A}$ 的模的乘积，如附图 13（b）。

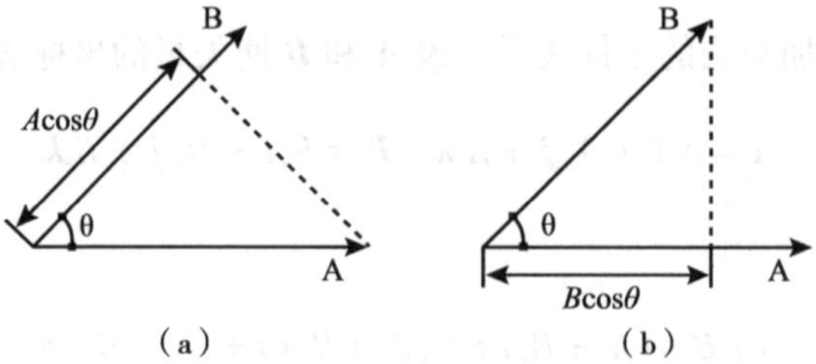

附图 13

引进了矢量的标积以后，功就可以用力和位移的标积来表示，即

$$W=\boldsymbol{F}\cdot\boldsymbol{r}$$

根据标积的定义，可以得出下列结论。

（1）当 $\theta=0$，即 $\boldsymbol{A}$、$\boldsymbol{B}$ 两矢量平行时，$\cos\theta=1$，所以 $\boldsymbol{A}\cdot\boldsymbol{B}=AB$。当 $\boldsymbol{A}$ 和 $\boldsymbol{B}$ 相等时，$\boldsymbol{A}\cdot\boldsymbol{B}=A^2$。

（2）当 $\theta=\dfrac{\pi}{2}$，即 $\boldsymbol{A}$、$\boldsymbol{B}$ 两矢量垂直时，$\cos\theta=0$，所以 $\boldsymbol{A}\cdot\boldsymbol{B}=0$。

根据以上两点结论可知，直角坐标系的单位矢量 $\boldsymbol{i}$、$\boldsymbol{j}$、$\boldsymbol{k}$ 具有正交性，即

$$\boldsymbol{i}\cdot\boldsymbol{i}=\boldsymbol{j}\cdot\boldsymbol{j}=\boldsymbol{k}\cdot\boldsymbol{k}=1$$

$$\boldsymbol{i}\cdot\boldsymbol{j}=\boldsymbol{j}\cdot\boldsymbol{k}=\boldsymbol{k}\cdot\boldsymbol{i}=0$$

利用上述性质，对 $\boldsymbol{A}$、$\boldsymbol{B}$ 两矢量求标积有

$$\begin{aligned}\boldsymbol{A}\cdot\boldsymbol{B}&=(A_x\boldsymbol{i}+A_y\boldsymbol{j}+A_z\boldsymbol{k})\cdot(B_x\boldsymbol{i}+B_y\boldsymbol{j}+B_z\boldsymbol{k})\\&=A_xB_x+A_yB_y+A_zB_z\end{aligned}$$

矢量 $\boldsymbol{A}$、$\boldsymbol{B}$ 的矢积 $\boldsymbol{A}\times\boldsymbol{B}$ 是另一矢量 $\boldsymbol{C}$，即　　$\boldsymbol{C}=\boldsymbol{A}\times\boldsymbol{B}$

矢量 $\boldsymbol{C}$ 的大小为　　$|\boldsymbol{C}|=AB\sin\theta$

其中，θ 为 $\boldsymbol{A}$、$\boldsymbol{B}$ 两矢量间的夹角，$\boldsymbol{C}$ 矢量的方向则垂直于 $\boldsymbol{A}$、$\boldsymbol{B}$ 两矢量所组成的平面，指向由右手螺旋法则确定，即从 $\boldsymbol{A}$ 经由小于 180° 的角转向 $\boldsymbol{B}$ 时大拇指伸直时所指的方向决定，如附图 14 所示。

引进了矢量的矢积以后，力矩就可以用力作用点的位置矢量 $\boldsymbol{r}$ 与力 $\boldsymbol{F}$ 的矢积来表

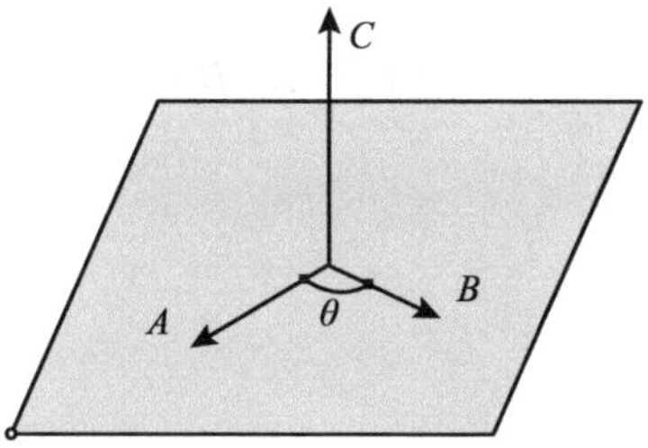

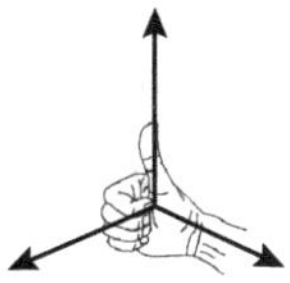

附图 14

示，即

$$\boldsymbol{M}=\boldsymbol{r}\times\boldsymbol{F}$$

根据矢量矢积的定义，可以得出下列结论。

（1）当 $\theta=0$，即 $\boldsymbol{A}$、$\boldsymbol{B}$ 两矢量平行时，$\sin\theta=0$，所以 $\boldsymbol{A}\times\boldsymbol{B}=0$。

（2）当 $\theta=\frac{\pi}{2}$，即 $\boldsymbol{A}$、$\boldsymbol{B}$ 两矢量垂直时，$\sin\theta=1$，矢积 $\boldsymbol{A}\times\boldsymbol{B}$ 具有最大值，它的大小为 AB。

（3）矢积 $\boldsymbol{A}\times\boldsymbol{B}$ 的方向与 $\boldsymbol{A}$、$\boldsymbol{B}$ 两矢量的次序有关。$\boldsymbol{A}\times\boldsymbol{B}$ 与 $\boldsymbol{B}\times\boldsymbol{A}$ 所表示的两矢量的方向正好相反，即 $\boldsymbol{A}\times\boldsymbol{B}=-(\boldsymbol{B}\times\boldsymbol{A})$。

（4）在直角坐标系中，单位矢量之间的矢积为

$$\boldsymbol{i}\times\boldsymbol{i}=\boldsymbol{j}\times\boldsymbol{j}=\boldsymbol{k}\times\boldsymbol{k}=0$$

$$\boldsymbol{i}\times\boldsymbol{j}=\boldsymbol{k},\ \boldsymbol{j}\times\boldsymbol{k}=\boldsymbol{i},\ \boldsymbol{k}\times\boldsymbol{i}=\boldsymbol{j}$$

利用上述性质，对 $\boldsymbol{A}$、$\boldsymbol{B}$ 两矢量求矢积有

$$\begin{aligned}\boldsymbol{A}\times\boldsymbol{B}&=(A_x\boldsymbol{i}+A_y\boldsymbol{j}+A_z\boldsymbol{k})\times(B_x\boldsymbol{i}+B_y\boldsymbol{j}+B_z\boldsymbol{k})\\&=(A_yB_z-A_zB_y)\,\boldsymbol{i}+(A_zB_x-A_xB_z)\,\boldsymbol{j}+(A_xB_y-A_yB_x)\,\boldsymbol{k}\end{aligned}$$

利用行列式的表达式，上式可写成：

$$\boldsymbol{A}\times\boldsymbol{B}=\begin{vmatrix}\boldsymbol{i}&\boldsymbol{j}&\boldsymbol{k}\\A_x&A_y&A_z\\B_x&B_y&B_z\end{vmatrix}$$

矢量计算中，有时会遇到三个矢量所构成的乘积，如 $\boldsymbol{A}\cdot(\boldsymbol{B}\times\boldsymbol{C})$ 和 $\boldsymbol{A}\times(\boldsymbol{B}\times\boldsymbol{C})$。前者是求两矢量 $\boldsymbol{A}$ 和 $(\boldsymbol{B}\times\boldsymbol{C})$ 的标积，结果是一标量；后者是求两矢量 $\boldsymbol{A}$ 和 $(\boldsymbol{B}\times\boldsymbol{C})$ 的矢

积，结果是一矢量，不难证明：

(1) $\boldsymbol{A}\cdot(\boldsymbol{B}\times\boldsymbol{C})=A_x(B_yC_z-B_zC_y)+A_y(B_zC_x-B_xC_z)+A_z(B_xC_y-B_yC_x)$

$$=\begin{vmatrix} A_x & A_y & A_z \\ B_x & B_y & B_z \\ C_x & C_y & C_z \end{vmatrix}$$

(2) $\boldsymbol{A}\cdot(\boldsymbol{B}\times\boldsymbol{C})=\boldsymbol{B}\cdot(\boldsymbol{C}\times\boldsymbol{A})=\boldsymbol{C}\cdot(\boldsymbol{A}\times\boldsymbol{B})$

(3) $\boldsymbol{A}\times(\boldsymbol{B}\times\boldsymbol{C})=\boldsymbol{B}(\boldsymbol{A}\cdot\boldsymbol{C})-\boldsymbol{C}(\boldsymbol{A}\cdot\boldsymbol{B})$

8. 矢量函数的导数

在物理中，我们常常遇到的矢量是时间 t 的函数，因而写作 $\boldsymbol{A}(t)$、$\boldsymbol{B}(t)$ 等，这是一元函数的情况。下面仅介绍一元函数的求导。一般地说，如果某一矢量是多个标量变量（例如空间坐标 x、y、z 和时间 t）的函数，则是多元函数的情况。多元函数的求导相对复杂，可通过一元函数的求导进行推广，但这里不作介绍。

矢量函数 $\boldsymbol{A}(t)$ 可表示为

$$\boldsymbol{A}(t)=A_x(t)\boldsymbol{i}+A_y(t)\boldsymbol{j}+A_z(t)\boldsymbol{k}$$

这里要注意：$\boldsymbol{i}$、$\boldsymbol{j}$、$\boldsymbol{k}$ 是常矢量，而 $A_x(t)$、$A_y(t)$、$A_z(t)$ 是 t 的函数。现假定这三个函数都是可导的。当自变量 t 改变为 $t+\Delta t$ 时，$\boldsymbol{A}$ 和 $A_x(t)$、$A_y(t)$、$A_z(t)$ 便相应地有增量：

$$\Delta\boldsymbol{A}=\boldsymbol{A}(t+\Delta t)-\boldsymbol{A}(t)$$

$$\Delta A_x=A_x(t+\Delta t)-A_x(t)$$

$$\Delta A_y=A_y(t+\Delta t)-A_y(t)$$

$$\Delta A_z=A_z(t+\Delta t)-A_z(t)$$

于是

$$\Delta\boldsymbol{A}=\Delta A_x\boldsymbol{i}+\Delta A_y\boldsymbol{i}+\Delta A_z\boldsymbol{k}$$

以 Δt 相除，并令 $\Delta t\to0$，求极限，便得

$$\lim_{\Delta t\to0}\frac{\Delta\boldsymbol{A}}{\Delta t}=\lim_{\Delta t\to0}\frac{\Delta A_x}{\Delta t}\boldsymbol{i}+\lim_{\Delta t\to0}\frac{\Delta A_y}{\Delta t}\boldsymbol{j}+\lim_{\Delta t\to0}\frac{\Delta A_z}{\Delta t}\boldsymbol{k}$$

即

$$\frac{\mathrm{d}\boldsymbol{A}}{\mathrm{d}t}=\frac{\mathrm{d}A_x}{\mathrm{d}t}\boldsymbol{i}+\frac{\mathrm{d}A_y}{\mathrm{d}t}\boldsymbol{j}+\frac{\mathrm{d}A_z}{\mathrm{d}t}\boldsymbol{k}$$

高阶导数的概念也可应用到矢量函数上。例如，$\boldsymbol{A}(t)$ 的二阶导数可写作：

$$\frac{d^2\boldsymbol{A}}{dt^2}=\frac{d^2A_x}{dt^2}\boldsymbol{i}+\frac{d^2A_y}{dt^2}\boldsymbol{j}+\frac{d^2A_z}{dt^2}\boldsymbol{k}$$

下面列出一些有关矢量函数的倒数的简单公式。

（1）$\frac{d}{dt}(\boldsymbol{A}+\boldsymbol{B})=\frac{d\boldsymbol{A}}{dt}+\frac{d\boldsymbol{B}}{dt}$

（2）若 C 是常量，则$\frac{d}{dt}(C\boldsymbol{A})=C\frac{d\boldsymbol{A}}{dt}$

（3）若$f(t)$ 是 t 的可微函数，则

$$\frac{d}{dt}[f(t)\boldsymbol{A}(t)]=f(t)\frac{d\boldsymbol{A}}{dt}+\frac{df(t)}{dt}\boldsymbol{A}$$

（4）$\frac{d}{dt}(\boldsymbol{A}\cdot\boldsymbol{B})=\boldsymbol{A}\cdot\frac{d\boldsymbol{B}}{dt}+\frac{d\boldsymbol{A}}{dt}\cdot\boldsymbol{B}$

（5）$\frac{d}{dt}(\boldsymbol{A}\times\boldsymbol{B})=\boldsymbol{A}\times\frac{d\boldsymbol{B}}{dt}+\frac{d\boldsymbol{A}}{dt}\times\boldsymbol{B}$

这些公式的证明相对简单，这里不再一一加以证明。

矢量函数的导数在物理上有很多应用，其中最常见的是用于计算质点运动的瞬时速度和瞬时加速度。

9. 矢量函数的积分

这里，先说明上述导数的逆问题。这就是，当某矢量函数 $\boldsymbol{A}(t)$ 的导数 $\frac{d\boldsymbol{A}(t)}{dt}$ 已知时，如何求得这个原函数 $\boldsymbol{A}(t)$ 。我们把 $\frac{d\boldsymbol{A}(t)}{dt}$ 记作矢量函数 $\boldsymbol{B}(\mathrm{t})$ ，即已知：

$$\frac{d\boldsymbol{A}(t)}{dt}=\boldsymbol{B}(t)=B_x(t)\boldsymbol{i}+B_y(t)\boldsymbol{j}+B_z(t)\boldsymbol{k}$$

这里三个标量函数 $B_x(t)$、$B_y(t)$、$B_z(t)$ 分别代表$\frac{dA_x}{dt}$、$\frac{dA_y}{dt}$、$\frac{dA_z}{dt}$。所以，将 $\boldsymbol{B}(\mathrm{t})$ 对时间 t 求积分，可改变为将 $B_x(t)$、$B_y(t)$、$B_z(t)$ 分别对时间 t 求积分，即

$$\boldsymbol{A}=\int\boldsymbol{B}(t)\,dt=A_x\boldsymbol{i}+A_y\boldsymbol{j}+A_z\boldsymbol{k}$$

上式中的 A_x、A_y、A_z 分别是下面的三个积分，即

$$A_x=\int B_x(t)\,\mathrm{d}t,\ A_y=\int B_y(t)\,\mathrm{d}t,\ A_z=\int B_z(t)\,\mathrm{d}t$$

例如，质点在空间运动时的速度设为

$$\boldsymbol{v}(t)=v_x(t)\boldsymbol{i}+v_y(t)\boldsymbol{j}+v_z(t)\boldsymbol{k}$$

我们将速度函数 $\boldsymbol{v}(t)$ 对时间 t 求定积分，便可求得质点在空间的位移和位置，其位移（从 0 时刻到 t 时刻）为

$$\Delta\boldsymbol{r}=\int_0^t\boldsymbol{v}(t)\,\mathrm{d}t=\left[\int_0^t v_x(t)\,\mathrm{d}t\right]\boldsymbol{i}+\left[\int_0^t v_y(t)\,\mathrm{d}t\right]\boldsymbol{j}+\left[\int_0^t v_z(t)\,\mathrm{d}t\right]\boldsymbol{k}$$

质点的位置矢量 $\boldsymbol{r}$ 为

$$\boldsymbol{r}(t)=\int_0^t\boldsymbol{v}(t)\,\mathrm{d}t+\boldsymbol{r}_0$$

式中，$\boldsymbol{r}_0$ 是一个由初始条件决定的常矢量，即 $t=0$ 时刻质点的位置矢量。

又如，质点所受的变力 $\boldsymbol{F}(t)$ 设为

$$\boldsymbol{F}(t)=F_x(t)\boldsymbol{i}+F_y(t)\boldsymbol{j}+F_z(t)\boldsymbol{k}$$

将 $\boldsymbol{F}(t)$ 对时间 t 求定积分，便可求得质点所受到的冲量为

$$\boldsymbol{I}=\int_0^t\boldsymbol{F}(t)\,\mathrm{d}t=\left[\int_0^t F_x(t)\,\mathrm{d}t\right]\boldsymbol{i}+\left[\int_0^t F_y(t)\,\mathrm{d}t\right]\boldsymbol{j}+\left[\int_0^t F_z(t)\,\mathrm{d}t\right]\boldsymbol{k}$$

上式中三个标量积分分别是冲量的分量 I_x、I_y、I_z。

关于矢量函数的积分，尤其是当这个函数是空间坐标 x、y、z 的多元函数时，还有如线积分、面积分、体积积分等其他较为复杂的积分计算（需按不同的定义式进行）。